Hans Joachim Ritzau

unter Mitarbeit
von
Jürgen Hörstel

Katastrophen der deutschen Bahnen - II

Chronik 1845-1992 - Gesamtregister

(Schatten der Eisenbahngeschichte - Band 3)

Redaktion: Dietmute Ritzau-Franz

Ritzau KG - Verlag Zeit und Eisenbahn

Titelbild: Blick vom Führerstand der Lok des D 75 auf Unglücksstelle vom 2.3.1957, Hamburg=Eidelstedt, bei Unfallrekonstruktion (s. S. 215 und *II).
<Sammlung Neumann, Glückstadt>

1. Auflage 1993

Landsberger Str 24 - 8911 [ab 1.7.1993: 86932] Pürgen

ISBN 3-921 304-86-5
Druck: Schoder GmbH&CoKG, Gersthofen

Inhalt

Hinweise und Dank

Vorab sei nochmals betont, daß wir Abkürzungen verwenden, um immer wiederkehrende, zum Teil lange Wortbildungen nicht zum Zeilenfüller werden zu lassen. Was Begriffsbenennungen betrifft, halten wir uns möglichst an die bahnüblichen, die jedoch Änderungen unterliegen, oft nur durch Groß- oder Kleinschreibung wie bei RBA/Rba, worauf im → **Abkürzungsverzeichnis** hingewiesen ist.
Bei einigen Begriffen mit unterschiedlicher Benennung entschieden wir uns jeweils gemäß der Sach- oder Sprachlogik (→ auch Teil D: *Zur besonderen Lage und begrifflichen Abgrenzung*). So bezeichnen die DB und vereinzelt auch Zeitungen niveaugleiche Kreuzungen von Straße und Schiene als "Übergang". Im transpress=LEXIKON DER EISENBAHN, 5. Auflage, S. 752, findet sich die Definition:

> *"**Überweg**: im Gleisbereich liegender, befestigter Fahr- od. Gehweg, auf dem Gleise durch Straßenfahrzeuge od. Fußgänger überfahren bzw. überschritten werden können."*

Da das der Sach- oder Sprachlogik entspricht (ein Auto geht ja nicht über die Gleise), verwenden wir den Begriff "Überweg", sofern es sich nicht um einen Übergang nur für Fußgänger im oder außerhalb des Bahnhofsbereiches handelt.
Auf die Anwendung der Begriffe Unfall, Unglück, Katastrophe ist in EISENBAHNKATASTROPHEN IN DEUTSCHLAND - BAND 1 im Zusammenhang mit Professor Marbe eingegangen, der eine Abgrenzung nach Erlebnissphäre oder Ursächlichkeit vornehmen wollte. In Anbetracht der im Vergleich zur englischen Sprache ohnehin modulationsarmen deutschen Sprache folgen wir hierin dem nicht sonderlich einengenden deutschen Sprachgebrauch, ohne Beachtung einer strengen Abgrenzung.
Wie auch in KATASTROPHEN DER DEUTSCHEN BAHNEN - TEIL 1 sind die fortlaufend numerierten Quellen und Anmerkungen den Abschnitten nachgestellt und in das Inhaltsverzeichnis aufgenommen. Anführungszeichen kennzeichnen stets wörtlich und ggfs. auch mit Fehlern wiedergegebene Zitierungen, längere sind außerdem *kursiv* gesetzt und Auslassungen kenntlich gemacht.
Wir bitten noch zu bedenken, daß die Abhandlung des Komplexes Katastrophen zwangsläufig eine Massierung von Negativem zu Tage fördert. Der Bereich Eisenbahn wurde nicht gewählt, weil er besonders unglücksträchtig wäre - das Gegenteil ist der Fall -, sondern weil er die den Unfallabläufen innewohnende Gesetzmäßigkeit am klarsten darbietet und darüber hinaus eine Zusammenschau mit Zeit und Umwelt ermöglicht. Im übrigen könnte man aus dem Negativen produktivere Lehren ziehen als aus Betrachtungen zu Glanzleistungen, deren es zudem genügend gibt.

Trotz aller Mühe und Sorgfalt sind Lücken geblieben und möglicherweise Fehler unterlaufen. So sind uns Ergänzungen und Berichtigungen stets willkommen und werden bei passender Gelegenheit verarbeitet.

Unser **Dank** für uneigennützige, besondere Hilfe gilt:
den Herren Garrecht und Grothenn, Hannover; Frau Hoffmann, Bundesarchiv Außenstelle Berlin; den Herren Illenseer, Verkehrsmuseum Nürnberg; Knipping, Eichenau; Kuhbier, BD Nürnberg; Neumann, Glückstadt; der Zentrale der DB, speziell Herrn Plän, Presse und Öffentlichkeitsarbeit, Frankfurt/M.; Herrn Reinecke, Lüneburg; Frau John und weiteren Damen und Herren des Verkehrsmuseums Bücherei Dresden; den Herren Wagner, Frankfurt/M. und Wegner, Rostock; sowie nachträglich Herrn Preuß, Berlin, mit dem wir während der Arbeit an KATASTROPHENSZENE DER GEGENWART (→ Einführung) Materialien tauschten. Seinerzeit war dabei größte Vorsicht geboten, weshalb wir Herrn Preuß damals auch nicht in der Dankadresse nennen durften.
Für Informationen und Überlassung von Fotos danken wir:
den Herren Ankele, Stuttgart; Bastian, Buchholz; Bendrien, Eglharting; Herrn Ciupek, Rohr; Gebhart, Wangen; Gürsch, Stuttgart; Hassbach, Neuwied; Hentsch, Braunschweig, Damen und Herren der HEILBRONNER STIMME; Herren des Hestra-Verlages; den Herren Koberg, Hannover; Kobschätzky, Renchen; Knupfer, Leonberg; Minsinger, Ulm; Müller, Leverkusen; Müller, Gessertshausen; Prof. Dr. Karl Oettle, München; Otto, München; Quill, Vechta; des Neusser Stadtarchivs; Rach, Ansbach; Ringlstetter, München; Sedelke und Scherer, Olching; Schöllhorn, Augsburg; Steffen, Hamburg; Weigert, Eppstein; Werth, Dresden, sowie Herrn Wolski, Hannover;
und schließlich allen, die uns geholfen haben, hier aber nicht namentlich aufgeführt sind bzw. werden wollten.

Pürgen im Frühjahr 1993 — Verfasser und Verlag

Chronik der Eisenbahnunglücke deutscher Bahnen

Einführung

1. Zur Geschichte der Unfallerfassung, -forschung und Quellenlage

Im Gegensatz zu England, wo Eisenbahnunfälle zu keiner Zeit irgendein Tabu darstellten, trachteten deutsche Bahnverwaltungen in unterschiedlicher Intensität, und wohl am entschiedendsten die DB[1], diese Schattenseite des Eisenbahnbetriebes gegen "Dritte" abzugrenzen. Die Sicherheitsverhältnisse der deutschen Bahnen in Friedenszeiten boten dazu kaum einen Anlaß. Der Grund dürfte eher in einem deutschen Wesenszug zu suchen sein, einer Art Schöngeisterei als Lebenshaltung, die Konfrontationen und Auseinandersetzungen mit unbequemen Tatsachen scheut, ja als suspekt abtut. In diesem Sinne klammern auch die deutschen Eisenbahnfreundezeitschriften mit einer Ausnahme das leidige Thema nahezu völlig aus, obwohl sie ansonsten über ziemlich alles berichten, was sich auf der Schiene ereignet. Werden in historischen Abhandlungen doch hin und wieder Unfälle gestreift, geht es meist um die verunglückten Lokomotiven.
Für die deutsche Presse, speziell die Boulevard=Blätter und illustrierten Zeitungen hingegen waren Unglücke stets willkommener Sensationsstoff. Daher ist man, vor allem das 19. Jahrhundert betreffend, weitgehend auf diese Berichte in gefühlvollem Schauderstil, garniert mit Schnitten, Stichen oder Zeichnungen, angewiesen. Auch für die Folgezeiten bleibt der Rückgriff auf Zeitungen unerläßlich, wenngleich sie in der Regel nach wie vor wenig Fakten bieten, ausgenommen dort, wo ein der Bahn zugetaner Redakteur wirkte bzw. wirkt. Wenigstens lassen sich die Angaben von Zeitungsmeldungen der Gegenwart nachprüfen.
Die deutschen Bahnverwaltungen der Eisenbahnfrühzeit interessierten sich zunächst mehr für die Betriebsergebnisse mit z.T. recht unterschiedlichen Praktiken für deren statistische Erfassung. Daher bemühte sich die Leitung des 1846 gegründeten Vereins deutscher Eisenbahnverwaltungen (VDEV)[2] vordringlich um eine Vereinheitlichung in der Erfassung der Betriebsergebnisse und ebenso für eine neu zu führende Sparte Betriebsunfälle, um gemeinschaftlich Verbesserungs- und Verhütungsmaßnahmen ergreifen zu können.

Leicht hatte es die Vereinsleitung nicht, und es dauerte Jahre, bis die Mitglieder ihre Zustimmung gaben und danach den Beschluß in die Tat umsetzten.
Die einzige Bahnverwaltung, die sich ausschloß, war die bayerische. Als man dann nach der Jahrhundertwende glaubte, gelegentliche Sicherheitskrisen definitiv überwunden zu haben, entschied das Gros der VDEV=Mitglieder Anfang September 1910 auf ihrer Jahrestagung in Budapest, die Zuwendungen für die Rubrik Unfälle um 2/3 zu kürzen.
Die britischen Bahnen widmeten zu diesem Zeitpunkt dem Unfallgeschehen ihr besonderes Augenmerk, sicher aus gutem bzw. schlechtem Grund, aber mit Erfolg, denn die während des Krieges in England gleichfalls angespannte Verkehrslage zeitigte erstaunlich wenig Unfälle, wogegen sich die Verhältnisse auf den deutschen Bahnen katastrophal entwickelten.
Konsequenterweise brachte die britische Einstellung gegenüber den Schattenseiten des Eisenbahnverkehrs auch dem britischen Eisenbahnhistoriker Nutzen. Auf deutscher Seite dagegen ist die Quellenlage eine karge Angelegenheit, sofern man nach Informationen sucht, die über Statistisches und der Presse Wichtiges hinaus gehen. Einiges findet man in der Zeitung des VDEV sowie in Fachzeitschriften, wie dem ORGAN FÜR DIE FORTSCHRITTE DES EISENBAHNWESENS, schon 1846 gegründet, in der ZEITSCHRIFT DES VEREINS DEUTSCHER INGENIEURE[3] oder den erstmals 1877 erschienenen GLASERS ANNALEN. Vereinzelt, etwa ab 1880, haben sich Berichte oder Protokolle von Gerichtsverhandlungen erhalten, so zu Hugstetten (1882), Spremberg (1905) oder Müllheim (1911). Den Verfassern dieser Berichte ging es z.T. allerdings weniger um den Vorgang an sich, als um das spezielle Anliegen, den Kampf gegen den Alkohol.
Neben Röll's ENZYKLOPÄDIE DES EISENBAHNWESENS enthalten auch die großen Lexika von Meyer und Brockhaus Kurzangaben über größere Eisenbahnkatastrophen, nicht immer zuverlässig.
Den bedeutendsten Beitrag für die Zeit bis 1914 leistete Ludwig Ritter von Stockert, Professor an der TH Wien. Er sammelte Material für seine Unfallstudien und veröffentlichte diese 1913 in einem Leipziger Verlag mit einem Folgeband (1920), der leider nicht so gründlich wie sein erstes Werk ist, das die preußische Bahnverwaltung ihren Dienststellen zur Beschaffung empfahl.
Ludwig von Stockert hatte eingehend die britische Praxis studiert und deren Unfallsystematik zur methodischen Auswertung übernommen, da das in dieser Differenzierung in Deutschland noch nicht üblich war. Erst die Deutsche Reichsbahn arbeitete bald nach ihrer Gründung ein differenzierteres Schema zur Unfallerfassung aus und druckte 1926 erstmalig im Reich in einer bahnamtlichen Zeitschrift, der seit 1924 erscheinenden DIE REICHSBAHN, einen ausführlicheren Unfallbericht (zu Herne 1925) ab.
In jenen Jahren wurde auch in Deutschland intensive Unfallforschung seitens Wissenschaftlern und Eisenbahnbeamten des höheren Dienstes betrieben. Von zeitloser Gültigkeit sind die psychologischen Publikationen des Würzburger Professors Karl Marbe. Seine 1926 veröffentlichten Untersuchungen zum menschlichen Fehlverhalten belegen, daß bestimmte Wochentage, insbesondere der Montag, unfallträchtiger als andere Tage sind, daß gewisse Charaktereigenschaften, temporäre Gefühls- oder Gesundheitszustände Unfälle begünstigen. Marbe machte Reaktionstests und ermittelte die Wirkung von Alkohol. Seine Veröffentlichungen und Vorträge weisen ihn als klar denkenden und seiner Zeit

erheblich vorauseilenden Wissenschaftler aus. Da Karl Marbe auch als Gerichtsgutachter amtierte, haben seinen Schriften als Nebenprodukt auch Quellenwert. Anzufügen ist noch, daß Karl Marbes Weg nur von A. Grüb fortgesetzt wurde. Über dessen wichtigste Arbeit PSYCHOLOGIE DER EISENBAHNUNGLÜCKE UND UNFÄLLE, Leipzig 1929, ist in KATASTROPHEN DER DEUTSCHEN BAHNEN - TEIL 1, Anm. 132, S 212 f, berichtet.
Zu erwähnen wären noch die Schriften zu Unfall und Prozeß Nannhofen (1917) von dem Telegr.Inspektor Herricht, Kassel, und zu Siegelsdorf (1928) von Oberbahnmeister Gast, Berlin; ferner die Unfallsammlungen A. Sarters[4], die Karl Günthers, abgedruckt in GLASERS ANNALEN 1925/I sowie die psychotechnischen Arbeiten Richard Couvés, Berlin 1925. Die Schrift von Adolf Bloß, EISENBAHNUNFÄLLE UND IHRE VERHÜTUNG (Berlin 1926) bietet nicht allzu viel. Dagegen muß man als Ergebnis der seinerzeitigen Unfallforschung die EISENBAHNBETRIEBSLEHRE Heinrichs, Präsident der RBD Halle, als d a s fundamentale Werk zur Unfallverhütung bezeichnen.
Bahnseitig wurde nach dem Zusammenschluß der deutschen Länderbahnen in das Unternehmen Deutsche Reichsbahn die statistische Erfassung der Betriebsergebnisse, -leistungen und -unfälle nun völlig einheitlich und, wie erwähnt, in verbesserter Form wieder aufgenommen. Diese amtliche Publikation ist zwar "Nicht für Dritte", kann und konnte jedoch bei begründetem Interesse eingesehen werden und ist eine wertvolle Quelle, nicht zuletzt durch die Sparte "Besonders zu erwähnende Unfälle". 1940 wurde zudem ausführlicher in DIE REICHSBAHN über das Auffahrunglück Genthin (1939) berichtet. 1943 erschien der letzte Band der Reihe STATISTISCHE ANGABEN, die von der DB 1947 fortgesetzt wurde, zunächst im Reichsbahnsystem.
Die umständebedingt etwas schleppende Sicherheitsentwicklung nach dem Zweiten Weltkrieg bewog Hauptverwaltungsdirigent Walter Rohde zu zwei Publikationen über "Die Entwicklung der Betriebsunfälle" in DIE REICHSBAHN 12/49 und "Sicherheit und Unfälle im Eisenbahnbetrieb" in JAHRBUCH DES EISENBAHNWESENS, Darmstadt 1955. Bahnseitige Veröffentlichungen danach waren mehr werbungsorientiert.
1974 führte die DB eine neue Erfassungs- und Auswertungsmethode für gefährliche Ereignisse im Bahnbetrieb ein. Diese Statistik sammelt, ohne Differenzierung von Auswirkung und Schadenshöhe, die Daten aller Bahnbetriebsunfälle und erfaßt die oft vielfältigen Ursache=Wirkungs=Zusammenhänge.
Die damals geltenden "Vorläufigen Bestimmungen für die Statistik der gefährlichen Ereignisse im Bahnbetrieb" in der Fassung vom 1. Januar 1974 (mit Berichtigungen vom 1.1.1976) wurden der Entwicklung angepaßt und fortgeschrieben. Sie wurden als "Regeln für die statistische Erfassung der gefährlichen Ereignisse im Bahnbetrieb (Erfassungsregeln)" neu herausgegeben und waren für Betriebsunfälle anzuwenden, die sich ab 1.1.1983 ereigneten.
Im Jahre 1989 wurde die Erfassung der DB=Bahnbetriebsunfälle auf PC=Datenverarbeitung umgestellt - zeitgleich mit einer neuen Erfassungsmethode gemäß der Vorschrift DS 423 04. Neu eingeführt wurde der Vordruck "Erfassungsblatt für Bahnbetriebsunfälle", der gegenüber den Vorjahren eine wesentlich differenziertere Erhebung der Unfalldaten erlaubt. Über Ereignisarten und Ursachen sind nun z.B. auch Auswertungen nach beteiligten Einheiten (Reisezug, Güterzug, Rangierfahrt usw.), Bahnarten (Hauptbahn, Nebenbahn usw.) und Bahnanlagen (Haupt- oder Nebengleis, freie Strecke, Bahnhofsbereich)

möglich. Allerdings sind die statistischen Ergebnisse nun nicht mehr ohne weiteres mit denen der früheren Jahrgänge vergleichbar.

2. Auswertungskriterien und zum Aufbau des Chronikteils

Für ein Eisenbahnunternehmen wie die DB ist eine ausgefeilte statistische Erfassung aller Betriebsbereiche zweifellos von größter Wichtigkeit. Nur dadurch und durch eine sorgfältige Auswertung kann die Unternehmensleitung einen Überblick behalten. Nehmen wir außerdem an, daß sich die verantwortlichen Herren auch im Detail informieren, sofern Alarmierendes auftritt, dem durch Entscheidungen zu begegnen ist. Inwieweit das in der Zentrale der DB immer erfolgte, kann hier nicht erörtert werden. Pauschale Vorwürfe gegen die DB=Beamtenschaft wie in letzter Zeit wiederholt von DB=Chef Dürr erhoben, treffen jedenfalls nicht den Kern des Grundes für gelegentliche Spät- oder Fehldispositionen.[5]

Der Eisenbahnhistoriker kann statistische Ergebnisse ebensowenig ignorieren. Ihm dienen sie primär zu Vergleichszwecken oder zur Ergänzung seiner Untersuchungen, die mehr in die Tiefe zielen, wozu das Aufdecken von Zusammenhängen wesentlicher ist. Daß hierin neben exakter Faktenausarbeitung unser Anliegen lag, deuten bereits die Titel der früher erschienenen Werke an:

VON SIEGELSDORF NACH AITRANG: Die Eisenbahnkatastrophe als Symptom (1972);
KRITERIEN DER SCHIENE: Eisenbahnunfall- und Strukturanalyse (1978);
EISENBAHNKATASTROPHEN IN DEUTSCHLAND: Splitter Deutscher Geschichte (1979).

Wie wichtig zur Aufarbeitung des diffizilen und vielschichtigen Stoffes die Einsicht in Originaldokumente, insonderheit in Ermittlungs- und Gerichtsakten ist, verdeutlichte uns die vorerwähnte Schrift von Gast "Siegelsdorf vor Gericht". Nach Auffinden einer Ausfertigung der Urteilsbegründung und weiteren Unterlagen stellte sich heraus, daß schon einige Zitierungen bei Gast nicht korrekt und dadurch sinnentstellend wiedergegeben sind, möglicherweise beim Korrekturlesen übersehene Flüchtigkeitsfehler des Setzers.

Dankenswerterweise zeigten sich die bundesdeutschen Justizbehören unserer Bitte um Akteneinsicht zwecks wissenschaftlicher Auswertung gegenüber sehr aufgeschlossen, so daß sich die Sichtung des jüngeren Zeitraumes weit ergiebiger, wenn auch nicht weniger mühevoll als die früherer Epochen, gestaltete.

Den zeitlich am weitesten zurückliegenden, vollständigen Ermittlungs- und Gerichtsakt, den wir erhielten, war der zum Zusammenstoß zwischen Markdorf und Kluftern am 22.12.1939. Wir hatten insofern Glück, daß sich die Herren des LG Konstanz in Anbetracht der zeitgeschichtlichen Bedeutung und der besonderen Tragik des Unglücks nicht zur routinemäßigen Vernichtung dieser Akten entschließen konnten, obwohl die Aufbewahrungsfrist abgelaufen war. Bei Eingang unserer Anfrage zog man in Erwägung, sie dem Gemeindearchiv des Ortes zu überlassen, aus dem die Opfer stammten.

Auf eine Zweitauflage der vorgenannten, vergriffenen Bücher verzichteten wir, weil sich immer wieder neue Fakten und Aspekte ergaben. Aus diesem Grunde mußte z.B. die epochale Entgleisung Aitrang, die sich 1971 in einer kritischen Phase der DB ereignete, ein zweites Mal aufgegriffen werden. Zum Verzicht auf Neuauflagen bewogen uns ferner an bestimmte Zielsetzungen gebundene Gestaltungskriterien. So waren die chronikartigen Auflistungen in EISENBAHNKATASTROPHEN IN DEUTSCHLAND nach Verkehrsräumen ausgerichtet, im Folgeband DIE KATASTROPHENSZENE DER GEGENWART nach den wichtigsten Ursachengruppen.

Die Aufgliederung nach Verkehrsräumen bot zwar durch das Erkennbarwerden regionaler Besonderheiten recht interessante Folgerungen, hatte aber den Nachteil, daß überregional und zeitlich zusammenhängende Vorkommnisse verteilt untergebracht waren.

Auch eine Aufteilung nach Ursachengruppen zerreißt die chronologische Reihung, zudem sind klare Abgrenzungen doch nur selten möglich, denn häufig lösen mehrere Faktoren ein Unglück aus. Diese Differenzierung ist bei der *Ursachenkennziffer* des Registers weitgehend berücksichtigt.

Die überarbeitete und erweiterte Neufassung unserer Chronik bringt nunmehr in den Teilen A und B die von uns erfaßten Eisenbahnunfälle im engeren Begriff.[6] Unfälle, bei denen die Bahn lediglich Funktion bzw. Mittel ist oder in die sie verwickelt wird, d.h. wo sich ihr Anteil auf die Tatsache beschränkt, daß Züge auf Schienen in Bewegung sind, wurden im Teil C nur mit einer Auswahl an Beispielen aufgelistet und auch nicht in das Ortsregister aufgenommen. Es sind dies die Sparten:

1. Rotten- und Arbeitsunfälle,
2. Verstöße oder Unvorsichtigkeit Bahnfremder oder Bahnbenutzer,
3. Attentate und andere Eingriffe in den Bahnbetrieb,
4. Zusammenpralle mit Straßenfahrzeugen am BÜ oder auf der Strecke.

Zu beachten ist, daß wir aus Gründen der Zweckmäßigkeit in Folgendem davon abwichen: Die relativ wenigen Fälle der Sparte 3 des Zeitraumes *bis 1945* wurden in den Chronikteil A und entsprechend in das Register aufgenommen.

Aus Sparte 4 sind jene Fälle in die Teile A und B eingefügt - mit Registeraufnahme -, bei denen es zu bahnbetrieblich ernsten Folgen, z.B. zu Entgleisungen kam.

Die gesonderte Auflistung und - was vor allem die Sparte 1 betrifft - eine sehr eingeschränkte Auswahl, erfolgte vor allem der Menge und der stereotypen Ursachen wegen. Denn trotz Beseitigung zahlreicher Bahnüberwege ist die Anzahl der Bahnüberwegunfälle wegen des gestiegenen Verkehrsaufkommens in etwa gleich geblieben, wenn auch mit leicht rückläufiger Tendenz. Rund 95% aller BÜ=Unfälle sind auf das Fehlverhalten von Straßenverkehrsteilnehmern zurückzuführen (Halten oder sogar Wenden auf dem BÜ, Überqueren der Gleise bei geschlossenen Schranken oder Umfahren der geschlossenen Halbschranken). Bahnüberwege mit Blinklicht oder Lichtzeichen stellen etwa 10% aller BÜ dar, vereinigen aber etwa ein Viertel aller Bahnüberwegunfälle auf sich.

Von Sparte 2 konnten keine Fälle vor 1945 ermittelt bzw. spezifiziert werden.

Von der Menge der Rangierunfälle wurden nur die in der Chronik Teil B aufgenommen, bei denen andere Zugfahrten mitbetroffen waren, im Streifblick und mit wenigen Beispielen ferner die alltäglichen Betriebsstörungen (Kurzschlüsse, Fahrdrahtschäden usw.).

Den Vorsatz, die Auswertung des gesamten Stoffes der Zeit ab 1945 in einem Band unterzubringen, wie vorgesehen, ließen wir bei fortschreitender Arbeit an KATASTROPHEN DER DEUTSCHEN BAHNEN - TEIL 1 fallen. Zum einen wäre das Buch zu umfangreich geworden, zum anderen gelang, wie ein Kritiker schrieb, *"trotz der zu koordinierenden Materialmassen die synoptische Darstellung der äußeren Katastrophenszene auf der Schiene mit der Tragödie oder, wenn man so will, Tragikomödie hinter den Kulissen der Führungsetagen von Eisenbahnverwaltung und Verkehrspolitik wie aus einem Guß"*. So stellten wir alles, was sich nicht in die Geschlossenheit des Werkes fügte, für den Folgeband zurück, u.a. die Chronik.

Was diese betrifft, ist noch auf ein letztes Problem einzugehen: Bei Abfassung des ersten Bandes SCHATTEN DER EISENBAHNGESCHICHTE waren die genannten älteren Titel zwar im Bestand knapp geworden, aber noch lieferbar. Da Zweitauflagen, wie gesagt, nicht auf dem Programm standen, wollten wir in SCHATTEN ... BAND 1 durch Einbeziehung der Entwicklung der britischen- und US-Bahnen das Blickfeld erweitern und einen Vergleich bieten. Dementsprechend wurde das Buch gestaltet, d.h. die Auswahl der deutschen Unglücke annähernd auf die Dimensionen der anglo-amerikanischen Katastrophen abgestimmt.

Über die definitive Gestaltung weiterer Bände waren wir uns seinerzeit noch nicht einig, zumal wir uns für die ausländischen Bahnen - auch die französischen sollten einbezogen werden - um kompetente Autoren bemühten. Dann lief einer der älteren Titel nach dem anderen aus, und die Ereignisse in der DDR veränderten sowohl die deutsche Situation allgemein als auch die Leserschaft unserer Bücher durch einen neuen Kundenkreis mit informativem Nachholbedarf. Das gab endgültig den Ausschlag, die Chronik nicht auf den Zeitraum ab 1945 zu beschränken, sondern ab der Eisenbahnfrühzeit aufzustellen und einige Überschneidungen zu SCHATTEN ... BAND 1 in Kauf zu nehmen. Um die Wiederholung detaillierter Ausführungen zu vermeiden, ist mit ***I** auf jene Fälle hingewiesen, die bereits in SCHATTEN ... BAND 1 mit Abbildungen bzw. eingehender abgehandelt wurden. Da wir in der Zwischenzeit Informationen erhielten, die vereinzelt Berichtigungen von Daten oder Angaben gegenüber SCHATTEN ... BAND 1 ergaben, sind somit die des Chronikbandes zutreffend.

Schließlich sind mit ***II** jene Unfälle gekennzeichnet, die SCHATTEN ... BAND 2: KATASTROPHEN DER DEUTSCHEN BAHNEN-TEIL 1 1945-1992 detailliert enthält, und da darin auch der zu diesem Teil betreffende Zeitrahmen eingearbeitet und gewürdigt ist, wird das nicht noch einmal aufgegriffen.

---

1 Hierfür ist auch typisch, daß im Jubiläumswerk 1985 ZUG DER ZEIT - ZEIT DER ZÜGE Negatives nur über die Zeit bis 1945 gebracht wurde. Dieser Maxime entsprechend hatte auch der Beitrag über Katastrophen der Schiene die DB=Zeit auszuklammern.

2 Durch Beitritt benachbarter außerdeutscher Eisenbahnverwaltungen seit 1932 Verein mitteleuropäischer Eisenbahnverwaltungen (VMEV) benannt.

3 Erstmals 1873. Die Zeitschrift des Vereins österr. Ingenieure brachte bereits 1854 einen Unfallbericht, allerdings über einen Kesselzerknall bei Manchester, also über ein englisches Unglück, aber schon im Folgejahr über eines in Österreich.

4 A. Sarter, in JAHRBUCH DES DEUTSCHEN VERKEHRSWESENS, Berlin 1922, und DIE DEUTSCHEN EISENBAHNEN IM KRIEGE, Leipzig 1930.

5 Andererseits vergaß Herr Dürr bei einem Vortrag am 13.1.1992 in Berlin der Gerechtigkeit halber zu erwähnen, daß die seiner Aussage nach der Entwicklung hinterherhinkenden DB=Beamten mitunter durchaus auch in ihren Dispositionen dieser vorauseilten und deshalb ebenfalls attackiert wurden, so bei Auftragsvergabe der BR 103 in Großserie. Und was sollen solche hemdsärmeligen Fragen in der Auflistung seiner negativen Bestandsaufnahme: *"Warum keine Leichtbauweise beim rollenden Material?"* u.a.m.

Bezeichnend, ja empörend ist ferner, wie manche Eisenbahnfreundezeitschriften plötzlich ihre Animosität gegen das Beamtensystem entdecken. So wird dieses in einem Leitartikel für den derzeit schlechten DB=Fahrradservice verantwortlich gemacht. Warum wird nicht das politische System angegriffen, in dem leitende Positionen nach Parteibuchkriterien mit willfährigen Leuten besetzt werden, die dann die Bedingungen für solche Fehlleistungen fixieren. Denn als die Beamten im Rahmen ihrer Möglichkeiten Handlungsfreiheit hatten, war u.a. auch der Fahrradservice gut.

6 Eine vorzügliche Definition liefert Brockhaus' Konversations=Lexikon, 14. vollständig neubearbeitete Auflage, Leipzig, Berlin und Wien 1892, 5. Band, S. 903 [E = Eisenbahnunfälle]:

Als E. im w e i t e r n S i n n werden alle Unfälle bezeichnet, die beim Betrieb der Eisenbahnen selbst und bei Thätigkeiten vorkommen, die wenigstens mit demselben in unmittelbarer Beziehung stehen, wie der Werkstättendienst, der Güterabfertigungsdienst, die Unterhaltungsarbeiten und Bauten auf im Betrieb befindlichen Bahnen u.s.w. Im e n g e r n S i n n werden unter E. diejenigen Unfälle verstanden, die durch den eigentlichen Betrieb, die Bewegung der Lokomotiven und Fahrzeuge veranlaßt werden und das öffentliche Interesse in besonderm Maße in Anspruch nehmen. Derartige E. kommen hauptsächlich vor als E n t g l e i s u n g e n und als Z u s a m m e n s t ö ß e. Diese Unfälle können ihre Ursache haben: in Mängeln in der Festigkeit des Gefüges der Eisenbahngleise und deren Überführungen (Brücken); in Achsen- und Radreifenbrüchen, scharfgelaufenen Spurkränzen der Räder der Fahrzeuge sowie in sonstigen Brüchen von Maschinen- und Wagenteilen; in unrichtiger Stellung der Weichen; in zu schnellem Einfahren in die Bahnhöfe; in falscher Signalisierung und Übersehen der Signale; in mangelhaftem und nicht rechtzeitigem Schluß der die Planübergänge schließenden Schranken; in Böswilligkeit; in Unregelmäßigkeiten im Betriebe; in atmosphärischen Ereignissen, Zerstörung der Bahn durch Regengüsse, Schneeverwehungen, Sturm, Blitz u.s.w.

1/2 - oben: Altenburg, 31.3.1845 / unten: Frankfurt, 16.8.1846

Teil A:
Deutsche Bahnen 1845-1945
[einschließlich Attentaten]

Einem Bildbericht der LEIPZIGER ILLUSTRIRTEN ZEITUNG vom 26.4.1845 zufolge entgleisten am **31.3.1845** kurz nach 11 Uhr drei Wagen des "Dampfwagenzuges" nach Leipzig nahe dem Dorfe Gerstenberg ca. 4 km nördlich **Altenburg**.
Der Zug bestand aus 15 Wagen, mit ca. 300 Personen besetzt. Vermutlich hatten Lok und vorderer Zugteil (etwa 7 Wagen) einen Gleislagefehler vergrößert, so daß ein in der Zugmitte laufender Postwagen die Entgleisung einleitete, sich aber noch eine kurze Strecke auf dem hohen Bahndamm hielt, bis die Kupplung riß. Der Post- und ein gut besetzter Personenwagen stürzten daraufhin in Fahrtrichtung nach links in eine Wiese, der dritte entgleiste Wagen blieb umgestürzt auf dem Damm liegen. Fünf Schwerverletzte wurden mit einem Pferdefuhrwerk nach Altenburg ins Hospital gebracht.
Der Zug war 10.45 Uhr in der thüringischen Residenzstadt Altenburg abgefahren und hätte noch eineinhalb Stunden Fahrt bis Leipzig gehabt. Den Bildbegleittext könnte man auch dahingehend auslegen, der Zug sei schon eineinhalb Stunden unterwegs gewesen. Zur Unfallursache heißt es, man sehe *"noch der amtlichen Mittheilung des Directoriums der Gesellschaft"* entgegen.
Dieser Streckenabschnitt von 38,5 km Länge, Teilstück der sächsisch/bayerischen Linie Leipzig-Hof-Nürnberg-München, war nach einer sehr kurzen Bauzeit von gut einem Jahr bereits im September 1842 in Betrieb genommen worden. Wenn zweieinhalb Jahre darauf die Entgleisung erfolgte, läßt das Rückschlüsse auf die Arbeitsausführung zu. [Abb. 1]

Am **2.1.1846** stießen in **St. Ilgen**, Str Karlsruhe-Heidelberg, zwei Züge zusammen (1 T, 16 V).

Am **16.8.1846** überfuhren zwei Züge auf der Main-Neckarbahn - der eine früh, der andere am Nachmittag desselben Tages - infolge fehlerhafter Bremsbedienung den Gleisabschluß vor der Main=Brückenbaustelle bei **Frankfurt**/M. Vom Nachmittagszug stürzten Lok und einige Wagen ab, der Frühzug blieb auf dem Damm. [Abb. 2]

4/5: oben: Münsa, 10.10.1864 / unten: Buckau, 17.7.1865

Am **21.1.1851** ereignete sich auf der Cöln-Mindener Bahn bei **Gütersloh** eine ernste Entgleisung infolge Mängeln der Lokomotivkonstruktion (3 T, etl. V). ***I**

1851 richtete ein Hochwasser in Südwestdeutschland schwere Schäden an, u.a. zerstörte es die **Kinzigbrücke** südlich Offenburg. Auch in den Jahren 1876 und 1880-83 verursachte Hochwasser Dammrutschungen und länger dauernde Streckensperrungen in dieser Gegend.

Am **1.1.1855** stürzte bei **Löbau**, Knotenbahnhof an der Str Dresden-Görlitz, ein Pfeiler des Tiefentalviaduktes ein, dem weitere folgten. An der 1846 fertiggestellten, gemauerten Bogenbrücke hatten sich zum Jahresende 1854 Risse gezeigt, so daß der Einsturz nicht überraschend erfolgte. Der Schaden war so erheblich, daß die Wiederherstellung eineinhalb Jahre dauerte.

Am **22.8.1856** rollten Wagen eines österreichischen Militärzuges nach Kupplungsbruch auf der Steigung bei **Laufach**, Str Aschaffenburg-Würzburg, zurück und entgleisten (6 T, 14 V). ***I**

Am **18.11.1858** entgleisten Lok und drei Wagen eines Eilzuges vermutlich wegen Oberbaumängeln auf der drei Tage zuvor eröffneten sächsischen Staatsbahnstrecke Zwickau-Chemnitz zwischen (Glauchau=)**Schönbörnchen** und **Gesau** (etl. V). [Abb. 3]

3

Am **10.10.1864** entgleiste der Morgen=Personenzug Hof-Leipzig südlich Altenburg bei **Münsa**, diesmal (vgl. 31.3.1845) zuerst mit der Lok (etl. V). [Abb. 4]

Am **17.7.1865** prallte in **Buckau** südlich Magdeburg kurz nach Mitternacht ein von Thale kommender Personenzug auf einen im Hauptgleis haltenden G, weil der Weichenwärter die Weisung zum Umlegen der Einfahrweiche zur Leitung des P über das Nebengleis nicht ausgeführt hatte (6 T, 14 Schwer-, zahlreiche Leichtverletzte). [Abb. 5]

Im **Juni 1866** verbrannten sächsische Soldaten beim Vormarsch preußischer Truppen gegen das mit Österreich verbündete Königreich Sachsen das hölzerne Tragwerk der **Riesaer Elbbrücke** (Str Leipzig-Dresden). [Abb. 6] Das abermals in Holzbauweise wiederhergestellte Tragwerk wurde 1872 durch eisernes Material ersetzt. Um es gleich hier zu erwähnen: Nach Fertigstellung des Umbaus 1875 stürzte die Brücke schon im Jahr darauf bei Hochwasser am 19.2.1876 ein.

6

Am **9.12.1869** stieß in **Wallhausen**, Str Sangerhausen-Nordhausen, ein Militärzug infolge falscher Weichenstellung frontal mit einem im Überhol- und Kreuzungsgleis stehenden Güterzug zusammen (10 T, 47 V). ***I**

Der **Deutsch=Französische Krieg 1870/71** stellte die deutschen Bahnen vor ihre erste Bewährungsprobe als Massentransportmittel. Allein an Truppen waren fast 400 000 Mann an die deutsche Westgrenze gegen Frankreich zu befördern, die Hälfte davon zur Sammlung im Raum Mainz. Am 2.8.1870, dem achzehnten Mobilmachungstag, hatten 300 000 Mann ihr Ziel erreicht, und nennenswerte Unfälle waren ausgeblieben. Dennoch war sich die hohe Generalität klar, daß 14 Tage für die Truppenbeförderung - etwa vier Tage hatte die Gestellung in den Garnisonen gedauert - eine zu lange Spanne waren, und lediglich das Verkehrschaos auf französischer Seite den Verzug ausglich. Insbesondere hatten sich die Bahnhofsanlagen von Kassel und auch Frankfurt/M. als Hemmnisse erwiesen mit der Folge von Zugstauungen. Nach dem Krieg wurden Konsequenzen gezogen, u.a. durch den Bau der "Kanonenbahn" Berlin-Koblenz.[7]

Während der Kriegsjahre soll es (nach Röll; ohne genaue Datenangabe) zwei ernstere Unfälle in Preußen gegeben haben:

1870 zwischen **Breslau** und **Glogau** (3 T, 20 V) und
1871, **Berlin=Anhalt**, Entgleisung (19 T, 56 V).

Einen schweren Unfall erlitt ein sächsischer Sanitätszug mit Verwundeten und Kranken während der Fahrt von Le Mans auf der Pariser Gürtelbahn. Am Abend des **9.3.1871** fuhr nahe **Puteaux** ein zu schnell fahrender französischer Militärzug auf den gerade wieder anfahrenden Sanitätszug und zertrümmerte dessen hintere Wagen (9 T, 23 V).[8]

Am **23.2.1876** entgleiste bei **Biederitz** östlich Magdeburg ein Zug infolge Dammunterspülung mit Lok und allen Wagen, die fast alle in die Fluten stürzten; mehrere der Insassen ertranken. ***I**

1873 brach das Strousberg=Eisenbahnimperium zusammen; **1875** folgte der große **Gründerkrach** mit weiteren Konkursen von Eisenbahngesellschaften. ***I**
Die positive Kehrseite dieser verkehrswirtschaftlichen Katastrophe mit Auswirkungen bis in den privaten Finanzbereich zeigte sich in einem Umdenken gegenüber dem Privatbahnsystem. Was nicht einmal negative Erfahrungen im Kriege 1870/71 vermocht hatten, bewirkten jetzt die finanziellen Einbußen, zunächst einen Stimmungsumschwung privater- und staatlicherseits. Der Staat mußte so oder so einspringen, um den maroden Bahnen finanziell zu helfen. Der Schaden wäre sonst noch größer geworden. Also setzte Bismarck in Preußen das Verstaatlichungsprogramm im großen in Gang, dem andere deutsche Staaten folgten.

Am **21.1.1880** entgleiste ein Courierzug bei Courl, heute **Kurl**, zwischen Dortmund und Kamen, infolge Mängeln der Lokomotivkonstruktion (etl. T und V), ***I** und

am **1.6.1880** Sz 3, Berlin-Köln, bei **Blumenberg**, Str Magdeburg-Oschersleben, auf mangelhaftem Oberbau (etl. T und V). ***I**

Am **6.6.1880** stieß in **Lampertheim**, Str Mannheim-Frankfurt, ein Sonderzug auf der Rückfahrt nach Mainz mit P 168 zusammen, wobei 20 Personen verletzt wurden. Die Lokomotiv- und Zugbegleitpersonale des Sonderzuges waren mittels schriftlichen Befehls über die Kreuzung in Lampertheim mit Zug 168 informiert, nicht hingegen über die Kreuzung mit einem weiteren Gegenzug.
Da der Sonderzug und Zug 168 Verspätung hatten, stand der zweite Zug bereits in Lampertheim. Der Tf des Sonderzuges hielt den wartenden Zug für den avisierten und fuhr mit voller Geschwindigkeit (= 62 km/h) in den Bahnhofsbereich. Als er die Haltstellung des Einfahrsignals erkannte, gab er sofort Warnsignale, Gegendampf und ließ die Tenderbremse anziehen. Sachverständige errechneten, daß der Zug unter den gegebenen Umständen (Regen) nach 850 m zum Stillstand kommen konnte, bei trockenem Wetter schon nach 750 m. Da jedoch auf dem gleichen Gleis gerade der verspätete Zug 168 einlief, reichte der Bremsweg nicht, so daß beide Züge mit geringer Geschwindigkeit frontal kollidierten.
Ähnlich Hugstetten (1882) waren die Bremsen in den Wagen des Sonderzuges gar nicht bzw. mit der Bedienung unkundiger Leute besetzt und die Zugbegleitpersonale mit ande-

ren Verrichtungen beschäftigt, außerdem nicht streckenkundig oder umfassend eingewiesen. Daher wurden die Beklagten, Tf und Zf, vom Gericht freigesprochen.

Am **30.5.1882** stießen in **Heidelberg** ein Sz und ein P infolge falscher Weichenstellung zusammen.

Am **3.9.1882** entgleiste bei **Hugstetten** ein mit 1200 Personen besetzter Sonderzug von Freiburg i.Br. nach Colmar nach Überschreitung der für die Lok zulässigen Hg auf zu schwachen Schienenprofilen und der durch Regenfälle aufgeweichten, unelastischen Bettung (64 T, 225 V). ***I**

Am **2.9.1883** wurden im Bf **Steglitz**, Str Berlin-Potsdam, 39 Reisende von einem durchfahrenden Sz getötet, 8 schwer und weitere leicht verletzt. Mitursächlich waren die unzulänglichen Bahnhofsverhältnisse. ***I**

Am **14.11.1884** fuhr vor **Hanau** durch Fdl=Fehler - unterlassene telegraphische Meldung - P 26 von Bebra auf G 304 und auf dem Gegengleis G 511 in die Trümmer (22 T, 26 V) ***I**; am Folgetag,

dem **15.11.1884**, passierte in **Hanau** ein weiterer Unfall. Durch falsche Weichenstellung gelangte Gmp 718 von Friedland auf die bayerischen Übergabegleise und fuhr dort auf einen Güterzug (5 V).

Am **1.7.1886** stießen zwischen **Würzburg** und **Rottendorf**, wo sich die Bahnlinie in Ri Bamberg und Nürnberg gabelt, ein Post- mit einem Courierzug infolge organisatorischer Fehler zusammen (16 T, über 70 V) ***I**, und

am **19.6.1887** in **Berlin** Bf Wannsee, zwei Züge infolge Fdl=Fehler (3 T, 7 V).

Am **7.7.1889** überfuhr in **Röhrmoos**, Str Ingolstadt-München, der durch Weichenwärterfehler auf ein Stumpfgleis geleitete, ab Treuchtlingen vereinte Sz 4/8 den Gleisabschluß (10 T, 9 V). ***I**

Am **4.10.1889** soll sich (nach Röll) in **Stuttgart=Vaihingen** ein Zusammenstoß ereignet haben (7 T, 50 V).

Am **16.3.1890** entgleiste ein G auf dem Viadukt bei **Elberfeld=Sonnborn**, 33 G=Wagen stürzten 20 m tief in die Wupper (2 T, 2 V).

Am **13.5.1890** überfuhr ein in **Dirschau**, Knotenbf südlich Danzig, einlaufender Zug den Abschluß eines Kopfgleises und hatte noch so viel Schwung, daß die Lok in das EG eindrang (2 T, 4 V).

Am **24.11.1890** überflutete die Saale nach starken Regenfällen den Bahnkörper der **Saalbahn**, wobei es zu Dammbrüchen und Brückeneinstürzen kam. Erst am 20.12. konnte der Gesamtverkehr wieder aufgenommen werden.

Am **22.5.1891** stieß in **Kirchlengern**, Str Osnabrück-Minden, ein G mit einem Sonderzug des Zirkus Carré zusammen (4 T, 10 V und zahlreiche Tiere).

7

Am **4.7.1891** entgleiste in **Eggolsheim**, Str Bamberg-Fürth, während des zweigleisigen Streckenausbaus ein Berliner Feriensonderzug. Die primitiven und engen Bahnhofsverhältnisse erforderten umfangreiche Erweiterungen mit mehrfachen Gleisverlegungen und Neuaufschüttungen. Letztere hatten sich offenbar noch nicht genügend gefestigt und waren durch Regenfälle, aufgeweicht. Zudem lag dort z.T. noch veralteter Steinwürfeloberbau, der sich auch gelockert hatte (1 T und 20 V).

Am **18.10.1891** fuhr in **Kohlfurt**, Knotenbf nordöstlich Görlitz, eine Rangierlok infolge Trunkenheit des Lokpersonals einem Berliner Schnellzug in die Flanke (8T,20V), [Abb.7] und

am **17.9.1892** in **Köln** Süd ein Güterzug auf einen Personenzug (2 T, 11 V).

Am **29.6.1894** ereignete sich in **Marienburg** (Hannover) ein Kesselzerknall. Ein Ng von Derneburg nach Hildesheim hatte in Marienburg kurz gehalten. Bei der Anfahrt zerknallte der Kessel von Lok Nr. 1032, erbaut von Hanomag, Hann.Linden. Tf und Heizer kamen schwer verletzt mit dem Leben davon.[9] [Abb. 8]

Am **19.9.1895** fuhr vor Bf **Oederan**, Str (Dresden-) Freiberg-Chemnitz, ein Militärzug nach vorzeitiger Blockfreigabe auf einen vor dem Einfahrsignal haltenden G (10 T, 56 V), ***I**, und

am **2.9.1896** in **Reichelsdorf** bei Nürnberg Eg 1827 mit Personenbeförderung auf G 1717 (etl. T und V). [Abb. 9]

Am **19.5.1897** passierte (nach Röll) im Bf oder bei **Gerolstein**, Str Köln-Trier, ein Zusammenstoß, an dem ein Militärzug beteiligt war (10 T, 20 V).

8/9 - oben: Kesselzerknall in Marienburg, 29.6.1894 / unten: Reichelsdorf, 2.9.1896

Am **14.9.1899** stürzte zwischen **Mühldorf**/Inn und Neumarkt St.Veit bei Hochwasser die Isenbrücke mit einem Personenzug ein. Das nördliche Widerlager der Brücke war unterspült worden, so daß die Träger bei Belastung durch den Zug abrutschten (etl. T und V). [Abb. **10**]

10

Am **25.7.1900** wurde wegen Verspätung des Berliner Schnellzuges Nr. 9 die Überholung von G 8297 von Courl (Kurl) nach **Kamen** verlegt. Wegen eines technischen Defektes konnten weder das Einfahrsignal noch die Weiche des Überholgleises bedient werden, ohne daß man den Blockwärter über die Störung informierte. Der Schnellzug fuhr auf (3 T, 8 V).

Am **29.8.1900** entgleiste Sz 49 bei **Hegne**, Str Singen-Konstanz, nach Regenfällen auf unelastischer Bettung und zu schwachen Schienenprofilen (3 T, 9 V). [Abb. 11/12]

11

12

Am **7.10.1900** kam es in **Heidelberg**, Bf Karlstor, durch Fdl=Fehler zu einem folgenschweren Auffahrunfall (7 T, 80 V). [Abb. 86, S. 117]

Am **8.11.1900** überfuhr bei dichtem Nebel D 42, Berlin-Frankfurt, ein 'Halt' zeigendes Blocksignal zwischen **Hanau** und **Offenbach**. Im selben Moment wurde der gesperrte Blockabschnitt frei, und der Blockwärter, in der Annahme D 42 würde weiterfahren, gab dem nachfolgenden Personenzug Einfahrt in den vom D 42 gerade verlassenen Blockabschnitt. Der Tf des D 42 hatte jedoch das Signal im Vorbeifahren wahrgenommen, angehalten und setzte seinen Zug zurück. Wegen der außergewöhnlich schlechten Sicht bemerkte der Blockwärter das erst, als der Zugschluß wieder aus dem Nebel auftauchte. Der Blockwärter versuchte noch, den Tf des D 42 zu erreichen, aber bevor der Schnellzug zum Stillstand kam, fuhr der nachfolgende Personenzug auf. Die Trümmer entzündeten sich und zwei Wagen brannten aus (12 T, 4 V). *I

13

Am **9.4.1901** entgleiste vermutlich wegen Dammsenkung bei **Burgthann**, Str (Regensburg-) Neumarkt-Nürnberg, ein Reisezug, [Abb. 13] sowie

am **28.11.1901** zwischen **Düren** und **Köln** Zug 640 infolge Attentat. Ein Schienenstück war quer über das Gleis gelegt und mit Draht befestigt worden (4 T, 15 V). *I

Am **10.5.1901** überfuhr ein Schnellzug im Kopfbahnhof **Ludwigshafen** den Gleisabschluß. Die Lok und drei Wagen durchbrachen die Wand der Bahnhofshalle, querten eine breite Straße und bahnten sich einen Weg durch Güterwagen der Hafenbahn, bis die Fahrt der Lok schließlich im Wasser ihr Ende fand. (1 T, 2 V). [Abb. 87, S.117]

Am **6.7.1901** rammte in **Beuthen** (Oberschlesien) Zirkus=Barnum=Sonderzug Nr. 3 den Barnum=Sonderzug Nr. 2 während Ausladearbeiten. Vom Zirkuspersonal wurden vier getötet und sieben schwer verletzt, außerdem kamen viele Tiere um. ***I**

Am **6.12.1901** verbremste sich der Tf des Ostende=Wien=Expreß in **Frankfurt**/M. Hbf und fuhr bis in den Wartesaal I/II. Klasse. [Abb.14]

14

Am **20.12.1901** prallte westlich **Altenbeken** Zug 399 auf den gerade anfahrenden D 31, Köln-Berlin, der wegen eines überfahrenen Pferdes nahe einer Blockstelle angehalten hatte (12 T, 27 V). ***I**

Am **5.5.1902** entgleiste D 21 bei Durchfahrt **Zschortau**, Str Leipzig-Bitterfeld, infolge Tenderachsbruchs (2 T, 7 V), und

am **25.8.1902** D 9, Köln-Berlin, bei Durchfahrt **Schandelah**, Str Braunschweig-Helmstedt, möglicherweise wegen Radreifenbruchs (etl. V).

Am **4.9.1902** streifte der von Augsburg einfahrende Vorortzug 5376 im Bf **Meitingen** die nicht grenzzeichenfrei stehende Lok des Gmp 2147 von Donauwörth (15 V).

Am **19.10.1902** entgleiste Personenzug Nr. 309 infolge Schienenbruchs zwischen **Wiesbaden** und **Biebrich**. Stärkere Profile, die das alte, schwächere Gleis dieser kurvigen Strecke ersetzen sollten, lagen bereits zum Auswechseln bereit (etl. V).

Am **19.11.1902** ließ der Fdl von Bf **Schwarzenfeld**, Str (Regensburg-)Nabburg-Schwandorf, einen verspäteten Güterzug kurz vor dem erwarteten D 21, Rom-Berlin, ab und den Schnellzug in den vom G besetzten Block einfahren. Beim Aufstoß gegen den langsameren G wurden zwei Bremser getötet, außerdem gab es etl. Verletzte.

Am **7.12.1902** entgleiste bei Einfahrt **Brackwede**, Str Bielefeld-Hamm, P 606 aus unbekannten Gründen, wobei ein Stellwerk zertrümmert wurde (T und V), sowie

am **29.5.1903** bei **Drebkau**, Str Cottbus-Großenhain, P 983 infolge einer quer über die Schienen gelegten Schwelle (1 T, 13 V). Der Täter wurde ermittelt und gestand, in Trunkenheit gehandelt zu haben.

Am **21.6.1903** legte Fdl **Metzingen** für den Nachtzug 217, Stuttgart-Tübingen, eine falsche Fahrstraße, so daß der Zug auf ein Stumpfgleis geriet, und die Lokomotive samt Tender auf die Straße stürzte (3 V).

Am **2.8.1903** fuhr in **Nürnberg** Hbf ein Leerzug einem ausfahrenden Personenzug in die Flanke. Der Bremsschlauch zwischen Tender und vorderstem Wagen des Leerzuges war nicht verbunden worden, und die Lokomotivbremsen allein vermochten den Zug nicht rechtzeitig zum Stillstand zu bringen (14 V).

Am **16.8.1903** entgleiste P 3151 bei **Rothenkirchen**, Nebenbahn Wilkau-Carlsfeld, wegen überhöhter Geschwindigkeit (4 T, 40 V). ***I**

Am **2.12.1903** fuhr in **Herbolzheim**, Str Offenburg-Freiburg, die Lok eines Arbeiterzuges gegen Sz 7, von dem Lok und drei Wagen entgleisten (1 T, 13 V).

Am **21.12.1904** wurde Eg 6093 östlich Bf **Wutha**, Str Eisenach-Gotha, auf einem Wartegleis von einem Schnellzug nach Berlin überholt. Bei dichtem Nebel und in der irrigen Annahme, Abfahrtsauftrag erhalten zu haben, gab Zf dem Lokführer des Eg den Befehl zur Weiterfahrt, bei der das Gegengleis gekreuzt werden mußte. Zu spät erkannte Tf den aus Richtung Gotha in Doppeltraktion herankommenden G 6816. Dessen beide Maschinen entgleisten, und auch die des Eg wurde beschädigt sowie zahlreiche Wagen zertrümmert. Beide Richtungsgleise waren erst nach 30 Stunden wieder befahrbar (3 T, etl. V).

Am **gleichen Tag**, kurz zuvor, gegen 17.45, fuhr in **Eisenach** ohne Zustimmung des Fdl eine Lok vom Güter- in den Personenbahnhof und auf P 212, der die Vorbeifahrt des Sz 185 nach Erfurt abwartete (9 V).

Am **15.1.1905** rammte L 20, Riviera=Expreß, von Berlin kommend, nach Signalmißachtung im Bf **Bebra** eine Lok (12 V).

Am **gleichen Tag** stieß ein Güterzug von Karthaus infolge unterlassener telegraphischer Meldung im Güterbahnhof **Koblenz** auf eine rangierende Lok mit Packwagen (1 T, 3 V).

Am **21.1.1905** stießen auf der **Berliner Ringbahn** zwischen Wedding und Pulitzerstraße zwei Güterzüge zusammen (2 V). Der schuldige Tf verlor die Nerven und flüchtete.

Am **24.1.1905** überfuhr im Bf **Sonderburg** bei Flensburg ein Gmp wegen unsachgemäßer Bedienung der Bremsen einen Prellbock (1 T, 1 V).

Am **23.2.1905** kam es zwischen **Zimmersrode** und **Borken**, Str Treysa-Guntershausen, zu Verbrühungen der Lokpersonale wegen schlechter Dichtungen und Materialbruchs an einer Marburger 2 E Vierzylinderverbund=Maschine. Trotz erheblicher Verletzungen dachte der Tf erst an die Sicherheit des Zuges und bremste.

Am **2.4.1905** fuhr in **Liegnitz**, Str Berlin-Breslau, eine Lok auf einen Gmp, der hauptsächlich mit Auswanderern besetzt war. Infolge einer mitgeführten größeren Menge Alkohols brach Brand aus, der auch ein nahes Stellwerk einäscherte (4 T, 30 V).

Am **15.4.1905** wurde der Direktor der Cöln-Bonner Kreisbahn in einem Schnellzug zwischen **Duisburg** und **Köln** von mehreren 20-22jährigen Männern überfallen, beraubt und schwer verletzt. Die Täter konnten am 17.4. gefaßt werden.

Am **gleichen Tag** entgleiste im Bf **Schifferstadt**, südlich Ludwigshafen, gegen Mitternacht ein G infolge falscher Weichenstellung (1 T, etl. V).

Am **2.6.1905** stieß in **Durlach** ein Güterzug mit einem nach Karlsruhe ausfahrenden Personenzug zusammen (1 T, 4 V).

Am **21.7.1905** kam durch vorschriftswidriges Verschieben im Bf **Oberreitnau,** Str von Immenstadt, eine Wagengruppe ins Rollen und stürzte in den Lindauer Hafen, wodurch dort ankernde Schleppkähne in Mitleidenschaft gezogen wurden.

Am **23.7.1905** brach in den Morgenstunden ein Gewölbestück des Tunnels bei **Altenbeken** ein. Der Frühzug von Holzminden nach Paderborn fuhr auf (13 V).

Am **4.8.1905** hatte der Kölner D 94 in Ansbach, der letzten Haltestation vor seinem Zielbahnhof München, bereits 58 Min Verspätung. Die planmäßige Überholung des Stückgüterzuges 1702 in Eichstätt wurde daher nach **Ingolstadt** Nord verlegt. Der Fdl von Ingolstadt Nord hoffte jedoch in Anbetracht der rd. einstündigen Verspätung des D 94, Zug 1702 rechtzeitig abfertigen und zur Überholung in Ingolstadt Hbf ablassen zu können, zumal nicht nur die Überholung durch D 94, sondern auch noch durch P 210 anstand.
Die Kalamität lag in der Bahnhofsanlage: Zum Ein- und Ausladen des Stückgutes sperrte Zug 1702 das durchgehende Hauptgleis 1, da sich an diesem der Güterschuppen befand, bedingt praktisch für Reisezüge mit geringen Umladearbeiten. In einem Fall wie am späten Abend des 4.8. stand der Fdl vor der Entscheidung, entweder Zug 1702 zunächst auf das Überholgleis zu nehmen, ihn dort bis zur Vorbeifahrt der Züge 94 und 210 warten und dann wieder auf Gleis 1 umrangieren zu lassen, oder das Durchgangsgleis bis zur Beendigung der Ladearbeiten und Weiterfahrt des G gesperrt zu halten. Da der Fdl über die umzuladende Stückgutmenge nicht genau informiert war, zog er - wie gesagt - die einfache Lösung vor.
Nun verzögerte sich das Aus- und Einladen erheblich, und als D 94 angeboten wurde,

entschloß sich der Fdl, D 94 zu Durchfahrt auf dem Überholgleis anzunehmen. Der Fdl verließ sich auf die Signalstellung, die seinerzeit in Bayern noch mit grüner Lichtscheibe "Langsamfahrt", d.h. 45 km/h, anzeigte. Eine zusätzliche Verständigung des Tf von D 94 zu veranlassen, hielt er nicht für nötig, was zudem mit einem außerplanmäßigen Halt verbunden gewesen wäre.
Mit 90 km/h, durch den Schreibstreifen des Registriergerätes nachgewiesen, fuhr D 94 gegen 23.00 Uhr an Ingolstadt Nord heran. Das Licht des Einfahrsignals war der geraden Strecke und klaren Nacht wegen theoretisch gut zu erkennen. Nur zeigte es nicht grün, sondern etwas schwer Definierbares, weil die Scheibe verschmiert und gebrochen war. Möglicherweise orientierte sich der Tf irrtümlich auch an einem weißen Licht im Bahnhofsgelände und fuhr mit unvermindertem Tempo in die auf Linksablenkung stehende Weiche. Deren Stellung scheint der Tf im letzten Moment noch erkannt zu haben, denn bei Bergung seiner Leiche aus dem zertrümmerten Führerhaus der Lok hielt er den Griff zur Bremsenbedienung umklammert.
Beim Umstürzen der Lok riß der Tender ab, wurde von der Zugmasse ein Stück weiter geschoben, bis er nach Kupplungsbruch entgegen der Fahrtrichtung neben dem zerbrochenen Dienstwagen liegen blieb [s. Abb. 15]. Die beiden als Wagen 2 und 3 im Zugverband laufenden Reisezugwagen kamen mit Beschädigungen umgestürzt zum Stillstand, dahinter der abgerissene Speisewagen vor der Lok quer zum Gleis. Nur die folgenden Wagen fand man nach dem Unglück zwar entgleist und leichter beschädigt, aber aufrecht stehend vor.
Immerhin verhinderte der Ablauf der Katastrophe, daß sich keine Reisezugwagen ineinanderschoben, und so gab es außer dem getöteten Lokpersonal, auch der Heizer fand den Tod, lediglich 26 mehr oder weniger schwer Verletzte.

15

Am **4.8.1905** entgleiste ein Güterzug in **Schimischow** bei Oppeln (2 T, 2 V).

Am **7.8.1905** stießen zwischen den Bahnhöfen **Spremberg** und **Schleife** auf der eingleisigen Hauptbahn (Berlin-) Cottbus-Görlitz der Sz 113 mit Nachzug Sz 112 zusammen. Das Unglück verschuldete ein übernächtigter und alkoholisierter Fdl (19 T, 40 V).***I**

Am **10.8.1905** richtete abermals (vgl. 1851) ein verheerendes Unwetter an den südwestdeutschen Bahnanlagen schwere Schäden an, insbesondere im Bf **Appenweier**, Str Karlsruhe-Freiburg (etl. V). ***I**

Am **15.9.1905** stießen zwischen (Berlin) **Teltow** und **Groß Lichterfelde** D 49 mit P 242 am Ende einer Brückenbaustelle bei zeitweilig eingleisigem Betrieb zusammen. Ursächlich war die Signalmißachtung vom Tf des D 49 von München. Durch die Aufmerksamkeit des Tf von P 242 wurden die Folgen gemildert (17 V).

Am **30.9.1905** fuhr in **Czernowitz** P 858 wegen Signalmißachtung infolge Trunkenheit des Lokpersonals über den Gleisabschluß und stürzte ab (2 T, 10 V).

Am **17.10.1905** fuhr in **Tilsit** ein betrunkener Tf ohne Abfahrtsauftrag und ohne Reisezugteil auf die Strecke nach Labiau statt gemäß Plan nach Insterburg. Lok und Gepäckwagen stießen mit einem Gegenzug zusammen (2 T, etl. V).

Am **27.10.1905** fuhr in **Duisburg** infolge Fdl=Fehler D 96 auf D 196 (2 T, 7 V).

Am **6.12.1905** nahm Fdl **Kelsterbach**, Str Frankfurt/M.-Mainz, die einem G erteilte Ausfahrt zurück, um D 141, Paris-Frankfurt/M. vorzulassen. Der Tf des Güterzuges beachtete die Änderung nicht und fuhr dem Schnellzug in die Flanke (7 V).

Am **7.3.1906** wurde im D 24, **Danzig-Berlin**, ein Raubüberfall verübt, den der Überfallene überlebte. Möglicherweise war der Täter identisch mit dem, der am **10.6. d.J.** einen Raubmord in einem Zug bei **Hamburg=Blankenese** beging. Tatausübung und Personenbeschreibung deuteten daraufhin. Der Überfallene im Zug bei Blankenese hatte auch noch aussagen können, bevor er seinen Verletzungen erlag.

Am **29.3.1906** fuhren in **Seelze** bei Hannover zwei Güterzüge aufeinander und ein dritter in die Trümmer (2 T, 3 V).

Am **1.5.1906** fuhr D 21 zum zweiten Mal (vgl. 19.11.1902) auf einen Güterzug, diesmal wegen einer schadhaften Weiche im Bf **Regenstauf**, nördlich Regensburg (V).

Am **27.6.1906** überfuhr infolge fehlerhafter Bremsbedienung ein Ausflüglerzug aus Königsberg in **Cranz** den Prellbock (2 T, 13 V).

Am **8.7.1906** mißlang der Versuch, den Schnellzug Koblenz-Trier und einen Personenzug der Gegenrichtung zum Entgleisen zu bringen. Eine Woche darauf wiederholten die Attentäter in **Schweich** ihr Vorhaben mit mehr Erfolg. Die Aufmerksamkeit eines Streckenpostens verhinderte ein schweres Unglück. Zeitungen bauschten diese Vorkommnisse als Mordanschlag gegen einen russischen Großfürsten auf, was jedoch reine Phantasie war. Man vermutete Rachsucht gegenüber der Bahnverwaltung und machte ferner die

16/17- Tremessen, 7.8.1907

Mentalität bestimmter Bevölkerungsteile dieser Gegend dafür verantwortlich. In der Nachbarschaft, in Perl und auf der Str Pünderich-Trarbach waren in den Vorjahren bereits Anschläge, ebenfalls ohne ernste Folgen, ausgeübt worden.

Am **9.11.1906** ereignete sich wegen Signalmißachtung die Flankenfahrt zweier G im Bf **Kostheim** bei Mainz (2 T, 1 V).

Am **30.12.1906** fuhr in **Ottersberg**, Str Hamburg-Bremen, D 96 bei starkem Nebel und Frost dem umrangierenden Eg 5010 in die Flanke (5 T, 10 V). ***I**

Am **gleichen Tag**, wiederum bei dichtem Nebel, fuhr L 53, Ostende=Wien=Expreß, vor **Kalscheuren**, Str Köln-Bonn, auf einen G (1 T, etl. V).

Am **4.1.1907** verschüttete beim Bau der Hunsrückbahn nahe **Leiningen** eine einstürzende Böschung Arbeiter und nachfolgend ein Felssturz Schaulustige während der Rettungsaktion (18 T, 15 V).

Am **23.3.1907** überfuhr in **Karow**, Str Berlin=Stettiner Vorort=Bf - Bernau, ein G den Gleisabschluß (2 T, 1 V und zahlr. getötete Tiere).

Am **6.6.1907** riß bei Ausfahrt Bf Brand, Str Aachen-Walheim, der hintere Zugteil eines G ab, folgte dem vorderen Zugteil im Gefälle mit steigender Geschwindigkeit und prallte in **Aachen Rothe Erde** auf (1 T, 1 V).

Am **7.8.1907** entgleiste D 52, Eydtkuhnen-Posen-Berlin, zwischen den Bahnhöfen **Tremessen** und **Talsee** auf einem Streckenstück, an dem Gleisarbeiten ausgeführt wurden (8 T, 25 V). ***I** [Abb. 16/17]

Am **gleichen Tag** explodierte in **Hannover** Hbf der Luftbehälter von Lokomotive Nr. 502. Ein auf dem Bahnsteig wartender Reisender wurde getötet.

Am **3.9.1907** brachten Attentäter, die trotz hoher Belohnung nie gefaßt wurden, den D 6, Insterburg-Berlin, bei **Rehfelde**, Str Küstrin-Berlin, durch Lösen der Schienenbefestigung zum Entgleisen (1 T, 9 V).

Am **25.9.1907** fuhr in **Berlin**, Potsdamer Ringbf, ein Vorortzug einem anderen infolge Signalmißachtung in die Flanke (3 V).

Am **31.10.1907** entgleiste der Abendzug Nr. 10 bei **Oberzissen**, Str Kempenich-Brohl, infolge überhöhter Geschwindigkeit (5 T, 7 V).***I**

Am **6.11.1907** fuhr in **Dülken** P 598 von Brüggen über den Gleisabschluß in das EG, wobei sich Personenwagen ineinander schoben (9 V).

Am **9.12.1907** brachte in **Vormwald**, Str Erndtebrück-Kreuztal, eine nicht grenzzeichenfrei stehende Schiebelok einen Personenzug zur Entgleisung (11 V). Die Ursache lag weniger in Unaufmerksamkeit als in den Bahnhofsverhältnissen. Die knapp grenzzeichenfrei zum Halten gekommene Schiebelok des Güterzuges erhielt beim Lösen der Bremsen des noch in der Steigung stehenden Zugteils einen Stoß, der sie in den Lichtraum des ausfahrenden Personenzuges zurückschob.

Am **10.12.1907** entgleiste Sz 42 in **Miala**, Str Posen-Kreuz, auf ablenkender Weiche wegen zu hoher Geschwindigkeit (16 V).

Am **11.6.1908** ereignete sich wegen Signalmißachtung in **St. Goarshausen**, Str Wiesbaden-Niederlahnstein, die Flankenfahrt zweier Güterzüge (1 T, 2 V).

Am **9.8.1908** stieß beim Hp **Groß Tarup**, Flensburger Kreisbahn nach Rundhof, der Abendpersonenzug mit einer Sonderfahrt zusammen, weil der Zf des P die Kreuzung vergessen hatte (9 T, ca. 10 V).

Am **26.9.1908** ereignete sich am Gleisdreieck der **Berliner** Hochbahn die folgenschwere Flankenfahrt zweier S-Bahnzüge nach Signalmißachtung (21 T, ca. 21 V). Der schuldige Tf erhielt eine Gefängnisstrafe von einem Jahr und neun Monaten. ***I**

Am **23.10.1908** waren die wegen Umbau der Gleisanlagen Augsburg Hbf reduzierten Gütergleise gegen Abend alle besetzt. Als Fdl **Augsburg=Hochzoll** G 2338 anbieten wollte, dauerte es eine Weile, bis man ihm mitteilte, er müsse G 2338 vom nachfolgenden Sz 89 in seiner Station überholen lassen. Inzwischen hielt der G bereits vor dem Ausfahrsignal. Obwohl Fdl das Einfahrsignal auf 'Halt' gestellt, somit den Block für den nachfolgenden Sz freigegeben hatte, ließ er den G zurücksetzen, und zwar über das Einfahrsignal hinaus, um ihm dann in das zwischen den Richtungsgleisen gelegene Überholgleis einfahren zu lassen. Als G 2338 anfuhr, um wieder einzulaufen, prallte Sz 89 auf (2 T, etl. V). [Abb. 18/19]

18
19

Am **28.10.1908** lief der verspätete D 38, Berlin-Zürich, statt mit zulässigen 20 km/h mit 40 km/h in den Hbf **Stuttgart** ein und kam wegen Eisbildung auf den Schienen nicht rechtzeitig zum Stillstand. Die Vorspannlok riß ab, überfuhr Drehscheibe mit Gleisabschluß und Kopfbahnsteig und landete im Bahnpostbüro. Zwei untere Dienstgrade retteten sich, der Dienststellenleiter verharrte auf seinem Posten und wurde verletzt.
Bei der Weiterfahrt hatte der Zug in Stuttgart West noch eine Karambolage. Die Schiebelok fuhr zu schnell heran und hart auf. Der letzte Wagen entgleiste. Ohne ernstere Folgen, aber mit erheblicher Verspätung konnte die Fahrt dann doch fortgesetzt werden.

Am **17.11.1908** fuhren in **Berlin** vor Bf Jannowitzbrücke zwei S-Bahnzüge aufeinander (7 V). Es lag eine Blockstörung vor, durch die sich der Fdl täuschen ließ. Da er sich auf die Technik verlassen und nicht durch Augenschein überzeugt hatte, was hier leicht möglich gewesen wäre, erhielt der Fdl 3 Monate Gefängnis auf Bewährung.

Am **13.5.1909** entgleiste in **Herlisheim**, südlich Colmar, dem Ziel des Hugstettener Unglückszuges (vgl. 3.9.1882), infolge Kesselexplosion ein G und D 161, Basel-Köln, fuhr in die Trümmer (8 T, 4 V). ***I** [Abb. 20]

20

Am **31.5.1909** entgleiste vor **Illerbeuren**, Str Legau-Memmingen, ein Lokalbahnzug infolge Bremsversagens (1 T, etl. V).

Am **23.12.1909** fuhr abermals (vgl. 30.12.1906) auf der Str Hamburg-Bremen, diesmal in **Scheeßel**, D 91 auf einen Güterzug, und wieder war eine Weiche, die nicht gestellt werden konnte, mitursächlich, primär die Unaufmerksamkeit des Tf. (2 T, 10 V)

Am **30.3.1910** fuhr im Bf **Mülheim**/Ruhr der Lloyd-Expreß nach Signalmißachtung auf einen Militärzug (22 T, 56 V). ***I**

Am **13.6.1910** (Datum nicht sicher) entgleiste ein Zug infolge falscher Weichenstellung in **Schwarzenacker**, Str Homburg-Zweibrücken (2 T, etl. V).

Am **26.10.1910** fuhr in **Potsdam** infolge Fdl=Fehler Eg 6040 auf P 400 (etl. V).

Am **6.2.1911** stießen in **Berlin** Bf Baumschulenweg auf einer Weiche die Lokomotiven zweier Stadtbahnzüge zusammen (33 V). Der wegen Signalmißachtung angeklagte Tf des von Rixdorf kommenden Zuges 3903 wurde frei gesprochen, weil sein Verschulden nicht eindeutig bewiesen werden konnte. Die Möglichkeit eines mechanischen Defektes am Signal war nicht ausschließen.

Am **17.7.1911** entgleiste D 9 auf einer Baustelle im Bf **Müllheim**, Str Basel-Freiburg, infolge vom Tf verschuldeter zu hoher Geschwindigkeit (14 T, 32 V). ***I** [Abb. 21]

21: Müllheim, 17.7.1911 - rechts der Gepäckwagen, in der Baugrube für den Fußgängertunnel die Trümmer des ersten Reisezugwagens

Am **2.8.1911** entgleiste D 47, Eger-Leipzig-Berlin, in **Niedergörsdorf** bei Jüterbog auf einer in Ablenkung stehenden Weiche. Der Weichenwärter hatte angenomen, der erwartete Zug sei ein Güterzug, der wie üblich hier überholt werden solle. Die Überholung war jedoch vorverlegt, der Wärter davon nicht verständigt worden (4 T, etl. V). [Abb. 22]

22

Am **15.3.1912** fuhr in Bf **Wittenberge** der Postzug Hamburg-Berlin frontal auf einen haltenden Güterzug, wobei Brand ausbrach (2 T, 2 V).

Am **19.6.1912** stießen im Bf **Gaschwitz**, Str Leipzig-Altenburg, 2 P infolge Fdl=Fehler zusammen (3 T, zahlreiche V).

Am **16.1.1913** fuhr bei **Oberweimar**, Str Weimar-Jena, eine Lok gegen P 402 (3 V).

Am **gleichen Tag** kam es im G 6318 bei Blockstelle **Eicken**, Str Neuwerk-Rheydt, zu einer Zugtrennung. Acht Wagen liefen zurück und prallten auf einen nachfolgenden G (1 T, etl. V).

Am **10.2.1913** geriet bei Ausfahrt **Vieselbach**, Str Weimar-Erfurt, P 806 infolge falscher Weichenstellung auf ein Stumpfgleis und überfuhr den Gleisabschluß; getötet wurden zwei Personen und zwei Pferde.

Am **14.5.1913** stießen bei **Gerolstein**, Str Köln-Trier, ein Güter- und ein Rangierzug zusammen (2 T, etl. V).

Am **19.10.1913** entgleiste E 153 in **Vorhalle**, Str Hagen-Dortmund (1 T, etl. V).

Am **22.10.1913** (Datum unsicher) wurden ungesichert stehende Güterwagen im Bf Waldenburg=Altwasser (Schlesien) durch Sturm auf die Gefällstrecke getrieben. Auf einem Überweg bei **Neu Weißstein** stießen sie gegen eine Tram (14 V).

24/25: Ermetzhofen, 17.4.1914

Am **14.12.1913** brach der Südausgang des **Zschopautaltunnels** bei Braunsdorf, Str Roßwein-Frankenberg-Chemnitz, unbemerkt ein. Das ist um so seltsamer, als sich gleichzeitig in der Nähe, weithin hörbar, ein Bergsturz ereignete und die Gegend dicht besiedelt ist. Stunden darauf fuhr der Spätpersonenzug Ri Chemnitz am Tunnelende in den Trümmerhaufen; 10 Personen wurden getötet, ca. 60 schwer verletzt .

Dem Unglück folgte ein Prozeß bis zur letzten Instanz, da sich die Generaldirektion der Sächsischen Staatsbahnen auf den Standpunkt stellte, die Katastrophe sei ein außergewöhnliches Naturereignis gewesen, und bei "höherer Gewalt" sei sie frei von Schadenshaftung. Nun befand sich unter den Verletzten ein Reisender, der das Prozeßrisiko nicht zu scheuen brauchte und schließlich Recht bekam. Das "Naturereignis" wurde in der Urteilsbegründung des Reichsgerichtes vom 15.11.1917 nicht bestritten, aber als Unfallkausalität abgelehnt. Das Endurteil vom 23.9.1918 des OLG Dresden lautete auf Zahlung der Bahnverwaltung, primär wegen der ihr "eigentümlichen Betriebsgefahren". [Abb. 23]

23

Am **16.12.1913** kollidierte in **Reuland**, Str Lengeler-Lommersweiler, eine Rangierlok mit P 600 (1 T, 8 V).

Am **20.12.1913** fuhr in **Löttringhausen**, Str Hagen-Dortmund, P 913 auf eine entgleiste Lok (1 T, 7 V).

Am **28.12.1913** entgleiste im Tunnel zwischen **Kochem** und **Eller**, Str Koblenz-Trier, ein Güterzug auf einer vorschriftswidrig und vorzeitig begonnenen Gleisbaustelle; ein Gegenzug fuhr in die beiden entgleisten Loks des G (2 T, 2 V).

Am **30.1.1914** entgleiste bei **Marxgrün** nach Bremsversagen ein Zug der Lokalbahnlinie Hof-Bad Streben (12 V).

Am **17.4.1914** ereignete sich nahe **Ermetzhofen** bei Steinbach, Str Würzburg-Ansbach, ein Dammrutsch, der den Absturz zweier Güterzüge, der eine von Würzburg, der andere von Ansbach, jeweils in Fahrtrichtung zur Folge hatte. (2 T, 4 V). [Abb. 24/25]

Bei **Kriegsausbruch 1914** hatten die deutschen Bahnen in Leistung und Sicherheit einen hohen Stand erreicht.[10] So vollzog sich der deutsche Truppenaufmarsch nach der Mobilmachung am 2.8.1914 auch in geringerer Zeit als 1870. Die straffere Organisation der deutschen Staatsbahnen 'schlug' die Franzosen in der Vollendung des Aufmarsches, obwohl in Frankreich bereits am 31.7. eine Teilmobilmachung befohlen worden war.
Zur Vermeidung von Stauungen an neuralgischen Punkten griff man deutscherseits auf eine Organisationsform zurück, mit der man vereinzelte Betriebsstörungen im Herbstverkehr 1912 behoben hatte: Zugleitungen in wichtigen Knotenbahnhöfen. Im Kriegsverlauf ergab sich bald die Notwendigkeit, Oberzugleitungen auf Direktionsebene einzurichten, und schließlich die Generalbetriebsleitung West mit Sitz in Saarbrücken (Oktober 1916), dann in Köln, und ab April 1917 in Essen sowie die Generalbetriebsleitung Ost in Berlin (ab Dezember 1916). Im Februar 1918 kam noch die Generalbetriebsleitung Süd in Frankfurt/M. hinzu, die im November 1919 von neuem in Würzburg eingerichtet wurde. Außerdem bestand seit Mitte 1917 in Berlin eine Kriegsbetriebsleitung.
Leistungsmäßig zeigten sich die deutschen Bahnen den Anforderungen des Krieges im wesentlichen gewachsen, die erschreckende Zunahme der Unfälle deutet jedoch auf mancherlei Schwächen oder Fehler hin. So hielt man unverständlicherweise bis in das vierte (!) Kriegsjahr hinein einen zwar im Fern- und Schnellverkehr ausgedünnten Fahrplan aufrecht, aber mit Fahrzeiten, die denen der letzten Friedensjahre nicht nachstanden. Daß Fehldispositionen dieser Art die Kriegsverkehrslage zusätzlich belasteten und negative Folgen hatten, liegt auf der Hand.
Weitere Gründe für die von Jahr zu Jahr sinkende Betriebssicherheit sind u.a. in Einberufung zum Heer oder Abordnung vieler Eisenbahner zur Dienstleistung bei den Etappenbahnen bzw. in den besetzten Gebieten zu suchen. Die Aufgaben dieser Männer mußten von weniger qualifzierten, auch unzulänglich ausgebildeten Ersatz- oder Aushilfskräften - jüngeren und auch älteren beiderlei Geschlechts - übernommen werden, die bei Überlastungen oder Krisensituationen öfters versagten. Hinzu kommt, daß sich die unerwartete Dauer des Krieges[11] mit einer von Jahr zu Jahr schlechter werdenden Versorgungslage allgemein auf die Psyche der deutschen Zivilbevölkerung auswirkte.
Das Ereignisbild der nun folgenden Auflistung würde noch trüber, wenn die Menge der kleineren Unfälle auch überliefert worden wäre, aber sie gingen im Kriegsgeschehen unter, nur die Folgen sind statistisch erfaßt (s. 1920).

Am **14.11.1914** stieß in **Schkeuditz** bei Leipzig ein von Halle kommender G infolge Signalmißachtung mit einem anfahrenden G der Gegenrichtung zusammen (2 T, 1 V).

Am **22.11.1914** fuhr im Bf **Schönhauserdamm**, Str Stendal-Berlin, ein Schnellzug auf einen Güterzug (5 T, 13 V).

Am **3.2.1915** fuhren vor **Konitz**, Str Dirschau-Schneidemühl, zwei Militärzüge aufeinander (6 T, 20 V).

Am **23.3.1915** rammte in **Dirschau** eine Lok einen Personenzug (6 T, 20 V).

Am **22.8.1915** entgleiste zwischen **Eschenau** und **Forth**, Str Nürnberg-Gräfenberg, ein Zug wegen Schienenbruchs (5 T, etl. V).

Am **20.9.1915** stieß bei **Plüschow**, zwischen Lübeck und Bad Kleinen, ein Güterzug mit einem Militärzug zusammen (5 T, 22 V), und

am **7.10.1915** in **Bischdorf**, Str Allenstein-Insterburg, ein Eg mit D 55, Berlin-Eydtkuhnen, infolge Fdl=Fehler (15 T, 55 V).

Am **28.12.1915** entgleiste in **Bentschen**, Str Frankfurt/O.-Posen, ein Urlauberzug (19 T, 79 V).

Am **7.1.1916** stürzte bei **Pfenningbach**, Str Passau-Pocking, der Lokalbahnzug 81 infolge Dammrutschung ab (1 T, 17 V) [Abb. 26]

26

Am **29.1.1916** fuhr der zuschlagfreie Schnellzug 23, Köln-Hannover, in **Kalkum** zwischen Düsseldorf und Duisburg gegen 10 Uhr auf einen umsetzenden Lazarettzug, der von Zug 23 überholt werden sollte. Das Einfahrsignal für Zug 23 hatte eindeutig 'Halt' gezeigt. (2 T, 62 V).

Am **27.7.1916** entgleiste in **Köln=Ehrenfeld** ein Personenzug (2 T, 92 V)

Am **3.9.1916** stieß bei **Wildpark**, Str Potsdam-Magdeburg, ein Güter- mit einem Personenzug zusammen (3 T, 92 V).

Am **8.10.1916** blieb D 4, Eydtkuhnen-Berlin, gegen 3.40 Uhr hinter **Zantoch**, Str (Schneidemühl-) Kreuz-Landsberg a.d.Warthe (-Berlin) vor der Blockstelle Jahnsfelde liegen. Ab Schneidemühl folgte D 24, Warschau-Berlin, dem D 4 im Planabstand von 15-20 Min, bei

Unregelmäßigkeiten auch im Blockabstand. Beide waren Nachtzüge mit Schlafwagen. Als der Fdl in Zantoch D 24 die Durchfahrt freigeben wollte, stellte er fest, daß noch nicht zurückgeblockt war und das Ausfahrsignal daher nicht auf 'Frei' gestellt werden konnte. Da D 4 längst den hinter Zantoch folgenden Block passiert haben mußte, fragte der Fdl beim Blockwärter Jahnsfelde telefonisch an, warum er nicht zurückblocke. Der Wärter hatte offenbar geschlafen und nahm seinerseits an, D 4 sei vorbeigefahren, ohne daß er es gemerkt habe. So gab er vermittels Blockeingriff den Block frei. Daraufhin erhielt D 24 in Zantoch Ausfahrt und prallte auf den mit Maschinenschaden liegengebliebenen D 4. Der auf dem Gegengleis kurz vor 4 Uhr passierende Zug 241, Berlin-Eydtkuhnen, kollidierte mit Wagentrümmern des D 4, ohne zu entgleisen (11 T, 22 V).

Am **30.12.1916** wurde Abendzug 3007 von Linz/Rhein nach Flammersfeld im Bf **Elsaff** zurückgehalten, weil Hochwasser nach Schneeschmelze bei starkem Regen den Bahndamm im Elsafftal gefährdete. Mangels Möglichkeiten zur Bekohlung und Wasserversorgung der Lok in Elsaff fuhr diese ohne Zug zurück nach Linz. Nach 800 m Fahrt stürzte die Lok ab, da inzwischen ein Stück Damm abgerutscht war und das Gleis frei hing. Tf und Heizer fanden den Tod.

Am **3.2.1917** stießen in **Finkenrath** bei Köln zwei Personenzüge zusammen (7 T, 25 V).

Am **9.2.1917** entgleiste als Folge eines feindlichen Fliegerangriffs D 32 zwischen **Homburg** und **Limbach**, Str Kaiserslautern-Saarbrücken (etl. T und V). [Abb. 27]

27

Am **19.4.1917** traf 21.46 Uhr EGmp 926 von München in **Nannhofen** ein. Zur Ausladung eines Pferdes ließ der Fdl den Zug an die Laderampe zurücksetzen, wozu das Gegengleis gekreuzt werden mußte. Aus Ri Augsburg wurde D 53 erwartet, planmäßig in Nannhofen durch gegen 21.54 Uhr. Da für den D 53 von Augsburg 6 - 7 Min Verspätung gemeldet worden waren, glaubte der Fdl das Rangiermanöver noch durchführen zu können. Der Schnellzug hatte jedoch Verspätung eingefahren und traf in Nannhofen ein, als der EGmp nach Ausladen des Pferdes wieder zum Bahnsteig des Augsburger Richtungsgleises vorzog. Da die Scheiben des Einfahrsignals von Schnee bedeckt waren, ließ sich der Tf des D 53 von einem weißen Licht im Bahnhofsgelände düpieren (vgl. Ingolstadt, 4.8.1905, und Anm.10), fuhr am 'Halt' zeigenden Einfahrsignal vorbei und einem Personenwagen des EGmp in die Flanke (30 T, 84 V). ***I** [Abb. 28]

28

Am **17.9.1917** fuhr in **Poln.=Neukirch** (später Großneukirch), Nebenbahn Cosel-Bauerwitz, eine Rangierlok auf einen Personenzug (6 T, 97 V).

Am **gleichen Tag** wurde auf der eingleisigen Nebenbahn Limburg-Altenkirchen die Kreuzung zweier Personenzüge von Wilsenroth nach **Willmenrod** verlegt. Auch der Tf des P 3982 von Altenkirchen, dort ab 5.12 Uhr, hatte einen schriftlichen Befehl für die Kreuzungsverlegung erhalten, in Willmenrod nicht mehr an den nur flüchtig zur Kenntnis genommenen Befehl gedacht und war nach kurzem Halt weitergefahren, so daß sein Zug mit dem verspäteten Gegenzug 3981 zusammenstieß (6 T, 16 V).

29/30 - oben: Lohhof, 25.1.1918 / unten: Diedorf, 13.6.1918

Am **16.10.1917** sollte im Bf **Schönhausen**, östlich Stendal, ein G von einem Kindersonderzug nach Berlin überholt werden. Als der G langsam in das Überholgleis einlief, fuhr der Sonderzug auf. Dessen Tf hatte das vorliegende Blocksignal überfahren, und das Einfahrsignal Schönhausen stand noch auf 'Frei' (26 T, 16 V).

Am **3.12.1917** fuhr in **Heeßen**, Str Hamm-Bielefeld, ein D auf einen Kriegsgefangenenzug (32 T, 87 V).

Am **11.12.1917** mißachtete der Tf des D 401, Ostende-Köln, das 'Halt' zeigende Signal einer Blockstelle vor Bf **Düren**, Str Aachen-Köln, und prallte auf einen vor dem Einfahrsignal haltenden Urlauberzug (19 T, 36 V).

Am **7.1.1918** fuhr gegen 0.30 Uhr bei **Bruchmühlbach**, Str Kaiserslautern-Saarbrücken, ein Urlauberzug im Schneesturm auf einen "Etappen=" (vermutlich Nachschub=) Zug (33 T, 121 V).

Am **16.1.1918** entgleiste nach Dammunterspülung durch ein Unwetter ein Urlauberzug zwischen **Kirn** und **Martinstein**, Str Bad Münster-Saarbrücken (38 T, 25 V).

Am **16.1.1918** fuhr in Bk Ölingen, Str Bremen-Osnabrück, ein Schnellzug auf einen in das Überholgleis einlaufenden Urlauberzug. Der Tf des Schnellzuges hatte bei Schneesturm das 'Halt' zeigende Ausfahrsignal Bf **Bohmte,** ca. 3 km vor der Blockstelle, nicht wahrgenommen (31 T, 66 V).

Am **18.1.1918** fuhr bei **Argeningken**, Str Insterburg-Tilsit, ein Urlauber- auf einen Personenzug (32 T, 36 V).

Am **25.1.1918** ereignete sich in einem Schnellzug nach Berlin zwischen **Lohhof** und **Schleißheim**, Str München-Ingolstadt, ein Brandunglück infolge bodenlosen Leichtsinns eines Fahrgastes. Die aus einem im Abteil mitgeführten, undichten Benzinbehälter ausströmenden Gase entzündeten sich explosionsartig, so daß in kürzester Zeit der ganze Reisezugwagen in Flammen stand. Die Angaben über die Opfer schwanken zwischen 3 T, 72 V und 8 T, 40 V. [Abb. 29]

Am **6.2.1918** riß auf der 'Kanonenbahn'[7] zwischen **Güsten** und **Sandersleben** die Kupplung in der Mitte eines Ri Sandersleben fahrenden Militärzuges. Der abgetrennte Zugteil rollte im Gefälle zurück und prallte auf einen nachfolgenden Güterzug (18 T, 35 V).

Am **8.2.1918** fuhr in **Köln=Ehrenfeld** ein Urlauberzug nach Mißachtung des 'Halt' zeigenden Blocksignals auf einen haltenden Schnellzug (8 T, 76 V).

Am **24.5.1918** explodierte auf der Schwarzwaldbahn zwischen **Gutach** und **Hornberg** ein Munitionszug. Der Sachschaden, auch an Häusern, war beträchtlich. Die Anwohner und Zugbegleitpersonale konnten sich in Sicherheit bringen.

Am **13.6.1918** fuhr in Bf **Diedorf**, Str Augsburg-Ulm, Dg 6130 auf Ng 2318 (3 T, etl. V). [Abb. 30]

Am **16.6.1918** entgleiste D 51, Balkanexpreß, geführt von S 3/6 Nr. 3619 bei Einfahrt **Großkarolinenfeld**, Str München-Rosenheim. Von einem mit Holz beladenen Wagen eines vorausfahrenden Güterzuges war infolge nachlässiger Beladung ein Rundholz zwischen die Schienen gefallen, von der Lok des D 51 erfaßt und bis zur nächsten Weiche mitgerissen worden. Dort verkeilte sich das Holz und der Zug entgleiste. Durch glückliche Umstände entsprach der optische Eindruck des Unfalles nicht den Folgen. Neben Sachschaden gab es nur einige Verletzte. [Abb. 31]

Am **30.7.1918** beschädigte bei **Zantoch**, Str (Berlin-) Landsberg/Warthe-Kreuz (-Schneidemühl) die gebrochene Kolbenstange einer Güterzuglok das Gegengleis, auf dem im gleichen Moment D 22 vorbeifuhr und entgleiste (nach amtlichen Angaben: 40 T, 43 V).

Am **16.8.1918** mußte wegen eines mit Lokschaden liegengebliebenen Militärzuges auf der abschnittsweise und auch dort zweigleisigen Nebenbahn Remagen-Adenau der Betrieb zwischen **Dümpelfeld** und **Hönningen** kurzfristig eingleisig abgewickelt werden. Der Fdl in Dümpelfeld vergaß, daß er einen planmäßigen P von Hönningen (Ri Remagen) angenommen hatte und ließ einen Truppentransportzug nach Hönningen abfahren. Beim Zusammenstoß beider Züge brach Brand aus, wonach auch Munition explodierte (31 T, 73 V).

Am **22.9.1918** übersah vor **Dresden=Neustadt** der Tf eines Leipziger Schnellzuges drei Signale und fuhr gegen 22 Uhr einem Berliner Schnellzug auf (38 T, 118 V).

Am **9.10.1918** kam es in **Jünkerath**, Str Köln-Trier, infolge Fdl=Fehler zum Zusammenstoß eines P mit einem Urlauberzug (16 T, 28 V), und

am **18.10.1918** in **Uerdingen**, Str Krefeld-Duisburg, eines P mit einem Lazarettzug (11 T, 32 V).

Am **23.10.1918** fuhr D 49 von Augsburg in Bf **Donauwörth** infolge Signalmißachtung G 2638 nach Ingolstadt in die Flanke (6 V).

Am **1.11.1918** sollte ein gegen 3 Uhr vom Vschbf **Frankfurt**/O. nach Berlin abgefahrener G im knapp 20 km entfernten Bf Briesen von einem Urlauberzug gleichen Ziels überholt werden. Da der G in Briesen keine Einfahrt erhielt und keine durchgehende Luftdruckbremse hatte, löste sich beim Halt vor dem Signal eine vermutlich nachlässig angelegte Kupplung, so daß bei der Weiter- bzw. Einfahrt des Zuges der hintere Zugteil stehen blieb. Die Vermutung nachlässiger Kupplung wird auch durch das leichte Gefälle der Strecke vor Briesen gestützt, wodurch ein Abreißen wohl ausscheidet. Das leichte Gefälle erklärt ferner, warum der Tf beim Anfahren den Lastunterschied nicht bemerkte. Der Weichenwärter von Briesen, der nach Einfahrt des G die Weiche für die Durchfahrt des Urlauberzuges umlegte, achtete nicht auf das Zugschlußsignal und der Schlußbremser schlief in seiner Kabine im letzten Wagen des auf der Strecke stehenden Zugteils, dem der Urlauberzug auffuhr (25 T, 60 V).

Am **4.11.1918** brach wiederum durch die Unvorsichtigkeit eines Fahrgastes, der einen undichten Benzinkanister im Abteil mitführte, in einem Wagen des P 511 zwischen **Völklingen** und **Bous**, Str Saarbrücken-Trier, explosionsartig Brand aus (18 T, 14 V).

Am **11.11.1918** fuhr nach Signalmißachtung vor **Schneidemühl** ein Kindersonderzug Ri Rheinland auf einen Güterzug (35 T, 18 V).

Am **13.11.1918** stießen in dem bald darauf von Deutschland abgetrennten **Malmedy** ein Militärzug mit einer Rangierabteilung zusammen (8 T, 29 V).

Am **13.12.1918** kam es bei **Syrau**, Str Plauen ob.Bf - Hof, in einem Militärzug zu einer Zugtrennung. Der abgetrennte Zugteil blieb zunächst zurück, gewann dann Fahrt und lief dem haltenden vorderen Zugteil auf (7 T, 16 V).

Am **21.2.1919** fuhr gegen 19 Uhr in **Wilischthal**, Str Weipert-Chemnitz, P 1351 durch Fdl=Fehler auf G 7277 (1 T, 7 Schwer- und etl. Leichtverletzte).

Am **23.2.1919** entgleiste gegen 20.26 Uhr Gmp 6196 bei **Thunow**, Str Köslin-Belgard (22 V). Der abgefallene Gaskessel des Gepäckwagens wurde als Ursache angenommen.

Am **26.2.1919** fuhr P 333 in **Groß Behnitz**, Str Stendal-Berlin, in einen G (1 T, 3 V).

Am **22.4.1919** rammte gegen 3.30 Uhr in **Groß Strehlitz**, Str Oppeln-Beuthen, G 6322 wegen Signalmißachtung eine Rangierlok (1 T, 3 V).

Am **11.5.1919** entgleiste, angeblich wegen einer Gleisverwerfung, ein Kleinbahnzug Lüneburg-Soltau zwischen den Haltestellen **Rettmer** und **Melbeck** (9 T, 11 V).

Am **13.5.1919** stieß 2.35 Uhr im Bf **Eggebek**, Str Schleswig-Flensburg, infolge Signalmißachtung Eg 6093 gegen eine Rangierabteilung (3 T, 1 V).

Am **25.7.1919** ereignete sich in **Guntershausen**, Str Kassel-Bebra, eine Flankenfahrt zweier Güterzüge infolge Signalmißachtung (1 T, 1 V).

Am **9.8.1919** fuhr in **Ahlen**, Str Hamm-Bielefeld, ein Postzug einem Eg in die Flanke (3 T, 5 V).

Am **1.9.1919** entgleiste gegen 17 Uhr ein Zug der **Eulengebirgsbahn** Reichenbach-Silberberg (4 T, 12 V).

Am **21.9.1919** fuhr um 2.18 Uhr in **Haltern**, Str Münster-Recklinghausen, D 91 von Köln nach Altona auf eine Rangierabteilung (3 T, 14 V).

Am **24.10.1919** fuhr 5.07 Uhr in **Kranowitz**, Str Troppau-Ratibor, P 1002 von Kuchelna der nicht grenzzeichenfrei stehenden Lok von G 8901 in die Flanke, wobei Brand ausbrach. Im Packwagen des Personenzuges explodierte ein von Eisenbahnern geschmuggeltes Faß mit 96%igem Weingeist. Das Feuer griff sofort um sich. Da die Reisenden ebenfalls geschmuggelten, hochprozentigen Alkohol z.T. in der Kleidung versteckt bei sich trugen, verwandelten sie sich in menschliche Fackeln. Der Bericht in den VDEV=Nachrichten gibt mindestens 40 Tote an, da von den 60 Schwerverletzten noch mehrere in den Krankenhäusern gestorben seien. Überdies hätten sich auch viele Verletzte nach dem Unglück verflüchtigt, weil ihre Sorge um das Schmuggelgut überwog. So schwanken die Angaben über die Toten zwischen 34 (amtlich) und 60 T, sowie bis zu 130 V.

Am **29.10.1919** fuhr gegen 6 Uhr in **Neudietendorf**, Str Erfurt-Gotha, ein Güterzug dem P 810 nach Bebra in die Flanke (3 T, 80 V), und

am **10.11.1919** gegen 8.30 Uhr in **Neumühl=Kutzdorf**, Str Stettin-Küstrin, G 7551 voller 'Schwarzfahrer' auf eine Rangierabteilung (45 T, 18 V), sowie

am **16.11.1919** eine von Wriezen nach Frankfurt/O. beorderte Lok infolge Signalmißachtung bei **Neutrebbin** auf G 9552 (2 T, 7 V).

Am **18.11.1919** fuhr in **Tollschütz**, Schmalspurbahn Döbeln-Mügeln b. Oschatz, G 10 889 wahrscheinlich durch Vereisung der Bremsen frontal auf den im Bf haltenden P 5750, mit dem der G hier kreuzen sollte. Da der Betrieb ohne Signale abgewickelt wurde, hätte der G gemäß Vorschrift vor der Einfahrweiche halten und auf Einfahrerlaubnis warten müssen. Als die Lokpersonale des P 5750 den Güterzug auf sich zukommen sahen, sprangen sie ab. Der vermutlich ungebremst stehende Personenzug rollte nach dem Aufstoß zurück und in die Gefällstrecke. Mit überhöhter Geschwindigkeit entgleiste er in einer scharfen Krümmung und stürzte bis auf einen Wagen die dort befindliche Brücke hinab (5 T und 24 überwiegend Schwerverletzte).

Am **20.11.1919** stieß im Nebenbahn=Knotenbf **Rochlitz**, nördlich Chemnitz, ein P mit einer Rangierabteilung zusammen (3 T, 20 V).

Am **2.12.1919** fuhr in **Zwönitz**, Str Aue-Chemnitz, P 1778 infolge falscher Weichenstellung auf den von Aue einlaufenden P 1775 (1 T, etl. V).

Für das Jahr **1920** fehlen amtliche Detailangaben zu Unglücken völlig, teils durch die Zeitwirren, teils durch die Umorganisation begründet, in der sich die deutschen Bahnen befanden: Der **Übergang der Länderbahnen auf das Reich**.
Die Statistik wurde natürlich weitergeführt, wenngleich in späteren statistischen Aufzeichnungen der DR(G) für die Nachkriegsjahre Einschränkungen bzw. Vorbehalte vermerkt sind. Es wäre aber auch sehr unwahrscheinlich, wenn in den Jahren des deutschen Zusammenbruchs und der Revolution alles erfaßt worden wäre, und das Jahr 1920, wie in nebenstehenden Grafiken verzeichnet, ein in der Relation so günstiges Bild abgäbe.

An Hauptbahnunglücken des Jahres **1920** konnte nur eines spezifiziert werden, und es entspricht den Zeitumständen, die auch die Bahn in Mitleidenschaft zogen:
Am **20.1.1920** brachten ein ausgebrochener Sträfling und zwei Russen zwischen **Schönlanke** und **Stöwen**, Str Küstrin-Schneidemühl, einen G zum Entgleisen; ein Schnellzug, den man vergeblich mit Knallkapseln anzuhalten versucht hatte, fuhr in die Trümmer (18 T, über 20 V). Die Attentäter wurde gefaßt, zum Tode verurteilt und hingerichtet.

Zahl der Unfälle

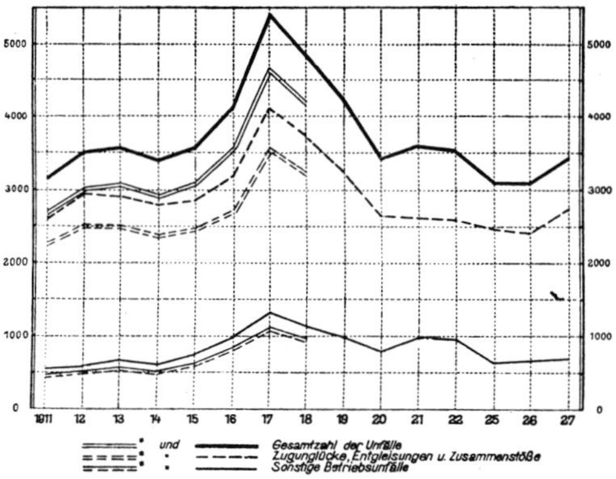

* Für die Jahre 1911 bis 1918 nach dem Verhältnis der Streckenlängen für das jetzige Reichsgebiet anteilig berechnete Zahlen.

Die Jahre 1923 und 1924 sind weggelassen, weil sie wegen des Ausfalls der Rhein-Ruhrbahnen nicht vergleichsfähig sind.

auf 1 Mio Zugkilometer entfallen an Unfällen und verletzten und getöteten Personen

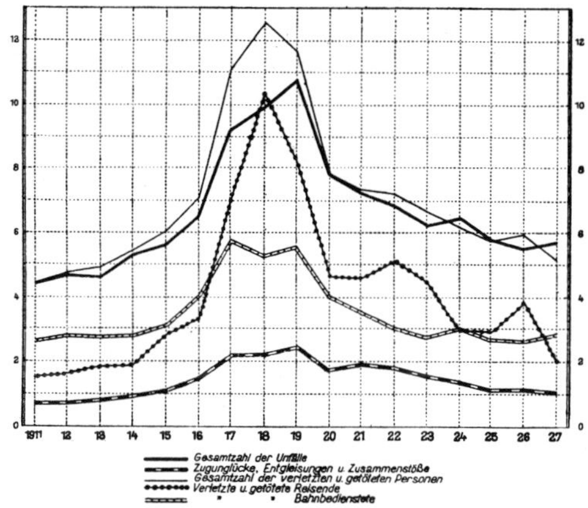

Unfälle

auf 1 Mia Bruttotonnenkilometer entfallen an Unfällen und an verletzten oder getöteten Personen

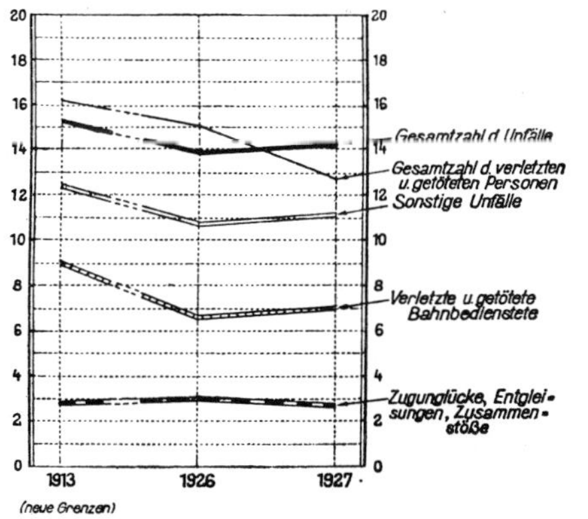

Reisende

bei Eisenbahnunglücken durch eigene Unvorsichtigkeit

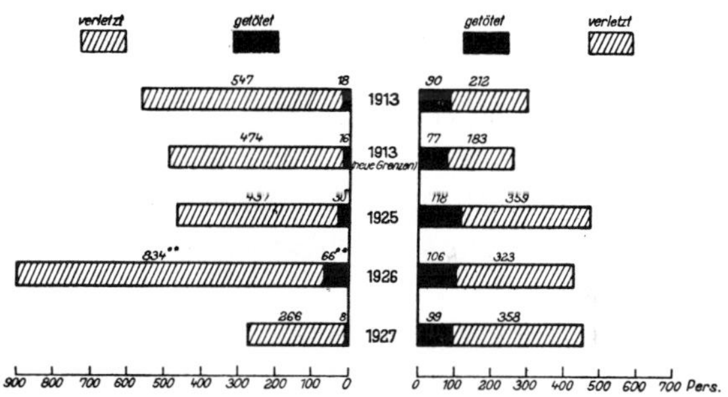

*) Hiervon 22 durch Unfall Herne.

**) Hiervon 20 Tote, 1 Verletzter durch den Bahnfrevel bei Leiferde, 40 Tote, 418 Verletzte durch die Unfälle München-Ost, Magdeburg Hbf. und Langenbach (Obb).

Die deutschen Gebietsabtretungen als Folge des verlorenen Krieges wirkten sich für die deutschen Bahnen durch den **Verlust** von fast **8000 km Strecken** mit zugehörigen Einrichtungen, z.T. auch dort befindlichem rollendem Material aus.

Im **März 1920** ging es in Berlin, Mitteldeutschland und dem Ruhrgebiet chaotisch zu: Kapp=Putsch mit Besetzung Berlins durch die Brigade Ehrhardt vom 13.-17.3. und Flucht der Reichsregierung nach Stuttgart. Als Reaktion auf den Putschversuch riefen Gewerkschaften und diesen nahestehende linke Vereinigungen den Generalstreik aus. Etwa gleichzeitig folgten kommunistische Aufstände mit tagelangen Kämpfen im Vogtland, um Halle und im Ruhrgebiet. Da dort zur Wiederherstellung der Ordnung Regierungstruppen eingesetzt werden mußten, die bei den Kampfhandlungen die Grenze der gemäß der

Versailler Vertragsbestimmungen entmilitarisierte Zone überschritten, besetzten französische Truppen als Sanktionsmaßnahme am 6.4.1920 Frankfurt/M.
Wie sich die Sitten allgemein entwickelt hatten, ist einem Vorkommnis nach Niederschlagung des mitteldeutschen Aufstandes zu entnehmen. Arbeiter in **Bitterfeld**, die sich, die Ohnmacht der Behörden nutzend, den bequemeren Weg von ihrer Arbeitsstätte quer über die Gleisanlagen angewöhnt hatten, wurden um den 20.3. bahnpolizeilich arretiert. Einige entzogen sich dem Amtszugriff und holten Verstärkung. Mit vereinter Macht wurden nicht nur die Arrestanten befreit und Bahnbeamte verprügelt, sondern man richtete auch im Bahnhofsgelände und in den Gebäuden erhebliche Zerstörungen an.

Am **1.12.1920** entgleiste im **Drängetal**, nahe der Unglücksstätte vom 6.7.1927, eine einzeln fahrende Lok der schmalspurigen Nordhausen-Wernigeroder EB vermutlich wegen Oberbaumängel und nicht angepaßter Geschwindigkeit. Die Lok stürzte die Böschung hinab, wobei der Tf getötet und der Heizer schwer verletzt wurde.

Wie unzulänglich informiert in diesem Jahr die Bahnbehörden selbst über die ihren Amtsbereich bzw. dessen engere Umgebung berührenden Vorkommnisse waren, deutet ein in der Zeitung des VDEV veröffentlichter Bericht der RBD Kassel über das schwere Kleinbahnunglück im Bahnhofsbereich **Silberhausen**, Str (Gotha-)Mühlhausen-Leinefelde, am **16.12.1920** an. Dort wäre ein Zug der normalspurigen Kleinbahn Silberhausen-Hüpstedt wegen eisglatter Schienen zurückgerutscht und abgestürzt. Effektiv ereignete sich der Absturz infolge mangelhafter Bremsenbedienung durch ungeschulte Kräfte während der Fahrt und weiterer Fehlhandlungen (vermutlich 17 T, etl. V). ***I** [Abb. 32]

32 - Die Aufnahme der Trümmerstätte Silberhausen, Ausfahrt Ri Mühlhausen, vom Morgen nach dem Unfall, war das einzige, auffindbare Bilddokument, weshalb es trotz erheblicher Mängel in die Chronik aufgenommen worden ist.

Für das Jahr **1921** liegen wieder amtliche Detailangaben vor. Auffallend ist die Menge der Unfälle infolge von Bremsversagen oder technischer Mängel. Das darf jedoch nicht verwundern, da an eine Aufbauarbeit einschließlich Erneuerung des abgewirtschafteten Oberbaus nicht zu denken war, überdies vom rollenden Material auf Grund der Waffenstillstandsbedingungen zunächst und kurzfristig 5000 Lokomotiven und 150 000 Wagen (später weitere 3000 Loks und 80 000 Wagen), alle in einwandfreiem Zustand, abgeliefert werden mußten. Was blieb, trug die Verschleißspuren der Kriegszeit.

Am **11.2.1921** überfuhr in **Leipzig** Hbf ein Personenzug infolge Versagens der Luftdruckbremse den Gleisabschluß (1 T, 30 V).

Am **12.2.1921** fuhr im Bereich **Mönchengladbach** Hbf P 398 auf den abgerissenen Zugteil eines G und P 431 in die Trümmer (4 V).

Am **16.3.1921** kam es in **Heringen**, Str Nordhausen-Halle, zur ungeklärten Flankenfahrt zweier Güterzüge (1 T, 1 V), und

in **derselben Nacht** wurde südlich Halle zwischen **Merseburg** und **Ammendorf** ein Attentat verübt. An den Schienensträngen beider Richtungsgleise waren Schwellenschrauben und Laschenverbindungen gelöst worden, so daß unmittelbar nacheinander zwei Güterzüge entgleisten und abstürzten (3 T, 6 V).

Das war der Auftakt zum zweiten kommunistischen Aufstand in Mitteldeutschland und zur Fortsetzung der Kämpfe des Vorjahres, wiederum von Max Hölz [12] an der Spitze organisiert. Diesmal ging er beinahe strategisch vor. Unter anderem ließ er außer den genannten und weiteren Stör- und Plünderungsaktionen mit einem Teil seiner Kampfverbände am **26.3.1921** Bf **Sangerhausen** besetzen. Die Reichswehr konnte umständebedingt nicht sofort eingreifen, und auch die neu gebildete Schupo (Schutzpolizei) war durch Ge- und Verbote der alliierten Kommission in ihren Aktionen eingeschränkt. Alles in allem rechneten die Führer der Aufständischen mit einer erfolgreichen Aktion, wenn sie das Aufstandsgebiet durch Sabotageakte und Besetzung von Bahnhöfen wichtiger Zufahrtsstrecken abriegeln konnten. In Sangerhausen rettete ein Bahnschutzkommando aus dem Stuttgarter Raum die Lage, wobei es auf beiden Seiten eine beträchtliche Zahl Toter und Verletzter gab. Nach Heranführung staatlicher Kampftruppen wurde auch dieser Aufstand niedergeschlagen.

Am **16.5.1921** folgte noch ein Racheakt. Bei **Gröbers**, Str Leipzig-Halle, entgleiste durch Attentat ein Schnellzug (5 T, zahlreiche V).

Am **14.7.1921** überfuhr D 137 in **Leipzig** Hbf den Gleisabschluß infolge Bremsversagen (42 V).

Am **31.7.1921** entgleiste in **Angermünde** Vorzug D 18 (49 V).

Am **1.8.1921** entgleiste D 64 zwischen **Lübeck** und **Bad Schwartau** infolge Gleisverwerfung (etl. V).

Am **4.9.1921** mißachtete der Tf von P 888 das 'Halt' zeigende Einfahrsignal Bf **Iserlohn** und fuhr dem ausfahrenden P 1317 in die Flanke (5 T, 19 V).

Am **12.10.1921** fuhr in Bf **Bamberg** der Tf von Gmp 6813 vorzeitig und bevor die Fahrstraße gelegt war ab. Der Zug geriet auf ein Stumpfgleis und überfuhr den Gleisabschluß (4 T, 10 V).

Am **gleichen Tag** stieß zwischen **Saalhausen** und **Fleckenberg**, Str Altenhundem-Meschede, eine Lz mit P 1361 zusammen (1 T, 50 V).

Am **22.11.1921** überfuhr P 4505, wiederum in **Leipzig** Hbf und infolge Bremsversagens, den Gleisabschluß (17 V), dgl.

am **7.2.1922** in **Düren** P 298, der erst im EG zum Stehen kam (4 T, 42 V).

Am **8.4.1922** verdrückte bei **Wintersbach**, Str Obernburg-Heimbuchenthal, ein überladener Langholzwagen das Gleis bei Talfahrt. Der Schaden wurde nicht bemerkt, so daß der Zug bei der Rückfahrt entgleiste.

Am **29.5.1922** mißachtete der Tf von P 1549 das 'Halt' zeigende Einfahrsignal von **Köln** Hbf und fuhr auf den vor einem Zwischensignal haltenden P 332 (80 V).

Am **5.6.1922** entgleisten in **Düsseldorf** Hbf etliche Wagen eines Sonderzuges des Katholischen Gesellenvereins (2 T, 22 V).

Am **27.6.1922** gab es in **Berlin** zwischen Bf Gesundbrunnen und Schönhauser Allee ein ernstes, für die Nachkriegszeit typisches Unglück und auch mit politischem Hintergrund. Aus Anlaß der Ermordung bzw. Beisetzung Rathenaus legten ab 12 Uhr auch alle Bediensteten der Berliner Verkehrsbetriebe die Arbeit nieder, um an den Demonstrationen teilzunehmen. Da die Züge ohnehin überfüllt verkehrten, mußten wieder einmal viele 'per Trittbrett' fahren. Obwohl grundsätzlich verboten, ließ es sich selten verhindern und mit den alten Abteilwagen ging das an sich ganz gut. Nun hatte aber einer der Trittbrettreisenden eines Zuges eine weit hinausragende Stange in seinem Rucksack stecken. Zudem hielt er sich am Griff einer nicht fest verschlossenen Tür, die in einer Kurve aufsprang, als ein Gegenzug, gleichfalls mit Trittbrettfahrern besetzt, vorbeifuhr. Der Mann mit der Stange klammerte sich an und kam mit dem Schrecken davon. Aber vom Gegenzug wurden zahlreiche Personen heruntergerissen, 36 sofort getötet und 45 überwiegend schwer verletzt. Die Zahl der Toten erhöhte sich noch auf 40.

Zum **21.8.1922**, mit Ortsangabe "Hedelstein", meldete die bayerische Presse die folgenschwere Entgleisung eines Lokalbahnzuges. Gemeint sein könnte Wendelstein, Endstation der Stichbahn von Feucht bei Nürnberg, vermutlich handelte es sich aber um die Entgleisung mit Absturz eines Wagens der **Wendelstein=Bahn** unterhalb des Berghotels, die sich um diese Zeit ereignete (ca. 30 V).

Ende **September 1922** entgleiste auch ein Lokalbahnzug der Str **Augsburg-Welden** (2 T, etl. V).

Am **5.10.1922** fuhr auf der Strecke **Gießen-Gelnhausen** eine zum Abschleppen beordnete Hilfslok auf den liegengebliebenen P 519 (41 V).

Am **11.10.1922** entgleiste P 1828 in **Alzey**, Str Bingen-Worms, infolge vorzeitiger Weichenumstellung (3 T, 9 V).

Am **14.12.1922** fuhr infolge Signalmißachtung P 458 auf den vor dem Einfahrsignal **Regensburg** Hbf haltenden P 1004 (28 V).

Am **20.12.1922** überfuhr G 6701 von Jagstfeld das Einfahrsignal **Heilbronn** Hbf um 100 m und stieß mit dem nach Osterburken ausfahrenden P 406 zusammen. Wegen Bauarbeiten war hier vorübergehend ein Behelfsgleis gelegt (etl. V).

Am **24.12.1922** mißachtete zwischen **Köln** Hbf und Köln-West der Tf eines Rangierzuges das 'Halt' zeigende Blocksignal und prallte auf den im Block liegengebliebenen P 1184 (2 T, 9 V).

Das Jahr **1923**, auf dem Papier das vierte Friedensjahr, brachte dem Deutschen Reich, seinen Bewohnern und Bahnen eine kriegsähnliche Krise und katastrophale Notlage. Nachdem die Kämpfe mit den polnischen Insurgenten um Oberschlesien beendet worden waren, danach der Spruch des Völkerbundrates das Abstimmungsergebnis zuungunsten Deutschlands bewertet hatte und im Osten des Reiches wieder Ruhe eingekehrt war, brach der Kampf im Westen von Neuem aus. Die Franzosen, die mittlerweile auch das rechtsrheinische Gebiet zwischen den Brückenköpfen Köln, Koblenz, Mainz besetzt hatten, warteten nur auf einen Vorwand, auch das Ruhrgebiet zu besetzen, um eine darüber hinausreichende Kontrolle über die deutsche Finanz- und Steuerpolitik zur Sicherung der Reparationsleistungen[13] ausüben zukönnen.
Nach sorgfältiger Planung waren die Franzosen Anfang 1923 handlungsbereit. Der französische Ministerpräsident Poincaré drängte die alliierte Reparationskommission, einen geringfügigen Rückstand Deutschlands an Holz- und Kohlenlieferungen als Vertragsverstoß zu werten. Das erfolgte am 9.1.1923, und am **11.1.1923** marschierten fünf französische und belgische Divisionen (Endstärke ca. 100 000 Mann) mit Schießbefehl, gesichert durch 75 Tanks sowie Hunderte von Flugzeugen, in das Ruhrgebiet ein. Gleichzeitig wurde die Rheinbesetzung verschärft und auf die Proklamation des passiven Widerstandes deutscherseits hin 131 036 Deutsche, vornehmlich Beamte, ein erheblicher Teil davon Eisenbahner, ausgewiesen, insgesamt 145 606 vertrieben. 121 Deutsche fanden den Tod, 10 wurden zum Tode, weitere zu lebenslänglichem Zuchthaus oder Zwangsarbeit verurteilt, ferner Gefängnisstrafen von rd. 1500 Jahren verhängt.[14] Das Ruhrgebiet wurde in die Zollgrenze gegen das Reich einbezogen, mit Verkehrsbeschränkungen, Kontrollstationen und dgl. mehr.

34/35: Szenen bei Hbf **Essen** vor und nach Räumung des Bahnhofsgeländes von aufgebrachter Bevölkerung durch französische Truppen am **31.3.1923**. An diesem Tage requirierten die Franzosen in den Krupp=Werken Fahrzeuge, wogegen die Arbeiter durch Verlassen ihrer Arbeitsplätze protestierten und die sich bedroht fühlenden französischen Soldaten in die Menge schossen (13 T, 30 V).

BESETZTE GEBIETE	Besetzt	Räumungsfrist lt. Versailler Vertrag	Tatsächlich geräumt
1. ZONE	DEZEMBER 1918	JANUAR 1925	JANUAR 1926
2. ZONE	DEZEMBER 1918	JANUAR 1930	NOVEMBER 1929
3. ZONE	DEZEMBER 1918	JANUAR 1935	JUNI 1930
SAARGEBIET	DEZEMBER 1918	Abstimmung Januar 1935	1. MÄRZ 1935
SANKTIONSGEBIETE			
MAINGEBIET mit FRANKFURT a. M.	6. APRIL 1920	Vertragswidrig	17. MAI 1920
DÜSSELDORF DUISBURG-RUHRORT	15. MÄRZ 1921	Mit Zustimmung Englands	25. AUGUST 1925
RUHRGEBIET	11. JANUAR 1923	Vertragswidrig	31. JULI 1925

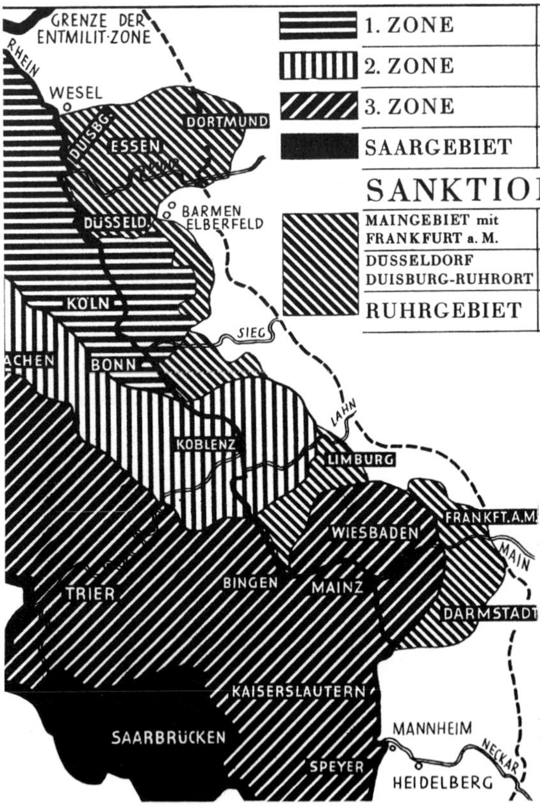

36

Seit Beginn des passiven Widerstandes führten die Franzosen und Belgier auf den Bahnen des von ihnen besetzten Gebietes einen militärischen **Regiebetrieb** durch, in dessen Verlauf 23 Lokomotiven und über 3000 Wagen zerstört wurden, überwiegend Folge einer Reihe z.T. makabrer Unglücke. Nur die ernsteren Fälle sickerten durch, da die Unfallstellen durch Spahis, eine französische Reitertruppe Farbiger, abgeriegelt und sonstige Maßnahmen zur Vertuschung ergriffen wurden. Unfallursächlich waren Leichtsinn, wie Fahren auf Sicht ohne angepaßtes Tempo, Zerschlagen oder Außerkraftsetzen der für die Regieeisenbahner [15] zu komplizierten Sicherungsanlagen, Nachlässigkeiten bei der Verständigung über Zugkreuzungen und dgl. mehr. Nachstehend sind die bekannt gewordenen Unfälle des Regiebetriebes geschlossen zusammengestellt (im Ortsregister nur unter Stichwort "Regieunfälle im besetzten Gebiet") :

Am **8.2.1923** stießen zwischen **Düsseldorf** und **Kettwig** zwei Militärzüge zusammen ferner an diesem oder dem Folgetag ein Militärzug mit einem beschlagnahmten Kohlezug auf der Fahrt nach **Recklinghausen**.

Am **15.2.1923** entgleiste ein Militärzug zwischen **Aachen** und **Düren**.

Am **gleichen Tag** stießen bei **Krefeld** ein Militär- und ein Güterzug zusammen, und

in **Dahlhausen** bei Bochum ein Militär- und ein Lokzug von fünf Maschinen;

Am **17.3.1923** stieß in **Friemersheim**, Str Duisburg-Krefeld, ein Militärzug mit einer Lok zusammen, dgl.

am **gleichen Tag** in **Friedrichssegen**, Str Niederlahnstein-Bad Ems, zwei Güterzüge mit Personenbeförderung, dgl.

am **31.3.1923** in **Gerolstein**, Str Köln-Trier.

Am **9.5.1923** entgleiste bei **St. Goar** ein Regie=Reisezug und stürzte in den Rhein.

Am **20.5.1923** fuhr zwischen **Kierberg** und **Liblar** eine Lok auf einen Militärzug.

Am **gleichen Tag** stießen in **Oberhausen** West zwei Züge zusammen.

Deutsche Widerstandskämpfer verübten auch Attentate. Nicht nur mit Sachschaden ging das vom **30.6.1923** ab, als in einem belgischen Militärzug eine Zeitzünderbombe explodierte, während der Zug von **Duisburg** über den Rhein fuhr (8 T, etl. V).

Am **13.7.1923** entliefen in **Bochum=Langendreer** 80 Güterwagen nach Bochum Nord und beendeten die Fahrt dort als Trümmerhaufen.

Am **1.4.1924** fuhr im Tunnel zwischen **Mainz** Hbf und =Süd P 682 auf den wegen Zwangsbremsung haltenden D 670. Die Regiebetriebsleitung in Mainz Hbf wickelte des längeren schon den Verkehr ohne Streckenblock und Rückmeldung ab (14 T, zahlr. V). ***I**

Am **29.5.1924** explodierte zwischen **Landau** und **Insheim** der Lokomotivkessel eines Regiezuges, der daraufhin entgleiste.

37 - Möglicherweise ein vergessenes bzw. nicht überliefertes Regieunglück. Der dem Bild beigegebene Text lautet: *"Das schwere Eisenbahnunglück bei* ***Mainz*** *durch Zusammenstoß zweier Züge. Der völlig zertrümmerte Personenwagen 4. Klasse: 5 Tote und 15 Schwerverletzte wurden geborgen."*

Die Reparationsfrage fand am 16.8.1924 eine vorläufige Lösung mit Abschluß und Annahme des Dawes=Planes (s. 1.9.1924). Danach erhielten die Eigentümer der Ruhrgebietsberg- und Industriewerke ihre Gruben und Betriebe zurück. Zollinien und Verkehrsbeschränkungen wurden aufgehoben, und bis zum 31.7.1925 war das Ruhrgebiet von französisch/belgischem Militär geräumt.

38

Die DRG konnte ihre Strecken und Fahrzeuge am 15.11.1924 wieder übernehmen. An Sachwerten und Einnahmen wurde ein Gesamtverlust in Höhe von 2,64 Mrd Goldmark ermittelt. Wie es in den Betriebsräumen nach der Rückgabe aussah, zeigt Abb. 38.
Die vorstehend im Abriß geschilderten Ereignisse im Westen des Reiches waren in mehrfacher Hinsicht auch für die nicht direkt betroffenen deutschen Landesteile von verheerenden Auswirkungen, als folgenschwerste eine galoppierende Inflation. Vor Einführung einer neuen Währung am 20.11.1923 stand der Kurs auf 1 Dollar zu 4,2 Bio. Papiermark, bei der Währungsreform umgetauscht wurde 1 Bio. Papiermark gegen 1 Rentenmark.

39: Die Bevölkerung kratzt sich Brennmaterial aus dem Abfall zusammen

40: Abtransport beschlagnahmter Ruhrkohle

Ebenso katastrophal wirkte sich der Kohlenmangel aus, der im Winter 1919/20 schon einmal Wirtschaft und Bevölkerung in eine Notlage gebracht hatte. Damals waren Zwangslieferungen an die Alliierten die Ursache, diesmal, nach dem Verlust von 4/5 des Hauptindustriegebietes mit dem Gros der Kohlenlager in Oberschlesien an Polen, die Besetzung des Ruhrgebietes durch die Franzosen. So mußte hochwertiges Heiz- und Feuerungsmaterial (auch für Lokomotiven) importiert werden, für einen Staat, der sich zur Zahlung der Reparationen mangels Devisen Geld im Ausland leihen mußte, eine zusätzliche und kaum tragbare Belastung. Die Toten und Verletzten u.a. der Katastrophe von Kreiensen (31.7.1923) wären dem ebenfalls zuzurechnen, da die importierte Fettkohle sowohl die Lokleistung als auch durch starke Rauchentwicklung und Rußbildung die Sicht der Tf beeinträchtigte. Die lapidare Formulierung "Signalmißachtung" bei etlichen der folgenden Unfälle bedürfte daher an sich eines entsprechenden Zusatzes.

Am **2.2.1923** entgleiste D 42 in **Gassen**, Str Sommerfeld-Sagan (2 T, 15 V).

Am **28.3.1923** fuhr D 37 zwischen **Lauda** und **Osterburken** auf einen G (1 T, 2 V), und

am **2.6.1923** beim Umsetzen in **Berlin** Lehrter Bf ein Leerzug aus Spandau infolge falscher Weichenstellung und trotz sofortiger Reaktion des Tf bei Erkennen der Gefahr ein Stellwerk zusammen (1 T, 5 V).

Am **7.7.1923** fuhren in **Berlin** Bf Papestraße zwei Ringbahnzüge infolge Signalmißachtung aufeinander (87 V).

Am **31.7.1923** fuhr D 88 in **Kreiensen**, Str Hannover-Göttingen, infolge Signalmißachtung auf den wegen Lokschaden liegengebliebenen Vorzug D 88. (48 T, 39 V). ***I**

Am **12.8.1923** überfuhr ein Personenzug in **Erfurt** einen Prellbock (48 V).

Am **6.9.1923** fuhr D 10, Berlin-Köln, auf den vor der Blockstelle **Lohnde**, Str Hannover-Wunstorf, haltenden D 138, Leipzig-Amsterdam. Der besetzte Blockabschnitt war vorzeitig freigegeben worden (18 T, 19 V).

Am **28.9.1923** entgleiste in Bf **Friedberg**, Str Frankfurt/M.-Gießen, der wegen Regieeingriffs zwangsweise umgeleitete P 1004 auf einer vorzeitig umgestellten Weiche (2 T, 16 V).

Am **12.10.1923** wurde durch Fdl=Fehler in Bf **Dieburg**, Str Darmstadt-Aschaffenburg, P 952 in ein von einem Güterzug besetztes Gleis eingelassen und fuhr auf (14 V).

Am **1.11.1923** streifte in **Frankfurt**/O. der einfahrende P 218 eine nicht grenzzeichenfrei stehende Lok (40 V).

Am **15.11.1923** mißachtete der Tf einer nach Heilbronn fahrenden Lok in **Stuttgart=Untertürkheim** das 'Halt' zeigende Ausfahrsignal, geriet auf das Gegengleis und stieß mit P 1431 zusammen (12 T, 15 V). Wegen grober Unaufmerksamkeit, insbesondere weil er bis zum Aufstoß 1100 m auf dem falschen Gleis fuhr, ohne das zu beachten, erhielt der Tf 1 Jahr und 3 Mon Gefängnis, ferner wurde ihm die Eignung zum Fahrdienst aberkannt.

Am **25.12.1923** hielt der Berliner Vorortzug 33 wegen eines Weichendefektes vor Bf **Oranienburg**, Str Berlin-Neustrelitz. P 205 überfuhr infolge Schneesturms das Haltsignal und rammte Zug 33 (1 T, 12 V).

Am **3.1.1924** fuhr in **Burghaun**, Str Bebra-Fulda, D 282 wegen Signalmißachtung auf einen in das Überholgleis eingelaufenen G (1 T, 5 V), und

am **21.1.1924** Regiezug 1458 in **Darmstadt** Hbf einer nicht grenzzeichenfrei stehenden Lok in die Flanke (28 V).

Am **18.2.1924** entgleiste EGz 6143 infolge überhöhter Geschwindigkeit durch Bremsversagen auf der wegen Bauarbeiten nur eingleisig befahrbaren Trogenbachbrücke bei **Ludwigsstadt**, Str Lichtenfels-Saalfeld, und stürzte ab (2 T, 2 V). ***I** [Abb. 41]

Am **18.6.1924** fuhr P 361 in **Berlin** auf den vor dem Potsdamer Bf haltenden Vorortzug 4121a (amtlich: 2 T, 21 V, nach anderen Berichten 3 T, 36 V). Der schuldige Fdl erhielt vier Monate Gefängnis mit Bewährung. Ihm wurden mildernde Umstände zugebilligt, weil er seine Fehlhandlung während einer Blockstörung beging.

Am **4.8.1924** fuhr in **Mellrichstadt**, Str Meiningen-Schweinfurt, infolge Signalmißachtung Sonderzug 4583 auf die bereitstehende Vorspannlok (17 V).

41

***

Am **1.9.1924** trat der nach einem US=Bankier und Wirtschaftsexperten benannte **Dawes=Plan** in Kraft, der die deutschen Reparationsleistungen neu regelte und auch einseitige Gewaltaktionen wie den Ruhrkrieg verurteilte. Reichsbahn und Reichsbank wurden selbständige Gesellschaften und dienten als Pfandobjekt. Zu Kontrollzwecken erhielten im Verwaltungsrat der DRG sowie im Generalrat der Reichsbank Mitglieder der Reparationskommission, also Ausländer, je 50% der Sitze, das Reich ebenfalls 50%. Generaldirektoren und Vorstand waren Deutsche. Bis zur Ablösung des Dawes=Planes (s.24.10.1929), in dem die Höhe der Reparationen nicht festgelegt wurden und der sich durch die wachsende deutsche Auslandsverschuldung verhängnisvoll auswirkte, hatte die DRG ihre jährlichen Tribute - insgesamt ca. 4 Mrd. Mark - abzuführen. Diese Verpflichtung hemmte die Gesundung der abgewirtschafteten Bahn in hohem Maße und erregte heftigen Unwillen bei der Bevölkerung, die durch hohe Tarife, schleppende Verkehrsverbesserungen und partielle Sicherheitsrisiken direkt betroffen war.
Immerhin vertrat das Gros der deutschen Presse damals noch weitgehend die Interessen ihrer Leser, ohne sie im Gegensatz zu heute durch frisierte Berichterstattung, tendenziöse Kommentare oder Zurückhaltung unbequemer Tatsachen zur Selbstentfremdung bekehren zu wollen. Ende 1924 nahm ein besonders aktiver Journalist, der Abgeordnete im bayerischen Landtag Alfred Roth, einen Verstoß gegen die Geschäftsordnung der DRG zum Anlaß, Mißstände bei der Bahn in Zeitungspublikationen hart zu attackieren. Das auslösende Moment war die Bestallung eines gewissen Stielers, Mitglied des DRG=Verwaltungsrates, zur Vertretung des erkrankten DRG=Generaldirektors Oeser. Laut gültiger Geschäftsordnung durfte diesen Posten kein Mitglied des Verwaltungsrates beklei-

den, nicht zuletzt zur Verhinderung einer Interessenkollision. Hier hakte Herr Roth ein, wies mit Belegen auf die mißliche Lage der DRG im Vollzug der Erfüllungspolitik hin und gab Herrn Stieler daran einen persönlichen Schuldanteil. Diese Anschuldigung nahm Herr Roth zwar im nachfolgenden Verleumdungsprozeß zurück, dennoch wurde er von einem Stuttgarter Gericht zu einer überraschend hohen Geldstrafe verurteilt, ohne Zubilligung der Wahrung berechtigten öffentlichen Interesses.
Bei der Urteilsverkündung war der Ausgangspunkt des Streites bereits erledigt. Herr Stieler hatte praktisch nur formell amtiert, da er sehr bald von Julius Dorpmüller abgelöst wurde, der nach Herrn Oesers Tode am 3.6.1926 dessen Position als DRG=Generaldirektor erhielt und die desolaten Zustände der Reichsbahn mit Umsicht und Geschick in Angriff nahm.[16]

***

Am **13.11.1924** riß vor Bf **St. Egidien**, Str Chemnitz-Glauchau, in einem Güterzug die Kupplung. Da der Schaden von den Zugbegleitpersonalen behoben werden konnte, was einige Zeit in Anspruch nahm, legten diese während der Reparaturarbeiten Knallkapseln aus. Obwohl der zuständige Fdl von dem liegengebliebenen Zug wußte, gab er auf Grund eines Mißverständnisses für den nachfolgenden D 125, München-Dresden, den gesperrten Block frei. Der Tf des D 125 leitete sofort Schnellbremsung ein, als er die ausgelegten Knallkapseln hörte. Der Aufstoß war jedoch noch so heftig, daß mehrere Güterwagen zertrümmert wurden und der vordere Teil des Schnellzuges entgleiste (9 V).

Am **24.11.1924** entgleiste in **Saalburg**, Str Bad Homburg-Usingen, P 2021 auf vorzeitig umgestellter Weiche (16 V).

Am **1.12.1924** unterbrach ein regionaler Stromausfall bei den Isar/Amper=Werken auch die Bahnstromversorgung, so daß u.a. im Bf **Haspelmoor** bei Nannhofen, Str Augsburg-München, die Signale unbeleuchtet waren. Der Tf des D 69, Frankfurt/M.-München, erkannte die Haltstellung des Signals nicht, und der Schnellzug fuhr einem ausfahrenden, seine Fahrstraße kreuzenden Güterzug in die Flanke (1 T, 3 V).

Am **3.12.1924** entgleisten bei Einfahrt **Klein Kottorz**, Str Oppeln-Kreuzburg, die letzten Wagen von P 1209 (1 T, 11 V).

Am **13.1.1925** wurde D 10 zum zweiten Male (vgl. 6.9.1923) in einen schweren Auffahrunfall verwickelt. Der Zug fuhr in **Herne** 7.22 Uhr, 2 Min vor planmäßiger Ankunft, auf den wegen starken Fahrgastandranges um 3 Min verspäteten P 230, Dortmund-Wanne (24 T, 91 V).[17]
Obwohl es an diesem Morgen kalt und neblig war, sagte das Lokpersonal aus, hinreichend Sicht gehabt und an den Signalen grün erkannt zu haben. Der Freispruch des angeklagten Tf von D 10 stützte sich auf die Möglichkeit einer Störung der Sicherungsanlagen, da diese in den zwei Monaten nach Rückgabe der Ruhrbahnen an die DRG schwerlich in einen absolut betriebssicheren Zustand gesetzt werden konnten. ***I**

Am **23.4.1925** verschüttete ein Felssturz das Südportal des **Schieferhaldetunnels** der Schwarzwaldbahn. Der Einsturz wurde rechtzeitig bemerkt und hatte nur Zugumleitungen zur Folge.

Am **1.5.1925** entgleiste D 4, Eydtkuhnen-Berlin, geführt von polnischem Personal im Polnischen Korridor, zwischen **Pr.=Stargard** und **Swaroschin** (29 T, zahlr. V). ***I** [Abb.42/43]

44/45: München Ost, 24.5.1926

Am **10.5.1925**, einem Sonntagabend, entgleiste D 186 infolge Zusammenpralls mit dem Anhänger eines Lkw auf einem BÜ bei **Rot=Malsch**, Str Heidelberg-Bruchsal. Die Schranken waren nicht geschlossen, möglicherweise weil der Schrankenwärter durch die Mitglieder eines im Lkw sitzenden Gesangsvereins abgelenkt wurde (11 T, 6 V).

Am **9.8.1925** fuhr in **Rabishau**, Str Hirschberg-Görlitz, ein Güterzug wegen Signalmißachtung bei Nebel auf einen haltenden G (3 T, 2 V).

Am **gleichen Tag** wurde zwischen **Wernberg** und **Luhe**, Str Regensburg-Weiden, D 21 zum dritten Mal (vgl. 19.11.1902 und 1.5.1906) in einen Unfall verwickelt. Er fuhr infolge Signalmißachtung auf einen Güterzug (3 T, 13 V).

Am **31.8.1925** wurde bei Beseitigung einer Blockstörung Vorortzug 2124 vorzeitig abgelassen und fuhr vor **Hamburg=Dammtor** auf Zug 2122 (29 V).

Am **9.9.1925** fuhr in **Donauwörth** Militärzug 30 347 infolge mangelhafter Fahrwegprüfung auf eine nicht grenzzeichenfrei stehende Wagengruppe (2 T, 15 V).

Am **2.10.1925** stieß in **Kassel=Oberstadt** infolge Fdl=Fehler P 578 gegen eine Lok (14 V).

Am **5.10.1925** wurde in **Chemnitz** Hbf eine Weiche unter dem einfahrenden P 1771 gestellt, der entgleiste (3 T, 21 V).

Am **11.11.1925** entgleiste P 302 in **Werbig**, Str Berlin-Küstrin, infolge unvorsichtigen Abladens von Schienen aus einem im Nachbargleis stehenden Arbeitszug (etl. V).

Am **31.12.1925** fuhr D 29 in **Zorneding**, Str Rosenheim-München, infolge falscher Signalstellung auf P 4102, dessen beide kaum besetzte Schlußwagen zertrümmert wurden (etl. V).

Am **22.3.1926** fuhr in **Wülknitz**, Str Riesa-Elsterwerda, P 9266 durch Fdl=Fehler auf den haltenden P 9265 (6 T, 11 V), und

am **26.3.1926** in **Magdeburg** Hbf eine Rangierlok einem einfahrenden Personenzug in die Flanke (36 V).

Am **23.4.1926** entgleiste im Bf **Gemünden** BP 852 bei der Ausfahrt, angeblich wegen zu starrer Kupplung, wahrscheinlich war die Gleislage mitursächlich (16 V).

Am **24.5.1926** vor **München Ost**, Str Ri Rosenheim. BP 814 fuhr auf den vor dem Einfahrsignal haltenden und gerade anfahrenden BP 820. Sowohl der Blockwärter als auch der Tf von BP 814 wurden vom Gericht mangels Schuld freigesprochen (30 T, 353 V). ***I** [Abb. 44/45]

Am **24.6.1926** entgleiste P 1008 in einer Krümmung der Str **Gerolstein-Mayen**, vermutlich durch einen Defekt an der Lok ausgelöst (24 V), und

am **13.8.1926** BP 858 in **Langenbach**, Str München-Landshut, wegen unterlassener Aufstellung von La=Tafeln bei Weichenarbeiten (12 T, 27 V).***I** [Abb. 46/47]

46/47: Langenbach, 13.8.1926

Am **19.8.1926** entgleiste D 8, Berlin-Köln, infolge Attentat zwischen **Leiferde** und **Meinersen**, Str Stendal-Hannover (24 T, ca. 10 V). ***I**
Über die Attentäter, deren Festnahme und den Beginn der Hauptverhandlung vor dem LG Hildesheim tauchten inzwischen noch einige Berichte des FRÄNKISCHEN KURIERS und einer nicht zu spezifizierenden Zeitung auf. Die Meldungen stützen sich z.T. auf *"andere Blätter"*, z.T. auf Informationen eines Berliner Nachrichtenbüros und sind wertvoll, da sie sowohl den Hintergrund des Attentats ausleuchten als auch bis dato nicht bekannte Fakten liefern.
Kopf der Attentäter war ein 21 Jahre alter, in Stuttgart geborener Musiklehrer, der sich offenbar mit Gelegenheitsarbeiten in Berlin und anderen norddeutschen Städten durchschlug. Er hatte zuvor schon Attentatspläne geschmiedet - auch auf Autos - und einen fehlgeschlagenen Versuch unternommen. Dann traf er im Wartesaal Bf Herford zwei Brüder aus Schötmar bei Herford, beide ebenfalls arbeitslos. Anders als der Musiklehrer, der noch auf sich hielt, waren die beiden heruntergekommene Landstreicher von geringer Intelligenz. Ansonsten besaßen sie wesensmäßig und an Erfahrung das, was dem Musiklehrer zur Verwirklichung seiner Pläne fehlte. Gemeinsam war allen Dreien als Außenseiter ein Haßgefühl gegen die Gesellschaft. So wurden sie schnell einig. Dem älteren der Brüder kam die Sache dann aber zu groß und zu gefährlich vor, weshalb er ausstieg.
Bei ihrem ersten Versuch am späten Abend des 18.8.1926 erreichten der jüngere der Brüder, ein 22jähriger gelernter Elektriker, und der Musiklehrer nichts. Ihrer Aussage gemäß hatten sie dem "Amsterdamer Schnellzug" einen Hemmschuh nahe der späteren Entgleissungsstelle vorgelegt. Die Lok des Zuges schleuderte den Hemmschuh zur Seite, ohne daß es Tf oder Heizer bemerkte. Bei diesem Zug wird es sich um den D 174 gehandelt haben, der im Plan unmittelbar vor D 8 lief. Den Attentätern war es jedoch nicht auf einen bestimmten Zug angekommen, sie warteten lediglich beide Abende bis zu einer Zeit, in der sie kaum noch jemand beobachten konnte.
Zum Attentat am 19.8.1926 besorgten sie sich aus einer nahen Wärterhütte Schraubenschlüssel und eine Weichenstange, womit sie ein Stück Schiene sowie eine Laschenverbindung lösten und das Gleis auseinanderdrückten.
Festgenommen wurden sie am 6.9.1926 in einem Obdachlosenheim in Berlin aufgrund der Anzeige auch eines Landstreichers. Eine Zeitungsmeldung gibt an, den älteren der Brüder hätte sein Gewissen geplagt, und deshalb wäre er zur Polizei gegangen. Zutreffend dürfte der Prozeßbericht sein, demzufolge der ältere der Brüder nach dem Attentat in der Umgebung von Schötmar am 3.9.1926 einen anderen Landstreicher kennenlernte, mit dem er auf 'große Walze' gehen wollte. Zum Abschied machte er noch einen Besuch am Grabe seines Vaters, um danach in Reuestimmung "sein Herz zu erleichtern". Er erzählte dem anderen Landstreicher die ganze Geschichte, woraufhin dieser prompt zur Kriminalpolizei Hannover ging und Anzeige erstattete. Es waren nämlich 27 000,-- Mark Belohnung ausgesetzt, wovon der Landstreicher nach erfolgter Festnahme der Attentäter einen Vorschuß und nach der Verurteilung den "Löwenanteil" erhielt.
Die Festnahme tätigte der Berliner Kriminalkommissar Paul Dost, der uns aus seiner Erinnerung erste Informationen erteilte. Aus dienstlichen Gründen war er seinerzeit gerade in Hannover, flog am gleichen Tag zurück nach Berlin, wohin sich die Attentäter abgesetzt haben sollten, und wo sofort und mit Erfolg gefahndet wurde.

Das von den Zeitungen entworfene Persönlichkeitsbild der Attentäter und des älteren der Brüder, der wegen des Verdachts der Mitwisserschaft auch in Untersuchungshaft kam, deckt sich mit dem Erinnerungsbild Kommissar Dosts, der die drei während der Verhöre ganz gut kennenlernte. Beide Brüder hatten einige Einbrüche auf dem Kerbholz; einer der beiden war wegen eines Einbruchs in die Diensträume eines kleineren Bahnhofs mit 5 Monaten Gefängnis ernster bestraft, der Musiklehrer dagegen ohne Vorstrafen. Für ihn stand der Gedanke, den Postwagen eines entgleisten Zuges auszurauben, wie in der Literatur gelegentlich behauptet wird, überhaupt nicht an, und auch der jüngere Bruder hatte bei Ausführung des Attentates eventuelle diesbezügliche Hoffnungen aufgegeben. So entfernten sich beide unmittelbar nach Lösen der Schienen und wußten nicht einmal genau, ob die für ihren Plan in Frage kommenden Züge überhaupt einen Postwagen führten.

Auf den Seiten zweier Berichte über Leiferde/Meinersen finden sich noch Kurzmeldungen über sechs weitere Attentate,
zum **5.9.1926**: zwischen **Grüna=Kloster Zinna** und **Luckenwalde**, Str Berlin-Wittenberg; zwischen **Wersen** und **Osnabrück=Eversburg**, Kleinbahn Piersberg-Rheine, hier mit Ermittlung des Täters, eines arbeitslosen Malergehilfen;
die folgenden nach dem Bericht über den **Prozeßbeginn 1927**:
"hinter **Sehma**", Str Chemnitz-Weipert, hier das neunte, unaufgeklärte Attentat innerhalb der "letzten 10 Wochen",
"hinter **Zechow**", Str Kreuz-Landsberg/Warthe auf den D-Zug Berlin-Insterburg;
zwischen **Möllen** und **Spellen**, Str Hamborn-Wesel;
bei **Hamborn=Neumühl**, Str Sterkrade-Duisburg=Ruhrort, und
bei **Carlsmarkt**, Str Breslau-Oppeln.

Ob das alle Attentate im Deutschen Reich während der zwei, drei Tage waren, deren Ereignisse die vorstehend ausgewerteten Berichte wiedergaben, dürfte zweifelhaft sein, aber auch diese Zahl gibt zu denken, insbesondere da bei allen, auch den unaufgeklärten Fällen den Umständen nach Raubvorsatz ausscheidet und die Jahre rein politisch motivierter Attentate (bis 1933) vorbei waren.
In diesem Zusammenhang soll vorab eine **Attentatsserie** (64 Vorkommnisse!) eingeschoben werden, die sich zwischen 1928 und 1931 im Umland von **Braunschweig** ereignete, vor allem mit Materialschaden, Betriebsstörungen und Diebstählen verbunden. Die Vermutung, daß ein Einzeltäter oder ein- und dieselbe Tätergruppe am Werk war, bestätigte sich nach der eher zufälligen Festnahme eines Fritz Opitz im Jahre 1936. Opitz, einer der gefährlichsten Gewaltverbrecher im Deutschen Reich, gestand außer Bahnanschlägen, 57 Raubüberfälle und etliche Morde. Einige der Überfallenen hatten eine genaue Personenbeschreibung geben können, auf Grund derer die Festnahme bei einem simplen Einbruch weitab von seinem Wirkungskreis erfolgte. Opitz wurde zum Tode verurteilt und 1937 hingerichtet.

Am **2.9.1926** fuhr P 439 nach Überfahren des Einfahrsignals in **Schlierbach=Ziegelhausen**, Str Osterburken-Heidelberg, auf einen noch in der Station rangierenden G (14 V).

Am **1.12.1926** ereigneten sich je ein Unfall in **Ingolstadt** (1 T, etl. V), und in **München=Moosach** (2 T, etl. V). Genaueres war nicht zu ermitteln.

Am **28.12.1926** fuhr bei **Schweikershain**, Str Döbeln-Chemnitz, G 9248 auf den liegengebliebenen D 74 (12 V).

Am **27.4.1927** entgleiste P 2261 wegen Schienenbruchs auf der Str **Werdau-Mehltheuer** (1 T, 11 V), und

am **6.7.1927** Zug Nr. 35 der Schmalspurbahn Nordhausen-Drei Annen=Hohne-Wernigerode bei Querung des **Thumkuhlentals** wegen Dammaufweichung und stürzte ab (ca. 6 T, 8 V). [Abb. 48/49]
Das meterspurige Gleis der vormals Nordhausen-Wernigeroder EB verläuft zwischen den Bahnhöfen Drei Annen Hohne und Steinerne Renne (ca. 8 km) in zahlreichen Kurven bis zu 60 m Radius und in einem durchschnittlichen Gefälle von 30 : 1durch das Drängetal. Die Strecke hat dabei mehrere Seitentäler zu queren, von denen das Thumkuhlental das größte ist. Um Baukosten zu sparen, hatte man hier die Trasse an den Talrändern weit nach Westen ausbiegen lassen, um dann vermittels einer Kehrschleife auf einem hohen Damm das Tal überfahren zu können. Für den im Thumkuhlental verlaufenden Weg legte man eine einfache Brücke an und für den unterhalb des Weges in der Talsenke fließenden Bach einen Durchlaß. Der nicht üppig bemessene Bahndamm hatte keine Befestigung gegen abnorme Hochwasser, wie auch der Durchlaß dafür zu eng war. Nach dem Unglück wurden diese Mängel behoben.
Am späten Nachmittag des 6.7.1927, einem Mittwoch, kam es im Laufe eines schweren Gewitters zu wolkenbruchartigen Regenfällen - im Nordharz nicht selten -, die sich diesmal konzentriert zwischen Brocken und dem Großen Thumkuhlenkopf entluden, so daß der Bach des Tales zu einem Fluß anschwoll, dessen Wasser sich vor dem Durchlaß am Bahndamm stauten und vom Erdreich, auch der Dammkrone, erhebliche Massen wegspülten. Ein in der nahen Kreuzungsanlage Drängetal befindlicher Wärter merkte nichts von der Gefahr, und Spaziergänger waren bei dem Unwetter nicht unterwegs. Der letzte, zuvor bergwärts fahrende Zug - Nr. 6 von Wernigerode nach Nordhausen mit Wagen nach Schierke - in der Saison vom 1.6.-31.8. als Nr. 108 zum Brocken -, hatte die Kehrschleife gegen 15.20 Uhr passiert, ohne Besonderes zu bemerken. Bei dem langsamen Tempo der Bergfahrt wäre das Erkennen einer Gefahr mit Anhalten wahrscheinlich möglich gewesen. Gegen 16.15 Uhr kreuzte Zug Nr. 6 in Elend mit Zug Nr. 35, der etwa eine Stunde darauf verunglückte.
Als Zug Nr. 35 Drei Annen=Hohne erreichte (plan an 16.19 Uhr, ab 16.28 Uhr), war das Unwetter bereits ausgebrochen, wodurch sich Fahrgastwechsel und Umrangieren verzögerten. Vermutlich war schon die Planankunft, auch die des Brockenzuges Nr. 105 (an 16.22 Uhr), überzogen. 16.57/58 Uhr hätte Zug Nr. 35 in Hasserode mit Zug Nr. 8, nach Nordhausen, kreuzen sollen. Zug Nr. 35 kam jedoch nicht einmal bis Steinerne Renne, unmittelbar hinter der Thumkuhlentalschleife gelegen. Als der Tf die wirbelnden Wassermassen am Bahndamm erblickte und Vollbremsung einleitete, war es zu spät. Die Lok

48/49

neigte sich nach links und riß den Gepäck- und den ersten Reisezugwagen mit. Die übrigen vier Wagen blieben abgebremst auf dem Damm.
Die Angaben über die Opfer der Katastrophe schwanken zwischen zwei und vier getöteten und sechs bis neun verletzten Fahrgästen. Auf dem Führerstand sollen sich zur Zeit des Unfalls drei oder vier Personen aufgehalten haben: Tf und Heizer, sowie ein oder zwei weitere Bahnbedienstete, nach einer Version einer davon zur zusätzlichen Streckenbeobachtung, der andere ein nach Wernigerode zurückkehrender Eisenbahner, der in einer zweiten Version als Bahnmeister und einziger Fahrgast auf dem Führerstand der Lok bezeichnet wird.
Die Geschichte des Zuges Nr. 35 ist so wechselhaft, daß es zu Fehlangaben in der Literatur führte.[18] Nach Wiederinbetriebnahme der Zweigstrecke Drei Annen=Hohne-Brocken im Mai 1925 bildete das Zugpaar 34 (danach 36) und 35 zunächst allein die Verbindung Wernigerode-Brocken. Zur Fahrplanperiode 1927 änderte man den Lauf der Züge 35/36 versuchsweise. Feriengästen und Wanderern aus dem nordwestlichen Einzugsgebiet des Harzes sollten gute Rückreiseanschlüsse geboten werden, da mit Zug Nr. 35, Wernigerode planmäßig an 17.10 Uhr, der einzige und neu eingelegte Eilzug Ri Halberstadt erreicht werden konnte, Ankunft in Magdeburg 19.02 Uhr und Berlin 21.33 Uhr.
Zug Nr. 36 lief mittags von Wernigerode nach Benneckenstein und nach Ankunft dort als Nr. 35 ca. eine Stunde später, nach Plan 15.23 Uhr, zurück nach Wernigerode. Samstags bestand Anschluß von Nordhausen.
Brockenreisende wurden ab dieser Fahrplanperiode mit den Flügelzügen Nr. 105/106 bedient, die in Drei Annen=Hohne vermutlich Kurswagen übergaben bzw. übernahmen. Das ergibt sich aus den unterschiedlichen Aufenthalten der Züge in Drei Annen=Hohne, die bei einigen, so Nr. 35/36, zum Kurswagenaustausch reichten, ferner aus der Länge des verunglückten Zuges, außer einem Gepäckwagen fünf Reisezugwagen, wofür ein Teilstreckenzug ohne Anschluß von Nordhausen in der Wochenmitte kaum Bedarf gehabt haben kann.
Im Folgejahr ist das Zugpaar Nr. 35/36 aus den Fahrplanspalten verschwunden. Es taucht später noch einmal, wiederum als Brockenzugpaar kurz auf. Danach verkehrte Zug Nr. 36 ohne direkten Gegenzug eine Weile bis Nordhausen, und nach Kriegsausbruch findet man wieder ein Zugpaar Wernigerode-Benneckenstein und zurück in gleicher Planlage wie 1927, aber mit anderer Numerierung, vermutlich kein Versehen. Erst 1946, nach der Aufteilung Deutschlands und den großen Bevölkerungsbewegungen durch Flucht und Vertreibung, wurde die Zugnummer 35 wieder verwendet - bis zur Enteignung der Privatbahngesellschaft.

Am **15.7.1927** fuhr bei **Altenbeken** P 64 infolge Fdl=Fehler auf G 6710 (1 T, 4 V), dgl.

am **23.7.1927** in **Mössingen**, Str Tübingen-Sigmaringen, P 1024 auf G 9176 (10 V).

Am **12.8.1927** fuhr Zug 3937 von Maisach in **München** Hbf infolge falscher Weichenstellung auf den von Fahrgästen bereits verlassenen D 88 (etl. V).

Am **31.8.1927** entgleiste zwischen **Pulheim** und **Stommeln**, Str Viersen-Köln, ein Güterwagen infolge Beladungsfehler und P 592 fuhr auf (1 T, 16 V),

am **24.8.1927** in **Liegnitz** wegen vorzeitiger Weichenumstellung P 441 (19 V).

Am **3.9.1927** entgleiste P 565 bei **Buchholz** infolge Gleisverwerfung (1 T, 15 V), und

am **8.9.1927** vermutlich infolge Mängeln der Lokomotivkonstruktion D 90 bei Durchfahrt **Oberdachstetten**, Str Würzburg-Ansbach (10 V) ***I** (vgl. St. Egidien, 30.8.1930). [Abb.50]

50

Am **17.9.1927** entgleiste der Speisewagen des D 304 wegen Achsschenkelbruchs bei **Goldstein**, Str Frankfurt/M.-Mainz (13 V), und

am **27.9.1927** D 155, Wien-Berlin, bei Einfahrt **Schwandorf** infolge Dammaufweichung nach Regen (etl. V).

Am **14.10.1927** streifte bei Einfahrt **Braunschweig** Ost ein G eine nicht profilfrei stehende Wagengruppe und entgleiste. Im Gepäckwagen wurden der Zf und zwei Schaffner getötet, die Lokpersonale und zwei weitere Bahnbedienstete verletzt.

Am **26.10.1927** fuhr gegen 5.05 Uhr hinter Bf **Vach**, Str Bamberg-Nürnberg, D 238 von Berlin auf den wegen Reißen eines Bremsschlauches liegengebliebenen G 34 677. Der Fdl hatte die Durchfahrt freigegeben, obwohl die Rückmeldung des G noch nicht erfolgt war (1 T, etl. V).

Am **1.11.1927** fuhr in **Grevenbroich**, Str Viersen-Köln, eine rückkehrende Schiebelok P 159 in die Flanke. Der Tf der Schiebelok hatte bei Nebel das 'Halt' zeigende Signal übersehen (8 V).

Am **14.12.1927** fuhr in **Hochstadt=Marktzeuln** G 6021 auf Zug 34 659 und D 40 in die Trümmer der entgleisten Wagen (8 V).

Am **11.2.1928** fuhr in **Essen=Steele** P 813 infolge Unachtsamkeit des Tf auf einen Leerzug (72 V).

Am **6.3.1928** rutschte in **Jeddingen**, Str Langwedel-Uelzen, G 7602, der bei zu hoher Geschwindigkeit zu spät abgebremst worden war, über das 'Halt' zeigende Einfahrsignal hinaus und dem gerade umsetzenden P 467 in die Flanke (1 T, 31 V).

Am **29.3.1928** fuhr in **Eppertshausen**, Str Offenbach-Dieburg, P 3600 infolge falscher Weichenstellung auf P 3905 (38 V), und

am **22.4.1928** in **München Ost** Zug 19 der Ismaninger Nebenbahn in entgleisende Wagen einer Rangierabteilung (5 V).

Am **15.5.1928** überfuhr in **Walldorf**, Str Eisenach-Meiningen, P 462 einen Prellbock infolge falscher Weichenstellung (8 V).

Am **10.6.1928** entgleiste bei Durchfahrt **Siegelsdorf**, Str Nürnberg-Würzburg, D 47 infolge überhöhter Geschwindigkeit und Lokmängeln. Die Einleitung der Entgleisung erfolgte vermutlich auf einer ausgefahrenen, altliegenden bayerischen Weiche (24 T, 103 V). ***I** [Abb. 51-53]

51: Absturzstelle Siegelsdorf, am Kagenhofener Überweg

Am **23.6.1928** entgleiste D 135 bei Ausfahrt **Ummendorf**, Str Friedrichshafen-Ulm, auf einer Weichenverbindung wegen Mißachtung der La und zu hoher Geschwindigkeit (31 V).

Am **3.7.1928** entgleiste D 59 bei Einfahrt **Ulm** und am **7.7.1928** vor **Amstetten**, Str Stuttgart-Ulm, wegen Mängeln der Lokomotivkonstruktion.

Am **15.7.1928** mußte nach einer Sportveranstaltung der Sonderzug 52 841 von München nach Augsburg wegen des Fahrgastandranges in zwei Teilen gefahren werden. Der erste Teil erhielt wegen Nachlässigkeiten des Lokpersonals kurz nach Abfahrt in **München** Hbf Zwangsbremsung, der zweite Teil fuhr infolge Mißverständnissen zwischen Fdl und Block-

52/53: Siegelsdorf, 10.6.1928

wärter, bedingt durch mangelhafte Sicherheitseinrichtungen, ebenfalls ab und auf den ersten Teil, gerade als sich dieser wieder in Bewegung setzte. Die Wagentrümmer gerieten in Brand (10 T, 76 V). ***I**

Am **31.7.1928** fuhr in **Dinkelscherben**, Str Ulm-Augsburg, BP 911 infolge falscher Weichenstellung auf G 7535. Fehlerhafte Arbeiten bei Modernisierung der Stellwerkanlagen sowie Unaufmerksamkeit des Weichenwärters waren ursächlich (16 T, 48 V). ***I**

Am **12.8.1928** entgleiste in **Muggendorf**, Str Forchheim-Behringersmühle, ein Zug wegen Weichendefekt (etl. V).

Am **1.10.1928** fuhr in **Ludwigsstadt**, Str Lichtenfels-Saalfeld, eine Schiebelok auf BP 848, Berlin-München (etl. V), und

am **gleichen Tag** in **Kaiserslautern**-West P 1325 auf Leerzug 1376, weil der Flügel eines bayerischen Formsignals unbemerkt nicht auf 'Halt' zu stellen war (2 T, 15 V).

Am **30.1.1929** übersah der Tf des D 155, Wien-Berlin, bei leichtem Nebel und im Bestreben, von den 80 Minuten Verspätung etwas einzuholen, zwei Signale und fuhr gegen 1.50 Uhr in Bf **Sünching**, Str Passau-Regensburg, auf G 7037 (4 T, 24 V). ***I**

54: Der abgebildete Zusammenstoß offenbar zweier Güterzüge soll sich Ende der zwanziger Jahre ereignet haben. Näheres ist nicht bekannt.

Weder Zeit noch Ort der auf den beiden Abbildungen wiedergegebenen Überschwemmungskatastrophen ist festgehalten. Vermutlich zeigen Abb. **56** die überflutete Elbe und Abb. **57** evtl. die Saale im mitteldeutschen Raum Ende der zwanziger Jahre.

In dem ungewöhnlich harten Winter 1928/29 mit Temperaturen bis -41° (in Ostpreußen) kam es zu häufigen Schneeverwehungen und den daraus erwachsenden Störungen, auch zu Materialbrüchen.

So platzte am **5.2.1929** bei Tempo 100 ein Radreifen der Zuglok des D 8, **Riga-Berlin**. Auf eine Strecke von 800 m in der Länge und 16 m seitlich fand man Felgen-, Speichen- und Radreifenstücke, ohne daß die Lok entgleiste. Nebenstehende **Abb. 55** zeigt das Treibradfragment der Lok, vermutlich einer Preußischen S 10.

Am **12.2.1929** fuhr in **Burgkemnitz**, Str Wittenberg-Bitterfeld, D 70, Berlin-München, infolge Signalmißachtung auf D 238, Berlin-Stuttgart (1 T, 23 V).
D 70, der ab Sommer 1929 als FD lief, war ein Schlafwagenzug und folgte im Abstand von 30 Minuten dem D 238, der Schlafwagen führte. Der Unfall ereignete sich kurz nach 23 Uhr und verlief relativ glimpflich, da der Tf des D 70 seinen Irrtum erkannte, noch Bremsung einleiten konnte und der Aufstoß auf den wegen Dampfmangel liegen gebliebenen D 238 nicht aus vollem Tempo erfolgte. Einem Bericht zufolge soll es sich bei dem Toten des Unglücks um den Tf des D 238 gehandelt haben,[19] was kaum zutreffen kann.

Am **19.2.1929** fuhr Ng 62 8413 in **Kempten** Gbf auf eine Wagengruppe (1 T, etl. V).

Am **21.2.1929** fuhr in **Magdeburg** eine Lok auf P 576 wegen Sichtbehinderung durch Rauch (22 V).

Am **23.2.1929** entgleiste in **Dortmund** Hbf P 1755 infolge technischen Defekts (3 T, 20 V).

Am **25.2.1929** überfuhr bei **Dortmund** ein Erzzug den Prellbock. Vermutlich konnte wegen eines Eispfropfens im Sandrohr der Lok nicht gesandet werden (etl. V).

Am **10.3.1929** fuhr in **Heeßen**, Str Hannover-Hamm, D 40 bei Nebel und infolge mangelhafter Fahrwegprüfung auf einen Viehzug (20 V).

Im **Frühjahr 1929** gab es vielerorts Überschwemmungen [Abb. 56/57], z.T. katastrophalen Ausmaßes, so in den gebirgigen Gebieten Sachsens, wo besonders die **Müglitztal=Bahn** hart betroffen wurde.

Am **8.4.1929** geriet in **Forchheim**, Str Nürnberg-Bamberg, P 4118 wegen vorzeitiger Abfahrt auf ein Ausziehgleis und überfuhr den Prellbock (4 V).

Am **18.5.1929** fuhr auf der Str **Würzburg** Süd - **Heidingsfeld** West P 392, Ri Lauda, durch Verschulden des Stellwerkwärters auf den abgerissenen Zugteil eines G (24 V).

Am **23.5.1929** entgleiste in Bf **Kerzell**, Str Frankfurt/M.-Fulda, FD 5, Basel-Berlin, auf ablenkender Weiche wegen Mißachtung angezeigter Langsamfahrt (14 V).

Am **25.5.1929** stieß in **Augsburg** Hbf bei Stellwerk II eine Rangierabteilung gegen den Ri München ausfahrenden P 907 (18 V).
Eine amtliche Stellungnahme entschuldigt die Fehlhandlung des Rangierleiters, da dort stets unter Zeitdruck rangiert werden müsse. Die Anlage des Augsburger Hbf sei völlig unzulänglich. So würden sich die aus Ri Buchloe und München einlaufenden Durchgangszüge wegen schienengleicher Kreuzung behindern, und der Personenbahnhof habe nicht einmal ein Ausziehgleis.
Nach dem Unfall wurde Augsburg Hbf abermals erweitert und modernisiert, wie inzwischen die Münchner Bahnhöfe.

Am **31.5.1929** fuhr in Bf **Edle Krone**, Str Freiberg-Dresden, ein Bauzug infolge Bremsversagens auf eine Lok (4 Schwer-, etl. Leichtverletzte).

Am **3.6.1929** entgleiste vermutlich infolge Stauchung bei Neigungswechsel und enger Krümmungen der Strecke nahe **Laußnitz** ein vom Truppenübungsplatz Königsbrück kommender Militärzug auf der Fahrt nach Dresden (4 T, 1 V).

Am **14.6.1929** ereignete sich eine Flankenfahrt zwischen **München** Starnberger Bf und Hp Hauptwerkstätten (etl. V).

Am **20.6.1929** entgleisten vermutlich infolge Gleisverwerfung die letzten fünf Wagen des D 93, Köln-Altona, zwischen **Münster** und **Osnabrück** (20 V).

Am **11.7.1929** entgleiste P 309, Schweinfurt-Meiningen, wegen überhöhter Geschwindigkeit bei Einfahrt Bf **Mellrichstadt**, und

am **20.7.1929** gegen 14.45 Uhr vor **Wiesau**, Str Hof-Regensburg, die letzten vier Wagen des D 22, Berlin-München, infolge Gleisverwerfung. In beiden Fällen gab es nur Leichtverletzte. Nebenstehende **Abb.58**, aus Privathand unmittelbar nach dem Unfall aufgenommen, zeigt Fahrgäste des Zuges, ihr Gepäck bergend.

Am **15.8.1929** fuhr im Bereich des Gbf **Brockau** b. Breslau infolge Signalmißachtung der Triebwagenzug 1780 dem P 503 in die Flanke (1 T, 10 V).

Am **25.8.1929** entgleiste während einer wandernden Baustelle bei Einfahrt Bf **Buir**, Str Köln-Aachen, D 23 auf ablenkender Weiche (14 T, 43 V). ***I** [Abb. 59]

Am **30.9.1929** fuhr in **Mainz** Hbf FD 264, Köln-München, nach Signalmißachtung dem ausfahrenden G 8711 in die Flanke (14 V).

Am **24.10.1929** stießen während zeitweisen Falschfahrbetriebes bei Streckenbegradigungsarbeiten im Bf **Reichelsdorf**, Str Nürnberg-Treuchtlingen, D 39, München-Berlin, mit D 389, Nürnberg-München, zusammen. Die Ausfertigung des Befehls A für Falschfahrt war mißverständlich (5 T, 31 V). ***I** [Abb. 60-63]

59: Buir, 25.8.1929: Die entgleisten Wagen und im Vordergrund der Tender der Lok, 01 034.

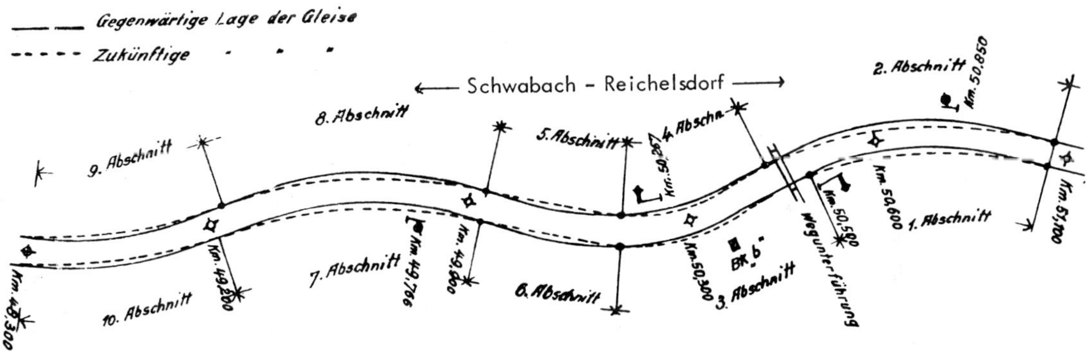

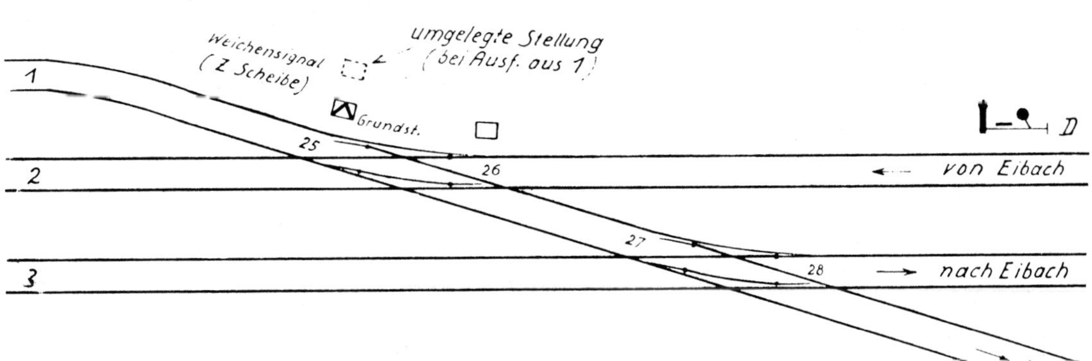

Mitte: Linienverbesserung südlich **Reichelsdorf** / unten: Weichenplan Nord- bzw. Ausfahrt

60/61 - Reichelsdorf: Zugspitze D 39 mit teleskopierten Postwagen von beiden Seiten aufgenommen

62/63 - Reichelsdorf - oben: Das vordere Laufwerk der beiden Loks, vorn das der 38 3351 mit abgeschertem Vorlaufdrehgestell und aufgestiegenen Rädern der ersten Kuppelachse / unten: Führerhaus der 38 3351 nach Befreiung des eingequetschten Lokpersonals

Am **24.10.1929** löste ein Kurssturz an der New Yorker Börse, auch auf Europa übergreifend, die verheerende **Weltwirtschaftskrise** aus und beendete die trügerische wirtschaftliche Scheinblüte im Deutschen Reich. Die Reichsbahn hatte immerhin während dieser kurzen Spanne eine im Rahmen der Gegebenheiten rege Aktivität entfalten können, wobei vor allem nach Entwicklung des Reichsbahn=Oberbaus K mit Schiene 49 wichtige Hauptbahnen, auch mit Unterbauverbesserungen für 20 t Achsdruck zum Einsatz der neuen Einheitslokomotiven hergerichtet wurden.
Tribut des gestiegenen Verkehrsaufkommens bei noch nicht gefestigter Sicherheitslage war ein Anstieg der Unfallziffern in den Jahren 1928 und 1929, wie sich auch die wirtschaftliche Rezession mit rapidem Verkehrsrückgang 1930-33 entgegengesetzt auswirkte. Besonders interessant ist die dem letzten Statistischen Jahrbuch der DR entnommene, nebenstehende graphische Darstellung, da dort auch die folgenschwersten Unfälle aufgeführt sind.

Zahl der Unfälle **Auf 1 Mio Zugkilometer fallen Unfälle und verletzte oder getötete Personen**

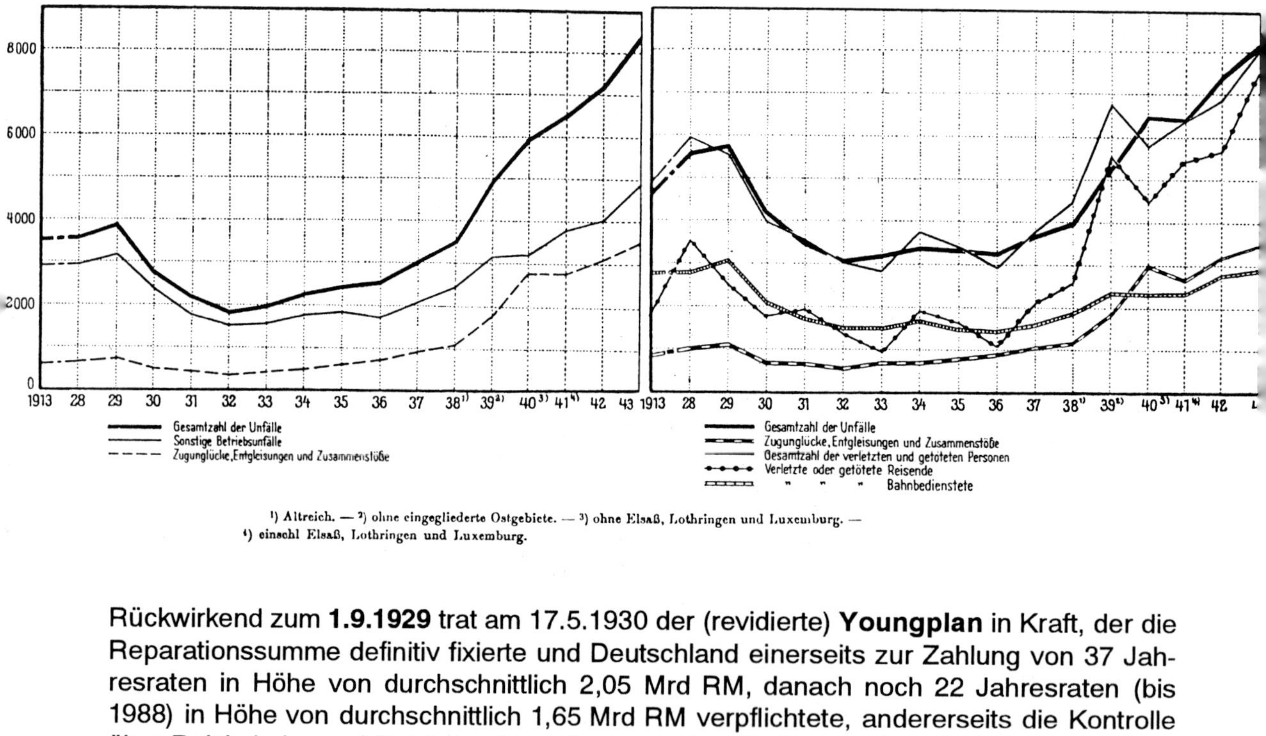

[1]) Altreich. — [2]) ohne eingegliederte Ostgebiete. — [3]) ohne Elsaß, Lothringen und Luxemburg. —
[4]) einschl Elsaß, Lothringen und Luxemburg.

Rückwirkend zum **1.9.1929** trat am 17.5.1930 der (revidierte) **Youngplan** in Kraft, der die Reparationssumme definitiv fixierte und Deutschland einerseits zur Zahlung von 37 Jahresraten in Höhe von durchschnittlich 2,05 Mrd RM, danach noch 22 Jahresraten (bis 1988) in Höhe von durchschnittlich 1,65 Mrd RM verpflichtete, andererseits die Kontrolle über Reichsbahn und Reichsbank sowie deren Verpfändung und auch die der Zölle aufhob.[20]
Daß die Durchführung des Youngplanes unmöglich war, erkannte man sehr schnell auch auf alliierter Seite. So wurden gemäß Hoover=Moratorium die Reparationszahlungen vom 1.7.1931 bis 30.6.1932 ausgesetzt und dann vertagt - bis zum Londoner Schuldabkommen 1953, das Zahlungen bis 1994 festlegte.

Reisende

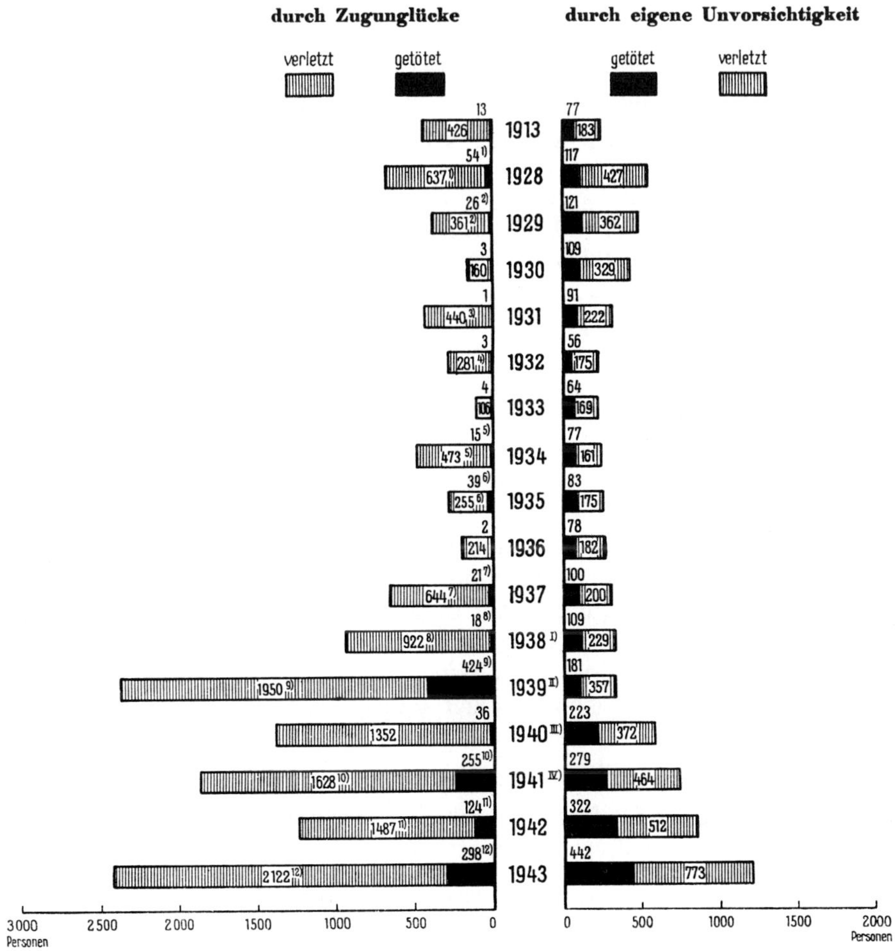

[1]) hiervon 50 Tote, 299 Verletzte durch die Unfälle Steele Hbf, Siegelsdorf, München Hbf und Dinkelscherben.

[2]) hiervon 14 Tote, 43 Verletzte durch den Unfall Buir.

[3]) größtenteils Leichtverletzte, hiervon 82 durch den Bahnfrevel bei Jüterbog.

[4]) » » » 44 » » Unfall auf Strecke Unna–Bönen.

[5]) hiervon 14 Tote, 251 Verletzte durch die Unfälle Pforzheim, Halle Pbf und bei Murrhardt.

[6]) hiervon 31 Tote, 27 Verletzte durch den Unfall Großheringen.

[7]) hiervon 17 Tote, 35 Verletzte durch den Unfall Holzheim.

[8]) hiervon 16 Tote, 14 Verletzte durch den Unfall Borken (Westf.).

[9]) hiervon 370 Tote, 297 Verletzte durch die Unfälle Berlin-Gesundbrunnen, St. Valentin, Cosel-Bauerwitz, Genthin und Radolfzell-Friedrichshafen.

[10]) hiervon 201 Tote, 329 Verletzte durch die Unfälle Isenbüttel-Gifhorn, Ars–Metz, Gusow, Frankfurt (O)-Posen und Lauenhagen.

[11]) hiervon 62 Tote, 124 Verletzte durch die Unfälle Kohlfurt-Arnsdorf b/Liegnitz, Spittal (Drau)-San Candido und Bialystok-Wolkowysk

[12]) hiervon 197 Tote, 465 Verletzte durch die Unfälle Galkau, Dortmund Hbf, Naumburg (Saale), Neuhaus (Gail), Tantow, Hamrow-Wunstorf u. Bialystok-Prosken.

I) Altreich.

II) ohne eingegliederte Ostgebiete.

III) ohne Elsaß, Lothringen und Luxemburg.

IV) einschl Elsaß, Lothringen und Luxemburg.

Am **10.11.1929** entgleiste in **Dessau** ein Personenzug nach Bitterfeld auf ablenkender Weiche (4 T, 7 V).

Am **23.11.1929** entgleiste wiederum im **Polnischen Korridor** D 55, Berlin-Insterburg. Details über Ursache und Folgen wurden nicht bekanntgegeben.

Am **11.1.1930** ereignete sich bei **Reinsfeld**, Str Trier-Türkismühle, ein Kesselzerknall wegen Werkstattfehlers (2 V).

Am **21.1.1930** stieß bei Nebel und ohne Einfahrauftrag Ng 8925 mit P 554 in **Diekmannshausen**, Nebenbahn Varel-Rodenkirchen, zusammen (27 V).

Am **23.6.1930** fuhr in **Mainz** Hbf P 1433 durch Fdl=Fehler auf eine im Einfahrgleis stehende Rangierabteilung (36 V).

Am **30.8.1930** entgleiste P 1019 in **St. Egidien** b. Glauchau (3 T, 19 V). Ein im Weichenherzstück verklemmtes Eisenteil soll die Ursache gewesen sein.
P 1019 lief als beschleunigter Vorsonn- und Feiertagszug zur Entlastung des D 121 ab Glauchau unmittelbar hinter diesem nach Dresden. Da im D 121 bei Befahren der fraglichen Weiche nichts auffiel und hier vor P 1019 kein anderer Zug lief, müßte das "Eisenstück" vom letzten Wagen des D 121 abgefallen sein, was sehr unwahrscheinlich ist.
Auch für die "rätselhafte" Entgleisung in Oberdachstetten (8.9.1927) wurde zunächst ein herabgefallenes, verklemmtes (aber nicht auffindbares) Eisenstück verantwortlich gemacht, bis man schließlich bei der Untersuchung ähnlich rätselhafter Entgleisungen erkannte, daß diese durch die bereits unbemerkt entgleiste erste Achse des Vorlaufdrehgestells eines bestimmten bayerischen Loktyps ausgelöst worden war. Bayerische S 3/6 liefen seinerzeit nicht nur auf bayerischen Strecken, so daß die Entgleisungsursache evtl. in dieser Richtung zu suchen wäre.

Am **27.9.1930** stieß auf der Str **Rommerskirchen-Bergheim**/Erft P 2538 mit einer Lok zusammen, dessen Tf nach Mißverständnissen vorzeitig abgefahren war (38 V),

am **28.10.1930** zwischen **Giengen** und **Herbrechtingen** Lp 3753 mit Leig 8566 ebenfalls nach einem mißverstandenen schriftlichen Befehl (2 T, 6 V).

Am **6.1.1931** stieß in **Gleiwitz** (Oberschlesien) wegen Signalmißachtung bei dichtem Schneegestöber P 226 mit dem ausfahrenden D 31a zusammen (35 V),

am **31.3.1931** in **Unna** P 2734 mit einer ohne Auftrag und vor Weichenstellung zurücksetzenden Rangierlok (22 V), und

am **7.6.1931** auf der Str (Beuthen-) **Mikultschütz** (später Klausberg) - Brynneck (später Brunneck) P 319 mit P 316, weil Zf die planmäßige Kreuzung vergessen und eigenmächtig Abfahrauftrag gegeben hatte (1 T, 48 V).

Am **15.6.1931** fuhr in **Auringen=Medenbach**, Str Wiesbaden-Niedernhausen, P 1564 durch Fdl=Fehler auf G 8204 (52 V).

Am **8.8.1931** entgleiste D 43 infolge Attentats bei **Jüterbog**, Str Berlin-Halle. Der Attentäter, ein ungarischer Lehrer namens Matuschka, konnte bald ermittelt werden, da er sich auch in Österreich und seiner Heimat nach der gleichen Methode betätigte. ***I**

Am **15.12.1931** fuhr in **Maldeuten**, Nebenbahn Marienburg-Allenstein, durch Eigenmächtigkeit des Tf einer umsetztenden Lok diese dem P 714 in die Flanke (28 V),

am **28.12.1931** in **Kieritzsch**, Str Leipzig-Altenburg, BP 855 infolge Fdl=Fehler auf eine Rangierabteilung (18 V), und

am **5.5.1932** bei **Bad Reichenhall=Kirchberg** P 872 infolge falscher Weichenstellung auf Sonderzug 4691 (13 V).

Am **16.5.1932** entgleiste D 97, Köln-Altona, wegen einer Gleisverwerfung bei Einfahrt **Bremen** Hbf (etl. V), und

am **11.6.1932** zwischen **Unna** und **Bönen**, Str nach Hamm, P 357 ebenfalls infolge Gleisverwerfung (1 T, 68 V).

Am **13.6.1932** fuhr vor **Corbetha**, Str Halle/Leipzig-Weißenfels, P 828 infolge Signalmißachtung auf G 5104 (17 V), und

am **27.7.1932** in **Berlin** Bf Gesundbrunnen eine Lok wegen Signalmißachtung dem P 308 in die Flanke (2 T, 13 V). [Abb. 64]

64: Berlin Bf Gesundbrunnen - Instandsetzungs- und Aufräumarbeiten nach der Flankenfahrt vom 27.7.1932

65/66: oben - Abbildung der Folgen eines kommunistischen Sprengattentates 1933 in Berlin (Tag nicht bekannt) / unten - Nicht datier- und lokalisierbar das Ergebnis eines 'Treffens' Lok mit Stellwerk, einem Bleistiftvermerk zufolge in Chemnitz oder Umgebung

Am **20.8.1932** prallte in **Stralsund** Vorzug E 129 infolge unterlassener Fahrwegprüfung auf eine Lok (30 V).

Am **16.12.1932** fuhr während einer Signalstörung auf dem Streckenstück **Rottendorf-Würzburg** D 116, Dresden-Saarbrücken, auf den haltenden G 7001 und G 6032 nach Nürnberg in die Trümmer (21 V).
Der Unfallbericht rügt das späte Eintreffen bahneigener Hilfe. Die freiwillige Sanitätskolonne aus Würzburg sei erheblich früher am Unfallort eingetroffen. Sehr lobend wird die Haltung der bei Rottendorf eingesetzten und sofort zur Hilfe eilenden "unterernährten" Rottenarbeiter erwähnt.

Am **28.5.1933** entgleiste P 287 bei **Moringen**, Str Northeim-Ottbergen, infolge Dammsenkung, insbesondere mangelhafter Gleisarbeiten (8 V), und

am **9.7.1933** D 15, Stuttgart-Berlin, bei **Niedertreba**, Str Weißenfels-Erfurt, wegen Gleisverwerfung (4 T, 12 V).

Am **18.11.1933** fuhr zwischen **Vinzelberg** und **Uchtspringe**, Str Stendal-Hannover, infolge Fdl=Fehler FD 26 auf einen Arbeitszug (2 T, 7 V).

Am **21.3.1934** stieß zwischen **Mannheim=Käfertal** und **=Hbf** P 2662 von Biblis nach Signalüberfahren bei dichtem Nebel mit G 7661 zusammen (57 V).

Am **16.5.1934** entgleiste D 131 in **Langwedel**, Str Bremen-Hannover, auf in Ablenkung stehender Weiche wegen Nichtbeachtung einer La (3 T, 9 V). ***I** [Abb. 67]

67

Am **17.5.1934** fuhr in **Pforzheim** infolge mangelhafter Verständigung zwischen Rangierleiter und Stellwerkwärter eine Rangierlokomotive dem P 2302 in die Flanke (7 T, 94 V).

Am **28.5.1934** entgleiste der beschleunigte P 869 in **Weißenfels** auf ablenkender Weiche infolge zu hoher Geschwindigkeit nach Mißachtung angezeigter Langsamfahrt (2 T, 16 V). ***I** [Abb. 68]

68

Am **11.8.1934** stießen bei **Halle**, Str Ri Leipzig, die Tp 1203 und SpDre 3243 infolge Zugmeldefehler zusammen (2 T, 106 V).

Am **6.12.1934** prallte D 37, Paris-Salzburg, auf einem BÜ nahe **Vaihingen**, Str Mühlacker-Stuttgart, bei nicht geschlossener Schranke gegen einen Lkw und entgleiste (4 T, 14 V).

Am **22.12.1934** stieß infolge Fdl=Fehler zwischen **Murrhardt** und **Sulzbach**, Str (Stuttgart-) Backnang-Crailsheim, P 1978 mit Nachzug P 1973 zusammen (9 T, 58 V), sowie

am **24.12.1934** in **Kornwestheim**, Str. Mühlacker-Stuttgart, D 175 und P 991. Trotz 'Halt' zeigenden Ausfahrsignals hatte P 991 Abfahrauftrag erhalten, außerdem der Tf das Signal mißachtet (1 T, 18 V).

Am **7.6.1935** entgleiste in **Wangern**, Str Breslau-Kamenz, E 150 auf ablenkender Weiche wegen zu hoher Geschwindigkeit (39 V).

Am **1.9.1935** stieß infolge Signalfalschbedienung in Bf **Ansbach** eine Rangierabteilung mit D 87 zusammen (66 V).

Am **21.9.1935** fuhr in **Dresden=Neustadt** eine Rangierabteilung durch Verschulden des Rangierleiters einem Kindersonderzug in die Flanke (3 T, 18 V).

Am **31.10.1935** geriet in **Liegnitz** (Niederschlesien) eine Lok, deren Tf ohne Fahrerlaubnis in das Heizhaus einrücken wollte, in die Fahrstraße des einfahrenden E 160 und stieß mit diesem zusammen (22 V).

Am **29.11.1935** fuhr im Hbf **Breslau** P 534 dem ausfahrenden P 1771 in die Flanke, weil bei Stellwerkwartungsarbeiten versehentlich eine Weiche falsch gestellt worden war (53 V).

Am **24.12.1935** fuhr nach Signalmißachtung vor **Großheringen** D 44, Berlin-Basel, dem vom Überholgleis ausfahrenden P 825 nach Leipzig in die Flanke. D 44 hatte in Weißenfels wegen eines Defektes an der Stammlok eine Vorspannlok erhalten, dessen Tf im kritischen Moment abgelenkt gewesen sein soll, so daß er das Warnstellung zeigende Vorsignal gar nicht und das Hauptsignal zu spät wahrnahm (34 T, 27 V).
Inzwischen, d.h. nach der Vereinigung beider deutscher Staaten erhielten wir etl. Zeitungsartikel mit Abdruck des amtlichen Unfallberichtes und die Reproduktion eines Fotos [Abb. 69], aufgenommen am Morgen nach dem Unglück. Zu erkennen ist nur noch die Vorspannlok, BR 38 (pr. P 8), die Stammlok wurde offenbar noch in der Nacht mit den Wagen des D 44 zurückgezogen.

69

70/71 - Radebeul Kötzschenbroda, 29.7.1937: Lok des Ne 5274 mit Wagen- und Stellwerkstrümmern

Unserer Darstellung in SCHATTEN ... BAND 1, S. 275 f, ist ergänzend und berichtigend anzufügen, daß D 44 bis Eisenach mit einem Vor- und Nachzug lief. In das Unglück verwickelt war der Stammzug, der in Weißenfels ohnehin einen längeren Planhalt hatte, weil dort Kurswagen des D 244 von Leipzig angehängt wurden.

Am **1.2.1936** entgleiste Zug 16 von Kaufbeuren bei Einfahrt **Schongau** infolge Dammsenkung durch Schneeschmelze (5 V).

Am **4.4.1936** fuhr in **Merchweiler**, Str Saarbrücken-Neunkirchen, infolge mangelhafter Fahrwegprüfung P 625 auf P 624 (56 V).

Am **11.6.1936** fuhr zwischen (Saalfeld-) **Probstzella** und **Lichtenfels** ein Arbeitszug in Rangierfahrt infolge Überfahren der Rangierbezirksgrenze auf einen zweiten Arbeitszug (14 V).

Am **20.8.1936** erfaßte auf einem BÜ zwischen **Güterglück** und **Lindau**, nördliche Teilstrecke der Kanonenbahn, bei offenen Schranken ein G einen Lkw. Der G entgleiste und geriet in Brand (2 V).

Am **24.8.1936** fuhr in **Altdamm**, Str Stettin-Stargard, ein Kohlezug auf eine Güterwagengruppe (3 T).

Am **17.12.1936** ereignete sich in **Roßwein**, Str Dresden-Döbeln, ein Unfall seltener Art. Kp 1529 erfaßte und zertrümmerte auf dem Zwischenbahnsteig fünf Post- und drei Gepäckkarren, weil ein Unbefugter die Einfahrt vorzeitig freigegeben hatte (1 T, 4 V).

Am **23.12.1936** stieß wegen mangelhafter Fahrwegprüfung der ausfahrende E 136 in **Leipzig** Hbf gegen die nicht grenzzeichenfrei stehende Lok des P 345 (1 T, 17 V).

Am **5.1.1937** stießen zwischen **Esperstedt** und **Frankenhausen**, Str Sondershausen-Bretleben, ein Kleinbahnzug von Oldisleben mit entlaufenen Güterwagen zusammen (etl. V).

Am **21.3.1937** fuhr zwischen **Saalfeld** und **Probstzella** infolge vorschriftswidrigen Eingriffs in den Streckenblock nach Zugmeldefehler D 49 auf Lz 238 b (73 V).

Am **1.6.1937** erfaßte ein Eiltriebwagen von Hirschberg auf einem BÜ zwischen **Lohbrück** und **Breslau** Freib.Bf bei offenen Schranken den Anhänger eines Lkw und entgleiste. Im Zug wurden drei Personen getötet, weitere verletzt.

Am **10.6.1937** forderte ein Großbrand im Güterbahnhof **Halle** neben hohem Sachschaden auch 5 Tote.

Am **11.6.1937** entlief auf der Riesengebirgsbahn Str **Hirschberg-Schmiedeberg** bei Rangierbewegungen im Gefälle wegen Unvorsichtigkeit eine Wagengruppe und prallte gegen Triebwagenzug 1441 (5 T, 17 V).

Am **29.7.1937** überfuhr in **Radebeul** Kötzschenbroda der Tf von Ne 5274 nach Signalmißachtung den Gleisabschluß und kam erst im Stellwerk zum Stehen (3 T, 1 V). [Abb. 70/71]

Am **3.9.1937** entgleiste P 1336, Leinefelde-Eschwege, nahe **Küllstedt**, bei km 24.7 infolge Dammsenkung, hier der Bodenverhältnisse wegen nicht ungewöhnlich (etl. V).

Am **5.9.1937**, einem Sonntag, entgleiste gegen 8.30 Uhr bei Durchfahrt Bf **Holzheim**, Str Düren-Neuß, ein Pilgersonderzug von Rommerskirchen nach Kevelaer. Einschließlich der im Krankenhaus Gestorbenen fanden der Zugführer und 18 Pilger den Tod, 33 wurden z.T. schwer verletzt.

Über das Unglück und die Gerichtsverhandlung berichtete die NEUßER ZEITUNG (STADT- UND LANDBOTE) in beachtenswerter Exaktheit. Obwohl diese Zeitung nach Kriegsende nicht mehr erschien - so die Auskunft des Nachfolgeblattes - sind deren Ausgaben, soweit sie den Krieg überstanden, im Stadtarchiv Neuß aufgehoben. Da die einschlägige Berichterstattung unserer Presse vielfach mangelhaft und ungenau ist, wie auch die heutige Vorstellung über die Presse jener Jahre,[21] soll in Folgendem zu Vorgang und Prozeß vornehmlich aus der Neußer Zeitung zitiert werden.

In der Ausgabe Nr. 160 vom Dienstag, dem 14.6.1938 (am Montag, dem 13.6., neun Monate nach dem Unglück, hatte unter Ladung von vier Gutachtern und 153 Zeugen die Hauptverhandlung vor der Großen Strafkammer Düsseldorf begonnen) ist über die Vorgeschichte der Entgleisung, die an Siegelsdorf (10.6.1928) erinnert, zu lesen:

> *"Im Bahnhof Holzheim waren im Laufe des Monates August* (1937; d. Verf.)*, da die Bettung der Gleise erneuerungsbedürftig war, diesbezügliche Arbeiten ausgeführt worden. Die Arbeiten wurden erst am Samstag, dem 4. September, beendet. An dem betreffenden Tage wurde ein Gleisstück von etwa 70 Meter Länge fertiggestellt und anschließend eine Rampe von 20 Meter Länge als Uebergang von einem gehobenen Gleisstück zu dem noch nicht gehobenen Teil des Gleises. Nun konnte aber das an diesem Samstag um das große Maß von 15 Zentimeter gehobene Gleisstück, einschließlich der Rampe unmöglich so fest und sicher liegen, daß es ohne Nacharbeit für die Zeit von Samstag-Nachmittag bis Montag früh der Beanspruchung durch die mit voller Fahrgeschwindigkeit fahrenden Züge ausgesetzt werden durfte."*

Von der Aussage des angeklagten Rottenführers wird wiedergegeben, daß

> *"Während der Arbeit ... die Strecke mit sogenannten Langsamfahren=Signalen versehen"* war. *"Diese Signale wurden nach Feierabend entfernt."* Er *"war der Ansicht, daß die Züge mit der vorgeschriebenen Geschwindigkeit die Strecke passieren durften. ..."* Er hätte *"allerdings nicht gewußt, daß für den Sonderzug eine G e s c h w i n d i g k e i t v o n 8 5 K i l o m e t e r z u g e l a s s e n war."* Vor dem Unglück sei die Strecke ein Ordnung gewesen.

Ob und wann sich der Rottenführer davon zwischen Arbeitseinstellung und Entgleisung überzeugt haben will, wird nicht erwähnt, wohl aber die Aussagen von Lokführern, denen zufolge das Gleis bereits Samstag abend verdrückt gewesen sein muß. Die Strecke habe an der Arbeitsstelle wellenförmig ausgesehen, auch Schwankungen wurden wahrgenommen, Meldekarten deswegen offenbar nicht abgegeben. Von dem Dutzend Reisezügen, davon zwei Triebwagen, die ab Samstag Mittag bis Sonntag früh ca. 8.00 Uhr, dem letzten Zug vor dem Pilgerzug, das Gleis befuhren, hielten alle in Holzheim. Das erklärt, weshalb wohl die Tf die Gleislage für nicht so bedenklich gehalten haben, und durchfahrende Güterzüge werden in diesem Zeitraum kaum verkehrt sein. Es erklärt

ferner den Hinweis des Rottenführers auf seine Unkenntnis der Hg des Sonderzuges, vielleicht auch seine und des Bahnmeisters Sorglosigkeit, der ebenfalls angeklagt war.
Der Pilgersonderzug bestand aus 13 Abteilwagen preußischer Bauart und wurde von einer Lok BR 38 geführt. Bei Durchfahrt Bf Holzheim, etwa

> *"60 Meter vom Bahnsteigende entfernt, fiel dem Lokomotivführer ein starkes Schwanken und Stoßen der Maschine auf, so daß er sofort den Regler schloß und die Betriebsbremsung des Zuges einleitete, um den Zug in eine geringere Geschwindigkeit zu bringen und dadurch die möglichen Folgen des Schwankens zu verringern. Dabei erklärte er dem Heizer: 'Donnerkeil, hier liegt das Gleis aber schlecht!'*
> *Als er gleich darauf auch die Schnellbremse zog, bemerkte er in demselben Augenblick, wie die Lokomotive nach rechts abwich. Sie fuhr noch etwa 60 Meter weiter und stürzte dann nach rechts um, während der Rest des Zuges links an der Maschine vorbei noch etwa 200 Meter in Richtung Neuß weiterrollte und teilweise ebenfalls entgleiste, ..."*

Eine der drei Abbildungen im ersten Unfallbericht vom 6.9.1937 zeigt die Lok seitlich verbogener Gleise in Fahrtrichtung gesehen stark nach links geneigt (vermutlich beim Aufrichten), rechts dahinter die Wagen des Sonderzuges vor einem Stellwerk. Für eine Reproduktion erwiesen sich die alten Zeitungsabbildungen als ungeeignet und Originale sind nicht mehr vorhanden.
Im Bericht vom 14.6.1938 über die Hauptverhandlung wird dann der Entgleisungsvorgang gemäß Gutachten mit Akribie wiedergegeben:

> *"Etwa in der Mitte zwischen dem Bahnsteigende und der Weiche 5 muß nach einer Spur auf den Schienen, die deutlich erkennen läßt, daß hier eine Achse die Schienen überklettert hat, die erste Achse des Drehgestells der Lokomotive entgleist sein, und zwar lief der aufgekletterte Spurkranz des rechten vorderen Laufrades 2,88 Meter auf den Schienenkopf und rutschte dann nach rechts außen ab. Außer der Spur dieser einen Achse - die erste Drehgestellachse - ist keine weitere Spur mehr festzustellen. Später sprang dann das Drehgestell sehr bald mit beiden Achsen aus dem Gleis. Das Drehgestell entfernte sich nun immer weiter von dem geraden Gleis; der starre Rahmen mit seinen Querverbindungen ließ ein weiteres Verbiegen nicht mehr zu, und es kamen deshalb jetzt auch die Treib- und Kuppelachsen und der Tender, die bisher noch immer im geraden Gleis gelaufen waren, auch zur Entgleisung. Die Lokomotive lief nun in der Richtung des abzweigenden Gleises auf dessen Schwellen weiter und bohrte sich nach rund 50 Metern etwa einen Meter tief in den Erdboden ein. Die nach rechts abzweigende Lokomotive zog den nachfolgenden Wagen mit dem vorderen Teil ebenfalls nach rechts. Durch den Stillstand der Lokomotive und des Tenders entstand in dem vorderen Teil des nachdrückenden Zuges eine Stauchung. Diese wirkte sich so aus, daß der zweite Wagen durch den mit der hinteren Stirnwand nach links stehenden ersten Wagen in der Fahrtrichtung nach links herausgedrückt wurde. Dabei drehte sich der erste Wagen um 180 Grad. Er wurde noch eine kurze Strecke neben dem Gleis vom Zuge weitergeschoben und schlug dann in der Fahrtrichtung nach rechts um. Die beiden vorderen Abteile waren eingedrückt.*

Der zweite in der Fahrtrichtung nach links herausgedrückte Wagen wurde ebenfalls während einer kurzen Zeitspanne durch den nachdrückenden Zug mitgerissen, fiel dann um und legte sich auf das Gleis Neuß-Düren. Hierbei verlor er das Dach und zerstörte durch sein Mitschleifen bis zum Halten des Zuges eine längere Strecke des Gleises Neuß-Düren. Sein Wagenkasten wurde gänzlich zertrümmert. Durch die Zerrungen und die Stöße, die auf den dritten jetzt an der Spitze des Zuges laufenden Wagens einwirkten, ist er kurz vor dem Halten des Gesamtzuges mit allen Achsen entgleist.
Wie die Sachverständigen bestätigen, werden sich die Zertrümmerungen der Fahrzeuge und die Verwüstungen an den Gleisanlagen in einem Zeitraum von etwa 20 Sekunden abgespielt haben, wobei der Wagenzug noch etwa 170 bis 180 Meter über die durch die Entgleisung der Lokomotive und Herausdrängen der Wagen stark beschädigten Gleise gelaufen ist."

Eine detailliertere und präzisere Berichterstattung kann man von einer Zeitung schwerlich erwarten, und das nicht nur im Vergleich zur Gegenwart. Nicht klärend aufgegriffen scheint die schon angedeutete Frage nach dem Verhalten der Lokführer jener Züge, die am Sonntagmorgen das Gleis befuhren, weil es zu diesem Zeitpunkt bereits erhebliche Mängel gezeigt haben muß. Möglicherweise fehlt ein Artikel, denn ansonsten wird über alle Kontroversen, Gerüchte, Versuchsfahrten und Erwägungen des Ermittlungsverfahrens berichtet, worauf das Resümee der Urteilsbegründung vom 29.6.1938, in NEUßER ZEITUNG vom 30.6.1938, noch einmal eingeht:

"Alle Prozeßbeteiligte, Zeugen, Eisenbahnverwaltung, Behörde und sogar die Angeklagten selbst haben sich die größte Mühe gegeben, die Angelegenheit restlos aufzuklären. Bevor die Ursache der Entgleisung hier erwähnt wird, ist festzustellen, daß damals Leute, die in böser Absicht hetzen wollten, die tollsten Gerüchte verbreiteten. Es wurde sogar von einem Attentat gegen den Pilgerzug gesprochen. ... Es wurde weiter erzählt, daß die Reichsbahnverwaltung schlechtes Wagen- und Maschinenmaterial für den Pilgerzug bereitgestellt hätte.. Auch dieses Gerede wurde restlos widerlegt. Es handelte sich um einen Sonderzug, der zum Parteitag nach Nürnberg fahren sollte. Vor Abfahrt des Zuges wurde in Deutzerfeld die Bremswirkung ausprobiert, und alles klappte einwandfrei.
Die dritte Behauptung ging dahin, daß die hohe Geschwindigkeit die Entgleisung verursacht hätte. Auch dies war nicht der Fall. Die verschiedenen Versuche, die im Laufe der Verhandlung mit einem ähnlichen Zug durchgeführt wurden, ergaben, daß das Bremsen des Pilgerzuges die Entgleisung nicht verursacht hat. Zwar hat der Heizer des verunglückten Zuges unterschiedliche Angaben über die Art und Weise des Bremsens gemacht, aber das Gericht hat diesen Erklärungen keine Bedeutung beigemessen, da es den Heizer als einen verantwortungslosen Schwätzer betrachtet. Was die Geschwindigkeit anbelangt, so wurde festgestellt, daß die Strecke für eine Geschwindigkeit von 85 Stundenkilometern freigegeben worden war. Verschiedene Sachverständige sind der Ansicht, daß die Geschwindigkeit 70 bis 75 Stundenkilometer betrug. Auch wurde festgestellt, daß es dem Lokführer unmöglich gewesen sei, mit einer höheren Geschwindigkeit als 80 Kilometer zu fahren.

Die Ursache der Entgleisung ist einzig und allein auf die schlechte Bettung der Strecke zurückzuführen. Nachdem die Arbeiten am 28. August beendet worden waren, mußte die Strecke dauernd beobachtet werden, um Mängel, die infolge des Befahrens eintraten, zu beheben. D i e s i s t a b e r n i c h t g e s c h e h e n. ...
Das Gericht ist auf Grund der Beweisaufnahme zu der Ueberzeugung gekommen, daß die beiden Angeklagten ... (Rottenführer und Bahnmeister; d. Verf.) *i h r e P f l i c h t e n v e r n a c h l ä s s i g t und g e g e n d i e D i e n s t v o r s c h r i f t e n g e h a n d e l t haben. Es ist nicht zu verkennen, daß beide Angeklagten sehr fleißig waren und lange Jahre im Dienst der Reichsbahn gestanden haben. In verschiedenen Fällen haben sie sogar mehr geleistet, als man ihnen aufzubürden wagte. Auch ist zu berücksichtigen, daß die beiden Angeklagten noch nicht vorbestraft und ehrliche Menschen sind. Immerhin mußten die schrecklichen Folgen der Entgleisung berücksichtigt werden. Dem Gericht erschienen deshalb für beide Angeklagte die erwähnten Strafen als angemessen.*

Der Rottenführer erhielt sechs, der Bahnmeister zehn Monate Gefängnis bei Anrechnung der Untersuchungshaft. Letzterer wurde in Anbetracht seiner höheren Stellung härter bestraft. Ein Streckengeher wie im Falle Siegelsdorf gehörte nicht zu den Angeklagten, hier dagegen der Vorstand des RBA Neuß und sein Stellvertreter. Sie wurden freigesprochen, da nur für die Planung zuständig, an der nichts auszusetzen gewesen wäre. Der Stellvertreter hätte überdies die Pflichten seines in Urlaub befindlichen Chefs mit zu erledigen gehabt, so daß er überlastet war.

Da die NEUßER ZEITUNG, wie gesagt, nicht die vollständige Urteilsbegründung brachte, fehlen Fakten zum Nachvollzug der gerichtlichen Entscheidungen. Unfallursächlich dürften effektiv Mängel der Arbeitsausführung und unterlassene Nachkontrolle gewesen sein, letzteres insofern, weil es im Bahnhofsbereich sonst offenbar keine Pflichtkontrollen durch andere Bedienstete gab.

Daß die Arbeitsausführung zu beanstanden war, ergibt sich aus einem Vergleich mit Siegelsdorf. Dort wurde die Hebung am Vormittag vom Samstag d. 10.6.1928 ca. 10 cm einschließlich Setzmaß von ca. 1,5 - 2 cm in zwei Arbeitsgängen vorgenommen mit Auslauframpen von 64 bzw. 70 m Länge. In Holzheim hob man ein 70 m langes Gleisstück in einem Arbeitsgang um 15 cm bei nur ca. 20 m langen Auslauframpen. Das mußte erhebliche Verdrückungen und einen unruhigen Lauf selbst in Holzheim haltender Züge zur Folge haben. Das Problem zu früher Freigabe der Streckenhöchstgeschwindigkeit nach Arbeitseinstellung war im Falle Holzheim nur durch den ausnahmsweise verkehrenden Sonderzug von Bedeutung und kann hier übergangen werden.[22]

Wenn auch nicht in dieser Ausführlichkeit, berichtete die deutsche Presse doch allgemein recht gründlich über das Holzheimer Unglück. Bei Sichtung des Archivs der Ingolstädter Zeitung stießen wir auf einen ersten Bericht in der Ausgabe vom 6.9.1937. Als Quelle ist eine Berliner Information angegeben, und als Uhrzeit 8.15 Uhr sowie 17 Wagen. Auf der gleichen Seite wird aus Kassel für den 5.9. die Entgleisung vom 3.9. zwischen Leinefelde und Eschwege (s. vorstehend) sogar mit richtiger Zugnummer und km=Angabe gemeldet.

Am **22.9.1937** fuhr P 792 in **Weißenfels** infolge mangelhafter Fahrwegprüfung auf eine im Einfahrgleis stehende Lok (155 V).

Am **28.10.1937** entgleiste P 1571 zwischen **Nienhagen** und **Jerxheim** durch auf die Schienen gelegte Steine (2 T, 48 V).

Wenngleich sich ab 1937 ein leichtes Ansteigen der Unfallkurve abzeichnet, ist hierin nicht der Grund für die Anhebung der Aufnahmekriterien in der Sparte "Besonders zu erwähnende Unfälle" der STATISTISCHEN ANGABEN DER DR ab 1938 zu sehen. In diesem Jahr wuchs das Reichsbahnstreckennetz durch den Anschluß Österreichs am 12.3.1938 und die Eingliederung des Sudetenlandes gem. Münchner Abkommen vom 29.9.1938.[23] Es liegt auf der Hand, daß sich in Anbetracht des erheblich vergrößerten Streckennetzes bei einem ohnehin rapide steigenden Verkehrsaufkommen die Unfallrate erhöhte, ohne Rückschlüsse auf einen sinkenden Sicherheitsstandard zu erlauben. Nur die Quantität bestimmte also die vorerwähnte Anhebung.

Am **16.1.1938** fuhr in **Wanne=Eickel** eine Rangiereinheit einem G in die Flanke, entgleisende Wagen zertrümmerten eine Wärterhütte (2 T, etl. V).

Am **1.2.1938** fuhr in **Oberweimar**, Str Weimar-Jena, G 12 426 durch falsche Weichenstellung auf den Prellbock eines Stumpfgleises, Lok und einige Wagen stürzten ab (1 T, 1 V).

Am **6.3.1938** fuhren in **Weidenbach**, Str München-Mühldorf, zwei G aufeinander (1 T, etl. V).

Am **10.3.1938** stieß zwischen **Rohrdorf** und **Achenmühle**, Str Rosenheim-Frasdorf, eine Lok mit einem P zusammen. Der Tf der Lok hatte die planmäßige Kreuzung in Rohrdorf vergessen (8 V).

Am **15.5.1938** entgleisten die letzten drei Wagen des D 74, Altona-Frankfurt, bei Durchfahrt **Hannover=Herrenhausen**, einen Tag nach offizieller Inbetriebnahme der Neubaustrecke Celle-Langenhagen-Hannover, infolge Gleisverwerfung (6 V).

Am **24.7.1938** entgleiste ein G bei **Abbach**, Str Ingolstadt-Regensburg, weil Steine auf das Gleis gelegt worden waren.

Am **26.7.1938** fuhr in **Fürth** Hbf ein Nahverkehrs- auf einen Ferienzug (30 V),

am **3.8.1938** in **Waldböckelheim**, Str Bad Kreuznach - Kirn, ein P auf einen anderen P (30 V), und

am **18.8.1938** in **Bamberg** bei Nebel eine Rangierabteilung dem Lokalzug 53 von Strullendorf in die Flanke (20 V).

Am **13.9.1938** entgleiste in **Klitzschen**, Str Torgau-Eilenburg, BM 93 230 infolge vorzeitiger Weichenumstellung (4 T, 3 V).

Am **26.9.1938** stieß in **Borken**, Str Münster-Empel=Rees, eine Rangierlok mit Kp 1026 zusammen (16 T, 14 V), und

am **14.10.1938** P 3785 zwischen **Offenau** und **Jagstfeld** mit einer Lok (25 V).

Am **1.11.1938** stieß auf der Nebenbahn **Rummelsburg**/Pom.-**Schlochau** bei dichtem Nebel und wegen Nichtbeachtung der Sicherheitsvorschriften ein Rottenkraftwagen mit Frühzug 860 zusammen (4 T),

am **6.12.1938** in **Neulengbach**, Str St.Pölten-Wien, durch Fdl=Fehler Bf St.Pölten, eine Rangierabteilung mit G 462 (3 T, 10 V), und

am **17.12.1938** eine Rangierabteilung in **Heidingsfeld** Ost, Str Würzburg-Ansbach, mit D 387 (2 T, etl. V). [Abb. 72]

72

Am **24.12.1938** stießen in **Fürsteneck**, Str Passau-Waldkirchen, durch Fdl=Fehler ein P mit einem Triebwagen (etl. T und Schwerverletzte), und

am **2.1.1939** auf der Str **Kammer=Schörfling-Vöcklabruck** ein Gleiskraftwagen durch Unaufmerksamkeit des Kleinwagenführers mit Tp Nachzug 2631 zusammen (5 T, 1 V).

Am **16.2.1939**, kurz vor 7.30 Uhr entgleiste der beschleunigte Personenzug 851 nach Frankfurt/M. bei Durchfahrt **Olching**, Str München-Augsburg, nach Zusammenprall mit einem Lkw=Anhänger (2 T, 4 V).
Nach Passieren eines Zuges Ri München öffnete der Wärter am BÜ ca. 100 m westlich des EG Bf Olching (Ri Augsburg) versehentlich die Schranken vorzeitig. Als er den mit ca. 90 km/h von München herankommenden BP 851 erblickte, gab er dem Fahrer eines von Dachau auf der Straße zur Ortsmitte Olching langsam auf den BÜ fahrenden Lkw mit

Anhänger in letzter Sekunde Handzeichen. Obwohl der Fahrer Gas gab, gelang es ihm nur, den Motorwagen noch vor dem Zug über das Gleis zu bringen.
Die an der Zugspitze laufende Ellok erfaßte den Lkw=Anhänger, schob ihn ca. 120 m vor sich her und entgleiste. Auf dem Führerstand der Ellok befanden sich drei Lokführer und ein nicht spezifizierter RB=Beamter. Der Grund für den Aufenthalt der drei, an sich dort nicht benötigten Eisenbahner ist nicht vermerkt. Lediglich, daß alle vier in Augsburg beheimatet waren, vor dem Zusammenprall *"in den rückwärtigen Teil der Lokomotive"* flüchteten und daher mit Verletzungen davonkamen.
Nach der Entgleisung der Ellok wurde diese von einer zweiten Lok, einer Dampflok, noch ein Stück weitergetrieben, dabei die Gleise verrissen, so daß schließlich auch die Dampflok entgleiste und in Fahrtrichtung nach rechts umstürzte. Lokführer und Heizer, beide aus Darmstadt, wurden vom Unfall überrascht und fanden den Tod. Der mitgerissene erste Wagen, ein Postwagen, kam quer stehend, aber aufrecht zum Stillstand; die Postbeamten erlitten Prellungen. Auch in den Reisezugwagen gab es nur wenige leichte Blessuren. Da das Gegengleis ebenfalls erheblich beschädigt wurde, konnte erst am nächsten Vormittag der Betrieb eingleisig wieder aufgenommen werden.
Ein im Archiv der Gemeindeverwaltung Olching aufbewahrtes Foto [Abb. 73] zeigt die Hebung der Ellok. Die dem Artikel einer Zeitung nicht zu ermittelnder Herkunft beigefügte Illustration der Unfallstelle ist dagegen nicht reproduzierbar.

73

Eine besondere tragische Note erhält das Unglück durch den Tod des Dampflokpersonals. Denn die beiden Darmstädter waren am Vortag mit dem Gegenzug BP 852 nach München (hier an 23.26 Uhr) gefahren, um 'ihre' Lok, BR 18 - vormals bayer. S 3/6 -, vom RAW Freimann nach Frankfurt/M. zu übernehmen.
Zur Einsparung einer Lokleerfahrt und Umrangiererei hatte man die 18 in München vor BP 851 gekuppelt und die elektrische Planlok als Vorspann laufen lassen, ob bis Augsburg oder bis Treuchtlingen, wo planmäßiger Lokwechsel stattfand, ist nicht bekannt. An sich kamen Dampflokpersonale vom Bw Frankfurt/M. nur bis Treuchtlingen, und ausgerechnet bei einer der seltenen Abweichungen von der Regel passierte das Unglück.
Glück dagegen hatten Rottenarbeiter, die bei und auf der Amperbrücke arbeiteten und seitlich des Gleises stehend die Vorbeifahrt des Zuges abwarteten. Ohne Entgleisung und Umsturz 20 m vor der Brücke wäre der Zug erst hinter der Brücke zum Stillstand gekommen, und die mitgeschleiften Anhängertrümmer hätten unweigerlich die Arbeiter getroffen.

Am **20.3.1939** zerknallte zwischen **Angermünde** und **Pasewalk** der Kessel von 03 173 wegen Wassermangels, woraufhin Lok und Wagen des D 17 entgleisten (2 T, 2 V).

Am **7.6.1939** entgleiste P 2418 bei **Göschwitz**, Str Gera-Jena, wegen Gleisverwerfung (6 T, 14 V).

Am **10.6.1939** fuhren in **Großalbershof**, Str Weiden-Neukirchen, zwei Züge aufeinander (2 T, ca. 30 V).

Am **15.6.1939** entgleiste D 148, Berlin-Prag-Bratislava auf ablenkender Weiche im Bf **Mittelgrund**, Str Dresden-Bodenbach, wegen zu hoher Geschwindigkeit nach Signalmißachtung. Dabei wurde ein Stellwerkgebäude zerstört (14 T, 26 V). [Abb. 74]

74

Am **9.7.1939** fuhr zwischen Block **Reutlas** und **Marktredwitz**, Str Ri Regensburg, D 25 auf einen abgerissenen Zugteil des Dg 6293. Beide Tf des in Doppeltraktion fahrenden Schnellzuges und ein Heizer wurden getötet, mehrere Reisende z.T. schwer verletzt.

Am **14.7.1939** brachte in **Bäumenheim**, Str Augsburg-Donauwörth, ein entgleister Güterwagen D 149, München-Berlin, zum Entgleisen (28 V).

Am **16.7.1939** stieß zwischen **Schwandorf** und **Wackersdorf**, Str nach Furth i.W., ein P mit einem G zusammen (2 T, 18 V).

Am **1.9.1939** begann mit dem deutschen Angriff [24] auf Polen der **Zweite Weltkrieg**, der auch die deutschen Bahnen in einen Strudel riß. Obwohl Höchstleistungen erbracht wurden, zeigte sich schon in den ersten Kriegsmonaten die unzulängliche Vorbereitung **(*I)**, die auch einige ungewöhnlich schwere Unfälle zur Folge hatte.

Am **8.10.1939** fuhr in **Berlin** Bf Gesundbrunnen D 17 infolge Signalmißachtung auf P 411, dessen Schlußwagen in Brand geriet (23 T, 31 V). ***I**

Am **25.10.1939** entgleiste D 54 in **St. Valentin**, Str Linz-Wien (17 T, 84 V).[25] Wegen besetzter Gleise sollte D 54 in zweifacher Ablenkung über Gleis 5 geleitet werden. Zwar abgebremst, aber für die zweite, sehr ungünstig angelegte Ablenkung - ebenfalls nach rechts, aber zum Einbiegen nach links - fuhr der Zug noch zu schnell. Ob allerdings in Anbetracht aller Begleitumstände und unter Berücksichtigung der unzulänglichen Bremsausrüstung der Lok des Zuges dem Tf das Unglück anzulasten war, scheint zweifelhaft. Die erhaltene Bahnhofschronik schildert lediglich die betrieblichen Vorgänge aus der Sicht der Fahrdienstleitung. Im Stadtarchiv Linz konnten zwar die Jahrgänge der Zeitungen von Linz und Steyr eingesehen werden, in denen auch über das Unglück berichtet wurde, über die Gerichtsverhandlung fand sich jedoch nichts, obwohl die Gepflogenheit bestand, über Prozesse zu Verkehrsunfällen mit Urteilsangabe zu informieren.

Am **30.10.1939** stießen in **Karwitz**, Str Dannenberg-Uelzen, infolge Mißachtung des Einfahrsignals zwei Militärzüge zusammen (9 T, 18 V), und

am **31.10.1939** zwischen **Berent** und **Sonnenwalde** (RBD Danzig) zwei Hilfslokomotiven mit einem Militärzug (5 T, 41 V). Es war vergessen worden, das Lok- und Zugbegleitpersonal des Militärzuges darüber zu verständigen, daß sie das Eintreffen der Hilfslokomotiven abwarten sollten.
Das Unglück ereignete sich auf einem Streckenstück der Nebenbahn Rügenwalde-Bütow -Berent, vormals der preußischen Staatsbahndirektion Danzig unterstehend, das nach 1918 durch Bildung des Polnischen Korridors zwischen Sonnenwalde und Lippusch, der nächsten Station Ri Berent bis 1939 unterbrochen war. Nach provisorischer Wiederherstellung wurde die Strecke offenbar zunächst nur im Güter- und Militärverkehr genutzt.

Am **12.11.1939** stießen auf der Str Cosel-Bauerwitz P 950 und P 957 zusammen. Der Fdl in **Rosengrund** hatte die hier vorgesehene Kreuzung zweier Personenzüge vergessen und dem Ri Cosel abgehenden Zug Abfahrauftrag erteilt, ohne die Meldeformalitäten erledigt zu haben. Er erhielt die ungewöhnlich harte Strafe von vier Jahren Gefängnis (nach lokalen Meldungen 48 T, nach amtlichen 43 T und 77 V). ***I**

Am **19.11.1939** soll sich in **Berlin** Bf Spandau=West ein schwerer Auffahrunfall ereignet haben. Gemäß Bericht der Witwe eines an den Unfallfolgen gestorbenen Offiziers fuhr am späten Abend dieses Tages, einem Sonntag mit einer Nachmittagsveranstaltung für das Winterhilfswerk im Funkhaus, der Kieler Schnellzug - vermutlich D 66 - auf einen Wustermarker Vorortzug. Der Tf des Kieler Zuges soll angetrunken gewesen sein und das Unglück mehrere Tote und Verletzte gefordert haben.

Am **26.11.1939** fuhr in **Niederwöllstadt**, Str Gießen-Frankfurt/M., der Tf von Leig 5811 nach Auftrag zum Vorziehen trotz 'Halt' zeigenden Ausfahrsignals ab, geriet auf das Gleis der Gegenrichtung und stieß mit P 772 zusammen (11 T, 18 V).

Am **12.12.1939** stieß zwischen **Vorhalle** und **Wetter**, Str Hagen-Dortmund, P 3567 mit P 3862 zusammen. Der Tf von P 3567 war auf Befehl A (Falschfahrt) abgefahren und durch vorzeitige Weichenumstellung auf das Einfahrgleis von P 3862 geraten (15 T, 36 V).

Am **22.12.1939** ereignete sich zwischen Berlin und Magdeburg mit 186 Toten und 106 z.T. schwer Verletzten das bis dahin folgenschwerste Unglück auf Schienen in Deutschland. D 180, Berlin-Kassel-Neunkirchen, fuhr 0.52/0.53 Uhr nach Mißachtung eines Blocksignales im Bf **Genthin** auf den vom Stellwerkwärter Genthin Ost irrtümlich angehaltenen D 10, Berlin-Köln. ***I** [Abb. 75/76]
Die Erinnerung an folgenschwere Katastrophen hält sich über die Zeiten hinweg. Dazu bedürfte es keiner Pressenachrufe wie an den Zehnjahrestagen zur Aitranger Entgleisung. So blieb die Genthiner Katastrophe auch ohne Gedenkartikel unvergessen, und nicht nur lokal. Von Fragen umgeben - selbst das genaue Datum war nicht mehr bekannt - beschäftigte diese Tragödie zu Beginn des Zweiten Weltkrieges noch lange nach dessen Ende Private und Eisenbahner.
Es ist das Verdienst Karl Lindners, die erste, einigermaßen zutreffende Darstellung vom Unglücksablauf veröffentlicht zu haben. Er nennt als Datum den 20.12., vermerkt aber dazu, auch der 19. und 22.12. würden angegeben. Lindners Bericht erschien im LOK MAGAZIN August 1970 unter dem Titel *"Das besondere Bild"*, teils wegen der Rahmengeschichte über die Lok des auffahrenden Zuges (01 158), die repariert und modernisiert als 01 531 bis fast zum Ende der Dampftraktion Dienst tat, teils weil ein Unglücksthema wohl nach Ansicht des Herausgebers kaschiert gehörte, gemäß der im ersten Absatz der Einführung vermuteten Motive.
Da wir seinerzeit viel Zeit auf Materialsuche für VON SIEGELSDORF NACH AITRANG verwandten, auch in der Bücherei der BD München, stießen wir auf weitere informative Unterlagen, so unerwartet auf einen amtlichen Bericht in der Zeitschrift DIE REICHSBAHN (Sammelbd. 1940). Schließlich bekamen wir dank eines Hinweises von Herrn Ralf Roman Rossberg Kontakt zu einem uns bis dato unbekannten Herrn Alfred Schochardt, freiberuflicher Archivar bei Krauß=Maffei, München, aber gebürtiger Mitteldeutscher, der sich aus der SBZ in den Westen abgesetzt hatte. Nach dem Krieg übte er seinen Erzählungen nach zunächst eine Tätigkeit in Magdeburg aus, die mit der Justiz zusammenhing. Bei Aufräumungsarbeiten in einem stark bombenbeschädigten Magdeburger Gerichtsgebäude fanden er und ein Kollege unter verstreuten Akten u.a. eine unversehrte Bildmappe mit Fotos von Genthin, aus der sich sein Kollege Reproduktionen verfertigte. Vier der Reproduktionen, die Herr Schochardt besaß, gab er uns sowie Zeitungsartikel und andere

75/76 - Genthin, oben: Unter dem vorderen Schlafwagen der Ganzstahlbauart 21 die 01 158, davor der Ganzstahl=Packwagen des D 10, der noch ernstere Folgen verhinderte / unten: Blick von der anderen Seite auf die Trümmerstätte bei Hebung des Postwagens, unter diesem der Tender der 01 158

Unterlagen kurz vor seinem Tode. Was aus dem zerfledderten Aktenrest wurde, wußte Herr Schochardt nicht. Da jedoch aus einem Grund, auf den nachstehend eingegangen wird, die Möglichkeit bestand, von den Akten sei etwas erhalten, fragten wir diesbezüglich nach der Vereinigung beider deutschen Staaten am 20.4.1992 bei der StA Magdeburg an und erhielten, datiert auf den 7.5.1992, den Bescheid, *"Unterlagen über dieses Unglück sind hier nicht (mehr) vorhanden"*.

Diese, für eine Jusitzbehörde etwas saloppe Antwort läßt mehrere Deutungen zu. Mit einer Aufbewahrung bzw. Existenz zumindest eines Teiles der Gerichtsakten zu Genthin überhaupt gerechnet zu haben, gaben zwei zu DDR=Zeiten verfaßte Arbeiten Anlaß, deren verheißungsvolle Titel bzw. Quellenangabe zu einer Auseinandersetzung geradezu herausforderten.

1982 erhielten wir vier Hefte mit einer vierteiligen Artikelserie über Genthin zugesandt, erschienen in DER MODELLEISENBAHNER, Organ des Deutschen Modelleisenbahn=Verbandes der DDR. Der Untertitel lautete: *"Eine Studie zu den Tatsachen und zum Prozeßverlauf der faschistischen Justiz"* von Joachim Grothe. A.G. Schuchardt, ein Mitarbeiter der DDR=Eisenbahnerzeitschrift FAHRT FREI, bearbeitete den Grothe=Artikel redaktionell. In der kurzen Einführung heißt es:

> *"Erstmalig war es möglich, auch die Gerichtsakten über den Prozeßverlauf auszuwerten. ... Die Redaktion nimmt an, daß diese Beitragsfolge für die Leser im In- und Ausland aufschlußreich sein wird."*

Kein einschränkendes *"frei gestaltet"* mehr, wie der zehn Jahre zuvor (1972) veröffentlichten Thumkuhlental=Geschichte [18] vorangestellt, aber wiederum verbunden mit einer tendenziös politischen Zielsetzung. Bewiesen werden sollte, daß drei Jahre Gefängnis für den Tf des D 180, der grob fahrlässig den Tod von 186 Menschen verschuldet hatte, sozusagen Willkürjustiz war. Grothe/Schuchardt, versierte FAHRT FREI=Autoren, stellen zur Entlastung des Tf eine Smog=Theorie auf, d.h. Reaktionsbeeinträchtigung durch Kohlenmonoxyd=Vergiftung infolge niederschlagenden Rauches.

Die hohe Geschwindigkeit des Zuges, das seitlich und hinten offene Führerhaus der Lok und die effektive Wetterlage machen diese Hypothese absurd. Außerdem müssen Verfasser und Redaktion keine hohe Meinung vom Verstand ihrer Leserschaft gehabt haben, da diese zweifellos die weit härteren DDR=Urteile bei der Ahndung geringfügigerer Unfalldelike und Vergehen kannte. Aber die Sorge, daß peinliche Vergleiche angestellt werden könnten, bestand kaum. In der DDR hatte man zweckmäßigerweise kein gutes Gedächtnis zu haben, und so wird in der Artikelserie auch kein Versuch einer vergleichenden Rechtfertigung der extrem harten DDR=Urteile unternommen, was ebenfalls gefährlich gewesen wäre.

Dennoch gibt dieser Beitrag zu Genthin wichtige und auch glaubhafte Fakten wieder, und es ist anzunehmen, daß Erich Preuß in seinem Werk [19] dieselben Unterlagen auswertete wie Grothe/Schuchardt. Allerdings erklärt er in einer Anmerkung, die Smogtheorie sei nicht haltbar, ohne sich weiter darüber auszulassen oder eine Begründung anzuführen.

Beinahe vier der viereinhalb Textseiten, die Preuß dem Komplex Genthin widmete, befassen sich mit der Handlungsweise von Führer und Heizer der Lok des D 180 und dem gleichfalls angeklagten Wärter des Stellwerks Genthin Ost. Aus den widerspruchsvollen, von Schutzbehauptungen strotzenden Aussagen des Tf und des Wärters wird lang und

breit zitiert, ein- oder angefügt, was zutreffend, was erfunden, was gemäß Vorschrift falsch und was richtig gewesen wäre.
Zu diesen Aussagen ist eine Akten-Nummer mit Blattangabe der StA Magdeburg als Quelle angegeben, und der Schluß liegt nahe, daß das als Gerichtsakt gelten soll. Der Art der zitierten Aussagen nach gehören diese Dokumente zum polizeilichen Ermittlungsakt und sind auszugsweise schon von Grothe/Schuchardt verarbeitet worden.
Über die Gerichtsverhandlung berichtet Preuß nur in wenigen Zeilen, was auch in einem inzwischen aufgefundenen Zeitungsartikel steht: Das Datum (5.6.1940), daß eine Magdeburger Strafkammer in Genthin verhandelte, daß das Strafmaß des Tf drei Jahre betrug und Heizer sowie Wärter freigesprochen wurden.
Außer Streckenfotos bietet Preuß an Neuem lediglich kurz etwas aus dem "Gutachten" eines *"Dr. Hammer von der DRG"*. Nach Preuß, S. 64, hatte Hammer zum Beweis, der Unfall sei zu vermeiden gewesen, wenn der Tf des D 180 das Genthiner Ausfahrvorsignal, das 'Halt erwarten' zeigte, beachtet hätte, *"Folgende Rechnung ... aufgemacht:*

Spitze des D 10	*846 m hinter dem Ausfahrvorsignal*
Länge des D 10	*203 m*
	643 m
Bremsweg bei 95 km/h	*500 m*
	143 m

Wedekind hätte demnach den Zusammenstoß vermeiden können."

Preuß nennt diesen "Sachverhalt" merkwürdig, womit er durchaus recht hat. Da er sonst nichts aus dem "Gutachten" bringt, könnte es sich um eine Randnotiz auf dem Aussageprotokoll des Tf handeln, denn mit so vagen Berechnungen und Zahlen hätte sich ein Gutachter in seinem offiziellen Schriftsatz nur lächerlich gemacht. In keinem der uns bekannten Gutachten - auch zu Siegelsdorf (1928) und Markdorf/Kluftern (1939)- fehlten Wagenzahl, -art und Zusammenstellung des betroffenen Zuges. Wenn bei Hammer die Länge des D 10 mit 203 m angegeben ist, müßte das, falls es sich um ein Gutachten handelte, darin zur Beweiskraft gleichfalls vermerkt sein.
Obwohl die Länge der D-Zugwagen seinerzeit differierte, könnten 203 m für die Lok und neun Wagen passen, so auch von Grothe/Schuchardt genannt. Bis Hannover hätte D 10 nach kriegsbedingtem Wegfall des Kurswagens Berlin-Hamm auch planmäßig neun Wagen gehabt, genau wie D 180. Grothe/Schuchardt geben jedoch für diesen Zug zwölf Wagen an, somit zu den Stamm- noch drei Verstärkungswagen, im vorweihnachtlichen Verkehr das Minimum, insbesondere weil keine Vor- oder Nachzüge eingelegt waren. Da nun D 10 Post- und Gepäckwagen führte, hätte er bei 203 m Länge nur sieben Reisezugwagen gehabt, was in Anbetracht der Verkehrszeit und Zeitumstände mehr als unwahrscheinlich ist.
Dann rechnete der "Gutachter" zur Bremswegberechnung mit einer Fahrgeschwindigkeit von 95 km/h. Planmäßig fuhr D 180 von seinem letzten Halt in Potsdam 40 Min bis Genthin, hier planmäßig durch 0.44 Uhr. Das ergibt für die Fahrtstrecke von 65,4 km eine Reisegeschwindigkeit von 98,1 km/h, und für das Stück Genthin bis Magdeburg (50,4 km in 32 Min) 94,5 km/h, für die Gesamtstrecke im Mittel 96,7 km/h. Um diese Reisegeschwindigkeit zu erreichen, mußte der Zug mit seiner anzunehmenden Höchstgeschwindigkeit von 120 km/h fahren, nicht zuletzt weil der planmäßige Zwischenhalt von 1 Minute

in Potsdam für den Fahrgastandrang bei Verdunkelung viel zu knapp war und Verspätung verursachte, ferner hinter Brandenburg wegen einer La und für einige Kilometer vor Magdeburg Hbf das Tempo erheblich zu senken war.
Grothe/Schuchardt nennen, eher zutreffend, als Aufstoßgeschwindigkeit 110 km/h. Möglicherweise gab es eine Hg=Beschränkung für die Durchfahrt Genthin. Fraglich scheint jedoch, ob der Tf das Tempo bei Einfahrt Genthin wesentlich senkte. Es ist nicht einmal sicher überliefert, ob er den Regler schloß. Bezeugt ist lediglich, daß er die Haltzeichen mit der rot abgeblendeten Handlampe des Schrankenpostens vor dem Einfahrsignal Genthin ebenso wenig beachtete wie dessen 'Halt erwarten' zeigendes Ausfahrvorsignal und zuvor die Haltstellung der Signale an Bk Belicke. Nehmen wir also an, daß er mit nahezu voller Geschwindigkeit in den Bf fuhr.
Nur mit Hilfe eines vollständigen Gerichtsaktes, der neben der Tatbestandsaufnahme alle polizeilichen Ermittlungs- und Vernehmungsprotokolle enthält, dazu die gutachter- und bahnamtlichen Expertisen sowie Urteil mit Urteilsbegründung lassen sich (fast) alle Fragen beantworten. Im Falle Genthin bleibt Wesentliches offen oder hypothetisch, u.a. auch ob die Indusieinrichtung völlig abgeschaltet war oder wenigstens die Geschwindigkeitsaufzeichnung funktionierte, und wenn ja, ob der Schreibstreifen noch auswertbar gefunden wurde.
Wie unsicher Preuß selbst bei Fakten ist, die etwa einem polizeilichen Ermittlungsbericht oder einem effektiven Gutachten eindeutig zu entnehmen wären, zeigt folgende Erwägung auf S. 60 seines Buches.

> *"Man kann rechnen: ...*
> *2. Wärter stellt das Einfahrsignal auf 'Halt', wobei die Zeit für das eventuell vorher zu bedienende Vorsignal unberücksichtigt bleiben soll; möglicherweise war es mit dem Hauptsignal gekuppelt. ..."*

Das hätte Autor Preuß als stellvertretender Chefredakteur der FAHRT FREI wohl sogar ohne zeitgenössische Unfalldokumente durch ein Telefonat mit dem Bf Genthin oder im Falle eines Umbaus zur DDR=Zeit mit der Signal- (bzw. Nachrichten-)Meisterei, vermutlich in Magdeburg, klären können. Hier wäre es angebracht gewesen, da diese Erwägung als Teil einer hypothetischen Beweisführung gedacht war.
Jedenfalls scheint es, als ob die Fragen zum dunklen Kapitel Genthin keine Antwort mehr erhalten werden, und so bedarf auch unsere Rekonstruktion in SCHATTEN DER EISENBAHNGESCHICHTE BAND 1 weder einer Ergänzung noch Berichtigung.

Am **22.12.1939**, dem gleichen Tag des Auffahrunglücks von Genthin, stießen gegen 22.19 Uhr auf der Bodenseegürtelbahn zwischen **Markdorf** und **Kluftern**, westlich Friedrichshafen, Sp 21 154 mit Dg 7953 zusammen. Im Sonderzug, auch als P Kar 21 154 bezeichnet, d.h. nach der für den Zug zuständigen RBD Karlsruhe, fanden 98 aus dem südlichen Rheintal stammende, bei Kriegsausbruch nach Oberstdorf/Allgäu evakuierte "Rückwanderer" den Tod sowie drei der Lokpersonale. 38 Personen, darunter einer der Heizer, wurden z.T. schwer verletzt. Ursächlich war die Nachlässigkeit der Fdl beider Stationen. Obwohl die Züge etwa in der Mitte einer 2,5 km langen Geraden zusammenstießen, erkannte durch die kriegsbedingte Abblendung (bis auf schmale Schlitze) der Loklaternen nur der Tf des Sonderzuges im letzten Moment die Gefahr und leitete Bremsung ein. ***I** [Abb. 77/78]

77/78 - Markdorf/Kluftern, 22.12.1939

Am **18.2.1940** stießen in **Woltwiesche**, Str Hildesheim-Braunschweig, D 36 und Dg 17323 infolge Signalmißachtung bei Nebel zusammen (2 T, 16 V).

Am **25.2.1940** entgleiste Dg 6241 in **Neubeckum,** Str Hamm-Bielefeld. Der Kessel der Lok, vermutlich Nr. 562753, zerknallte infolge Korrosion (2 T, 1 V).

Am **18.5.1940** geriet bei **Rheinhausen**, Str Duisburg-Krefeld, durch Unvorsichtigkeit ein Wagen des W 162163 in Brand (4 T, 24 V).

Am **28.5.1940** fuhr in **Rheydt** Vschbf W 117 061 infolge unterlassener Fahrwegprüfung gegen eine nicht grenzzeichenfrei stehende Lok (3 T, 15 V).

Am **21.8.1940** stießen infolge Fdl=Fehler bei Kreuzungsverlegung im **Almener Tunnel** zwischen Paderborn und Brilon Wald die Triebwagen N 9010 und 9011 zusammen (4 T, 8 V).

Am **9.10.1940** fuhr in **Villach** Westbf Sp 7762 VI infolge Fehler des Fdl auf zwei im Fahrweg stehende Loks (3 T, 13 V), und

am **29.10.1940** in **Rheinhausen** Ost infolge Blockeingriffs und vorzeitiger Rückblockung V 5632 auf P 2250 (6 T, 3 V).

Am **16.11.1940** stieß vor **Carzig**, Str Werbig-Frankfurt/O., Dg 6916 mit Frühzug Kp 441 zusammen. Der Tf des Dg hatte in Schönfließ Dorf den Planhalt und das 'Halt' zeigende Ausfahrsignal nicht beachtet (9 T, 21 V).

Am **29.12.1940** fuhr in **Kodersdorf**, Str Cottbus-Görlitz, E 174 infolge unterlassener Fahrwegprüfung einer Rangierabteilung in die Flanke und Dg 6873 gegen die umgestürzte Lok der Rangierabteilung (5 T, 3 V).

Am **30.12.1940** fuhr auf der Str **Berlin-Stendal** infolge Mißverständnissen zwischen Fdl und Stellwerkwärter sowie fehlerhafter Zugmeldung und Befehlsausfertigung Dg 6004 auf SF 119 (6 T, 11 V).

Vom **Herbst 1940** bis über den Jahreswechsel hinaus verübte der Bahnunterhaltungsarbeiter Paul Ogarzow in **Berlin** eine Mordserie, deshalb und den Tatorten zufolge in der Presse "S-Bahn-Mörder" genannt. Ogarzow nutzte verkehrsschwache Zeiten, um Frauen und Mädchen aus kaum besetzten S-Bahn=Zügen zu stoßen. Einige seiner Opfer überlebten den Sturz schwer verletzt, und so konnte er schließlich identifiziert und gefaßt werden. Er wurde zum Tode verurteilt und hingerichtet.
Daß Ogarzow überhaupt in der Lage war, sein Unwesen fast ein halbes Jahr zu treiben, hing mit den Überwachungsmaßnahmen zusammen. In Absprache mit der Kripo fuhren auch verfügbare Bahnbedienstete als Beobachtungs- und Sicherungsposten in den Zügen mit. Ogarzow wurde ebenfalls mehrfach zu dieser Tätigkeit abgeordnet, wodurch er über den Einsatzrhythmus voll im Bilde war und sich dementsprechend vorsehen konnte.

Am **8.1.1941** stießen auf der eingleisigen Hauptbahn München-Mühldorf nahe **Wasentegernbach** N 9721 und W 99 610 zusammen. Die Zugmeldungen mit gleichzeitiger Kreuzungsverlegung wurde von den Fdl Dorfen und Schwindegg so unvorschriftsmäßig geführt, daß -ähnlich Warngau 1975 - beide aneinander vorbeiredeten (1 T, 4 V).

Am **22.1.1941** fuhr in **Isenbüttel=Gifhorn**, Str Berlin-Hannover, durch Fdl=Fehler Dg 6120 auf den außerplanmäßig haltenden W 94 122 (94 T, 156 V), und

am **27.1.1941** im Bf **Dreileben=Drackenstedt**, Str Magdeburg-Helmstedt, D 137 infolge Signalmißachtung auf Frühzug P 437 (8 T, 31 V).

Am **16.3.1941** stieß auf der Str **Ars-Metz** SF 831 infolge Eingriff in die Sicherungsanlagen und vorzeitiger Weichenumstellung mit einer Lok zusammen (23 T, 38 V).

Am **27.3.1941** fuhr in **Gardelegen**, Str Berlin-Hannover, durch Eigenmächtigkeit des Tf von N 8647 dessen umsetzende Lok bei Schneetreiben dem durchfahrenden W 94 111 in die Flanke (7 T, 30 V),

am **6.4.1941** in **Rengershausen**, Str Kassel-Guntershausen, infolge Fdl=Fehler SF 137 auf Dg 6079 und W 99 091 im Nachbargleis in die Trümmer (6 T, 11 V), und

am **3.5.1941** in **Gusow** bei Werbig, Str Berlin-Frankfurt/O., infolge fehlerhafter Verständigung eine Rangierabteilung einem Wehrmachtszug in die Flanke (16 T, 45 V).

Am **30.8.1941** entgleisten in **Forbach=Gausbach**, Str Rastatt-Freudenstadt, zwei Wagen des P 3936 wegen vorzeitiger Fahrstraßenauflösung und Weichenumstellung (8 T, 15 V).

Am **2.9.1941** fuhr in **Rabsztyn**, Str Kattowitz-Tunel (RBD Oppeln), P 1462 auf den Lazarettzug W 93 230. Der Fdl hatte vergessen, nach Einlaufen des Lazarettzuges das Einfahrsignal auf 'Halt' zu stellen (7 T, 42 V).

Am **17.11.1941** fuhr N 8415 auf den vor Bk **Eichkogel** bei Spielfeld=Straß, Str Marburg (Maribor)-Graz, haltenden D 181, Agram-Wien. Der Tf des N 8415 hatte einer Leitungsstörung wegen einen Vorsichtsbefehl erhalten, diesen aber nicht hinreichend beachtet. Im D 181 befand sich, offenbar der Störung wegen, ein Zugsicherer, der seiner Pflicht zur Deckung des Zuges nicht nachgekommen war (5 T, 22 V).

Am **3.12.1941** fuhr in Bf **Unterhofen=Solgen**, Str Metz-Salzburgen (Château Salins), eine Rangierabteilung aus einem ungesicherten Anschlußgleis infolge Unaufmerksamkeit des Rangierpersonals dem P 2815 in die Flanke (6 T, 14 V).

Am **17.12.1941** stieß bei **Suchsdorf**, Str Kiel-Eckernförde, infolge Nachlässigkeit des Fdl bei Kreuzungsverlegung P 1000 mit einem Sg zusammen (7 T, 15 V).

Am **27.12.1941** übersah der Tf von D 123 bei Schneetreiben ein Blocksignal und fuhr auf den vor Bf **Leichholz**, Str Frankfurt/O.-Posen, haltenden (Benzin=)Kesselwagenzug Dg 7053, der in Brand geriet. Sechs Wagen des Dg und fünf des D brannten aus (41 T, 57 V).

Am **29.12.1941** fuhr W 96 031 vermutlich in **Langhagen** [26], Str Rostock-Neustrelitz, wegen falsch stehender Weiche auf zwei Lokomotiven (27 T, 33 V).

Am **5.1.1942** stieß in **Ortelsburg**, Str Allenstein-Lyk, M 33 mit einer Rangierabteilung zusammen, die das Hauptgleis ohne Wissen des Fdl eigenmächtig befahren hatte (8 T, 22 V).

Am **3.2.1942** löste zwischen **Kohlfurt** und **Arnsdorf** b. Liegnitz ein durch Leichtsinn überhitzter Kanonenofen im Mannschaftswagen des W 7159 eine Explosion aus (20 T, 15 V).

Am **14.2.1942** fuhr bei Schneesturm ein Hilfszug mit Schneepflug auf die entgleiste und ungenügend gesicherte Vorspannlok des P 2409, Str **Gaschwitz-Meuselwitz**. Der Hilfszug war als Sperrfahrt ohne Vorsichtsbefehl und genaue Anweisungen dem P 2409 zu Hilfe geschickt worden (6 T, 16 V).

Am **29.3.1942** ereignete sich wieder einer der kriegsüblichen Leichtsinnsunfälle, Brand und Explosion durch einen überhitzten Kanonenofen in einem Wehrmachtszug, diesmal im W 93 745 auf der 'Kanonenbahn' zwischen **Sangerhausen** und **Güsten** (4 T, 10 V).

Am **18.5.1942** stieß Dg 26 969 nach Signalmißachtung mit E 140 auf einer eingleisigen Behelfsbrücke zwischen **Kehl** und **Straßburg** zusammen (11 T, 79 V).

Am **24.6.1942** verließen Tf und Heizer der Lok des Dg 6 532 nach Zugtrennung (vermutlich durch nachlässige Kupplung) ihre Maschine, ohne sie zu sichern und den Regler voll zu schließen. Während des Versuches, den Wagenzug wieder anzukuppeln, setzte sich die Lok in Bewegung und fuhr im Bf **Werbig**, Str Berlin-Küstrin, auf den haltenden P 346 (10 T, 23 V).

Am **28.9.1942** entgleiste P 615 nach wolkenbruchartigen Gewittern und Dammunterspülung auf der Str Spittal=Millstättersee-Lienz (Drau) nahe **Nicolsburg**. Lok und sechs Reisezugwagen stürzten in die Drau (21 T, 63 V).

Am **8.10.1942** fuhr der Tf von Tp 3205 in **Neustadtl**, Str Ronsperg-Haid b.Tachau (RBD Regensburg), infolge Mißverständnis ohne Abfahrtsauftrag ab und stieß mit Lz 19 918 zusammen (11 T, 35 V).

Am **12.10.1942** fuhr bei dichtem Nebel auf Höhe des Stellwerks **Neuwied** Süd, Str Köln-Wiesbaden, infolge Fdl=Fehler ein G auf einen zum Halten gekommenen und gerade wieder anfahrenden G und ein G der Gegenrichtung in die Trümmer (1 T, etl. V).

Am **16.10.1942** fuhr vor **Stuttgart=Bad Cannstatt** P 1666 auf P 1954, beide von Waiblingen kommend. Der Fahrplan war durcheinander geraten; ein Stellwerkwärter hatte den vor dem Einfahrsignal wartenden Zug 1954 vergessen und nach Eingriff in die Blockeinrichtung den besetzten Abschnitt freigegeben (12 T, 268 V).

Am **26.10.1942** stießen auf der Str **Strasburg-Lalendorf** durch Verschulden zweier Fdl die Dg 6104 und 6105 zusammen (6 T, 14 V).

Am **12.12.1942** entgleisten infolgte Attentat Lok und 15 Wagen des W 17 774 auf der Str **Bialystok-Wolkowysk** (RBD Königsberg) und gerieten in Brand (21 T, 46 V).

Am **17.12.1942** fuhr durch Fdl=Fehler in **Lüneburg** W 92 321 auf den ausfahrenden P 839, Uelzen-Hamburg. Die Kesselwagen des W 92 321 gerieten explosionsartig in Brand, der auch auf das EG übergriff. (10 T, 19 V). [Abb. 79-82]

Am **4.1.1943** übersah der Tf von SFR 2304 zwischen **Hannover** und **Wunstorf** bei starkem Schneegestöber ein Blocksignal und fuhr auf D 8 (25 T, 169 V).

Lüneburg, 17.12.1942 - **79-80**: Blick Ri Hamburg - oben: links das ausgebrannte EG

81/82: oben: Blick Richtung Hamburg / unten: Die Lok des W 92 321, davor im Hintergrund Trümmer des letzten Wagens von P 839

83/84 Buchholz - oben: am Morgen nach dem Unfall / unten: nach geräumter Strecke

Anfang 1943, wahrscheinlich im Februar und im Zusammenhang mit einem Luftangriff auf Hamburg, erhielt ein Kohlezug auf der Fahrt Ri Bremen vor Bf **Buchholz** keine Einfahrt. Wegen Wassermangel kuppelte das Lokpersonal die Lok ab, um zum Wassernehmen vorzufahren, damals gut 500 m hinter dem Einfahrsignal möglich.[27] Es war eine Entscheidung, aus der Notsituation jener Tage verständlich und in Anbetracht des Risikos eines Kesselzerknalls, den das Anfahren mit dem schweren Zug in leichter Steigung begünstigt hätte. Das Feuer vom Rost zu entfernen und eine Ersatzlok anzufordern, wäre zudem erheblich zeitaufwendiger bzw. betriebsbehindernder gewesen.
Nun hält sich das Schicksal nicht an menschliche Logik. Der Tf eines nachfolgenden Postzuges übersah das 'Halt' zeigende Signal des ehemaligen Bk Bühnden und fuhr auf den stehenden G, wobei die Lok (18 302) des Postzuges und etliche Wagen abstürzten und bei der Buenser Siedlung bis zur Bergung Monate liegen blieben. Die Bewohner der Siedlung behielten das Unglück in Erinnerung, weil ihnen die Ladung der zertrümmerten O=Wagen zur Verbesserung ihrer Hausbrandversorgung sehr willkommen war. So erhielten wir sogar zwei Fotos [Abb. 83/84] mit ungefährer Schilderung des Unfallablaufes, nachdem wir in einem Buch[28] durch das Foto der im RAW wiederhergestellten 18 302 aufmerksam geworden waren.
Welche menschlichen Opfer das Unglück forderte, war nicht zu ermitteln. Da die Untergrenze für 'Besonders zu erwähnende Unfälle' 1943 auf 15 Tote (Schienenverkehr) angehoben war, ist Buchholz nicht enthalten, und mit diesem Jahrgang endete das Erscheinen der STATISTISCHEN ANGABEN "bis auf weiteres".

85: Nordausfahrt Bf Buchholz mit Stellwerk 'Buo'. Zustand etwa dem der Unfallzeit entsprechend. Der Wasserkran befand sich hinter dem Fotostandort.

Am **28.2.1943** fuhr infolge unterlassener Fahrwegprüfung SF 76, Westrußland-Warschau -Lissa-Dresden-Karlsruhe, in **Galkau**, Str Litzmannstadt-Koluszki (RBD Posen), auf Dg 19 540 (25 T, 12 V).

Am **2.3.1943** stieß in **Ashausen**, Str Hamburg-Uelzen, ein SFR mit einer umsetzenden Lok zusammen. Der SFR soll mit der 05 001, Schwesterlok der berühmten Weltrekordlok 05 002, bespannt gewesen sein (6 T, ca. 25 V).

Am **30.6.1943** fuhr infolge Fdl=Fehler in **Dortmund** Hbf D 24 auf P 210 (28 T, 90 V).

Am **17.5.1943** barst als Folge eines mit britischer Akribie vorbereiteten Bombenangriffs die Staumauer der Möhnseetalsperre. Die entfesselten Fluten verwüsteten weithin das Land, und unzählige Menschen und Tiere ertranken. Auch Bahnstrecken wurden unterspült und in **Herdecke** bei Hagen kam der Eisenbahnviadukt zum Einsturz. Ein sich nähernder Personenzug konnte knapp gewarnt werden, so daß die Lok des Zuges 20 m vor dem Abgrund zum Halten kam.

Am **15.9.1943** fuhr durch unterlassene Fahrwegprüfung in **Falkenburg**, Str Ruhnow-Neustettin, bei dichtem Nebel N 8713 dem nicht grenzzeichenfrei haltenden N 8702 in die Flanke (18 T, 41 V).

Am **19.9.1943** entgleiste DmW 31 infolge Attentats auf der Str **Bialystok-Prostken** (RBD Königsberg) (23 T, 33 V).

Am **2.12.1943** fuhr wegen Signalmißachtung bei abgeschalteter Indusi SFR 33, Eisenach -Breslau, auf den in **Naumburg** haltenden SF 360 nicht bekannten Laufweges (35 T, 123 V).

Am **18.12.1943** vergaß der Fdl von Bf **Neuhaus** (Gail), Str Villach-Tarvis, nach Durchfahrt des Dg 90 021 das Einfahrsignal auf 'Halt' zu legen. Dadurch fuhr dem nachfolgenden Dg 90 024 der Dg 7533 in die Flanke (23 T, 22 V).

Am **25.12.1943** fuhr auf der Str **Korschen-Lötzen** (Ostpreußen) E 32 durch Fdl=Fehler auf Dg 94 476 (15 T, 34 V), und

am **31.12.1943** SF 62 durch unterlassene Fahrwegprüfung und Rangierfehler in **Tantow**, Str Angermünde-Stettin, auf zwei Loks (38 T, 16 V).

Zur Auflistung dessen, was sich an Einschlägigem für eine Katastrophenchronik in den folgenden Monaten bis Kriegsende ereignete, müßte eine Forschungsgruppe berufen werden. Deren Ergebnisse dürften einschließlich der Folgen von Angriffen alliierter Jagdflugzeuge auf Reisezüge und Bombardierung deutscher Bahnhöfe ein Buch für sich füllen. Wir müssen uns hier auf wenige Beispiele beschränken.
In dem Buch von K. Seidel, SCHMALSPUR IN BADEN=WÜRTTEMBERG, Schwäb.Gmünd 1981, steht eine gründliche Abhandlung über das Unglück

am **6.1.1944** eines Kleinbahnzuges der Schmalspurbahn Ochsenhausen-Biberach bei Ausfahrt **Warthausen**. Auf der niveaugleichen Kreuzung mit der Hauptbahn Friedrichshafen-Ulm fuhr der verspätete P 1521, Friedrichshafen-Ulm, infolge Signalmißachtung Zug 303 nach Biberach in die Flanke (12 T, etl. V). ***I**

Am **20.1.1944** fuhr ca. 18.50 Uhr im Bf **Porta** infolge unterlassener Fahrwegprüfung und Blockeingriff DmW 103, Aachen-Berlin, auf den durch Ziehen der Notbremse vor dem Ausfahrsignal zum Halten gekommenen DmW 3, Brüssel-Berlin (79 T, 64 V). ***I**

Im **Januar 1945** soll sich, einem Bericht in der DDR=Zeitschrift DER MODELLEISENBAHNER Heft 9/61 zufolge, ein Unglück auf der Stichbahn **Eibenstock** oberer Bf - unterer Bf, Str Aue-Adorf(-Chemnitz) ereignet haben.
Wegen der 50‰ Neigung der Stichbahn waren die dort eingesetzten Loks zusätzlich mit Gegendruckbremse ausgerüstet. Außerdem hatte jeder vom oberen Bf kommende Zug vor dem Einfahrsignal des unteren Bfs zu halten. Dann erst durfte die Einfahrt freigegeben und die zur Fahrt in ein Sandgleis stehende Einfahrweiche auf das vor dem EG endende Bahnsteigkopfgleis umgelegt werden.
Dem Bericht zufolge rächte sich am Tag des Unglücks eine schon länger eingerissene Schlamperei: die Einfahrweiche war in Ri Bahnsteiggleis belassen, und der Zug fuhr ohne Bremsprobe im oberen Bf ab. So merkte das Lokpersonal erst bei Betätigung des Bremsventils, daß k e i n e Bremsung erfolgte. Der Zug zertrümmerte den Gleisabschluß und fuhr in das EG. Tf, Heizer und drei Personen, die sich im Obergeschoß des EG aufhielten, wurden getötet, die Zuginsassen verletzt.
Ob das Lokpersonal während der "mehrstündigen" Wartezeit im oberen Bf die Luftpumpe abstellte, um durch das Geräusch nicht gestört zu werden, und sie wieder anzustellen vergaß, wie im Bericht angegeben, scheint nicht überzeugend, da der Aufenthalt nach Ankunft im oberen Bf gemäß Fahrplan nur 44 Min betrug. Dann hätte die Luftpumpe nach Bergfahrt und Abbremsen aus den zulässigen 15 km/h auch nicht viel zu tun gehabt. Wahrscheinlicher ist eine Nachlässigkeit beim Ankuppeln der Lok nach dem Umsetzen, und zur wirksamen Bremsung auf der Steilrampe reichte die Lokbremse allein nicht aus.

Im Osten des zusammenbrechenden Reiches gab es zum gleichen Zeitpunkt Katastrophen mit Flüchtlingszügen. Eine Ost=Dokumentation enthält mehrere glaubhafte Aussagen über einen Auffahrunfall
am **23.1.1945** nahe **Maldeuten**, Str Allenstein-Marienburg. Bei Fahren auf Sicht war ein Flüchtlingszug auf einen Lazarettzug gefahren, dessen letzte Wagen zusammengedrückt wurden. Durchgebrochene Sowjetpanzer mit aufgesessener Infantrie sorgten dann für weitere Tote. Insgesamt sollen es mehrere Hundert gewesen sein.

Am **23.2.1945** verwandelte ein Luftangriff auf **Treuchtlingen** in wenigen Minuten die Bahnhofsanlagen und deren Umgebung in ein Trümmerfeld und forderte ca. 600 Tote. ***I,**

am **19.3.1945**, wiederum vormittags, wurden Bahnhof und angrenzende Wohngebiete von **Landshut** (Niederbayern) zerstört (ca. 300 T), und

am **16.4.1945**, nachmittags, **Augsburg** Hbf (ca. 450 T).

So ging in Bombenhagel, Chaos und Grauen die Deutsche Reichsbahn mit dem Reich unter. Was vom größten und leistungsfähigsten Transportunternehmen der Welt übrig blieb, vegetierte viergeteilt noch eine Weile dahin, bis sich im Westen Restdeutschlands die Bundesrepublik Deutschland und die Deutsche Bundesbahn als Rechtsnachfolger von Reich und Reichsbahn konstituierten.

7 Im Volksmund so benannt, da als strategische Bahn gedacht. Neu zu erbauen waren die Teilstücke Berlin - BlankenheimTrennungsbf (-Sangerhausen), (Leinefelde-)Silberhausen Trennungsbf - Treysa und Lollar - Wetzlar. Die Terraingegebenheiten - Anfälligkeit für Wassereinbrüche in den Tunnels und für Dammrutschungen des Zwischenstückes (Leinefelde-)SilberhausenTr.-Eschwege - vereitelten jedoch die Nutzung auf ganzer Linie.

8 Die deutschen Sanitätszüge, Berlin 1886, S. 38 f und Der Eisenbahnunfall des Sanitätszuges des VII. (kgl. sächs). Armeecorps bei Puteaux von Dr. Friedrich in Dresden. Separatabdruck a.d. Dresdner Journal (1871).

9 Außer den in der Chronik aufgenommenen, folgenschweren Kesselexplosionen ereigneten sich bei den deutschen Bahnen zwar noch etliche mit glimpflicherem Ausgang, jedoch im Vergleich zu ausländischen Bahnen, insbesondere in Übersee, wenige.
Eine erhebliche Zahl an Kesselexplosionen in Deutschland hatte dagegen die im Verlauf der Industrialisierung erfolgte Ausstattung der Industrie- und Handwerkbetriebe mit Dampfmaschinen zur Folge. Die Häufung dieser Unglücke veranlaßte Untersuchungen zu deren Ursachen. Die Zeitschrift des VDI, Bd.36, Nr. 40 vom 1.10.1892, S. 1168 ff, veröffentlichte darüber für 1891 eine genaue Aufstellung und nannte für die vergangenen 15 Jahre folgende Zahlen und Gründe:
113 Fälle durch Nachlässigkeit bei der Bedienung (Wassermangel, zu hohe Dampfspannung, Wartung, Kesselstein),
80 Fälle durch Materialmängel (örtl. Blechschwächung und dgl., Abnutzung),
33 Fälle durch mangelhafte Konstruktion,
3 durch externe Ursachen;
1 Fall blieb ungeklärt;
insgesamt also 230 Kesselexplosionen im privaten Sektor mit sinkender Tendenz; 1891 waren es nur noch 12 Zerknalle.

10 Im Sicherheitsbereich wäre lediglich der bayerischen Staatsbahn Rückständigkeit anzulasten. Die Block- und Stellwerkanlagen entsprachen nicht mehr dem Stand der Zeit, was sich vor allem in den zwanziger Jahren durch schwere Unfälle auswirkte. Auch hatten die bayerischen Bahnen den Beschluß von 1907 zur Neuordnung des Signalwesens nicht durchgeführt. Bis zur Übernahme der Länderbahnen durch das Reich waren lediglich die Signale einer Strecke angepaßt worden, ansonsten hatten die Signallichter ihre verwirrende Farbgebung behalten: Am Hauptsignal mit einem Flügel bedeutete nachts rotes Licht 'Halt', weißes 'Fahrt frei', mit zwei Flügeln kam grün mit der Bedeutung 'Abzweigung bzw. Langsamfahrt' hinzu. Am Vorsignal hieß grünes Licht 'Am Hauptsignal Halt erwarten' und weißes 'Fahrt frei erwarten'.

11 Diese Fehleinschätzung auf Seiten der Staatsführung des Deutschen Reiches, verantwortlich für politische, militärische und organisatorische Fehler, ist kaum verständlich, zumal bedeutende und kluge Männer, insbesondere der geniale preußische Generalfeldmarschall Helmuth Graf (seit 1870) von Moltke, "der große Schweiger" genannt, ernstzunehmende Prognosen gestellt hatten. Ein Jahr vor seinem Tod sagte er am 14.5.1890 im Deutschen Reichstag:

> *"Wenn der Krieg, der jetzt schon mehr als zehn Jahre lang wie ein Damoklesschwert über unseren Häuptern schwebt - wenn dieser Krieg zum Ausbruch kommt, so ist seine Dauer und sein Ende nicht abzusehen. Es sind die größten Mächte Europas, welche, gerüstet wie nie zuvor, gegeneinander in den Kampf treten; keine derselben kann in einem oder in zwei Feldzügen so vollständig niedergeworfen werden, daß sie sich für überwunden erklärte, daß sie auf harte Bedingungen hin Frieden schließen müßte, daß sie sich nicht wieder aufrichten sollte, wenn auch erst nach Jahresfrist, um den Kampf zu erneuern. Es kann ein siebenjähriger, es kann ein dreißigjähriger Kreig werden - und wehe dem, der Europa in Brand steckt, der zuerst die Lunte in das Pulverfaßt schleudert!"*
>
> <aus: "Gesammelte Schriften und Denkwürdigkeiten des GFM. Grafen Helmuth v. Moltke", 7. Band, S. 139, Berlin 1891-93>
>
> Diese Worte hätten 1914 umso mehr Gewicht haben müssen, als zu diesem Zeitpunkt der Eintritt der USA in die Weltgeschichte bereits ein einzukalkulierender Faktor und vorhersehbar war, auf welcher Seite sich die USA engagieren würden.

12 Max Hölz, geb. am 14.10.1889 in Moritz bei Riesa, floh nach dem ersten Aufstand in die Tschechoslowakai, wurde nach dem zweiten Aufstand verhaftet und wegen Mordes zu lebenslänglichem Zuchthaus verurteilt. Nach seiner Amnestierung am 14.7.1928 ging er in die UdSSR, wo er am 18.9.1933 im Oka Fluß bei Gorki ertrank, vermutet wurde durch Gewaltanwendung.

13 Es ging um 226, schließlich 132 Mrd Goldmark Reparationen zuzüglich Besatzungskosten und einen 26%igen Jahrestribut von der deutschen Ausfuhr. Als die Reichsregierung erklärte, diese Bedingungen übersteige ihre Möglichkeiten, waren als Sanktion am 15.3.1921 Düsseldorf, Duisburg und Ruhrort besetzt und die Rheinzollgrenze errichtet worden, um an dieser eine 50%ige Ausfuhrabgabe zwangsweise einzutreiben. Mehrere Konferenzen, in denen nach einer für Deutschland tragbaren Lösung gesucht wurde, verliefen durch die starre Haltung des französischen Ministerpräsidenten Poincaré ergebnislos.

14 Hierzu eine Note vom 9.5.1923 Reichspräsident Eberts an Reichsverkehrsminister Groener:

> *"Ein französisches Kriegsgericht in Mainz hat, wie ich soeben erfahre, unter Ausschluß der Öffentlichkeit 17 Eisenbahnbeamte, Gewerkschaftsführer und Angestellte des Deutschen Eisenbahnerverbandes nach einem summarischen Massenverfahren zu unerhört langen Gefängnisstrafen verurteilt, weil sie ihre Untergebenen und Kollegen aufgefordert haben, den deutschen Gesetzen und ihrem Diensteid treu zu bleiben. Auch diese Schreckensurteile sind ein S c h l a g g e g e n W a h r h e i t u n d G e r e c h t i g k e i t, ein Akt wildesten Terrors, der überall Entrüstung und Verachtung hervorrufen wird gegenüber denen, die Menschenrechte in b r u t a l e r M a c h t w i l l k ü r höhnisch mit Füßen treten. Der fremde Militarismus wird auch durch diesen Gewaltakt seiner Werkzeuge, der Kriegsgerichte, den Widerstand der deutschen Eisenbahner nicht brechen, sondern die Reihen der Abwehr nur enger schließen. Ich bitte Sie, Herr Reichsminister, den betroffenen Beamten und Angestellen meine besondere Hochachtung für ihre vorbildliche Vaterlandstreue und ihre mannhafte Haltung auszusprechen."*

Ebenso sehr verbitterten die Ausweisungspraktiken, z.T. nur um Wohnungen für französisch/belgische Zivilisten und Familienangehörige frei zu bekommen. Hatten die Ausgewiesenen am Anfang eine bestimmte Frist zur Räumung, ging man bald dazu über, die Leute ohne jede Rücksichtnahme auf die Straße zu setzen. Es kam vor, daß die Betroffenen nicht einmal Zeit zum Anziehen hatten, geschweige denn zum Mitnehmen der nötigsten Habe. Vielfach wurden dabei Familien auseinandergerissen, und aus der Schule heimkehrende Kinder fanden ihre Eltern nicht mehr vor.

Irgendwelcher Einzelverstöße wegen wurden Kollektivstrafen verhängt, die Eintreibung von Geldstrafen rigoros realisiert, so in Gelsenkirchen im Februar 1923 von einer "Inkasso=Division" innerhalb von 4 Tagen 70 Mio. Papiermark - die Goldmark stand damals bei etwa 3000 Papiermark - vereinnahmt, und zwar nicht nur aus öffentlichen Kassen stammend, sondern auch von Straßenpassanten. Bei einer anderen Aktion wurden Gelder beschlagnahmt, die als Löhne und Gehälter für Eisenbahner bereitlagen.

Im Bahnververkehr wurden noch Mitte 1924 deutsche Reisende, die keinen von den Franzosen anerkannten Ausweis dabei hatten, inhaftiert und erst nach Zahlung einer hohen Geldstrafe freigelassen.

15 Betriebliche Entwicklung und Vorgänge eingehend mit Quellen bei Dr.jur. Otto Cohausz in JAHRBUCH FÜR EISENBAHNGESCHICHTE, Bd. 6, Augsburg 1973, S. 5ff.

Nach Cohausz warben die Franzosen zur Durchführung des Regiebetriebes infolge Mangels an eigenem Personal sogar in Polen und der Tschechoslowakai 7000 Hilfskräfte ohne einschlägige Vorkenntnisse an.

Zur Auffüllung des durch Unfälle oder dgl. unbrauchbar gewordenen rollenden Materials holte man sich gewaltsam Ersatz von DR=Bahnhöfen, beschlagnahmte Reisezüge, indem die deutschen Fahrgäste mit Waffengewalt aus dem Zug vertrieben wurden, und dgl. mehr.

16 Generaldirektor Dorpmüller gelang es, die Finanzen der DRG so zu ordnen, daß nicht nur Überschüsse erwirtschaftet wurden, die ein Abführen der Reparationsgelder ermöglichten, es blieben auch noch Mittel zur Regenerierung der Bahn übrig. Dem regionalen Bedarf entsprechend wurde ein Verteilerschlüssel erstellt, der die Gruppenverwaltung Bayern prozentuell am höchsten bedachte, weil die ehemaligen bayerischen Staatsbahnen den stärksten Nachholbedarf hatten.

Die in der Chronik ab Mitte der zwanziger Jahre häufige Nennung bayerischer Orte deutet auf den in Anmerkung 10 erwähnten Sicherheitsrückstand hin, der sich zu einer ernsten Krise ausweitete. Die Arbeitsdisziplin entsprach nicht mehr der Vorkriegszeit, was zu Nachlässigkeiten führte, mitursächlich am Versagen unzulänglicher Sicherungsanlagen, mit denen man zuvor fertiggeworden war. Dann fing bei Anhebung der Geschwindigkeiten der abgewirtschaftete Oberbau die konstruktiv bedingten Mängel bestimmter Bauserien der bayerischen S 3/6 nicht immer betriebssicher auf. Beanstandet und, soweit möglich, verbessert wurde die zu harte Federspannung und ungleiche Verteilung des Raddruckes beim Vorlaufdrehgestell, die Sechspunktabstützung im Lokrahmen sowie die zu starre Achsanordnung - nur ein Drehgestell - einer älteren Tenderkonstruktion.

17 Das Unglück hatte noch einen, die Berichterstattung verwirrenden Begleitumstand: Die Uhrzeit. Während der Abschnürung der besetzten Gebiete einschließlich Ruhrgebiet galt auch dort die westeuropäische Zeit (=WEZ), in der Regel bis/ab jeweiliger Kontrollstation, ähnlich der innerdeutschen Grenze nach 1945 vielfach unbedeutende Bahnhöfe, an denen nun ebenfalls auch D=Züge zur Kontrolle halten mußten. Vereinzelt war die Umstellung von MEZ auf WEZ bzw. umgekehrt auch vor oder nach der Kontrollstation erforderlich. Vollends kompliziert wurde es um den Jahreswechsel 1924/25, d.h. kurz nach Rückgabe (15.11.1924) der Ruhrgebietsstrecken an die DRG, da die Kursbücher auf den Fahrplanwechsel abgestimmt waren. Nicht einmal das jährlich in mehreren Ausgaben erscheinende Reichskursbuch konnte dieser Kadenz zeitgerecht nachkommen. So differieren die Zeitangaben zum Herne=Unfall. Als richtig erwies sich die des amtlichen Berichtes in DIE REICHSBAHN Nr. 5/1925, S. 19f.

18 So gibt Jochen Kretschmann in der Artikelserie *"Tragödie im Thumkuhlental, frei gestaltet nach Augenzeugenberichten, Gerichtsakten und Archivunterlagen ..."*, FAHRT FREI 1-4/1972 an, der Zug sei von Nordhausen gekommen. Dem Verfasser ging es in seiner phantasie- und stimmungsvoll ausgeschmückten Geschichte aber offenbar weniger um die Rekonstruktion historischer Fakten als um einen Vorwand zur Anklage der militaristischen deutschen Vergangenheit, in der Geld für Panzerkreuzer, aber nicht zum Talsperrenbau aufgewendet worden wäre - im Gegensatz zur DDR.

19 E. Preuß, EISENBAHNUNFÄLLE IN EUROPA, Berlin 1991; S. 95f. Preuß gibt als Datum den 12.2.1923 an, schon wegen der bis 1924 wesentlich anderen Reihenfolge der Zugläufe unmöglich.
Preuß stützt sich auf einen Artikel der *"LEIPZIGER NEUESTE NACHRICHTEN vom 10.3.1931"*, einer Wochenendausgabe, die sich offenbar mit der Gerichtsverhandlung befaßte und das, den wiedergegebenen Zitierungen nach sehr phantasievoll, wahrscheinlich auf Sonntagsleser zugeschnitten, wie folgende Passage (Preuß, S. 96) zeigt:

> *"Der Staatsanwalt stellt unter Beweis: 'Das Signal hat Rot gezeigt. Rot! Der Zug hätte anhalten müssen.'*
> *Der Lokomotivführer sieht sich bereits verurteilt. Dienstentlassung, Zuchthaus - das Leben ist auf einmal zerschlagen ... Aussage steht gegen Aussage.*
> *Da tritt der Sachverständige vor die Schranken des Gerichts und fragt den Angeklagten: 'Sind die Scheiben der Lokomotive etwa verrußt gewesen?' Der Lokomotivführer nickt. 'Haben Sie bei der Kälte den Kopf aus dem Fenster gesteckt?' Der Lokomotivführer kann das bestätigen. 'Haben Sie an Ihren Augenlidern gefrorene Tränen bemerkt?' Auch das bejaht der Angeklagte.*
> *Der Sachverständige erklärt: 'Der Lokomotivführer ist das Opfer einer Augentäuschung gewesen. ... - Er ist gerettet."*

Auch damals waren Suggestivfragen an den Angeklagten und vom Gutachter überhaupt vor deutschen Gerichten nicht zulässig. So kann diese Zeitungsblüte nur erheitern. Vermutlich ist auch das falsche Datum vom Zeitungsartikel übernommen. Dennoch verwundert die ungeprüfte Wiedergabe. Fahnenabzüge des Buches waren zwar schon vor der Wende fertig, aber Herr Preuß besaß unseren Nachdruck STATSTISCHE ANGABEN DER DEUTSCHEN REICHSBAHN (Quellenangabe Nr. 65), worin das Unglück mit richtigem Datum steht, und woraus er auch die Unfälle der Kriegsjahre *"außer besetztes Österreich"* entnahm (Preuß, S. 120-125).

20 Bis zum Jahreswechsel 1935/36 'firmierte' die Reichsbahn noch als DRG. Im Laufe d.J. 1936 tragen bahnamtliche Publikationen, so auch das erste Deutsche Kursbuch Sommer 1936 bereits das Signum Deutsche Reichsbahn, ein Vorgriff auf die zum 30.1.1937 verkündete Wiederherstellung der uneingeschänkten Reichshoheit. Am 10.2.1937 wurde das neue Reichsbahngesetz erlassen, demzufolge der bisherige Verwaltungsrat Beirat und die HV der Bahn mit dem Reichsverkehrsministerium zusammen-

gelegt wurde. Dem nicht der 'Partei' angehörenden bisherigen Generaldirektor Dorpmüller übertrug die Reichsregierung das Amt des Reichsverkehrsministers.

21 Obwohl unvergleichbar mit der gegenwärtigen Papierflut, war die damalige deutsche Presselandschaft in ihrer Grundlage reichhaltiger: Es bestand in der Fläche noch keine Medienzentralisierung, in der z.B. Zeitungen wie die AUGSBURGER ALLGEMEINE den gesamten Regierungsbezirk Schwaben und östliche Randgebiete mit Presseinformationen bzw. Meinungen versorgen und die kleineren Zeitungen des Gebietes lediglich noch nominell und mit einem Lokalteil erscheinen.
Die einstigen Zeitungen der gehobeneren Klein-, der Mittel- und kleineren Großstädte hoben sich wohltuend von den größeren Zeitungen auf Landes- oder Gebietsebene ab. Diese, die auch mit einem Lokalteil und entsprechender Benennung als Lokalzeitung erschienen und in vielen Haushalten als Zweitzeitung gehalten wurden, erwiesen sich in der Berichterstattung als vom Zeitgeist abhängiger und bei weitem nicht so präzise wie in der Regel die traditionellen Ortszeitungen (z.B. die NEUßER ZEITUNG). Wem aber der Horizont der deutschen Vorkriegspresselandschaft nicht genügte, konnte sich ausländische Zeitungen kaufen oder im Abonnement halten.

22 s. KATASTROPHEN DER DEUTSCHEN BAHNEN 1945-1992 - Teil 1, Pürgen 1992, S. 116 ff.

23 Da vor allem in der DDR=Literatur stets von militärischer Besetzung Österreichs die Rede war - auch Preuß (Anm.19) schreibt, *"besetztes Österreich"* - hier noch einmal kurz die Fakten: Nach dem Zusammenbruch der österreichisch-ungarischen Monarchie Ende des Ersten Weltkrieges wurde am 12.11.1918 die Republik Deutschösterreich proklamiert, ein Begriff, der bereits im 19. Jahrhundert für die deutschsprachigen österreichischen Gebiete bestand. Im Friedensvertrag von St. Germain wurde von den Siegermächten die Führung des Namens Deutschösterreich sowie der bereits beschlossene Anschluß an das Deutsche Reich verboten. Hitler vollzog somit nur den Willen der österreichischen Bevölkerung, bestätigt durch die Volksabstimmung vom 10.4.1938, bei der 99,7% aller wahlberechtigten Österreicher und 99% der Deutschen für den Anschluß stimmten.

24 Vielfach üblich ist es heute, den Vorgang "Überfall" zu nennen. Dieser Begriff setzt jedoch im deutschen Sprachgebrauch voraus, daß der Überfallene unvorbereitet ist und überrascht wird wie etwa bei einem Banküberfall. Das trifft auf die Situation zu Kriegsbeginn 1939 nicht zu, da die Polen bereits am 23.3.1939 eine Teilmobilmachung angeordnet hatten, woraufhin am 28.4.1939 die deutsche Regierung den mit Polen geschlossenen Nichtangriffspakt kündigte, und die Polen ihre Truppen stufenweise weiter mobilisierten, wenngleich die offizielle Mobilmachung erst Ende August verkündet wurde.
Die gesamten Vorgänge in jenem Sommer, insbesondere des August sowie des Verhaltens und Äußerungen der Polen, lassen eindeutig den Schluß zu, daß man polnischerseits mit einem deutschen Angriff rechnete und in Verkennung der eigenen Stärke und Fähigkeit nicht nur mit einer erfolgreichen Abwehr, sondern einem siegreichen Vordringen nach Berlin.
Wenn keine förmliche Kriegserklärung erfolgte, besagt das wenig, zumal dieser völkerrechtliche Brauch des 18. und 19. Jahrhunderts in neuerer Zeit ohnehin an Bedeutung verloren hat und mehrfach nicht mehr angewandt wurde.

25 Eingehend abgehandelt in DIE EISENBAHNSZENE gestern-heute BAND 1, Pürgen 1989, S. 94 ff.

26 Gemäß 'Besonders zu erwähnende Unfälle' *"Lauenhagen"* RBD Schwerin, vermutlich ein Schreibfehler. Es könnte sich um Lauenburg, Str. Büchen-Lüneburg, handeln, wahrscheinlicher jedoch wie angegeben um Langhagen.

27 Standort des Wasserkrans nahe dem EG bei km 323.22, des Einfahrsignals-Ost bei km 323.75, Lage des Bk Bühnden bei km 325.92.

28 Th. Düring, SCHNELLZUG=DAMPFLOKOMOTIVEN DER DEUTSCHEN LÄNDERBAHNEN, Stuttgart 1972, S. 203.

Allgemeine Literaturhinweise

Die biographischen und zeitgeschichtlichen Angaben, soweit nicht in der Einführung, im Text oder als Anmerkung vermerkt, stützen sich auf:

LEXIKON DER DEUTSCHEN GESCHICHTE, Personen-Ereignisse-Institutionen, von der Zeitwende bis zum Ausgang des 2. Weltkrieges, unter Mitarb. v. Historikern u. Archivaren hrsg. v. Gerhard Taddey, Stuttgart 1979, Kröner-Vlg.
BIOGRAPHISCHES WÖRTERBUCH ZUR DEUTSCHEN GESCHICHTE von Hellmuth Rössler und Günther Franz unter Mitarbeit von Willy Hoppe, München 1952, Verlag R. Oldenbourg.
Dr. Hubert Gundolf, Verbrecher von A-Z, Hamburg 1966, Kriminalistik-Verlag.
Ferner und auch zu allgemeinen Sachangaben: DER GROßE BROCKHAUS, 14 Aufl. in 16 Bdn., 15. Aufl. in 20 Bdn., 16. Aufl. in 12 Bdn.
MEYERS GROßES KONVERSATIONSLEXIKON, 6. Auflage in 23 Bdn.

An Eisenbahnliteratur, soweit nicht in der Einführung und im Text oder als Anmerkung genannt:

KURSBÜCHER verschiedener Herausgeber und Fahrplanperioden;
ZUGBILDUNGSPLAN Heft A für die D- und Eilzüge, gültig ab 2.10.1938, DR RBD Berlin;
REICHSBAHN=HANDBUCH 1927, Nachdruck Pürgen 1988;
STATISTISCHE ANGABEN über die Deutsche Reichsbahn bzw. die Deutsche Bundesbahn;
STATISTISCHE JAHRBÜCHER FÜR DAS DEUTSCHE REICH, Berlin, verschiedene Jahrgänge;
Kurt Ewald, 20 000 SCHRIFTQUELLEN ZUR EISENBAHNKUNDE, Kassel 1941;
100 JAHRE DEUTSCHE EISENBAHNEN, hrsg. v. d. HV der DR, 2. Aufl. Berlin 1938;
ARCHIV FÜR EISENBAHNWESEN, Berlin/Göttingen/Heidelberg;
EISENBAHN UND EISENBAHNER, Dokumentarische Enzyklopädie Bde.1-5, Frankfurt/M. 1973;
V. von Röll, ENZYKLOPÄDIE DES EISENBAHNWESENS, Berlin/Wien 1912-1923.

86: 7.10.1900 Auffahrunfall in Heidelberg, Bf Karlstor (s. S. 24)
87: 10.5.1901, Ludwigshafen - das Ende im Wasser (s. S. 24)

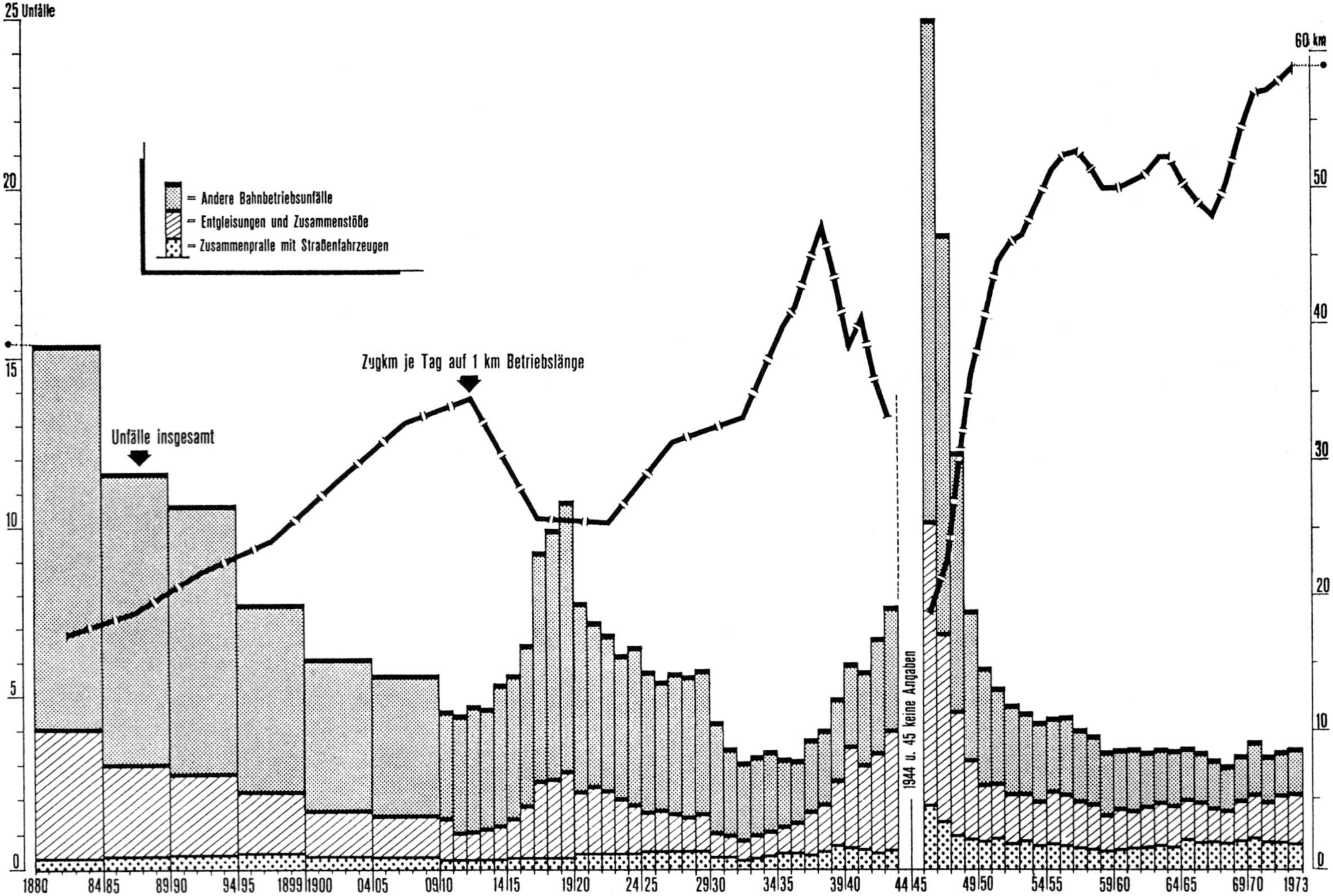

Eisenbahnbetriebsunfälle auf 1 Million Zugkilometer und durchschnittliche Streckenbelastung (Zugkilometer je Tag auf 1 km Betriebslänge) von 1880 bis 1973

Teil B: Bahnen der Westzonen und BRD 1945-1992

16.7.1945, **Aßling**, Str Rosenheim-München, US=Militärzug auf Gefangenenzug gefahren (102 T, über 100 V). ***II**

9.2.1946, nördlich **Opladen**, Str nach Düsseldorf, Einsturz einer kriegsbeschädigten und behelfsmäßig wiederhergestellten Brücke bei Hochwasser der Wupper mit einem Güterzug (2 T, 1 V). [Abb. 88]

88: nördlich Opladen, 9.2.1946

89/90: Müssen - Zusammenstoß am 24.1.1951

22.2.1947, **Datteln**, Str Hamm-Recklinghausen, Flankenfahrt von N 9140 gegen P 2505 infolge Signalmißachtung (3 T, 29 V).

17.4.1947, **Oetzen**, Str Uelzen-Dannenberg, Gmp 8523 über Rangierhaltetafel vorgezogen und mit P 962 wegen Signalüberfahren bei Nebel zusammengestoßen (4 T, 42 V).

5.5.1947, **Husby**, Str Flensburg-Kiel, P 1207 auf haltenden Gmp 2192 gefahren; Fdl hatte irrtümlich die Einfahrt in das besetzte Gleis freigegeben (5 T, 27 V).

1.6.1947, **Welver**, Str Hamm-Soest, von P 747 bei Bfs=Einfahrt fünf Wagen infolge hitzebedingter Gleisverwerfung entgleist (7 T, 39 V).

11.9.1947, Bk **Karlburg** bei Karlstadt, Str Würzburg-Aschaffenburg, Dg 6186 infolge Signalmißachtung bei Nebel auf P 1308 gefahren (8 T, 59 V).

12.12.1947, Bf **Flensburg**, P 1353 aus Husum infolge Fdl=Fehler auf vor dem Einfahrsignal Flensburg haltenden Gmp 9345 gefahrten (5 T, 9 V).

22.12.1947, bei **Neuwied**, Str Wiesbaden-Niederlahnstein-Köln, D 269 mit D 48 auf Gleisverschlingung zusammengestoßen; unbeleuchtete Signale (42 T, 116 V). ***II**

9.1.1948, **Münster** Hbf, Dg 7303 infolge Fdl=Fehler auf haltenden N 9658 gefahren (4 T).

6.3.1948, **Koblenz** Hbf, rangierende Lok nach Mißachtung eines Gleissperrsignales dem einfahrenden Schnellzug Bielefeld-Koblenz in die Flanke gefahren (2 T, 13 V).

21.7.1948, Bf **Kissing**, Str Augsburg-München, drei Wagen von D 257, München-Frankfurt/Main, infolge Weichenstellung unter dem Zug nach vorzeitiger Fahrstraßenauflösung entgleist (2 T, 7 V).

5.12.1948, Bf **Bissendorf**, Str Hannover-Soltau, P 1475 mit einfahrendem P 1476 bei dichtem Nebel zusammengestoßen; vom Fdl vorschriftsmäßig gegebener Rangierauftrag wurde vom Zugpersonal als Abfahrauftrag verstanden (6 T, 59 V).

29.11.1949, **Niederlahnstein**, Dg aus Ri Neuwied mit zum Wassernehmen vorgefahrener Lok zusammengestoßen, danach Lg aus Gegenrichtung in Trümmer gefahren; unterlassene Verständigung zwischen Fdl und Tf der wassernehmenden Lok (1 T, 3 V).

3.2.1950, **Garding**, Str Husum - Bad St.Peter=Ording, von einfahrendem P 1390 infolge vorzeitiger Fahrstraßenauflösung und Weichenbedienung unter dem Zug zwei Wagen entgleist und ein Wagen umgestürzt (4 T, 2 V).

20.4.1950, Bk **Horchheimer Brücke**, Str Niederlahnstein-Koblenz, mit Koks beladener Dg Wedau-Ehrang bei Abzweigstelle Blocksignal überfahren und am Ende des Schutzgleises mit Lok und drei Wagen entgleist und ineinandergeschoben (3 T, 1 V).

17.9.1950, Str (Göttingen-)**Dransfeld-Hann.Münden**, Triebwagenzug nach Mißachtung des 'Halt' zeigenden Blocksignals und der Schutzhaltsignale sowie infolge Bremsversagens in Baustelle auf Werrabrücke entgleist (2 T, 10 V).

24.1.1951, **Müssen**, Str Büchen-Hamburg, Tf von P 3880 bei Nebel Haltstellung des Ausfahrsignals mißachtet und mit dem durchfahrenden Dg 7505 zusammengestoßen.

Kurz nach 10.30 Uhr setzte sich P 3880 nach dem Abfahrauftrag durch den Zf im Bf Müssen in Bewegung, obwohl das etwa 350 m vom Bahnsteig entfernte Ausfahrsignal noch 'Halt' zeigte. Wegen dichten Nebels übersah Tf dieses, so daß der Zug auf die eingleisige Strecke in Ri Schwarzenbek geriet und mit dem entgegenkommenden Dg 7505 zusammenprallte, der nach einem kurzen Halt vor dem Einfahrsignal gerade wieder angefahren war. Die beiden ersten Wagen des P wurden ineinandergeschoben, 13 Wagen entgleisten (4 T, 54 V).
Das LG Lübeck verurteilte im Juli 1951 Tf und Zf wegen fahrlässiger Körperverletzung zu sechs Monaten Freiheitsstrafe, den Heizer zu drei Monaten. Tf und Heizer wurde vorgeworfen, sich bei dichtem Nebel nicht ordnungsgemäß von der Stellung des Ausfahrsignals überzeugt zu haben; der Zf hätte sich unter diesen Umständen beim Fdl vor der Abfahrt entsprechend erkundigen müssen. [Abb. 89-90]

23.7.1951, **Wennigsen/Deister**, Str Hannover-Bad Nenndorf, unter einem fahrenden N Weiche gestellt, dadurch ein Wagen entgleist und umgestürzt (1 T, 4 V).

28.8.1951, zwischen **Tostedt** und **Königsmoor**, Str Hamburg-Bremen, Kesselexplosion vermutlich infolge zu niedrigen Wasserstands bei der kurz zuvor im Aw überholten Zuglok des Dg 19136, Hamburg-Mönchengladbach, dabei insgesamt 24 Wagen des Dg und des gerade entgegenkommenden G 6507 und zwei mit Öl beladene Kesselwagen in Brand geraten (3 T; erheblicher Sachschaden). [Abb. 91]

91

8.11.1951, **Walpertskirchen**, Str München-Mühldorf, P 1102 infolge Fdl=Fehler frontal auf im Bahnhof haltenden Ng 9721 gefahren (16 T, 41 V). ***II**

18.9.1952, Str **Hamburg-Lübeck**, zwei Wagen des S 902 nach Schienenbruch entgleist (8 T, 51 V).

27.10.1952, **Offenbach**, einfahrender P 1812, Kassel-Frankfurt/M., vermutlich infolge Weichendefekts entgleist (5 V).

30.10.1952, zwischen **Nammering** und **Fürstenstein**, Str Deggendorf-Kalteneck, Nt 3660 mit talwärts rollenden Wagen zusammengeprallt (8 T, 20 V).
Bf Fürstenstein, nur aus drei Gleisen bestehend, liegt Ri Nammering im einsetzenden Gefälle, weshalb nach der Bfo hier keine Wagen abgestoßen werden dürfen. Am Nachmittag des 30.10.1952 waren in Fürstenstein an einem aus Ri Tittling kommenden G Rangierbewegungen auszuführen. Dabei ergab es sich, daß auf dem Hauptgleis zwei mit Schotter beladene, untereinander nicht gekuppelte, aber durch Hemmschuhe gesicherte Wagen abgestellt wurden. Da gegen 17.13 Uhr der Triebwagen aus Nammering erwartet wurde, mußte das Hauptgleis gerräumt werden. Obwohl Fdl angeordnet hatte, die Wagen auf das Verladegleis zu stellen, schlug ein Rangierarbeiter vor, dafür das Überholgleis zu benutzen, was Fdl dann auch zuließ.
Zwischenzeitlich wurde aus Nammering der Triebwagen angeboten und vom Fdl angenommen, obwohl die beiden Wagen noch auf dem Hauptgleis standen. Nach FV hätte Fdl den Nt nur annehmen dürfen, wenn das Hauptgleis frei war.
Nun kuppelte ein Rangierer den einen Wagen an die Rangierlok und entfernte dann, in der Meinung, die beiden Wagen seien aneinandergekoppelt, die Hemmschuhe. Der andere Wagen begann auf der abschüssigen Strecke Ri Nammering zu rollen. Ein sofortiger Anruf nach dort konnte das Unglück nicht mehr verhindern; der Triebwagen war bereits unterwegs.

20.12.1952, Str **Derneburg-Seesen**, Ng 9851 ohne Abfahrauftrag abgefahren und mit P 1584 zusammengestoßen (4 T, 7 V).

27.4.1954, **Hanau**, P 2755 von Wiebelsbach=Heubach infolge Signalmißachtung dem durchfahrenden F 211, Italien-Skandinavien=Expreß, in die Flanke gefahren, dabei Tfz des F und zwei Wagen die Böschung hinabgestürzt (4 T, 65 V).

15.9.1954, Str **Bebra-Eschwege West**, Sg 5555 auf haltenden P 1897 gefahren; Tf des Sg 5555 hatte für Sg 5553 bestimmten Befehl A zur Vorbeifahrt am Blocksignal auf seinen Zug bezogen; Signalstörung ist nicht ausgeschlossen (4 T, 12 V).

18.12.1954, **Dortmund** Hbf, ausfahrender N 2903 wegen falscher Weichenstellung bei Bauarbeiten mit einfahrendem Kindersonderzug 4224 kollidiert (15 T, 71 V).

20.12.1954, bei **Wallersdorf**, Str Landshut-Plattling, Schotterwagenleerzug, Dst 19 905, mit entgegenkommendem Viehtransportzug 5654 zusammengestoßen; die Personale der Züge wurden auf den verkeilten Loks eingeklemmt (6 T, 1 V).
Im Bf Landau wollte ein dem Fdl zur Ausbildung im Betriebsdienst zugeteilter 18jähriger Betriebsassistentenanwärter bei einer kurzen Abwesenheit des Fdl dem bereits ange-

nommenen Viehzug eigenmächtig Einfahrt geben, vergriff sich dabei jedoch und stellte das Ausfahrsignal. Vom Fdl auf seinen Fehler aufmerksam gemacht, stellte er nunmehr irrtümlich das Ausfahrsignal für Gleis 4, in dem sich der Schotterzug befand, auf 'Fahrt frei'. Diesmal fiel dem Fdl der Fehler nicht auf, und als er den Zug ausfahren sah, war das Unglück nicht mehr zu verhindern. Der Anwärter wurde wegen seines eigenmächtigen Verhaltens verurteilt, ebenso der Fdl, weil er den Fehler zu spät erkannt hatte.

11.1.1955, Allerbrücke bei **Verden**, Str Hannover-Bremen, 17 Wagen des Dg 7862 infolge Heißläufers und Achsschenkelbruchs entgleist; Kesselwagen in Brand geraten, P 1211 in die Trümmer gefahren, Lok und erste Wagen entgleist und abgestürzt (2 T, 14 V).

17.1.1955, Bf **Hann.=Münden**, F 75, Lindau-Kiel, bei Durchfahrt mit einzelnem Güterwagen zusammengeprallt, der sich durch starken Sturm auf einem Nebengleis von einer abgestellten Wagengruppe gelöst und in Bewegung gesetzt hatte; die Lok stürzte um, der erste Schlafwagen wurde stark beschädigt (1 T).

5.2.1955, bei **Volkmarshausen**, Str (Göttingen-)Dransfeld-Hann.=Münden, Gliedertriebzug F 49, Komet, in durch Regenwasser gelösten Erdrutsch gefahren (Sachschaden).

23.2.1955, zwischen **Rethen**/Leine und **Hannover=Wülfel**, Str Hannover-Göttingen, G bei Nebel nach Signalmißachtung auf davor fahrenden G gefahren; 16 Güterwagen entgleist und teilweise die Böschung hinabgestürzt.

9.3.1955, **Springe**, Str Hameln-Weetzen, Et 809, Hameln-Hannover, bei Ausfahrt in dichtem Nebel auf mehrere Güterwagen aufgefahren, die vom rangierenden Ng 8091 zuvor vorübergehend auf dem Hauptgleis abgestellt worden waren (60 V).

27.3.1955, **Vallendar**, Str Neuwied-Niederlahnstein, Nt 2206 aus Ri Neuwied infolge Mißachtung des Einfahrsignals mit ausfahrendem N 3235 zusammengestoßen (14 V).

21.5.1955 (Datum ungewiß), **Bremen** Rbf, Güterzug entgleist, Tfz und drei Wagen umgestürzt (2 T, 1 V).

29.6.1955 (Datum ungewiß), **Hagen=Hengstey**, Flankenfahrt zweier G nach falscher Weichenstellung (1 T).

19.7.1955, **Krefeld=Oppum**, Str Krefeld-Duisburg, E 544 infolge Fdl=Fehler auf Bauzug gefahren. Tfz des E war die Lok 01 034, die schon kurz nach der Indienststellung einen schweren Unfall bei Buir hatte (30 V).

2.8.1955, **Freiham**, Str München-Herrsching, sechs mit 250 000 l Benzin beladene Kesselwagen lösten sich beim Rangieren im Nachschublager der US=Armee in Unterpfaffenhofen, durchbrachen das Tor des Lagers und rollten im leichten Gefälle mit ca. 60 km/h auf den Bahnhof Freiham zu, wo sie nach Überfahren von schnell bereitgelegten Hemmschuhen entgleisten und z.T. umstürzten. Dabei liefen ca. 18 000 l Benzin aus, ohne daß es zur Explosion kam.

18.8.1955, **Hamburg** Hbf, einfahrender P 2329 auf haltenden P 2327 gefahren; infolge Blitzschlags waren die Stromversorgung ausgefallen und dadurch die Signallichter erloschen. Tf von P 2329 war an drei erloschenen Signalen vorbeigefahren, ohne den Ausfall der Lichter zu beachten, (95 V).

29.8.1955, zwischen **Bilshausen** und **Gieboldehausen**, Str Wulften-Duderstadt, G nach starkem Gewitterregen auf unterspültem Bahndamm entgleist; Tfz und zwei Wagen umgestürzt.

13.10.1955, bei **Radbruch**, Str Hamburg-Lüneburg, aus Hamburg kommender G bei Nebel nach Signalmißachtung auf stehenden G gefahren; 13 Güterwagen entgleist.

1.11.1955, Neu=Ulm, Gdg 7998 auf Dg 6201 gefahren (2 T, 7 V). [Abb. 92/93]
Im Gefälle vor Ulm bemerkte der Tf des mit 1300 t Koks beladenen Gdg von Stuttgart, daß von den Bremsen seines Zuges nur die der Lok und eines Wagen funktionieren. Er gab daraufhin Warnsignale, so daß der Zug auf ein freies Gleis durch Ulm Hbf geleitet werden konnte. Nachdem er mit ca. 100 km/h die Donaubrücke passiert hatte, fuhr er in Neu=Ulm auf den gerade angefahrenen Dg 6201, an dessen Ende sich zwei Wohnwagen mit Artisten des Zirkus A. Fischer befanden. Während die Ellok des Gdg auf eine Straße hinabstürzte, entgleisten ca. 35 Güterwagen und bildeten einen Trümmerhaufen aus Stahl und ca. 600 t Koks.
Die Bergungsarbeiten dauerten mehrere Tage an. Im Gerichtsverfahren wurden Zf und Tf des Kokszuges beschuldigt, in Plochingen eine zweite vereinfachte Bremsprobe unterlassen zu haben; sie wurden jedoch freigesprochen, da keine Beweise vorlagen und auch andere Ursachen für die Bremsstörung nicht auszuschließen waren.

24.6.1956, Dortmund Hbf, einfahrender N 3507 wegen Signalmißachtung mit ausfahrendem Pto 4792 zusammengestoßen (2 T, 88 V).

4.4.1957, Str Kassel-Eichenberg, Dm 80 610 auf vor Bk **Niedervellmar** haltenden D 76 gefahren; Fdl hatte bei zeitweiligem Betrieb ohne Streckenblock im Bf Ihringshausen probeweise das Ausfahrsignal bedient und nicht auf Dm 80610 geachtet (4 T, 9 V).

1.10.1957, Stuttgart=Bad Cannstatt, N 3108 bei dichtem Nebel infolge Fdl=Fehler auf anfahrenden P 1414 gefahren. Der N 3108 nach Waiblingen hatte Einfahrt in das Gleis erhalten, das noch vom P nach Schorndorf besetzt war (10 T, 56 V).

17.10.1957, bei **Mauerberg**, Str Freilassing-Mühldorf, Triebwagen mit entlaufenem Rübenwagen zusammengestoßen (3 T, 2 V).
Ng 9757, Trostberg-Mühldorf, hatte am Abend des 17.10.1957 in Mauerberg nur einen Leerwagen ab- und einen mit Rüben beladenen Wagen anzuhängen. Der Rangierer beeilte sich wegen einer Verspätung. Daher kuppelte er den Rübenwagen nicht sofort an, um dem Tf schneller das Zeichen zur nächsten Rangierbewegung geben zu können, sondern sicherte ihn nur provisorisch mit einem Stein. Unter dem Druck des Gewichtes von 35 t setzte sich der Wagen in Bewegung und rollte auf die Strecke in Ri Tüßling hinaus. Der Rangierer versuchte vergebens, den Wagen durch Vorlegen weiterer Steine zu stoppen. Inzwischen befand sich der planmäßig um 20.26 Uhr in Tüßling abgegangene Triebwagen auf der Strecke. Dichte Nebelschwaden nahmen dem Tf die Sicht, und durch das Motorengeräusch nahm er die Warnpfiffe von zwei Lokomotiven im Bf Mauerberg nicht wahr. Der Rübenwagen prallte nach 60 Sek seiner Alleinfahrt und mit hoher Geschwin-

92/93: Neu-Ulm - 1.11.1955

digkeit auf den Triebwagen. Tf, Zf und ein Rangierer, die sich alle im Führerstand aufhielten, wurden tödlich, im hinteren Wagen die einzige Reisende schwer verletzt; ein außer Dienst mitfahrender Schaffner kam mit Prellungen davon.

27.2.1958, Str **Gronau-Münster**, Tfz von P 2644 infolge mit Eis gefüllter Spurrillen auf BÜ entgleist.

10.9.1958, zwischen **St. Ilgen** und **Wiesloch=Walldorf**, Str Heidelberg-Karlsruhe, D 708, Dortmund-Oberstdorf, mit wegen verschobener Ladung entgleisten Güterwagen zusammengestoßen; Tfz und mehrere Wagen entgleist und z.T. umgestürzt (11 V).

14.9.1958, Entgleisung eines Zuges der Zahnradbahn **Königswinter** (b. Bonn)-**Drachenfels**. Die Lok entgleiste bei Talfahrt in einer Linkskurve nach rechts und riß einen Betonfahrleitungsmast um, der erste der drei überbesetzten Wagen entgleiste in der nächsten Rechtskurve nach links und prallte gegen einen Baum, der zweite Wagen fuhr in die Trümmer des ersten (18 T, 112 V).
Da diese seinerzeit weithin aufsehenerregende und folgenschwerste Katastrophe auf deutschen Privatbahnen einerseits nahezu in Vergessenheit geraten ist, andererseits bemerkenswerte technische Fakten bietet, sollen die Umstände des Unglücks etwas ausführlicher nachgezeichnet werden.
Diese meterspurige Zahnradbahn des Systems Riggenbach, 1883 erbaut, überwindet auf 1520 m einen Höhenunterschied von 220 m in einer mittleren Neigung von rd. 1:7. In der Nähe der Bergstation betrug die Neigung 1:5, in dieser selbst 1:8. Die Wagen brauchten nicht gekuppelt zu werden, weil die Dampfloks stets talseitig drückten oder bremsten mit jeweiliger Hg von 10,8 km/h. Die zum Unfallzeitpunkt noch in Betrieb stehenden Maschinen waren 1926-1928 in Eßlingen als Heißdampfloks mit zwei Triebzahnrädern und drei Laufachsen erbaut. Sie konnten bzw. durften Drei-Wagen-Züge mit insgesamt 150 Personen befördern. Bei der Unglücksfahrt war der Zug mit 160 Fahrgästen leicht überbesetzt, was keinen Zusammenhang mit der Unfallursache hatte.
1953 wurde die Strecke elektrifiziert, und nach Anschaffung eines dritten elektrischen Triebwagens im Jahre 1957 verkehrten Dampfloks hier nur noch gelegentlich als Nostalgie= oder bei besonders starkem Fahrgastandrang wie am 14.9.1958, einem Sonntag, als Verstärkungsfahrten.
18.45 Uhr fuhr der Zug in der Bergstation ab und erreichte sofort eine höhere als die übliche Geschwindigkeit, so daß nach 55 m Fahrt die Steilstrecke 1:5 mit 12 km/h statt mit 8 km/h angefahren wurde, obwohl der Tf, sobald er die Geschwindigkeitsüberschreitung bemerkte, die Riggenbach=Gegendruckbremse auf volle Leistung stellte. Da sich die Bremswirkung nicht besserte, wies der Tf den Heizer an, die Handbremse anzuziehen, woraufhin sich nach weiteren 32 m Fahrt, jetzt mit 16 km/h, die Lok bergseitig aufbäumte und aus der Zahnstange 'ausstieg'. Damit hatte die Lok jegliche Bremskraft verloren, da lediglich eines der Zahnräder noch funkensprühend auf dem Holm der Zahnstange schleifte.
Der Tf sprang ab, nachdem er seiner Aussage zufolge die Dampfpfeife betätigt hatte, was die drei Schaffner in den Wagen nicht bestätigten. Der Heizer folgte etwas später und so unglücklich, daß er in einer tunnelartigen Wegüberführung zerquetscht wurde.

Durch das bergseitige Aufbäumen der Lok hatte sich vermutlich deren Mittelpuffer mit dem des ersten Wagens verhängt, da dieser sich nicht von der Lok löste, wenngleich der Schaffner die auf der talseitigen Wagenplattform jeden Wagens befindliche Handbremse angezogen hatte. Auch die Wagenhandbremsen wirkten auf ein Zahnrad an der talseitigen Wagenachse.
Die Endgeschwindigkeit der Wagen wurde auf 40-50 km/h geschätzt. Die Lok entgleiste nach ca. 165 m Rutschweg und blieb nach weiteren 50 m umgekippt liegen. Wagen 2 fuhr, obwohl er durch die Bremsung etwas Abstand von Wagen 1 erreicht hatte, noch mit Wucht in die Trümmer des ersten Wagens. Nur Wagen 3, besser abgebremst, stieß auf Wagen 2, ohne nennenswerten Schaden zu nehmen [s. Abb. 94].

94

In dem Aufsatz von Dr.Ing.Habil. Paul Schöning über das Unglück, abgedruckt in der Zeitschrift DER EISENBAHNINGENIEUR Nr. 15/1964, werden die technischen Details der Lok und ihrer Bremssysteme, der Zahndrücke und Verzögerungen, Luftmengenberechnungen der Riggenbach=Bremse einschließlich Standsicherheitsbetrachtungen sowie Ergebnisse der Fahr- und Bremsversuche im Frühjahr 1959 ausführlich dargelegt. Ohne diese gründliche Arbeit wären wir nicht in der Lage gewesen, einen fundierten Bericht über die Unglücksfahrt zu geben, da alle unseren Bemühungen um eingehendere Informationen erfolglos blieben.
Den Schöning'schen Ausführungen ist für diese Abhandlung noch zu entnehmen, daß mehrere Umstände zu dem Unglück beitrugen. Ein Hauptfaktor war die ungenügende Längsstabilität der Lok bei gleichzeitiger Einwirkung von zwei Bremsen. Seinerzeit mußte nach deutscher Norm diese Stabilität nur beim Bremsen mit einer Bremse nachgewiesen

werden - im Gegensatz zu ausländischen Vorschriften und Praktiken. Ein erfahrenes Personal konnte dennoch mit den Loks der Drachenfelsbahn unfallfrei fahren, und bei der Feier zum 75jährigen Jubiläum im Juli 1958 wurde auch mehrfach mit berechtigtem Stolz die ebenso lange, sichere Betriebsabwicklung hervorgehoben. Aber durch den nur noch gelegenheitsweisen Einsatz der Dampfloks in den Jahren vor dem Unfall wird das Gefühl und die Routine der Personale zur Lokbedienung nicht mehr in der nötigen Perfektion vorhanden gewesen sein. Vermutlich bedienten die umgeschulten Lokpersonale alltäglich die elektrischen Triebwagen.
Jedenfalls fuhr der Zug mit einem Kesseldruck von 6 statt 13 atü in der Bergstation ab, da es die letzte Dampflokfahrt an diesem Tage, der Rost schon bei Bergfahrt stark verschlackt war und die Lok nach der Rückkehr abgestellt werden sollte. Der zu niedrige Dampfdruck beeinträchtigte an sich die Funktion des selbstverkeilenden Dampfreglers im Dampfdom nicht. Setzten sich aber kleine Unreinlichkeiten aus den Rohren oder nur eine Schweißperle zwischen die Reglerschieberflächen, hatte ein zu geringer Dampfdruck Folgen. Vom Tf unbemerkt war der Regler undicht, und die Riggenbach=Bremse erzeugte bei voll ausgelegter Steuerung von 73% in der entgegengesetzten Fahrtrichtung und voll geschlossenem Drosselventil, d.h. Einstellung der vollen Bremsleistung, zunächst nur einen dem Kesseldruck entsprechenden Druck, also 6 atü = etwa die halbe Bremsleistung. Infolge des selbstätigen Aufpumpens nach Fahrtaufnahme auf 10 atü wirkte die Bremse in dem Moment voll, als der Tf die Handbremse anziehen ließ, so daß plötzlich zwei Bremsen in Funktion traten.
Die Schuld des Tf, wenn hier überhaupt von persönlicher Schuld die Rede sein kann - eher war es Kopflosigkeit infolge unerwarteten Ausbleibens der Bremswirkung - bestand in einer Nichtbeachtung des Druckmessers für den Schieberkastendruck. Dort hätte er das Ansteigen des Druckes verfolgen können. Die voll angezogene Hand=Bandbremse bewirkte eine Zahnkraft von rd. 17 t, zu denen unvermittelt 10 t von der Riggenbach=Bremse hinzukamen, und mit diesen insgesamt 27 t Zahndruck war der höchstzulässige Wert um 9 t überschritten.
Dieser vereinfachten Wiedergabe der primären Unfallursache wäre noch anzufügen, daß ein erfahrener Tf vermutlich die Bremskalamität bzw. die Reglerstörung bereits zuvor an verschiedenen Begleitumständen gemerkt haben würde. Wahrscheinlich hätte er den Kesseldruck aus Sicherheitsgründen auch nicht so tief sinken lassen.
Bei der ersten Hauptverhandlung vor dem LG Bonn wurde der Tf mangels Beweisen freigesprochen, dgl. der Sachbearbeiter der Aufsichtsbehörde des Länder=Verkehrsministeriums. Der Betriebsleiter der Bahn erhielt 7 Mon Freiheitsentzug, der Dezernent der Aufsichtsbehörde 9 Mon, je mit Bewährung. Nach eingelegter Revision seitens der Verteidigung verwies der BGH den Fall zu erneuten Verhandlung an eine andere Kammer, und vom LG Köln erhielt der Betriebsleiter Freispruch mangels Beweisen, der Dezernent wegen erwiesener Unschuld.
Für die Freunde des Dampfbetriebes hatte das Unglück ebenfalls Folgen: Es war der letzte dampfgeführte Reisezug der Strecke. Außerdem nahm die Gesellschaft, eine AG, die auch die noch nicht elektrifizierte Petersbergbahn betrieb, das Unglück zum Anlaß, den Verkehr dieser Strecke völlig auf die Straße zu verlagern, zumal zum Petersberg bereits von der gleichen Gesellschaft eine Buslinie eingerichtet worden war.

24.9.1958, zwischen **Urft** und **Nettersheim**, Str Köln-Trier, Schadlok 23 080 'Halt' zeigendes Ausfahrsignal im Bf Gronrechtsmühle mißachtet und mit N 3515 zusammengestoßen (8 T, 17 V). ***II**

22.10.1958, **Dortmund=Hörde**, Str Dortmund-Schwerte, P 1620 aus Ri Do.=Aplerbeck streifte bei Einfahrt einen mit einem Generator beladenen Sondertransportwagen, wobei die Seitenwände der Personenzugwagen aufgerissen wurden. Der Generator überragte seitlich das Profilgrenzmaß und wurde unter Anordnung von Sicherheitsbestimmungen für Lademaßüberschreitungen befördert, die vom Fdl nicht hinreichend beachtet wurden (1 T, 35 V).

12.1.1959, zwischen **Bad Münder** und **Bad Münder Stadt**, Str Haste-Hameln, P 1502 mit P 1503 bei dichtem Schneetreiben zusammengestoßen (20 V).

31.1.1959, **Eschede**, Str Celle-Uelzen, infolge Achsschenkelbruchs zwei Wagen des Dg 7283 entgleist.

7.2.1959, **Karlsruhe** Hbf, Pto 3916 bei starkem Nebel infolge Fdl=Fehler mit im Ausfahrweg stehender Lok zusammengestoßen (1 T, 29 V).

25.12.1959, zwischen **Thiergarten** und **Gutenstein**, Str Sigmaringen-Immendingen, Zusammenstoß P 3400 und P 3421, wobei der Tf der Tenderlok 75 048 getötet, die Heizer beider Loks und ein Zf schwer verletzt wurden. P 3421 hatte im Sonntagsplan wegen

95: Frontalzusammenstoß Thiergarten: Tfz 75 048 und 38 3775

Kreuzung mit P 3400 in Thiergarten einen Aufenthalt von mehreren Minuten, was von Tf und Zf vergessen worden war. Der Zusammenstoß erfolgte auf der Donaubrücke und ca. 30 m hinter dem Tunnel . Etliche Wagen beider Züge verkeilten sich; der erste Wagen nach der 75 048 stieg auf und drückte deren Führerstand ein. Nur die nicht sehr hohe Geschwindigkeit der Züge verhinderte noch schlimmere Folgen.[Abb. 95]

2.4.1960, Neuwied, Str Ri Wiesbaden, infolge Fdl=Fehler mit Koks beladener Gdg auf von Lg besetztes Überholgleis geleitet und trotz eingeleiteter Bremsung aufgefahren; Zf und Lokpersonal sprangen vorher ab, sieben Wagen wurden zerstört. [Abb. 96]

96

13.5.1960, Hamburg Hbf, E 840 von Lübeck vermutlich wegen Signalmißachtung auf vor Signal haltenden Sonderzug von Mölln gefahren und dessen letzten Wagen zertrümmert (68 V).

2.6.1960, Kanalbrücke südl. **Papenburg**, Str Leer-Rheine, der an sich streckenkundige Tf auf Lok 03 266 vor E 734 ignorierte die ständige La und das 'Hp 2' zeigende Ausfahrsignal, durchfuhr den Bahnhof mit ca. 100 km/h und begann erst unmittelbar vor der Überleitung auf das Gegengleis - da Brücke nur eingleisig -zu bremsen. Wegen zu hoher Geschwindigkeit geriet die Lok ohne zu entgleisen ins Kippen und kollidierte auf der rechten Seite mit einem Brückenträger. Der Tf wurde von abgerissenen Eisenteilen tödlich getroffen.

4.6.1960, bei **Ingelheim**, Str Mainz-Bingen, acht Wagen des D 269, Basel-Dortmund, mit 110 km/h infolge Gleisverwerfung nach noch nicht beendeten Gleisbauarbeiten entgleist (2 T, 37 V).

26.11.1960, zwischen **Eldagsen=Völksen** und **Bennigsen**, Str Hannover-Hameln, Dg 7803 an Hilfsabzweigstelle Blocksignal mißachtet und gegen Arbeitszug im Baugleis gefahren. Der Tf hatte dem Heizer geholfen und daher das Signal nicht rechtzeitig erkannt. Beim Zusammenstoß befanden sich auf dem Führerstand der Bauzuglok, 38 1617, außer dem Tf auch Arbeiter, um sich aufzuwärmen. Der Tf und neun Arbeiter, davon sechs Italiener, wurden getötet, sechs schwer verletzt. [Abb. 97]

97

30.11.1960, **Altgandersheim**, Str Hildesheim-Kreiensen, einfahrender T 2230 gegen nicht grenzzeichenfrei stehende Wagengruppe gefahren (3 V).

1961 (genaues Datum unbekannt), **Bielefeld** Hbf, Triebwagen mit Rangierlok zusammengestoßen (78 V).

11.2.1961, **Sprendlingen**, Str Bingen-Worms, N 2925 infolge Fdl=Fehler mit im Bf auf Kreuzung wartenden N 2920 zusammengestoßen (62 V).

20.4.1961, **Essen=Steele**, G vermutlich wegen Fdl=Fehler auf haltenden P gefahren (36 V).

13.6.1961, **Eßlingen** Hbf, Nt 3902 bei zeitweise eingleisigem Betrieb infolge Signalmißachtung mit einfahrendem Nt 3885 zusammengestoßen (35 T, 92 V). ***II**

5.10.1961, S=Bf **Hamburg=Berliner Tor**, ausfahrender Ps 3819 auf vom Fdl vergessenen und mit Doppel-T-Trägern beladenen Bauzug gefahren. Der schuldige Fdl wurde zu einem Jahr Gefängnis verurteilt (26 T, 55 V).

12.10.1961, **Himmighausen**, Str Hameln-Altenbeken, E 387 auf Lz 12 810 gefahren (7 V).

21.10.1961, **Heppenheim**, Str Mannheim-Darmstadt, Eilgüterzug auf vorübergehend im Hauptgleis abgestellte und vom Fdl vergessene Güterwagen eines rangierenden Ng gefahren, Lok und vier Wagen ausgebrannt (2 V).

23.8.1962, **Göttingen**, Lz 19 217 auf P 2796 gefahren (25 V).

20.11.1962, **Eichenberg**, Str Göttingen-Bebra, F 56 infolge mangelnder Fahrwegprüfung mit nicht grenzzeichenfrei stehendem Dg 7102 zusammengestoßen.

24.11.1962, **Ehmen**, Str Braunschweig-Wolfsburg, Pto 1517 infolge Spurerweiterung mit einer Achse entgleist.

- -, **Hameln**, Str Hannover-Altenbeken, Pt 2682 auf P 1517 gefahren (7 V).

17.12.1962, bei Einfahrt in den End- und Kopfbf **Ottobeuren** befiel den Tf der V=Lok eines Pmg (Memmingen-)Ungerhausen-Ottobeuren ein heftiger Schwächeanfall. Die Sifa trat in Anbetracht der Handlungsunfähigkeit des Tf zwar ordnungsgemäß in Funktion, nur war die verbliebene Fahrstrecke ab Wirksamwerden der Zwangsbremsung zu kurz. Der Prellbock wurde weggerissen, die Lok durchbrach den Zaun, überquerte die Straße und kam erst im angrenzenden Wäldchen zum Stehen. Der alte, sehr leichte Länderbahn=Packwagen wurde völlig zertrümmert. Der Zf hatte Glück, da er sich gerade nicht in seinem Dienstabteil, sondern bei den Fahrgästen befand. Da der Zug außerdem nur mäßig besetzt war, gab es nur einige Verletzte. [Abb. 98]

98

21.1.1963, **Elze**, Str Hannover-Göttingen, Sdz 19 750 wegen Mißachtung des 'Halt' zeigenden Einfahrsignals mit Arbeitszug zusammengestoßen (5 V).

1.2.1963, **Hannover=Linden**, ausfahrender Pt 3028 wegen Signalmißachtung mit einfahrendem De 5892 zusammengestoßen (3 T, 57 V).

6.2.1963, zwischen **Ostheim** und **Bad Nauheim**, Str Frankfurt-Gießen, P 1718 auf haltenden E 17490, Siegen-Frankfurt, gefahren; vermutlich Fehler des Fdl (24 V).

4.3.1963, **Wolfgang**, Str Fulda-Hanau, 16 Wagen des TEEM 5538 vermutlich wegen Schienenbruchs infolge Frosteinwirkung entgleist, entgegenkommende Lok in die Trümmer gefahren.

24.3.1963, **Kaiserslautern** Hbf, einfahrender E 522 mit umsetzender Ellok wegen Mißachtung eines Rangiersignals zusammengestoßen (46 V).

22.5.1963, zwischen **Emmerke** und **Barnten**, Str Hannover-Hildesheim, P 2340 wegen Signalmißachtung mit E 679 zusammengestoßen (15 V).

4.6.1963, **Augsburg** Hbf, einfahrender P aus Ingolstadt infolge Signalmißachtung frontal mit Sonderzug zusammengestoßen (165 V).

29.6.1963, **Augsburg** Hbf, Wagen einer Rangierabteilung, die nicht mit der Lok gekuppelt waren, fuhren beim Abbremsen der Lok weiter und prallten auf stehenden E 4045 (40 V).

2.10.1963, **Bebra**, Lok mit Postwagen für D 174, Bremerhaven-München, hart gegen Zug gefahren (76 V).

4.11.1963, zwischen **Bodenfelde** und **Karlshafen**, Str Northeim-Altenbeken, E 550 auf umgestürzten Baumstamm gefahren, Tfz entgleist.

25.11.1963, Hilfsabzweigung **Leinhausen**, Str Hannover-Wunstorf, P 1161 bei zeitweise eingleisigem Betrieb wegen Signalmißachtung dem den Fahrweg kreuzenden E 175 in die Flanke gefahren. Zf des P 1161 hatte trotz 'Halt' zeigenden Ausfahrsignals den Abfahrauftrag erteilt, den der Tf ausführte (5 T, 58 V).

26.2.1964, **Geislingen** West, Str Stuttgart-Ulm, E, Friedrichshafen-Stuttgart, mit alleinfahrender Schiebelok zusammengestoßen (6 V).

19.3.1964, **Hannover** Hbf, einzelne Lok durch Unachtsamkeit des Tf auf haltenden P gefahren (49 V).

4.4.1964, **Ludwigsburg**, Str Stuttgart-Bietigheim, letzter Wagen eines D bei Ausfahrt entgleist und umgestürzt (30 V).

- - , **Köln** Hbf, die letzten beiden Wagen des D Italien-Holland=Expreß auf Hohenzollernbrücke entgleist.

14.4.1964, bei **Bad Oeynhausen**, Str Hannover-Bielefeld, Fahrer eines Lkw, angeblich vom Gegenverkehr geblendet, von der parallel zur Bahn, aber etwas höher als die Gleise verlaufenden, schmalen Straße abgekommen und mit seinem Wagen auf die Bahnstrecke gekippt. Der Fahrer konnte sich noch in Sicherheit bringen, bevor der geschobene E 879 aufprallte. Der Tf wurde getötet, vier Fahrgäste erlitten Verletzungen.

27.4.1964, **Vilshofen**, Str Regensburg-Passau, neun Wagen eines Eilgüterzuges infolge Radreifenbruchs entgleist.

16.7.1964, **Kirchweyhe**, Str Bremen-Osnabrück, schwach besetzter F 33, Gambrinus, infolge falscher Weichenstellung mit 130 km/h entgleist (12 V).

10.10.1964, **Frankfurt/M.** West, Ng aus Ri Friedberg frontal auf Arbeitszug geprallt, beide Loks und sechs Wagen entgleist. Der Az war vermutlich beim Rangieren vor einer Brückenbaustelle zu früh und ohne Auftrag losgefahren (4 V).

24.10.1964, Abzweigung **Hastedt**, Str Bremen-Syke, Lz 18402 dem E 526 in die Flanke gefahren (7 T, 9 V).
Die einzeln fahrende Lok 50 4027 fuhr auf dem Gütergleis Bremen-Osnabrück, das in Hastedt (Bremer Stadtgebiet) flankenschutzlos in die Hauptbahn Bremen-Osnabrück mündet. Infolge grober Fahrlässigkeit beachtete der Tf das in Warnstellung befindliche Vorsignal nicht, verwechselte sein auf 'Halt' stehendes Signal an der Abzweigung Hastedt mit dem daneben stehenden, 'Fahrt' zeigenden Signal für den E 526 und fuhr mit nahezu unverminderter Geschwindigkeit dem durchfahrenden E 526 in Höhe des dritten Wagens in die Flanke. Dabei stürzten der dritte und vierte Wagen um, prallten gegen den zwischen den Hauptgleisen verlaufenden Mittelträger der Brücke und wurden schwer beschädigt. Der dritte Wagen, ein "Silberling", knickte ein und wurde total zerstört; die 50 4027 entgleiste mit allen Achsen und kippte gegen einen Brückenpfeiler.

28.11.1964, **Holzkirchen**, P 1308 bei Ausfahrt Ri München auf falsches Gleis geraten und frontal auf den am Einfahrsignal wartenden P 1311 gefahren. Ursächlich war ein Fehler des Fdl bei einem Weichendefekt, der ein vorheriges Umsetzen des P 1308 und den Halt des P 1311 vor der Einfahrt bedingte (15 V).

17.2.1965, **Hagen** Hbf, Eilzug Köln-Hannover vermutlich wegen offener Tür nach Abfahrt angehalten, nachfolgender Personenzug wegen Fehler des Fdl mit ca. 60 km/h aufgefahren (2 T, 31 V).

15.4.1965, **Haar**, Str München-Rosenheim, D 251, Austria=Expreß, von Klagenfurt infolge mangelhafter Fahrwegprüfung auf nicht profilfrei stehenden Schlußwagen eines G gefahren (6 V).

28.4.1965, Str **Weidenau-Köln=Deuz**, Pto Ri Deuz infolge Fehler des Fdl mit G zusammengestoßen (17 V).

1.5.1965, **Goslar**, Str Hildesheim-Bad Harzburg, Lok aus E 594 dem einfahrenden Pto 4032 in die Flanke gefahren (12 V).

27.5.1965, **Hannover** Hbf, Vt=Einheit auf haltenden E 799 gefahren (6 V).

10.6.1965, bei **Naensen**, Str Kreiensen-Altenbeken, infolge Dammrutsch Lok des P 2402 entgleist.

25.6.1965, zwischen **Windheim** und **Döhren**, Str Minden-Nienburg, mehrere Wagen im Munitionstransportzug 84 359 in Brand geraten und z.T. explodiert.

5.8.1965, bei **Neu=Ulm**, N auf stehende Lok gefahren (16 V).

12.8.1965, **Lampertheim**, Str Mannheim-Biblis-Frankfurt/M., TEE 77, Helvetia, wegen mangelhafter Fahrwegprüfung gegen letzten Wagen des nicht grenzzeichenfrei haltenden Dg 6621 gefahren und entgleist (4 T, 46 V). Der Fdl wurde von einer Großen Strafkammer des LG Darmstadt unter Zubilligung mildernder Umstände zu 7 Monaten Gefängnis auf Bewährung verurteilt.

25.8.1965, **Bad Neustadt**, Str Mellrichstadt-Schweinfurt, Pto 1960 wegen Signalmißachtung mit Dstg 17 965 zusammengestoßen (2 T, 52 V).

12.10.1965, **Wetzlar**, G infolge Fdl=Fehler auf haltenden P gefahren (1 T, 36 V).

18.10.1965, bei **Köppern**, Str Wetzlar-Friedrichsdorf, Triebwagenleergarnitur nach Signalmißachtung im Bf Köppern vorzeitig abgefahren und mit entgegenkommendem P aus Usingen zusammengestoßen (15 V).

22.2.1966, **Vilshofen**, Str Regensburg-Passau, De 5179 infolge falscher Weichenstellung mit Rabt zusammengestoßen (2 T, 2 V).

14.5.1966, **Hann.=Münden**, fünf mit Schotter beladene Güterwagen, die sich beim Rangieren des Ng 9441 im Bf Scheden an der Str (Göttingen-)Dransfeld-Hann.=Münden selbständig gemacht hatten und mit zunehmender Geschwindigkeit die Strecke hinabgerollt waren, im Bf Hann.=Münden entgleist und umgestürzt.

99: Lauenbrück, 15.8.1966: die 03 223 nach dem Unglück

11.7.1966, **Geislinger Steige**, Str Stuttgart-Ulm, Schiebelok, die liegengebliebenen D 530 anschieben sollte, mit überhöhter Geschwindigkeit auf Zugschluß gefahren. Die tatsächliche Aufprallgeschwindigkeit konnte für das Gerichtsverfahren nicht ermittelt werden, da der Fahrtenschreiber aus ungeklärter Ursache 630 m vor der Unfallstelle ausgefallen war (80 V).

16.7.1966, **Etelsen**, Str Hannover-Bremen, drei Wagen des D 41, Senator, mit 135 km/h nach Stopfarbeiten vor Einsatz der Richtmaschine entgleist (1 T, 30 V). ***II**

15.8.1966, **Lauenbrück**, Str Hamburg-Bremen, E 760 und E 843 frontal zusammengestoßen; beide Züge waren nach einer Weichenstörung auf das gleiche Überholgleis umgeleitet worden (28 V). [Abb. 99]

30.9.1966, bei **Köln=Eifeltor**, Lok und drei Wagen eines G auf Weiche entgleist, leckgeschlagene Kesselwagen in Brand geraten, Feuer auch auf an nahem BÜ wartende Autos übergegriffen (10 V).

8.10.1966, zwischen **Dortmund=Sölde** und **Dortmund=Aplerbeck**, Erzzug 6486 auf G 6940 gefahren, nachdem Fdl die Strecke vorzeitig freigegeben hatte; Fdl stand unter Alkoholeinfluß mit 2,68‰ (3 T, 1 V).

17.11.1966, **Unterliederbach**, Str Frankfurt/M.=Höchst-Königstein, von Kelkheim=Hornau führerlos im Gefälle rollender Triebwagen mit bergwärts fahrendem P 2177 zusammengestoßen. Der Tf des in Kelkheim=Hornau abgestellten Triebwagens hatte die Bremse nicht angezogen, obwohl der Bahnhof im Gefälle liegt. Tf und Zf des P konnten noch abspringen (7 T, 66 V). [Abb. 100-102]

100

101/102: Unterliederbach - 17.11.1966

4.2.1967, bei **Karlsruhe=Durlach**, ein Wagen (der SBB) im D 207, Basel-Dortmund, vermutlich durch Defekt an Heizkörper in Brand geraten, Feuer auf zwei weitere Wagen übergegriffen.

6.6.1967, **Kelsterbach**, Str Frankfurt/M.-Mainz, E 712 mit 120 km/h nach Gleisbauarbeiten infolge Verwerfung entgleist (4 V). ***II**

25.6.1967, Str **Holzwickede-Unna-Soest**, vier Wagen des E 533, Aachen-Braunschweig, vermutlich infolge Gleisverwerfung nach Stopfarbeiten entgleist (17 V).

26.6.1967, **Hamburg=Berliner Tor**, Str Hamburg-Büchen, ausfahrender S-Bahnzug dem durchfahrenden D 166, Berlin-Hamburg, gegenläufig in die Flanke gefahren, dabei der S-Bahn-Triebzug und sechs Wagen des D entgleist und teilweise umgestürzt (23 V).
Die damals zwischen Bergedorf und Hamburg=Berliner Tor auf gleichem Gleis verkehrenden Fern- und S-Bahn-Züge wurden im Bf Hamburg=Berliner Tor wieder ausgefädelt. Am Unfalltag hatte der um 5 Min verspätete D 166 freie Fahrt durch den Bf Berliner Tor. Obwohl das Ausfahrsignal für die S-Bahn, die den Fahrweg des D 166 kreuzen mußte, auf 'Halt' stand, fuhr der Tf der S-Bahn ab.
Über die Frage, ob der Aufsichtsbeamte trotz des 'Halt' zeigenden Ausfahrsignals den Abfahrauftrag gab oder ob der Beimann im Führerstand der S-Bahn eine Handbewegung des Aufsichtsbeamten falsch deutete und dem Tf den "Abfahrauftrag" erteilte, gab es unterschiedliche Aussagen. Einen weiteren Fehler beging der Tf, als er in Annahme einer Signalstörung am 'Halt' zeigenden Signal die Befehlstaste drückte und somit die Indusi=Zwangsbremsung verhinderte. Als der Tf die Gefahr erkannte, leitete er noch Schnellbremsung ein; trotzdem erfolgte der Zusammenstoß in Höhe des vierten Wagens des D. [Abb. 103/104]

5.9.1967, **Godenau**, Str Hannover-Göttingen, D 383 auf haltenden De 5153 gefahren; Fdl gab dem D versehentlich Ersatzsignal (37 V).

7.11.1967, **Heilbronn** Hbf, Rangierabteilung nach Überfahren eines Haltsignals einem einfahrenden N von Eppingen in die Flanke gefahren (12 V).

2.2.1968, **Kassel** Hbf, Rabt nach Signalmißachtung mit P aus Treysa zusammengestoßen (37 V).

10.2.1968, **Bickenbach**, Str Darmstadt-Heidelberg, vier Wagen des D 'Komet' infolge Weichendefekts entgleist.

8.3.1968, **Mörfelden**, Str Frankfurt/M.-Groß Gerau=Dornberg, ausfahrender N 4617 infolge Signalmißachtung mit einfahrendem N 4610 zusammengestoßen (1 T, 54 V).

17.5.1968, **Bochum=Langendreer**, D Dortmund-Basel entgleist (2 V).

13.6.1968, **Laurenburg**, Str Koblenz-Limburg, Nt 1487 (ETA 517 007) vor Bahnhofseinfahrt, 160 m nach einem Tunnel, vermutlich infolge Fehler des Fdl gegen V=Lok einer Rabt gefahren (44 V).

103/104: Flankenfahrt Hamburg=Berliner Tor, 26.6.1967

19.6.1968, bei **Großsachsenheim**, Str Stuttgart-Mühlacker, 16 Wagen eines Kohlezuges vermutlich infolge Achsbruchs entgleist, entgegenkommender Expreßgutzug in die Trümmer gefahren (4 V).

28.7.1968, **Evesen**, Str Hannover-Minden, E 518, Braunschweig-Hamm, infolge überhöhter Geschwindigkeit auf Bauweichenverbindung mit drei Wagen entgleist; Lok BR220 umgestürzt (3 V).

19.10.1968, bei **Bevensen**, Str Uelzen-Hamburg, Tfz und drei Wagen des D 178, Hamburg-Frankfurt, entgleist; durch glückliche Umstände gab es nicht einmal Verletzte.

31.12.1968, zwischen **Wehrheim** und **Anspach**, Str Wetzlar-Friedrichsdorf, Nt 2507 mit Lz zusammengestoßen; die nach Signalmißachtung vorzeitig in Wehrheim abgefahren war (6 V).

17.3.1969, bei **Algermissen**, Str Hildesheim-Lehrte, D 75 in Schneewehe gefahren, Tfz umgestürzt (1 V).

20.3.1969, **Warburg**/Westf., Lok und zwei Wagen des E 630 wegen überhöhter Geschwindigkeit auf abzweigender Bauweiche entgleist; Lok umgestürzt und in Brand geraten (3 V).

20.3.1969, zwischen **Haspelmoor** und **Mering**, Str Augsburg-München, F 28, Dortmund-München, entgleisten Güterwagen gestreift (3 V).

11.6.1969, **Plaidt**, Str Andernach-Mayen, einfahrender P 3622 wegen Signalmißachtung mit ausfahrendem P 3625 zusammengestoßen (120 V).

22.6.1969, **Hannover=Linden**, ein Wagen von Dg 57 767, beladen mit 15 t Artilleriemunition nach Schwelbrand des Wagenbodens explodiert (12 T, 30 V).
Im Bf Rethen, Str Hannover-Göttingen, beobachtete ein Posten bei Vorbeifahrt des Dg 57 767 an einem Wagen Funkensprühen. Da er glaubte, es handele sich um eine feste Bremse, benachrichtigte er die folgenden Bahnhöfe. Nachdem ein weiterer Posten Rauchentwicklung bemerkt hatte, wurde der Zug schließlich in Hannover=Linden gestellt, und einige DB=Mitarbeiter besorgten Feuerlöscher. Zu diesem Zeitpunkt wußte noch niemand von der drohenden Gefahr.
Nachdem ein Rangierer den mitten im Zug befindlichen belgischen Wagen von den nachfolgenden abgehängt hatte, zog der vordere Zugteil einige Wagenlängen vor. Inzwischen lief ein Zugabfertiger mit dem Zf zur Lok, um die Frachtbriefe einzusehen. Als sie feststellten, womit der brennende Wagen beladen war, gaben sie sofort über Sprechsäule eine Warnung an den Fdl ab, der wiederum über die Lautsprecheranlage das Bfs=Personal warnte. Im selben Moment explodierte der Wagen, gerade als auch die alarmierte hannoversche Berufsfeuerwehr mit drei Fahrzeugen angerückt war. Acht Feuerwehrleute und vier Bedienstete der DB waren sofort tot, etwa 30 Personen wurden z.T. schwer verletzt. Zwei Güterwagen wurden völlig zerstört, weitere 71 z.T. schwer beschädigt. Die Detonationsstelle bildete einen Krater von etwa 15 m Durchmesser; selbst in der Umgebung gab es erhebliche Schäden an Hochbauten und Bahnanlagen.
In der nachfolgenden Untersuchung schied die Bundesanstalt für Materialprüfung in Berlin

an Hand von Radreifenstücken des explodierten Wagens eine heißgelaufene Achse als Unglücksursache aus. Eine Entzündung durch blockierende Bremsen war wahrscheinlich, jedoch nicht mit Sicherheit nachzuweisen. So wurde nach über einem Jahr das Ermittlungsverfahren ohne greifbares Ergebnis eingestellt. Allerdings verschärfte man die Siheitsbestimmungen für Munitionstransporte: Ab sofort mußten diese Wagen mit Funkenschutzblechen, Rollenachslagern und dichtem Fußboden ausgestattet sein; sie durften keine einlösige Bremse haben und, solange die Mindesbremshundertstel ausreichen, dürfen auch bis zu drei Wagen ungebremst in Zügen gefahren werden. Außerdem wurden die Fahrzeugkennzeichnungen für explosives Ladegut verbessert.

15.7.1969, **Stadthagen**, Str Hannover-Minden, am Zugschluß von Dg 6209 zwei Wagen vermutlich infolge Gleisverwerfung entgleist.

28.7.1969, **Leiferde/Meinersen**, Str Hannover-Wolfsburg, drei Wagen des D 136, Leipzig -Düsseldorf, mit 105 km/h infolge Gleisverwerfung entgleist (5 T, 23 V). ***II** [Abb. 105]

105: Entgleisungsspuren an der Hauptverwerfung

12.8.1969, **Meckelfeld**, Str Bremen-Hamburg, E 1737 im Stellwerksbereich des Bfs Hittfeld wegen Fehlbedienung des Ersatzsignals nach einer Signalstörung sowie überhöhter Geschwindigkeit auf F 33, Gambrinus, gefahren (4 T, 47 V).
F 33 war wegen einer Signalstörung trotz an sich freiem Fahrweg zum Halten gekommen. Fdl Hittfeld war der Meinung, das Ersatzsignal 'Zs 1' für diesen Zug gegeben zu haben, obwohl dieses nicht aufleuchtete. Stattdessen kam E 1737 in den noch besetzten Blockabschnitt und fuhr auf den haltenden F 33.
Obwohl der diensthabende Fdl als schuldig verurteilt wurde, blieb unklar, ob er nicht auch durch die Technik des modernen Stellwerks irritiert worden war. Denn es hatte im Stellwerk Hittfeld innerhalb von fünf Jahren über 300 technische Störungen gegeben. Der Tf des aufgefahrenen E machte außerdem widersprüchliche Angaben zur Signalstellung des Blocksignals.

15.8.1969, **Düsseldorf=Reisholz**, einfahrender N 4445 dem durchfahrenden E 788 in die Flanke, außerdem Postzug in den umgestürzten Packwagen des Eilzuges gefahren (3 T, 26 V).
Dem Fdl war für den kurz vor dem N 4445 zu erwartenden E 788 Verspätung gemeldet worden, woraufhin er die Fahrstraße für den N legte. Als der E dann doch pünktlich kam, wollte Fdl die Vorrangvorschrift befolgen und den E zuerst durchlassen. Er nahm daher die Einfahrt für den N zurück, der jedoch schon das Vorsignal passiert hatte, wodurch der Tf das wieder auf 'Halt' stehende Einfahrsignal zu spät erkannte. Trotz Vollbremsung konnte der Zusammenstoß in der Nähe des Stellwerks, wo sich beide Fahrwege kreuzen, nicht vermieden werden. Der Fdl wurde zu 6 Monaten Freiheitsstrafe mit Bewährung verurteilt, der Tf des N freigesprochen, da nicht mehr festzustellen war, zu welchem Zeitpunkt er den Lichtwechsel am Einfahrsignal hätte erkennen müssen.

16.9.1969, **Salzbergen**, Zusammenstoß Gdg 26 954 mit Ng 9353. ***II**

17.10.1969, **Bremen** Hbf, auf Ersatzsignal einfahrender N 3307 auf wartende Zuglok für E 1943 geprallt (mehrere V).

22.10.1969, **Obertraubling**, Str Regensburg-Landshut, durchfahrender E, Regensburg-München, infolge Fehler des Fdl auf zwei im Durchfahrgleis vergessene Kohlewagen geprallt (1 T, 4 V).

2.12.1969, **Wiemersdorf**, Str Neumünster-Kaltenkirchen, Tf eines Ri Hamburg fahrenden Pto in Wiemersdorf ohne Auftrag abgefahren und ca. 300 m südlich des Bahnhofs mit dem Gegenzug zusammengestoßen (12 V).

30.12.1969, **Altenbeken**, bei Schneetreiben 'Halt' zeigendes Lichtsignal von Rabt übersehen und mit einfahrendem E 1865 von Bielefeld frontal kollidiert (3 T, 12 V).

14.1.1970, Sörup, Str Kiel-Flensburg, Auffahrunfall auf einen abgestellten Leerzug von aus drei Diesellokomotiven bestehender Einheit infolge Vereisung der Bremsen einer der Dieselloks. [Abb. 106]

106

14.1.1970, **Bad Harzburg**, Nto bei Einfahrt auf vereisten Schienen gegen Prellbock gefahren (3 V).

25.4.1970, bei **Hannover=Linden**, ein Wagen eines G vermutlich durch technischen Defekt mit einer Achse entgleist, vom Zug noch ca. 1,5 km mitgeschleift, wobei die Schwellen und Gleis erheblich beschädigt wurden, dann mit entgegenkommendem Güterzug zusammengestoßen; sechs Güterwagen entgleisten und wurden schwer beschädigt.

6.5.1970, **Contwig**, Str Zweibrücken-Primasens, E 621 wegen falscher Weichenstellung auf abgestellten G gefahren.

11.5.1970, bei **Beckingen**, Str Saarbrücken-Trier, Lok des E 1855 auf Geröllhalde entgleist, letzten Wagen des entgegenkommenden P 4864 erfaßt und die Böschung hinabgestürzt (5 T, 3 V).

- -, **Odernheim**, Str Homburg-Bad Kreuznach, Pto 2784 auf durch Unwetter vermurtem BÜ entgleist und umgestürzt (2 T, 9 V).

5.6.1970, **Celle**, sieben Wagen des D 47, Konsul, mit ca. 160 km/h auf Gleisverformung entgleist; Oberbauarbeiten waren vorausgegangen (5 T, 41 V). ***II**

8.6.1970, **Alfeld**, Str Hannover-Göttingen, elf Wagen des D 588 mit ca. 100 km/h auf noch nicht verfestigtem Gleisstück nach Bauarbeiten entgleist (1 T, 97 V). ***II**

5.8.1970, südlich **Fahr=Ihrlich**, Str Neuwied-Bonn=Beuel, infolge Hochwasser Bahndamm unterspült, letzte vier Wagen eines G mit Gleis abgerutscht.

25.8.1970, **Edesheim**, Str Hannover-Göttingen, 27 Wagen des Sg 5316 mit 91 km/h entgleist, umgestürzt und z.T. zerstört.
Am Zuganfang des Sg lief eine Einheit von zwei kurzgekuppelten, zweiachsigen Lenkachswagen (Bauart Laasz 608) mit einem Sattelschlepperauflieger beladen. Dieser stürzte in der Linkskurve vor dem Bf Salzderhelden nach rechts ab und riß dabei einen Vorsignalwiederholer mit. Beim Abkippen kam es zu einer einseitigen Gewichtsverlagerung und diagonalen Überpufferung. Da Tf von dem Vorgang nichts bemerkt hatte, fuhr er weiter. Auch Fdl Salzderhelden konnte das Abstürzen nicht beobachten. Nach 3 km Fahrt entgleiste eine Achse der Laasz=Garnitur, die noch 4 km mitgeschleift wurde, bis es auf einer Weichenverbindung im Bf Edesheim zur Zugtrennung und Entgleisung der übrigen Güterwagen kam.
Die Ermittlungen ergaben folgende Ursache: Das Ladegut des Sattelaufliegers bestand aus 172 Packstücken, die sich, lose und etwas rechtslastig verladen, während der Fahrt immer weiter nach hinten verschoben und dadurch gefährliche "Nickbewegungen" des Aufliegers hervorgerufen hatten, so daß es zum Herausziehen des Kuppelzapfens aus der Führung im Stützbock kam, der außerdem durch den Lademeister nicht ordnungsgemäß gesichert worden war. So geriet der Auflieger bei leicht überhöhter Geschwindigkeit (107 statt 100 km/h) in einem wechselnden Gleisbogen bei zusätzlicher Störschwingung in Querrichtung ins Rutschen und stürzte ab.

10.11.1970, **Ashausen**, Str Hamburg-Lüneburg, nach Signalmißachtung elf Wagen eines G mit ca. 90 km/h auf Weiche in Ablenkung entgleist. Die Bergungsarbeiten nach dem

Unfall verzögerten sich, da im Zug ein Wagen mehrere Kisten mit radioaktivem Uranhexafluorid geladen hatte und ein geeigneter Geigerzähler nicht sofort verfügbar war.

12.11.1970, **Aßling**, Str München-Rosenheim, Lok des P 2816 (118 002) nach Starkstromüberschlag teilweise ausgebrannt.

4.12.1970, **Fischbach** (b. Ebern), Str Bamberg-Maroldsweisach, Lok und sieben Wagen eines Ng wegen überhöhter Geschwindigkeit in einer Kurve entgleist; der Tf war betrunken (2 V).

5.1.1971, **München=Pasing**, Lz 13 254 gegen D 513 geprallt. Während des außerplanmäßigen Haltes des D hatte Lz 13 254 freie Fahrt. Da dessen Tf jedoch nicht anfuhr, disponierte der Fdl um und gab dem D 'Fahrt frei'. Als D 513 anfuhr, setzte sich auch die Lz in Bewegung und überfuhr ihr inzwischen 'Halt' zeigendes Signal (55 V).

18.1.1971, **Hanau** Nord, mehrere Wagen des Kohlenzuges 9234 infolge Achsschenkelbruchs entgleist und vom Tfz (194125) eines entgegenkommenden G erfaßt (2 V).

9.2.1971, **Aitrang**, Str Buchloe-Kempten, TEE 56, Bavaria, in Kurve vermutlich infolge Bremsdefektes entgleist. Pto 2513 aus Gegenrichtung in den umgekippten Maschinenwagen des TEE gefahren (28 T, 42 V). ***II** [Abb. 107]

107: Aitrang: 9.2.1971: links der umgestürzte Maschinenwagen des TEE, rechts der Führerstand des Nt 2513 bei Bergung des Tf

7.3.1971, **Schlüchtern**, Str Fulda-Frankfurt/M., zweite Lok des D=Zuges Hamburg-Genua wegen fester Bremsen ausgebrannt; der Tf der ersten Lok leitete, als er den Brand bemerkte, sofort Schnellbremsung ein und trennte die zweite Lok noch vom Zug, um die Fahrgäste nicht zu gefährden.

10.3.1971, zwischen **Kulmbach** und **Hof**, bei Probefahrten Gasturbine des VT 602 explodiert (1 V).

5.5.1971, **Buxtehude**, Str Hamburg-Stade, Tfz 216004 von N 3542 wegen Motorschaden in Brand geraten.

18.5.1971, **Kellmünz**, Str Ulm-Memmingen, zwei Wagen des D 1013 mit 130 km/h auf Gleisverformung entgleist und abgestürzt; an einer Weiche vor der Entgleisungsstelle wurde gearbeitet (5 T, 46 V). ***II**

27.5.1971, bei **Dahlerau**, Str Wuppertal=Oberbarmen-Radevormwald, Schülersonderzug, Eto 42 227, mit Ng 16 856 zusammengestoßen (45 T, 26 V).
Um 20.50 Uhr verließ der Eto, ein zweiteiliger Schienenbus, Wuppertal=Oberbarmen zur Fahrt auf der eingleisigen Nebenbahn nach Radevormwald und passierte um 21.08 Uhr Remlingrade, eine Station vor Dahlerau. Zur selben Zeit hielt der entgegenkommende Ng, von einer Diesellok der BR 212 gezogen, vor dem 'Halt' zeigenden Einfahrsignal Dahlerau. Nachdem der Fdl das Signalhorn der Diesellok als Ankunftszeichen wahrgenommen hatte, gab er die Einfahrt frei und Zug 16 856 rollte langsam in den Bf ein.
Aus Kostengründen war hier, wie auch auf anderen Nebenbahnstationen, auf Ausfahrsignale verzichtet worden. Dafür stand in Spalte 4 des Buchfahrplans ein "H", was bedeutet, daß der Zug im Bf halten muß, es sei denn, der Fdl erteilt dem Tf mittels Befehlstab das Signal 'Zp 9' (Abfahrt-/Durchfahrauftrag), dessen Aufnahme der Tf durch Achtungspfiff (Zp 1) zu bestätigen hat.
Soweit bekannt, erhielt der Ng in Dahlerau regelmäßig Durchfahrauftrag, und auch für den Abend des 27.5.1971 lag aus der Sicht des Tf keine Abweichung vor, da er vom Sonderzug nichts wußte. Die Zugpersonale des Ng wurden über die Kreuzung nicht informiert, weil die o.g. Vorschriften eindeutig sind und eine Beachtung derselben erwartet wird.
Der Fdl wußte durch den Eintrag im Merkkalender Bescheid. Warum er überhaupt auf den Bahnsteig trat, kann nur vermutet werden. Nahe liegt, daß er sich nicht sicher war, ob der Ng hielt, und er deshalb ein Haltzeichen geben wollte. Fatal waren sein später Entschluß (er trat erst auf den Bahnsteig, als die Lok des Ng auch anrollte) und ferner die Benutzung des Befehlstabes. Denn als Haltzeichen dient das Kreissignal 'Sh 3' mit einer rot abgeblendeten Handlampe. Die Verwendung des Befehlstabes war nicht nur falsch, sondern auch gefährlich. Dessen Schalter steht in der Regel auf grün. Schalter oder Schieber können aber gelegentlich fehlerhaft arbeiten oder bedient werden, das Rotlicht kann erlöschen. Zudem ist das Zugpersonal gewohnt, einen erhobenen Befehlstab als Fahrauftrag aufzufassen. Tf und Zf des Ng wollen ihren Aussagen nach auch grünes bzw. kein Licht, also nur den erhobenen Befehlstab gesehen haben.
Der Ng rollte also am Fdl vorbei und stieß gegen 21.12 Uhr am Ende einer langgezogenen Kurve, etwa 1,5 km hinter Bf Dahlerau, mit dem Eto zusammen. Schnellbremsung in

letzter Sekunde verhinderte nicht, daß die schwere Diesellok den leichten Schienenbus zermalmte, und der Fdl konnte nichts tun, als sofort die Hilfsaktion einzuleiten.
Die einander widersprechenden Aussagen des Fdl mit denen von Tf und Zf erschwerten die Klärung der Schuldfrage. Das Verfahren wurde 1 Jahr nach der Katastrophe eingestellt, da der Fdl bei einem Autounfall ums Leben gekommen war. Die DB zog jedoch Konsequenzen. Es wurde die Rotabblendung der Befehlstäbe verboten und ausgebaut, eine für Nebenbahnen geeignete, billige Blockbauform (Trägerfrequenzblock 71) entwickelt und der Ausbau des Zugbahnfunknetzes, mit dem dieser Unfall vermutlich zu verhindern gewesen wäre, vorangetrieben.

29.5.1971, **Essen=Dellwig** Ost, Str Essen West-Bottrop, vorzeitig abgelassener Pto auf vor dem Einfahrsignal haltenden P geprallt (15 V).

21.6.1971, **Dreieichenhain**, Str Ober Roden-Frankfurt/M., N 2178 vermutlich wegen Signalmißachtung auf den im Bf haltenden N 2177 geprallt (23 V).

14.7.1971, **Hasbergen**, Str Osnabrück-Münster, vier Wagen des D 425, Hamburg-Frankfurt/M., bei ca. 100 km/h entgleist (10 V).

21.7.1971, **Rheinweiler**, Str Basel-Freiburg, D 370, Schweiz=Expreß, vermutlich wegen technischen Defekts (AFB) und weit überhöhter Geschwindigkeit in Kurve entgleist (23 T, 142 V). ***II** [Abb. 108/109]

27.7.1971, **Westerham**, Str Holzkirchen-Rosenheim, Dg 58 877 bei Einfahrt auf Weiche infolge Gleisverwerfung mit neun Wagen entgleist, davon zwei umgestürzt.

28.7.1971, **Mecklar**, Str Bebra-Fulda, vier Wagen des D 280 mit ca. 105 km/h wegen Weichendefektes entgleist (25 V).

5.8.1971, **Frankfurt/M.=Nied**, Lok und vier Wagen von Ng 16 628 über Prellbock gefahren und in Gartenanlage gestürzt; der Tf wurde schwer verletzt 1,5 km vor der Unfallstelle gefunden.
Ng 16 628 sollte von Offenbach nach Ffm=HauptGbf fahren, bespannt mit einer Lok BR 236, bei der die Sifa nicht in Betrieb war. Obwohl die Lok bei ausgeschalteter Sifa mit zwei Mann besetzt sein muß, ließ Tf den Beimann vorschriftswidrig bereits in Höhe des Eilgüterbahnhofs aussteigen. Als der Tf nach einiger Zeit Rauchentwicklung bemerkte, öffnete er die Tür und sah nach hinten zu den Aufbauten der Lok, um die Ursache zu ermitteln. Dabei lehnte er sich zu weit hinaus, prallte mit dem Kopf gegen einen Metallmast und fiel bewußtlos von der Lok. Der aus 30 Wagen bestehende G fuhr als "Geisterzug" weiter und wurde dank der schnellen Reaktion des Fdl von Frankfurt=Nied auf ein Stumpfgleis geleitet, was vermutlich ein schweres Unglück verhinderte.

9.8.1971, **Herford**, 18 Wagen eines G entgleist, nachdem von einem Wagen infolge Beladungsfehler Papierballen herabgefallen waren.

26.8.1971, **Duisburg** Hbf, zwei Wagen des einfahrenden E 1534, Onsabrück-Köln, vermutlich infolge Weichendefektes entgleist (3 V).

108/109: Zu **Rheinweiler** - oben : Luftaufnahme der Unfallstelle- Blick von Süden / unten : Aufräumarbeiten

10.9.1971, **Dinkelscherben**, Str Augsburg-Ulm, infolge Nebel bemerkte Tf des N 3705 die Ausfahrtfreigabe nicht; der Tf einer Rangierabteilung nahm an, der N habe den Bf bereits verlassen, fuhr in das noch besetzte Gleis ein und mit ca. 30 km/h auf den stehenden Zug (5 V).

15.10.1971, bei **Großsachsen**, Str Mannheim-Frankfurt/M., Speisewagen und 1.=Klasse =Wagen des D 516, München-Dortmund, vermutlich infolge Defekts des Ofens im Speisewagen ausgebrannt.

16.11.1971, **Dachau**, Str München-Ingolstadt, bei Anschlußbedienung einer Papierfabrik mehrere Wagen entlaufen und gegen Tfz eines einfahrenden P geprallt (45 V).

30.12.1971, bei **Hersbruck**, Str Nürnberg-Schnabelwaid, Lz frontal auf G geprallt, nachdem der Tf der Lz im Halbschlaf versehentlich Rückwärtsfahrt eingeschaltet und in die falsche Richtung gefahren war (2 T).

31.12.1971, bei **Hachenburg**, Str Altenkirchen-Limburg, Nto 3983 mit Nto 3972 zusammengestoßen; Tf von Nto 3972 fuhr ohne Abfahrauftrag in Unna=Korb ab (7 T, 34 V).

17.1.1972, bei **Groß Gerau**, vier Wagen des E 2076, Darmstadt-Wiesbaden, infolge Weichendefekts entgleist.

5.2.1972, zwischen **Kreiensen** und **Salzderhelden**, Str Hannover-Göttingen, Speisewagen des IC 173, Mercator, in Brand geraten und in Salzderhelden ausgesetzt; Brand von der örtlichen Feuerwehr gelöscht.

29.2.1972, bei **Kohlscheid**, Str Mönchengladbach-Aachen, E 1677 von Hamm kurz hinter dem Bf auf stehende Lok gefahren, die einen G ab Herzogenrath nachschieben sollte, aber außerplanmäßig und ohne den Fdl zu verständigen abgekuppelt worden war (44 V).

27.2.1972, zwischen **Twistringen** und **Bassum**, Str Bremen-Osnabrück, 14 Wagen eines G nach Achsschenkelbruch entgleist.

2.3.1972, zwischen **Ingolstadt** Nord und - Hbf, Dg 6563 mit ca. 60 km/h auf vor dem Einfahrsignal wartenden Kesselwagenzug Üg 18 263 gefahren, etliche Wagen entgleisten und ca. 20 mit Benzin und Öl gefüllte Kesselwagen gerieten in Brand oder explodierten. Der in seinem Führerstand eingeklemmte Tf des Dg verbrannte, ebenso zwei Personen, die sich in einem ehemaligen Wärterhaus nahe der Unglücksstelle aufhielten. Der schuldige Fdl, der versehentlich dem Dg freie Fahrt gegeben hatte, beging wenige Stunden nach dem Unglück Selbstmord.

20.3.1972, **Osnabrück**, Lok für Dgm 85 814 infolge Unaufmerksamkeit des Tf auf vorherfahrenden Turmtriebwagen gefahren (8 V).

27.4.1972, bei **Altenbeken**, Str nach Paderborn, Hilfslok für den wegen Lokschadens liegengebliebenen Dg 6719 auf diesen gefahren (2 V).
Der Tf der Hilfslok (BR 216), die als Sperrfahrt auf falschem Gleis abgelassen worden war, hatte weder einen Vorsichtsbefehl erhalten noch war auf dem Befehl B eine Kilometerangabe über die ungefähre Position des Zuges enthalten. Außerdem überschritt der Tf die für Sperrfahrten zulässige Hg von 30 km/h und konnte daher bei Erkennen des Dg,

der dazu noch in einer unübersichtlichen Kurve stand, auf den schlüpfrigen Schienen nicht mehr rechtzeitig zum Stehen kommen (vgl. auch Immenstadt, 30.6.1975 und Namborn, 4.11.1987).

4.5.1972, **Wintermoor**, Str Soltau-Buchholz, Dgm 85 222 frontal mit Ng 16 573 zusammengestoßen; Fdl Schneverdingen hatte den mit 230 Soldaten besetzten und in Ri Hamburg fahrenden Dgm durchfahren lassen, obwohl er bereits den Ng angenommen hatte. Bei dem Zusammenprall stürzten fünf Wagen des Dgm um und wurden erheblich beschädigt; zwei Soldaten sowie der Tf des Ng wurden getötet, 29 verletzt. Nach dem Unglück wurde Fdl Schneverdingen völlig betrunken aufgefunden. Die Angabe der Ehefrau, ihr Mann habe aus Bestürzung über das Unglück eine Flasche Korn getrunken, wurde später von der StA als Schutzbehauptung erkannt. Der Fdl hatte vor Dienstantritt an einer Geburtstagsfeier teilgenommen.

6.5.1972, **Hofgeismar**, Str Kassel-Warburg, infolge vorzeitiger Fahrstraßenauflösung unter Sg 5299 Weiche gestellt, wodurch der hintere Zugteil auf das Nebengleis geriet und mit dem entgegenkommenden Sg 5230 kollidierte; erheblicher Sachschaden (vgl. Bremen=Burg, 14.11.1977).

28.6.1972, **Peine**, Str Hannover-Braunschweig, infolge Nichteinhaltung des Lademaßes (verladener Baukran) Fußgängerbrücke im Bahnhofsbereich eingerissen (3 V).

19.7.1972, bei **Nienburg**, Str Bremen-Hannover, bei Begegnung eines Dm mit einem Dg durch herumschwingendes Panzerkanonenrohr, das sich aus seiner Befestigung gelöst hatte, 7 Güterwagen entgleist und weitere 10 Wagen beschädigt.

13.8.1972, bei **Ingolstadt**, Muldenkippwagen auf Gegengleis gestürzt; Pto Ri Eichstätt aufgefahren; die Mulden des Wagens waren nicht ordnungsgemäß arretiert worden; der Pto hatte nur 12 Insassen, von denen 2 getötet, die übrigen 10 verletzt wurden.

7.9.1972, Bf **Hemmelte**, Str Oldenburg-Osnabrück, N 2303 mit Ng 17 264 auf Einfahrweiche frontal zusammengestoßen (8 V).
Da Fdl wegen Zeitdrucks das Zugpersonal des N 2303 nicht mündlich von der Kreuzung mit dem Ng verständigen konnte, zeigte er die "Tafel" mit der Aufschrift: "X 17 264", was allerdings nicht wahrgenommen wurde. Wegen dichten Nebels bestand auch keine Sichtverbindung vom Fdl zur Lok. Nach kurzem Halt forderte Zf den Tf auf, langsam bis zum Ausfahrsignal vorzuziehen, ließ sich den Zuruf jedoch nicht wiederholen, und Tf verstand das als Abfahrauftrag. Er beschleunigte normal und erhielt durch die Indusi des Ausfahrsignals aus ca. 35 km/h Zwangsbremsung. Die Zugspitze kam ähnlich Tauberfeld auf der Einfahrweiche zu Stehen. Fdl, der das Abfahren des N bemerkt hatte, wollte noch das Einfahrsignal für den Ng zurücknehmen. Im selben Moment prallte dieser mit ca. 58 km/h auf den N. Dabei entgleisten beide Tfz sowie zwei Personen- und drei Güterwagen.

2.10.1972, **Koblenz** Hbf, einlaufender N 3136 vermutlich wegen falscher Weichenstellung von rangierender Lok gestreift (1 T, 27 V).

3.10.1972, bei **Olching**, Str München-Maisach, S-Bahnzug 3410 auf haltenden Dg geprallt. Der letzte Güterwagen flog dabei auf den vordersten S-Bahnwagen, weitere Güterwagen schoben sich ineinander und entgleisten (16 V).
Wegen eines Weichendefektes konnte der ca. 600 m lange Güterzug nicht sofort in Bf Olching einlaufen. Das den Güterzug sichernde Hauptsignal stand ca. 800 m hinter Bf Gröbenzell, dem nächsten S-Bahn=Haltepunkt Ri München, woher der Güterzug und der nachfolgende S-Bahnzug Nr. 3410 kamen. Das Vorsignal zum o.g. Hauptsignal befand sich vor Bf Gröbenzell und kündete 'Halt erwarten' an. Das hatte der seit fast 11 Stunden ohne Pause auf dem Führerstand und schon im zweiten Nachtdienst befindliche Tf nach dem Halt in Gröbenzell vergessen. So beschleunigte er trotz dichten Nebels, im Bestreben die Fahrzeit zu halten, in 30 Sek auf 112 km/h. Außerdem wurde er durch ein hinter ihm leuchtendes grünes Kontrollicht, das sich in der Frontscheibe spiegelte, irritiert. Als Tf dann effektiv das rot zeigende Hauptsignal erblickte, leitete er sofort Schnellbremsung ein. Seinen Angaben zufolge soll der Bremszylinderdruck statt 2 nur 1,2 Atü betragen haben. So konnte er die Geschwindigkeit bis zum Aufprall nur auf 55 km/h senken.
Tf erhielt eine Geldstrafe von DM 2000,--. Als mildernde Umstände wurden außer den oben erwähnten Gründen die zahlreichen Pannen gewertet, die in der ersten Verkehrszeit der Münchner S-Bahn auftraten und für die Tf eine zusätzlich Belastung darstellten. Gab es doch in einem Monat bei ca. 700 Zügen Totalausfälle oder erhebliche Verspätungen durch technische Defekte.
Das Urteil stieß bei den Eisenbahnern auf Ablehnung, insbesondere das gerichtliche Argument, der Tf habe bei einer Sichtweite zwischen 5 und 50 m langsamer fahren müssen. In der Tat käme bei den häufigen Nebeltagen dieses Raumes in der kalten Jahreszeit bei einer solchen Praxis ziemlich oft der Fahrplan durcheinander.

9.10.1972, Str **Essen-Bottrop**, P infolge Fdl-Fehler auf rangierende Lok gefahren (16 V).

20.12.1972, **Pegnitz**, Str Nürnberg-Bayreuth, Kurswagen des D 760 von Bayreuth zu schnell an den D 750, Hof-Straßburg, rangiert, dabei ein Wagen abgeknickt und zwei Wagen entgleist (37 V).

2.1.1973, **Bennemühlen**, Str Hannover-Soltau, einfahrender N 1900 infolge Fdl=Fehler gegen den im Bf wartenden E 1901 geprallt (20 V).

16.2.1973, **Nürnberg** Hbf, ausfahrender P infolge Fdl=Fehler gegen Rabt gefahren (11 V).

15.3.1973, **Essen=Steele**, km 133,1, neben dem Gleis an neuer S-Bahnstrecke arbeitender Bagger einer Baufirma mit dem Heck in das Profil eines N geraten, beim Zusammenprall herumgerissen und mit Ausleger zwei Wagen seitlich aufgerissen (1 T, 57 V).

31.3.1973, bei **Porta**, Str Minden-Bielefeld, elf Wagen des Dg 6219 entgleist.

24.4.1973, Bf **Horneburg**, Str Cuxhaven-Hamburg, Er 1813 (geschobener Wendezug) auf BÜ gegen Lieferwagen und Pkw gefahren, ein Wagen entgleist, einen Mast gerammt und 4 m hohe Böschung abgestürzt. Die Autoinsassen wurden nur leicht verletzt, im abgestürzten Wagen 5 T, 20 V.

22.5.1973, St. Georgen, Str Offenburg-Villingen, 16 unzulänglich gesicherte Schotterwagen auf Gefällestrecke ins Rollen gekommen und auf Richtungsgleis nach Konstanz geraten, von wo E 1608 erwartet wurde; aufmerksamer Fdl stellte Einfahrsignal für E auf 'Halt', so daß die entlaufenen Wagen auf den bereits stehenden Zug prallten und die Folgen dadurch gemildert wurden. Der Tf der Lok konnte sich noch in Sicherheit bringen (15 V).

11.7.1973, Str **Ulm-Geislingen**, E auf haltenden G gefahren. Zf des E hatte angefragt, warum sein Zug keine freie Fahrt habe und erhielt daraufhin 'Zs 1'.

12.7.1973, Groß Gleidingen, Str Braunschweig-Hannover, durchfahrender D 244, Berlin-Köln, auf nicht profilfrei stehenden Schlußwagen von Ng 16 864 geprallt (3 V).
Fdl hatte dem D Durchfahrt gegeben, obwohl der letzte Wagen des zu überholenden Ng noch auf dem Hauptgleis stand. Wegen des regnerischen Wetters und der Dunkelheit bemerkte der Tf des D das Hindernis zu spät; trotz Schnellbremsung erfolgte der Aufstoß mit ca. 50 km/h.

5.10.1973, Marl=Sinsen, Str Münster-Recklinghausen, rangierende Dampflok durch falsche Weichenstellung auf das Hauptgleis geraten und von durchfahrendem D 632, Flensburg-Köln, mit ca. 80 km/h erfaßt; kurz danach Dg 5535 aus der Gegenrichtung in Trümmer gefahren (8 T, 61 V).[29]

5.11.1973, Guntershausen, Str Kassel-Bebra, DC 973 durch Bremsversagen infolge besonderer Witterungsbedingungen auf haltenden D 453 gefahren (14 T, 65 V). ***II**

17.11.1973, Stelle, Str Hamburg-Lüneburg, rangierende Kleinlok nach Überfahren eines Signals auf das Hauptgleis geraten und von durchfahrendem Dm mit ca. 80 km/h erfaßt (18 V).

15.2.1974, Detmold, Str Herford-Altenbeken, N 36 939 etwa 1 km vor Bf Detmold auf Rangierabteilung gefahren. Sechs Wagen sowie beide Loks entgleisten und stürzten eine 8 m hohe Böschung hinab. Die rangierende Kleinlok war von ihren acht Güterwagen auf leicht abschüssigem Gleis über eine Weiche gedrückt worden und dadurch auf das Hauptgleis geraten, auf dem sich gerade der N 36 939 nach Detmold näherte (26 V).

17.4.1974, Brackwede, Str Bielefeld-Hamm, am neunten Wagen des Kesselwagenzuges 69 585, Gelsenkirchen-Minden, Heißläufer und Achsschenkelbruch; Entgleisung des Wagens ca. 5 km vor Brackwede; bei Einfahrt Brackwede Zugtrennung und Entgleisung aller Wagen bis auf die sechs vordersten, mit denen Tf nach Halt und Abkuppeln ein Stück weiterfuhr; 18 Wagen gerieten in Brand und explodierten (1 T, 2 V).

24.4.1974, Kirchlengern, Str Löhne-Bünde, Nt 36 928 nach Signalmißachtung mit TEEM 41 441 zusammengestoßen (1 T, 30 V).

9.5.1974, zwischen **Villingen** und **Schwenningen**, Frontalzusammenstoß eines G mit einer Lz infolge mangelhaften Zugmeldeverfahrens.

22.5.1974, Güster, Str Lüneburg-Lübeck, G wegen Signalverwechslung dem E 1868 in die Flanke gefahren.

28.5.1974, **Aachen** Süd, G in Flanke von D 232 gefahren, dabei fünf Wagen des D und drei Güterwagen entgleist. Der belgische Tf hatte vermutlich ein Signal irrtümlich auf sich bezogen, da von Belgien Linksverkehr gewohnt (21 V).

14.7.1974, bei **Prien**, Str München-Salzburg, Bremsklotz vom zehnten Wagen des D 411, Hellas=Expreß, gelöst und von entgegenkommendem G in offenes Fenster zurückgeschleudert; 14jähriger Schüler tödlich getroffen.

28.9.1974, **Heilbronn** Hbf, einzelne Lok auf stehenden E Heilbronn-München, gefahren (10 V).

4.10.1974, **Lembruch**, Str Bremen-Osnabrück, ein Wagen von Sg 51220 wegen eines losen Radreifens entgleist und ins Gegengleis geraten, dort wurde er vom entgegenkommenden Dg 53 293 erfaßt, wodurch die Lok des Dg die Böschung hinunterstürzte, 12 Wagen des Dg und 16 Wagen des Sg entgleisten, z.T. übereinandergeschoben und zerstört (2 V, Sachschaden in Höhe von ca. DM 1,8 Mio).

24.10.1974, **Bondorf**, Str Horb-Böblingen, Nt infolge falscher Weichenstellung mit G zusammengestoßen (5 V).

6.1.1975, **Basel Bad** Bf, N 5708 bei Ausfahrt wegen Achsbruchs entgleist.

9.1.1975, **Ludwigshafen=Mundenheim**, Str Ludwigshafen-Kaiserslautern, N Mainz-Neustadt nach Signalmißachtung einem rangierenden G in die Flanke gefahren (10 V).

14.2.1975, **Osnabrück** Hbf, Weiche irrtümlich unter fahrender vierteiliger Vt=Einheit umgestellt, wodurch drei Wagen auf das Nebengleis gerieten und mit einer wartenden Kleinlok zusammenstießen (1 V).

19.2.1975, **Thayngen**, Str Singen-Basel, einzeln fahrende Diesellok vermutlich nach Signalmißachtung dem E 2165 in die Flanke gefahren, kurz danach N 4242 die Trümmer gestreift.

21.2.1975, Bf **Mannheim=Friedrichsfeld**, 23.58 Uhr Flankenfahrt von N 4988 mit einem G infolge Signalmißachtung durch den Tf des N. N 4988 hatte den Bahnsteig nach Halt in Richtung des 'Hp 0' zeigenden Ausfahrsignals, das sich ca. 1 km nördlich des Bahnsteigendes befindet, verlassen, während sich ein G aus Ri Heidelberg näherte, der noch vor dem N durchgelassen werden sollte und dessen Signal 'Hp 1' zeigte. Trotz Zwangsbremsung des N kam es auf der Einmündungsweiche (ähnlich Tauberfeld) zur Kollision (4 V).

22.4.1975, **Taben**, Str Saarbrücken-Trier, Ne 62 689 infolge fehlerhaften Zugmeldeverfahrens mit E 3712 zusammengestoßen (5 T, 39 V).

23.4.1975, **Salzbergen**, Str Rheine-Emden, durchfahrender Ng 65 652 infolge mangelhafter Fahrwegprüfung auf die letzten vier Wagen des nicht grenzzeichenfrei stehenden Dg 44400 gefahren, drei Wagen umgestürzt.

8.6.1975, zwischen **Warngau** und **Schaftlach**, Str München-Lenggries, E 3591 und E 3594 infolge Fdl= und Fahrplan=Fehler frontal zusammengestoßen (41 T, 122 V). ***II** [Abb. 110]

110: Warngau. 8.6.1975:Wagen 1 des E 3591

30.6.1975, bei **Immenstadt**, Str Kempten-Lindau, Hilfslok auf wegen Kolbenschaden der V=Lok liegengebliebenen D 362 nach Lindau gefahren; Tf der Hilfslok hatte einen unzulänglichen Fahrbefehl erhalten und die zulässige Hg überschritten (19 V).

12.7.1975, Mühltal, Str München-Starnberg, Tfz des Ng 65620 vorzeitig und auf falschem Gleis in Starnberg abgefahren und gegen S-Bahnzug der Linie 6 gestoßen. Der aufmerksame Tf der S-Bahn legte noch den Fahrschalter auf Rückwärtsgang und sprang danach ab (41 V).

22.7.1975, **Hamburg=Hausbruch**, N 6858 wegen Signalmißachtung und Unterfahren der Indusi nach Halt in Hamburg=Tempowerk frontal mit Sg 52 323 zusammengestoßen. Der unmittelbar hinter der Ellok laufende Personenwagen, ein 'Silberling', stieg auf und wurde im vorderen Teil zertrümmert (11 T, 125 V).
Der Containerzug nach Harburg mußte, um die Buxtehuder Strecke zu queren, etwa 150 m deren Gleis benutzen, auf dem N 6858 erwartet wurde. Der Sg hatte freie Fahrt, für den N standen die indusigesicherten Signale auf 'Halt'. Der Tf des N hatte die Warnstellung des Vorsignals wahrgenommen, bevor er mit seinem Zug in Hamburg=Tempowerk hielt. Beim Weiterfahren glaubte er jedoch am etwa 600 m entfernten Hauptsignal 'grün' zu erkennen, woraufhin er normal beschleunigte. Als Tf des N erkannte, daß das

für ihn gültige Hauptsignal 'rot' zeigte und Bremsung einleiten wollte, erhielt er schon Zwangsbremsung. Der Durchrutschweg war aber in Anbetracht der bereits erreichten Geschwindigkeit des Zuges für eine wirksame Abbremsung zu kurz.
Bei der Verhandlung wurde eingeräumt, daß die Erkennbarkeit des Signals zwar nicht die beste sei, aber die Stellung 'Halt' eindeutig gewesen wäre. So erhielt der Tf erhielt 8 Monate auf Bewährung. Der DB wurde vorgeworfen, daß zwischen dem 1000 Hz Vorsignal= und dem 2000 Hz Hauptsignal= habe der 500 Hz=Überwachungsmagnet gefehlt. Nun hätte dieser das Unglück nicht verhindern können, da ein nach dem Stationshalt anfahrender Zug die erst bei 65 km/h wirksame Indusi unterfahren haben würde. Ebenso ohne Kausalität war die Bemängelung hinsichtlich fehlender Einrichtung zur Bremswegüberwachung. Sie wäre umständebedingt ebenfalls ohne Wirkung geblieben.

7.8.1975, **Eichenberg**, Str Göttingen-Bebra, ein Wagen des durchfahrenden G 76 647 wegen eines losen Radreifens entgleist und fünf nachfolgende Wagen mitgerissen.

30.9.1975, bei **Linsburg**, Str Hannover-Bremen, E 2282 auf Dg 55 404 gefahren (6 V).
Dg 55 404 war nach Durchfahrt Linsburg wegen einer Signalstörung am Sbk 51 zwischen Linsburg und Nienburg zum Halten gekommen. Fdl Linsburg holte daher telefonisch die Rückmeldung des vorher abgefahrenen Dg 55 176 aus Nienburg ein, betätigte jedoch anschließend versehentlich eine falsche Signaltaste, wodurch das Ausfahrsignal wieder auf 'Fahrt frei' gestellt werden konnte. Als E 2282 Bf Linsburg erreichte, mußte er zunächst leicht abbremsen, erhielt jedoch kurz darauf Ausfahrt und fuhr in den Abschnitt ein, in dem immer noch Dg 55 404 stand.
Nachdem der Tf des Dg erneut über Streckenfernsprecher angefragt hatte, wie lange er wohl noch warten müßte, erkannte Fdl Linsburg nun seinen Fehler und stellte Sbk 51 für den Dg auf 'Fahrt frei'. Während der Tf sich bemühte, seinen 595 t schweren Zug so schnell wie möglich anzufahren, näherte sich bereits der E. Von weitem sah dessen Tf Sbk 51 auf 'Fahrt frei' gehen. Als das Signal nach Vorbeifahrt der Lok des Dg wieder auf 'Halt' umsprang, erblickte der Tf des E im gleichen Moment auch den Zugschluß des Dg und leitete Vollbremsung ein. Beim Aufprall mit ca. 70 km/h auf den inzwischen mit 40 km/h rollenden Dg entgleisten der letzte Wagen des Dg und zwei Wagen des E, die Lok des E (BR 103) stürzte um.

11.10.1975, **Pfaffendorf**, Str Niederlahnstein-Neuwied, ein Wagen eines G vermutlich infolge Achsbruchs entgleist und in Anliegergarten geraten.

18.10.1975, **Blankenheim**, Str Bebra-Fulda, N einem G in die Flanke gefahren (3 V).
Beide Züge hatten gleichzeitig Bf Bebra verlassen und fuhren bis Blankenheim parallel. Bevor dort die Güterbahn in die Fernstrecke mündet, hätte der G den N vorlassen müssen. Der G überfuhr aber sein 'Halt' zeigendes Signal, erhielt Zwangsbremsung und kam auf dem Hauptgleis zum Stehen, so daß der N dem G in die Flanke fuhr. Dabei stürzten drei Wagen und die Lok des N um und wurden erheblich beschädigt. Nach dem Unfall wurde von Lokführern Kritik an der Aufstellung der Signale (und am Durchrutschweg) geübt, die in ihrer Zuordnung zum jeweiligen Gleis sehr unübersichtlich stünden. Da dies zutraf, wurde die Situation dort inzwischen verbessert (vgl. Empelde und Altenbeken, 20. und 23.3.1985).

11.12.1975, zwischen **Herborn** und **Dillenburg**, Tfz 110 169 als zweite (geschleppte) Lok des DC 914 wegen fester Bremsen ausgebrannt.

3.1.1976, zwischen **Borlinghausen** und **Bonenburg**, Str Altenbeken-Warburg, D 575 gegen einen vom Sturm gefällten Baum gefahren.

6.2.1976, bei **Chausseehaus**, Str Wiesbaden-Limburg, Nt gegen zwei witterungsbedingt auf die Gleise gestürzte Bäume gefahren und entgleist.

6.8.1976, **Hagen**, zwölf von 48 Wagen eines G entgleist.

10.8.1976, **Frankfurt/M.** Hbf, Lok für D 791 beim Ansetzen an den Zug zu hart aufgefahren (26 V, zumeist durch herabgefallene Gepäckstücke).

21.9.1976, **Herzberg** (Harz), 16 Güterwagen wegen ungenügender Sicherung talwärts auf Nebenstrecke Ri Rhumspringe gerollt, dort nach ca. 8 km Fahrt auf Brücke entgleist; ein Wagen weitergerollt und an Prellbock des damaligen Endpunktes (DDR=Grenze) der ehemaligen Str Herzberg-Zwinge zerschellt (erheblicher Sachschaden).

28.9.1976, **Hannover=Linden**, Lok eines einfahrenden G auf defekter Weiche entgleist (Bruch in der Zungenvorrichtung).

22.10.1976, **Buchenberg**, Str Kempten-Isny, N 6791 mit N 6792 zusammengestoßen; Tf des N 6791 mißverstand den Rangierbefehl und fuhr mit dem Zug, aber ohne Zf ab (13 V).

26.10.1976, bei **Haffkrug**, Wendezug Lübeck-Neustadt nach Signalmißachtung mit G, Puttgarden-Lübeck, zusammengestoßen (7 V).

12.11.1976, **Rötgesbüttel**, Str Braunschweig-Uelzen, Nt 6663 mit Ng 63 882 zusammengestoßen (1 T, 7 V).
Die Kreuzung der beiden Züge sollte planmäßig im benachbarten Bf Meine stattfinden: Ng 63 882 an 18.13 Uhr, ab 18.44 Uhr, mit zusätzlicher Überholung durch E 3234. Am Unfalltag war der Ng jedoch 13 Minuten vor Plan, so daß die Fdl Meine und Rötgesbüttel eine Verlegung der Kreuzung nach Rötgesbüttel vereinbarten, da sonst in Meine ein stark befahrender BÜ etwa 45 Min blockiert worden wäre. Ng 63 882 kam 18.05 Uhr in Rötgesbüttel an und blieb mit Zugspitze vor dem Ausfahrsignal N 2 stehen. Da Gleis 2 eine Nutzlänge von 303 m hat, der Ng jedoch mit zahlreichen Leerwagen 450 m lang war, standen noch etliche Wagen vor Weiche 1 auf der Strecke.
Die Kreuzung wollte Fdl folgendermaßen abwickeln: nach Halt des Nt 6663 am EG sollte dieser bis zum Ausfahrsignal P 1 vorziehen und erst nach Abfahrt des Ng weiterfahren. Um 18.17 Uhr hielt Nt 6663 am EG. Der Zf befand sich wegen Annahme von Gepäckstücken und Dienstpost im hinteren Gepäckraum des Triebwagens (BR 628). Dort wurde Zf vom Fdl über die planmäßige Kreuzungsabwicklung informiert. Zf nahm an, Fdl hätte den Tf ebenfalls verständigt, und gab mittels Summeranlage den Fahrauftrag. Beim Anfahren wurde der Tf durch das Aufspringen der Fahrerraumtür abgelenkt, wobei er angeblich durch Licht aus dem Fahrgastraum geblendet wurde. Nachdem er die Tür zugeschlagen hatte, bemerkte er zu spät das auf 'Halt' stehende Ausfahrsignal. Trotz Schnellbremsung prallte der Triebwagen mit etwa 55 km/h auf die Wagen des Ng.
Der Fdl erhielt im Gerichtsverfahren Freispruch, Zf und Tf wurden verurteilt; der Tf wegen

mangelnder Fahrwegbeobachtung und Zf, weil er Tf auf die Kreuzung hätte hinweisen müssen. Auf keinen Fall durfte er den Auftrag zum Vorziehen mit der Summeranlage geben, da dies als Abfahrauftrag gilt.

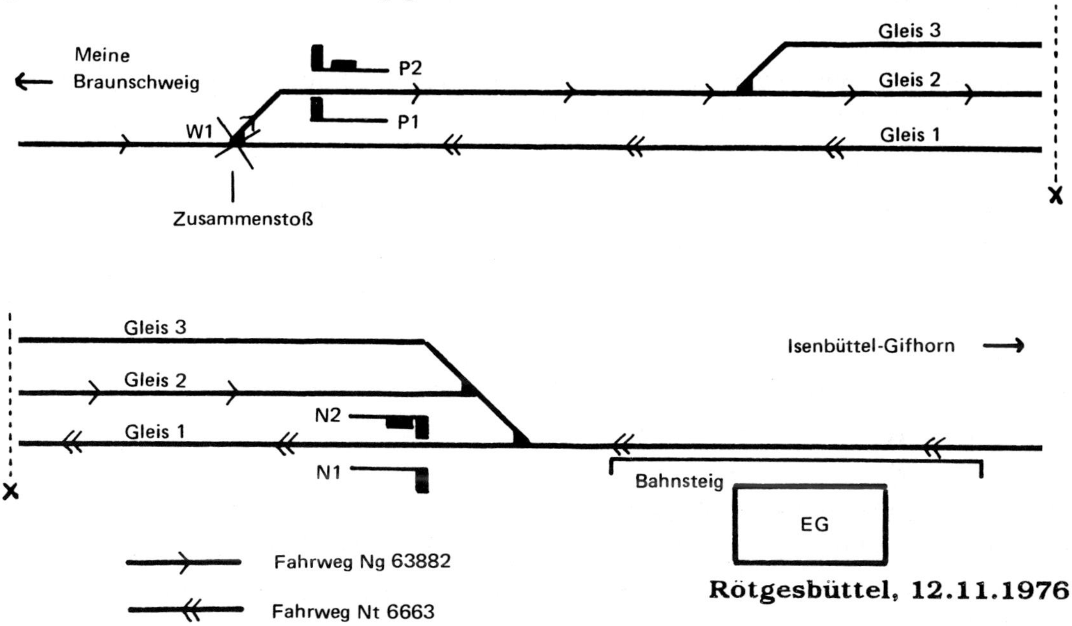

Rötgesbüttel, 12.11.1976

17.11.1976, **Flörsheim**, Str Frankfurt/M.-Wiesbaden, acht Wagen eines G durch Heißläufer entgleist.

24.11.1976, zwischen **Frankfurt/M.=Ginnheim** und **=Eschersheim**, Str Friedberg-Frankfurt/M., Dg 75 863 auf Dg 47 709 gefahren. Tfz von Dg 75863 und acht Wagen entgleist und z.T. die Böschung hinabgestürzt (1 T, 1 V).
Dg 47709 stand seit 1.52 Uhr vor der Einfahrt Ginnheim. Gegen 2.14 Uhr erkundigte sich der Fdl Ffm=Bonames bei Fdl Ginnheim nach dem Verbleib des Zuges. Fdl Ginnheim antwortete, der sei längst weg, woraufhin Fdl Bonames eine Störung an seinem Stellpult annahm, da der Abschnitt noch ausgeleuchtet war, und dem nachfolgenden Dg 75 863 Ausfahrt gab. Als nun Tf und Zf des wartenden Dg 47 709 in Ginnheim anfragten, wann sie weiterfahren könnten, antwortete Fdl, er habe sie vergessen und gab ihrem Dg sofort freie Fahrt. Kurz nachdem sich der 500 m lange Zug in Bewegung gesetzt hatte, fuhr Dg 75 863 auf.

14.12.1976, **Deutsch=Evern**, Str Hannover-Lüneburg, zwei mit Autos beladene Wagen des D 9684 auf Schienenbruch entgleist und vom Tfz des entgegenkommenden D 593 erfaßt (8 V).

3.2.1977, **Frankfurt/M.=Sportfeld**, N 7541 (geschobener Wendezug) auf Schlußwagen von Dg 55 771 geprallt (3 T, 12 V). [Abb. 111]
Dg 55771 hielt nach Durchfahrt Sportfeld vor dem 'Halt' zeigenden Einfahrsignal von Ffm=

Niederrad, stand jedoch wegen Überlänge (700 m) mit den letzten Wagen noch in der Ausfahrt Sportfeld. Obwohl das Ausfahrsignal noch nicht auf 'Halt' gefallen war, gab Fdl dem N 7541 Einfahrt in das gleiche Gleis. Tf erkannte den Zugschluß des Dg zu spät und prallte mit ca. 60 km/h auf.
Der zweite Wagen des N wurde gering beschädigt, der vorn laufende Steuerwagen hingegen brach, um etwa ein Drittel zusammengestaucht, nach rechts aus und stellte sich quer. Für Tf, Zf und einen Fahrgast, die sich im Steuerwagen befanden, kam jede Hilfe zu spät. Etwa 30 000 l Öl versickerten im Erdreich und mußten mit diesem zusammen abgetragen werden, ferner vorübergehend ein Trinkwasser=Pumpwerk stillgelegt werden. Der Sachschaden belief sich auf etwa DM 5 Mio. Der Fdl wurde verurteilt.

111: Frankfurt/M.=Sportfeld, 3.2.1977: Die Reste des Steuerwagens von N 7541

22.2.1977, **Cadenberge**, Str Hamburg-Cuxhaven, E 3413 mit am Schluß laufendem Tfz 220 039 wegen eines gebrochenen Radreifens der Lok entgleist (13 V).

28.3.1977, **Opladen**, Str Köln-Wuppertal, E 640 bei Durchfahrt mit ca. 100 km/h auf im Hauptgleis stehende und vom Fdl vergessene Ellok geprallt (4 T, 12 V).

9.6.1977, **Giesing**, Str München Ost-Kreuzstraße, ungesichert abgestellte S-Bahn-Leergarnitur nach Stunden im Bf Höhenkirchen ins Rollen gekommen und nach 18 km 'Geisterfahrt' in Giesing vom Fdl auf Stumpfgleis geleitet worden.

5.8.1977, **Rosenberg**, Str Lauda-Osterburken, Zusammenstoß zweier Az (2 T).

7.8.1977, **Messel**, Str Darmstadt-Dieburg, 21 Schotterwagen infolge nachlässiger Kupplung bei plötzlichem Zughalt von Zugverband gelöst und in Ri Darmstadt gerollt. Vom Fdl auf ein 'totes Gleis' bei Griesheim geleitet, überfuhr der Zugteil den Gleisabschluß und prallte gegen ein Haus, dessen Bewohner unverletzt geborgen werden konnten.

25.8.1977, Neuwied, Güterzug auf stehenden Zug gefahren, entgleiste Wagen Nachbargleise blockiert, wodurch Erzzug und Autoreisezug in die Karambolage verwickelt wurden (2 V). ***II**

1.9.1977, Bf **Laatzen**, Str Hannover-Göttingen, Sg 52 214 mit Sg 51 317 zusammengestoßen (2 V).
Bf Hannover=Wülfel wurde 1977 im Zuge der Bauarbeiten für die Schnellfahrstrecke Hannover-Gemünden umgestaltet. Um im bisherigen Bahnhofsbereich Platz für die zusätzlichen Schnellfahrgleise zu schaffen, wurden die beiden Inselbahnsteige entfernt, ansonsten die Gleise für örtliche Belange gelassen. Auch finden hier weiterhin Güterzugüberholungen statt. Bei der Ausfädelung der Züge auf die Güterumgehungsbahn Seelze-Lehrte besteht seit etwa Mitte August 1977 die Möglichkeit, die Züge von Süden Ri Hannover=Linden und Seelze kreuzungsfrei auf einem 1200 m langen Überführungsbauwerk über die Hauptgleise zu leiten. G von Lehrte Ri Süden müssen jedoch weiterhin in Wülfel die Hauptgleise kreuzen. Für den Personenverkehr wurde 500 m südlich des Bfs der neue Hp Laatzen eingerichtet. Durch die Wahl eines Richtungsbetriebes mit innenliegenden Schnellfahrgleisen ergab sich die Anordnung von Außenbahnsteigen.
Formal handelt es sich jetzt um einen Bahnhof in Längenentwicklung, allerdings mit verschiedenen Namen: Pbf = Laatzen und Gbf = Wülfel. Signaltechnisch ist für beide das Stellwerk Wülfel zuständig, und der Längsausdehnung der Anlagen wegen steht zwischen Ein- und Ausfahrsignal ein Zwischensignal.

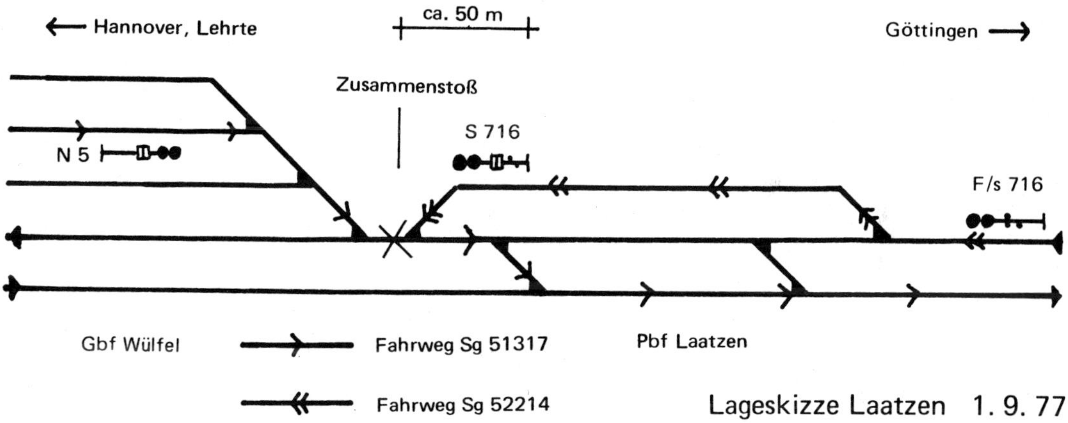

Lageskizze Laatzen 1. 9. 77

Am 1.9.1977 waren für den von Lehrte Ri Süden fahrenden Sg 51 317 bereits alle zum Kreuzen der Hauptgleise erforderlichen Weichen und Signale gestellt. Der aus Ri Süden nahende Sg 52 214 mußte an der Einfahrt zum Bf Wülfel/Laatzen das noch nicht auf ganzer Länge befahrbare Schnellfahrgleis verlassen und sollte am Ost=Bahnsteig die Durchfahrt des Gegenzuges abwarten. Die Einfahrt erfolgte auf 'Hp 2'. Zulässig wären also 40 km/h gewesen. Doch der Tf befuhr die Weiche mit ca. 55 km/h. Handlungsunfähigkeit konnte ausgeschlossen werden, da er am Vorsignal die Wachsamkeitstaste bedient hatte. Dennoch beobachtete er auch das am Mast des Einfahrhauptsignals angebrachte Vorsignal zum am Bahnsteig stehenden Zwischensignal in 'Vr 0'=Stellung nicht. Abermals

bediente der Tf die Wachsamkeitstaste und fuhr mit unverminderter Geschwindigkeit weiter. Erst rd. 150 m vor dem 'Halt' zeigenden Zwischensignal leitete der Tf Schnellbremsung ein und erhielt am Zwischensignal zusätzlich Indusi=Zwangsbremsung. Der Zug rutschte 60 m über das Zwischensignal hinaus und geriet in den Fahrweg des entgegenkommenden Sg 51 317. Gegen 3.25 Uhr ereignete sich der Zusammenstoß mit einer Geschwindigkeit von 45 km/h des Sg 51 317 und noch ca. 10 km/h des Sg 52 214.
Die Kollision fand unter einer Brücke statt, die glücklicherweise nicht beschädigt wurde. An Fahrzeugen und Gleisanlagen entstand dagegen erheblicher Sachschaden in Höhe von DM 1,5 Mio. Die vorderen Führerstände der Tfz wurden jeweils auf der linken Seite stark eingedrückt, der hintere Führerstand der Zuglok des Sg 51 317 durch aufkletternde Güterwagen total zerstört, die rechte Seite auf halber Länge tief aufgeschlitzt und beide, aus Göttingen stammende Lokführer leicht verletzt. Die Schäden an Gleis- und Signalanlagen führten zu einer achtstündigen Vollsperrung der Str Hannover-Hildesheim/Göttingen.
Zu bemerken ist noch, daß für den Durchrutschweg wegen der Weichenanordnung nur 50 m zur Verfügung standen. Diese Distanz reicht nur für eine Signalmißachtung aus höchstens 40 km/h. Die nach der Weichenbauart zulässige Abzweig=Hg von 60 km/h hätte einen 100 m langen Durchrutschweg verlangt.

112: Ludwigshafen, 7.10.1977

19.9.1977, **Dalldorf**, Str Lüneburg-Lübeck, Tfz 220057 als zweite Lok des E 2872 wegen heißgelaufener Bremse in Brand geraten.

30.9.1977, zwischen **Viersen** und **Dülken**, Str Mönchengladbach-Kaldenkirchen, G 78868 infolge Fdl=Fehler auf stehenden Dg 45 104 gefahren.

7.10.1977, **Ludwigshafen**; Str Friedrichshafen-Radolfzell, E 2166, Lindau-Freiburg, infolge Fdl=Fehler frontal auf im Bf haltenden und auf Kreuzung wartenden Pto 7041, Radolfzell-Friedrichshafen, gefahren. Der Fdl hatte dem Eilzug versehentlich Einfahrt auf das vom N 7041 besetzte Gleis gegeben. Beim Aufprall wurde der Triebwagen ca. 150 m zurückgeschleudert und stark deformiert (25 V). In der Presse wurde bemängelt, daß Bf Ludwigshafen noch nicht mit einem modernen Stellwerk ausgerüstet war. [Abb. 112]

8.11.1977, **Neuekrug=Hahausen**, Str Goslar/Braunschweig-Kreiensen, Et 3068 nach Signalüberfahren dem E 2640 in die Flanke gefahren (8 V).

14.11.1977, **Bremen=Burg**, Str Bremen Hbf-Bremen=Vegesack, nach Signalstörung und fehlerhafter Verständigung Weiche unter N 4467 gestellt, so daß ein Zugteil auf das Gegengleis geriet und mit N 4466 zusammenstieß (1 T, 22 V).
In Bremen=Burg zweigt die eingleisige Stichbahn nach Bremen=Vegesack von der zweigleisigen Hauptbahn Bremen Hbf-Bremerhaven niveaugleich ab. Züge von Bremen nach Bremen=Vegesack hatten bzw. haben also, ähnlich Hamburg=Hausbruch (vgl. 22.7.1975), das Gleis der Gegenrichtung zur Kreuzung ein Stück mitzubenutzen. Die zugehörigen Weichenverbindungen waren bzw. sind in ihrer Stellung mit den Signalen gekoppelt.
Als an diesem Tag N 4467, Bremen=Vegesack-Hamburg Hbf, in Bremen=Burg planmäßig ab 17.56 Uhr, Ausfahrt erhalten sollte, konnte das Ausfahrsignal nicht auf Fahrt gestellt werden, weshalb der Tf von N 4467 einen schriftlichen Befehl erhielt, und der Fdl mit einem Schrankenwärter, der Sicht auf die Weichenverbindung hatte, vereinbarte, daß er ihn verständige, wenn der letzte Wagen des N 4467 die Abzweigweiche zum Gleis Bremen Hbf-Bremerhaven passiert habe. Von Bremen Hbf rollte bereits N 4466 nach Bremen=Vegesack an, Bremen=Burg planmäßig ab 18.01 Uhr, und durch die Komplizierung der Fahrdiensthandlungen infolge der Signalstörung fuhr N 4467 mit geringer Verspätung ab.
Das entscheidende Telefonat der beiden Beamten führte zu einem Mißverständnis. Fdl legte die Fahrstraße zu früh und genau unter Wagen 4 des N 4467, dessen vorderes Drehgestell mit den ersten drei Wagen auf dem richtigen Gleis weiterfuhr, das hintere Drehgestell mit dem fünften Wagen und der schiebenden Ellok auf das Gegengleis geleitet wurden. Nach ca. 150 m Fahrt erfolgte gegen 18.03 Uhr der Zusammenstoß, der tortz verhältnismäßig niedriger Fahrgeschwindigkeit beider Züge Wagen 4 des N 4467, einen 'Silberling', schwer beschädigte.
Der Fdl wurde 1979 zu einer Geldbuße von DM 2000,-- und Freiheitsentzug von acht Monaten auf Bewährung verurteilt.

2.12.1977, bei **Siegelsdorf**, Str Würzburg-Nürnberg; Fdl Siegelsdorf hatte wegen Schaltarbeiten der Nachrichtenmeisterei neben der automatischen Zugnummernmeldeanlage auch noch das herkömmliche Zugmeldeverfahren zu tätigen. Während dichter Zugfolge trat noch eine Signalstörung im Gleis Nürnberg-Würzburg auf. Von Würzburg waren im

Zulauf Dg 55147, Dg 54147 und Sg 51341. Vermutlich glaubte Fdl, daß es sich bei den Dg 55147 und 54147 um einen Zug handelte, was auch die Aufschreibungen im Zugmeldebuch bestätigen. Nach Einfahrt des 55 147 nahm Fdl daher ein "Hängenbleiben" der Rotausleuchtung des Dg 55147 im letzten Blockabschnitt vor dem Bf an und betätigte, nachdem er den Zugschluß des 55 147 erkannt hatte, die Achszählergrundstellungstaste. Dadurch wurde der vorliegende Sbk 16 frei und der nachfolgende Sg 51 341 fuhr in einer langgezogenen Kurve auf den vor dem Einfahrsignal stehenden Dg 54147 auf. Beide Streckengleise waren mehrere Stunden blockiert.
Laut Bildfahrplan liegen die beiden Dg mit beinahe gleicher Nummer mehrere Stunden auseinander, nur an diesem Tag fuhren sie zufällig knapp hintereinandern. Dieser Unfall wäre so am nächsten Tag nicht mehr möglich gewesen, denn die Arbeiten der Nachrichtenmeisterei sollten eine Fehlbedienung dieser Art ausschließen (vgl. Partenstein, 29.5.91).

15.12.1977, **Lüneburg**, Str Hannover-Hamburg, D 472 infolge Fdl=Fehler auf vor Signal haltenden G gefahren (3 V).

30.1.1978, Nürnberg Hbf, einzeln fahrendes Tfz wegen überhöhter Geschwindigkeit auf haltenden D nach München gefahren (16 V).

6.2.1978, bei **Siegelsdorf,** Str Nürnberg-Würzburg, verschobene Ladung (Stahlrollen) brachte einen Wagen des Dg 55 159 zum Entgleisen, wodurch die Ladung in das Nachbargleis stürzte; der aufmerksame Fdl nahm die Durchfahrt für den IC 187 in letzter Sekunde zurück, nachdem plötzlich die Rotausleuchtung für beide Streckengleise aufgetreten war.

23.3.1978, Ober Ramstadt, Str Darmstadt-Eberbach, verspäteter N 6645 wegen falscher Weichenstellung auf im Bf wartenden N 6642 mit ca. 40 km/h gefahren (35 V).

16.5.1978, bei **Neukirchen**, Str Treysa-Oberaula, Frontalzusammenstoß zweier P, nachdem einer der Züge von Fdl Neukirchen zu früh abgelassen worden war (11 V).

6.6.1978, **Freiburg**, Nahverkehrszug auf E gefahren (31 V).

23.6.1978, **Köln** Hbf, belgische Ellok nach Signalmißachtung auf Schlußwagen eines D gefahren (35 V).

31.7.1978, **Dortmund=Eving**, N 7109 mit E 3402 vermutlich infolge falscher Weichenstellung zusammengestoßen (119 V).

21.9.1978, **Meppen**, Str Rheine-Emden, Dg 76 441 auf Leerzug gefahren. Wegen ungewöhnlich hohen Güterwagenaufkommens und besetzter Gleise verabredeten Fdl und Rangierer, eine aus vier Wagen bestehende Leergarnitur ausnahmsweise vorübergehend auf dem Hauptgleis abzustellen, da die Wagengruppe andernfalls Rangierbewegungen behindert hätte. Fdl wollte, wie er später aussagte, Hilfssperren am Fahrstraßenhebel anbringen, wurde dabei jedoch durch Entgegennahme einer Zugmeldung gestört. Dann mußte er mehrere Dienstgespräche mit Schrankenwärter und Rangierer führen und vergaß darüber sein pflichtgemäßes Vorhaben. Als sich Dg 76 441 näherte, dachte er weder an die rd. 150 m vom Stellwerk entfernt stehende Wagengruppe noch nahm er die vorschriftsmäßige Fahrwegprüfung vor, sondern er gab die Durchfahrt für Dg 76441 auf dem besetzten

Hauptgleis frei. Wegen Dunkelheit erkannte der Tf des Dg das Hindernis erst relativ spät, so daß der 907 t schwere Zug mit ca. 70-80 km/h auf die Wagen prallte und diese noch 220 m vor sich her schob. Dabei wurde der auf der Lok mitfahrende Beimann eingeklemmt und getötet, der schwer verletzte Tf mußte fünf Stunden auf seine Befreiung warten.

17.11.1978, bei **Oberstreu**, Str Schweinfurt-Mellrichstadt, Soldat infolge überhöhter Geschwindigkeit mit seinem Pkw auf einer Brücke ins Schleudern geraten und einen Betonstein gerammt, der das Geländer durchschlug und ins Gleis fiel. Der Soldat setzte seine Fahrt fort und rief später einen Verwandten an. Als der zur Brücke kam, war Üg 68 052 bereits aufgefahren und entgleist.

4.1.1979, **Bochum=Riemke**, acht ungenügend gesicherte Güterwagen ins Rollen geraten und gegen Wohnhaus geprallt (1 V).

19.1.1979, **Bennemühlen**, Str Hannover-Soltau, Tfz von N 6327 auf Einfahrweiche in Schneeverwehungen entgleist.

26.1.1979, Hp **Hamburg=Langenfelde**, Str Holstenstraße-Pinneberg, S 8089 mit S 8097 zusammengestoßen (20 V).

15.2.1979, bei **Braunschweig=Gliesmarode**, Str nach Uelzen, N 6614 in Schneeverwehungen entgleist (3 V).

17.2.1979, **Frankfurt/M.** Hbf, Lok von D 13 311, Dortmund-Garmisch, von hinten mit 27 km/h auf den ausfahrenden D 13 311 gefahren; der Sicherheitsabstand von 50 m und der Hg von 10 km/h war vom Tf nicht beachtet worden (24 V).

18.3.1979, bei **Wunstorf**, Str Hannover-Minden, bei Begegnung von IC 106 mit Dg 61 836 löste sich eine Tür an einem belgischen Güterwagen und wurde gegen die Seitenwand eines 1.Klasse=IC=Wagens geschleudert. Eine Reisende wurde von Tür- und Fensterteilen tödlich getroffen.

6.4.1979, **Frankfurt/M.** Hbf, Rangierlok auf abfahrbereiten N nach Fulda gefahren (31 V).

11.5.1979, **Unterlüß**, Str Hannover-Hamburg, drei Wagen eines Sg vermutlich infolge technischen Defekts entgleist, davon ein Wagen umgestürzt.

21.5.1979, **Mainz** Hbf, N 7573 auf N 6549 gefahren (41 V). Da alle Bahnsteiggleise durch verspätete Züge besetzt bzw. für IC reserviert waren, mußte N 7573 von Wiesbaden vor einem Zwischensignal warten. Schließlich entschloß sich Fdl, N 7573 mit entsprechender Signalisierung ('Hp 2' und 'Zs 3' mit Kennziffer 2 = 20 km/h) in Gleis 4b einfahren zu lassen. N 6549, auf Gleis 4a stehend, war durch Deckungssignal 'Sh 0' geschützt. Der Tf des N 7573 mißachtete die Signalgebung und beschleunigte auf ca. 53 km/h. 230 m vor dem Aufprall erkannte er die Situation und konnte durch Schnellbremsung die Geschwindigkeit noch auf ca. 38 km/h senken.

10.6.1979, zwischen **Godenau** und **Banteln**, Str Hannover-Göttingen, an fünf Wagen des IC 686 durch offene Flügeltür eines Güterwagens des entgegenkommenden Dg 55 783 Scheiben eingeschlagen und Seitenwände beschädigt.

11.6.1979, **Adendorf**, Str Lüneburg-Lübeck, N auf Schlußwagen eines stehenden G gefahren, die wegen Überlänge in den Fahrweg des N ragten. Tfz und zwei Wagen des N entgleisten (4 V).

16.6.1979, **Lüneburg**, Str Hamburg-Hannover, D 15 281 auf in das Hauptgleis ragende Schlußwagen von Gag 76 249 gefahren (30 V).
Bei dem Güterzug war es wegen Bruch der Kupplung am 23. von 40 Wagen zur Zwangsbremsung gekommen. Um die Ursache zu ermitteln, wurde er in ein Nebengleis geleitet und vermutlich wegen Fdl=Fehler und ungenügender Fahrwegprüfung D 15 281 in diesen Abschnitt gelassen, obwohl die Schlußwagen des Gag noch im Hauptgleis standen.

6.7.1979, zwischen **Frankfurt/M.** Süd und - Hgbf mehrere Wagen eines G vermutlich infolge Achsschenkelbruchs entgleist, zwei Wagen umgestürzt.

- -, **Hannover** Hbf, Leergarnitur für IC 127 beim Bereitstellen auf noch im Gleis befindlichen N 4118 gefahren. Der Tf hatte den Bremsweg falsch eingeschätzt (7 V).

25.9.1979, **Münster=Nevinghof,** Str Münster-Rheine, E 3252 mit Tfz und vier Wagen infolge Signalmißachtung und überhöhter Geschwindigkeit auf ablenkender Weiche entgleist (23 V).

9.11.1979, zwischen **Luisenthal** und **Völklingen**, Str Saarbrücken-Trier, Frontalzusammenstoß zweier G, die wegen Fehler von Fdl Völklingen gleichzeitig in den wegen Bauarbeiten zeitweise eingleisigen Abschnitt abgelassen worden waren (2 V). [Abb. 113]

113

24.11.1979, **Celle**, Ng 64 941 auf Dg 53 301 gefahren. Auf der Fahrt von Hamburg Ri Hannover wurde Dg 53 301 wegen eines Heißläufers im Bf Celle gestellt und etwa zur gleichen Zeit Ng 64 941 der Osthannoverschen Eisenbahn (OHE) angeboten, den Fdl Celle jedoch weigerte, da sämtliche Gleise des Rbf belegt waren. Zu erläutern ist noch, daß die Strecken der OHE nördlich des DB=Bfs ihren OHE=eigenen Bf Celle Nord haben, der über ein Gleis mit dem DB=Personenbf verbunden ist. Tfz der OHE dürfen die DB=Gleise benutzen, obwohl sie nicht über Indusi verfügen.
Der geweigerte OHE=Ng 64 941 überfuhr das Einfahrsignal Celle=Nord und dann mit unverminderter Geschwindigkeit weiter Ri DB=Bf, wobei der Zug noch zwei auf 'Halt' stehende Hauptsignale überfuhr und gegen 3.23 Uhr mit ca. 60-80 km/h auf den stehenden Dg prallte. Insgesamt entgleisten 20 Güterwagen sowie die Lok des Ng und wurden schwer beschädigt. Der Tf des Ng kam mit einem Schock davon. Der Sachschaden betrug ca. DM 3 Mio.
Wie die Ermittlungen ergaben, war der Tf des Ng während der Fahrt angeblich wegen Übermüdung eingeschlafen. Die Blutprobe wies ihm einen Blutalkoholgehalt von 1,95 Promille nach. Die Sifa der OHE=Lok war in der Unglücksnacht defekt und konnte daher nicht in Funktion treten. Nach dem Unfall erwog die OHE, auch ihre Tfz mit Indusi auszurüsten.

1.12.1979, zwischen **Ditzingen** und **Korntal**, Str Stuttgart-Weil der Stadt, S 4649 auf Dg gefahren. Der aufmerksame Tf der S-Bahn konnte trotz kurzer Sichtdistanz noch Schnellbremsung einleiten und die Fahrgäste über Lautsprecheranlage warnen. Der erste Wagen des Triebzuges wurde von der Ladefläche eines am Schluß des Dg laufenden Autotransportwagens in halber Höhe in zwei Teile geschnitten (2 T, 26 V).
Der Fdl wurde im November 1982 von einer Großen Strafkammer des LG Stuttgart zu einer Freiheitsstrafe von einem Jahr ohne Bewährung verurteilt, da er den vor dem Einfahrsignal Korntal haltenden G vergessen und dem S-Bahn-Zug ohne Fahrwegprüfung in Annahme einer Signalstörung durch Blockeingriff den besetzten Abschnitt freigegeben hatte.

8.1.1980, **Neu=Ulm**, IC 594, Saar=Kurier, von Rangierlok, die ein Signal überfahren hatte, gerammt (21 V).

17.1.1980, **Bissendorf**, Str Hannover-Soltau, N 6329 mit Ng 63 614 zusammengestoßen (12 V).

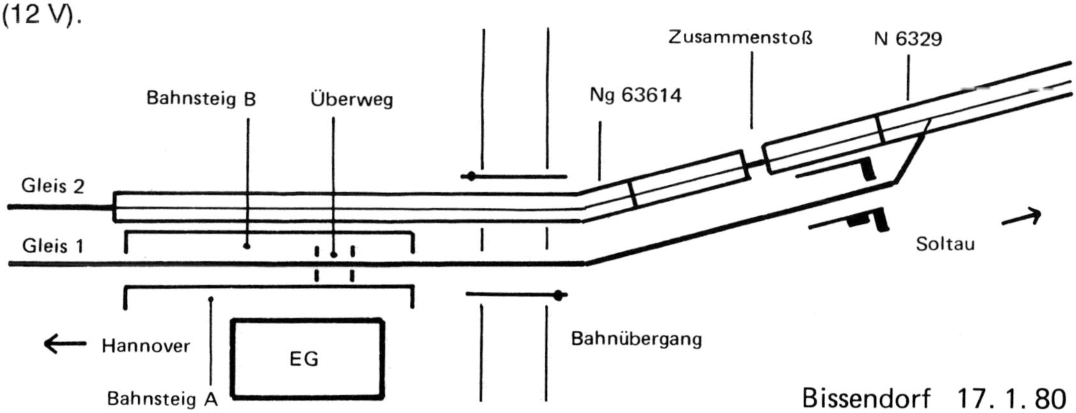

Ng 63 614 erhielt entgegen der Bfo nach Gleis 2 (statt 1) aus betrieblichen Gründen (s. Skizze) Einfahrt. Wie ermittelt wurde, fanden von der Bfo abweichende Zugkreuzungen häufig statt. An diesem Abend versäumte es der allein alle Dienstverrichtungen im Bf ausübende Fdl jedoch, Hilfssperren anzubringen, da er während seiner Tätigkeiten mehrfach durch einen vermutlich angetrunkenen Reisenden gestört wurde. So merkte der Fdl zu spät, daß er dem N Einfahrt in das bereits besetzte Gleis gegeben hatte. Als er die Einfahrt für N 6329 zurücknahm, prallte dieser bereits auf den in einem leichten Bogen stehenden Ng. Dabei wurden 8 Reisende und 4 Bahnbedienstete verletzt. Der Tf des Ng konnte noch kurz vor dem Zusammenprall abspringen.

27.2.1980, Saarbrücken Rbf, Lok auf stehenden E 3367 mit ca. 30 km/h gefahren (49 V).

15.4.1980, Herford, Str Hannover-Bielefeld, rangierende Leerwageneinheit auf D 346 gefahren (40 V).

23.4.1980, Stellingen, Str Hamburg=Altona-Pinneberg, bereitzustellender S-Bahnzug 8481 auf noch am Bahnsteig stehenden S-Bahnzug 8479 gefahren. Zum Zeitpunkt des Unfalls (22.10 Uhr) wurde auf Sicht an den Bahnsteig gefahren, um eine größere Zugfolge nach dem Ende eines Fußballspiels zu erreichen. Der Tf der S 8481 stand unter Alkoholeinfluß (35 V).

24.4.1980, München=Haar, Str München-Rosenheim, zwei Wagen des D 411, Dortmund-Athen, mit ca. 120 km/h infolge Radreifenbruchs entgleist (3 V).

28.4.1980, Celle, Str Hannover-Hamburg, mehrere Wagen des Sg 52 321 infolge Signalmißachtung und zu hoher Geschwindigkeit auf ablenkender Weiche entgleist. Der Tf war der Meinung, Durchfahrt zu haben und ermäßigte daher bei Erkennen der ablenkenden Weichenstellung ins Überholgleis die Geschwindigkeit nur auf 70 km/h statt auf 40 km/h. Da sich unter den entgleisten Wagen ein Kesselwagen befand, aus dem Chemikalien ausliefen, wurden das Bahnhofsgelände abgesperrt und die Anwohner evakuiert, bis man sich über den relativ ungefährlichen Inhalt des Kesselwagens informiert hatte.

7.5.1980, Nürnberg Rbf, acht russische Kesselwagen mit Flüssiggas wegen Gefälle ins Rollen geraten. Da diese Wagen kleinere Spurkränze besitzen, konnten sie durch die Gleisbremse nicht aufgehalten werden. Sie wurden daher durch den Rbf in ein Stumpfgleis geleitet und fingen beim Anprall gegen den Prellbock Feuer. Obwohl bereits 50 000 kg Vinylchlorid freigeworden waren, die als Giftwolke über die Südstadt zogen, und weitere Wagen zu explodieren drohten, kuppelten Feuerwehrleute und Eisenbahner zwei brennende Kesselwagen ab und verhinderten so eine noch größere Katastrophe (25 V).
Wenige Monate zuvor, am 26.11.1979, hatte sich hier ein ähnliches Unglück ereignet, wobei 168 000 l Benzin ins Erdreich und in die Kanalisation geflossen waren und dadurch die ganze Stadt in Gefahr gebracht hatten.

- - , **Harsum**, Str Hildesheim-Lehrte, nicht grenzzeichenfrei stehende Wagengruppe von Ng 68 492 gestreift; Tf eingeklemmt (1 T).

31.5.1980, Worms, N bei Nebel auf G gefahren; Fdl gab vermutlich irrtümlich dem N Einfahrt in das vom G besetzte Gleis (14 V).

8.7.1980, Bad Oeynhausen, Str Hannover-Bielefeld, Dg 61 616 auf Dg 56 850 gefahren. Ab 22.30 Uhr wurden in der östlichen Bahnhofseinfahrt Stopfarbeiten in Gleis 3 durchgeführt. Obwohl die Stopfmaschine grenzzeichenfrei stand, kam es im Stellwerk zur Rotausleuchtung der angrenzenden Weiche, da deren Isolierkreis noch knapp berührt wurde. Signalmäßige Fahrten durch Gleis 2 Ri Minden-Löhne waren daher nicht möglich. So konnte der Fdl, nachdem Dg 56 850 aus Porta gemeldet worden war, zwar die Fahrstraße legen, nicht jedoch das Einfahrsignal stellen. Fdl fand auch keine Erklärung für die Rotausleuchtung, und die Zeit drängte, da inzwischen weitere Züge im Anrollen waren.
Um 22.52 Uhr versuchte Fdl für Dg 56 850, der nun vor Einfahrsignal B (s. Skizze) wartete, Ersatzsignal zu geben, was ihm auch nicht gelang. Schließlich schickte er den anwesenden Oberwerkmeister (Owm) in den Relaisraum, wo er die Störung vermutete. Mittlerweile hielt Dg 61 616 vor dem 'Halt' zeigenden Signal Zbk 81, als Owm im Relaisraum versehentlich dessen Freischaltung auslöste. Indessen gelang es, das Ersatzsignal an B zu betätigen, woraufhin sich Dg 56 850 langsam in Bewegung setzte, dann jedoch kurz darauf wieder abbremste, da das 163 m weiter stehende Gleissperrsignal 'Sh 0' zeigte.
Dg 61 616 hatte auf 60-70 km/h beschleunigt, ermäßigte jedoch bei Erkennen des in Warnstellung befindlichen Vorsignals für B die Geschwindigkeit auf 30 km/h. Als Tf des 61 616 das Schlußsignal von Dg 56 850 sah, konnte er zunächst nicht erkennen, ob der Zug im gleichen Gleis oder im Gegengleis stand bzw. fuhr. Kurz darauf löste er Schnellbremsung aus, was den Aufprall auf den langsam rollenden Dg 56 850 jedoch nicht mehr verhinderte. Die Lok und drei Wagen entgleisten. Der Tf des 61 616 konnte sich in den Seitengang seiner Lok retten.

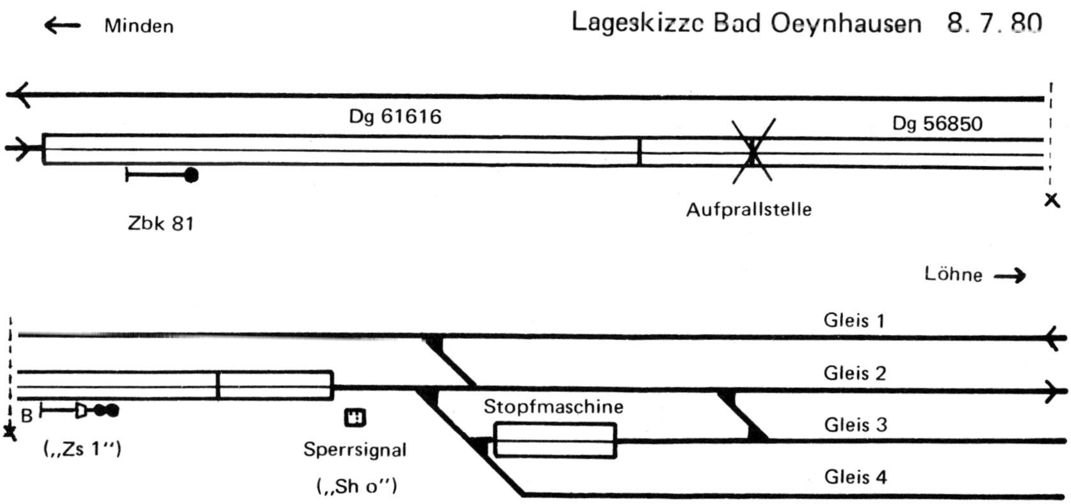

9.7.1980, Warburg/Westf., Str Kassel-Altenbeken, Lok für E 3625 mit ca. 25-30 km/h auf Zug gefahren; Tf hatte Auffüllen der Bremszylinder nicht abgewartet (3 V).

10.8.1980, **Passau** Hbf, D 223 auf vom Fdl vergessene, auf dem Ausfahrgleis stehende Lok von D 222 gefahren. Fdl wollte den Fahrweg durch Augenschein prüfen, fand aber in der Eile keinen Betriebsbeamten und nahm dann leichtfertig eine Störung an (10 V).

16.8.1980, **Rheinhausen**, Str Duisburg-Krefeld, einzelne Lok auf G gefahren (1 T).

- - , **Schopp**, Str Kaiserslautern-Pirmasens, nach Dammrutsch Lok BR 218 mit drei Güterwagen die Böschung hinab- und in Bachbett gestürzt.

22.8.1980, zwischen **Lübeck** und **Hamburg**, V=Lok des E 3001 in Brand geraten.

13.9.1980, **Soltau**, Str Hamburg-Buchholz-Hannover, infolge vorzeitiger Fahrstraßenauflösung und Weichenbedienung die letzten beiden Wagen des E 3203 entgleist (mehrere V).

20.9.1980, **Osnabrück** Hbf, geschobene Rabt in Flanke von Sg 51 203 gefahren, vier Wagen entgleist, ein Wagen die Böschung hinab in einen Garten gestürzt. Lokpersonal und Rangierer hatten mit Fdl eine Pause vereinbart und mußten daher ihren Zug in einem anderen Funkbezirk abstellen. Der Tf vergaß jedoch, das Funkgerät umzustellen, wodurch er den Haltbefehl nicht hörte und die Wagengruppe zu weit drückte.

23.9.1980, Rbf **Seelze**, Rangierabteilung mit 22 Wagen, von denen nur fünf bremsbar waren, am 'Halt' zeigenden Signal vorbei und dem ausfahrenden Dg 74 705 in die Flanke gefahren.

2.11.1980, **Holzwickede**, Str Hamm-Hagen, zweite, geschleppte Lok des E 3476 vermutlich infolge loser Radreifen entgleist und umgestürzt.

11.11.1980, **Löhne**, Str Minden-Bielefeld, zwei Rangierloks bei feuchtem Wetter mit ca. 20 km/h zusammengestoßen. Eine der Loks (BR 291) war infolge zu später Bremseinleitung über ein Sperrsignal gerutscht. Bei den Ermittlungen wurde bemängelt, daß bei den Loks BR 291 die Kunststoffbremssohlen bei feuchtem Wetter nicht sofort volle Bremswirkung zeigen.

14.11.1980, Bk **Hanekenfähr**, Str Rheine-Lingen, Dg 57 430 auf haltenden Dg 56 874 gefahren. Fdl stand vermutlich unter Alkoholeinfluß.

4.12.1980, **Lehrte** Rbf, einzeln fahrende Lok durch Weichenwärterfehler auf falsches Gleis geleitet: Der Tf setzte zur Abwendung einer möglichen Betriebsgefahr zurück, dann wollte er den Fdl über Sprechsäule verständigen. Da die Ruftaste festgefroren war, versuchte er, die Verbindung über die Lokleitung herzustellen. In diesem Moment wurde seine Lok vom durchfahrenden Gag 57 426 gestreift.

4.12.1980, bei **Oberschleißheim**, 200 Schafe von S-Bahn München-Freising überfahren, ein Wagen des Zuges entgleist. Die Schafe waren angeblich von einem streunenden Hund aus dem Pferch gescheucht worden.

7.1.1981, bei **Altenbeken**, D 875 gegen durch Unwetter umgestürzten Baum gefahren.

8.1.1981, **Hannover=Linden** Hafen, zwei Wagen eines G durch abgefallenen Bremsklotz entgleist.

22.1.1981, zwischen **Bremen** und **Verden**, Zuglaufschild eines IC abgesprungen und Fensterscheiben an Wagen eines begegnenden N zerschlagen (2 V).

26.1.1981, **Walsrode**, Str Hannover-Soltau, zwei Wagen von N 6322 infolge vorzeitiger Weichenstellung entgleist (7 V).

6.2.1981, zwischen **Mögglingen** und **Essingen**, Str Stuttgart-Aalen, Frontalzusammenstoß von E 3447 und Üg 68 452 (2 T, 18 V). [Abb. 114/115]
Zwischen den Bfn Böbingen und Essingen liegt die unbesetzte Halte- und Ausweichstelle (=Awanst) Mögglingen, die vom Bf Essingen aus bedient wird, und zwar nach Mögglingen in Falschfahrt, weil dort im Zuge der Rationalisierungen die Weichenverbindungen vom Gleis Aalen-Stuttgart zum Gegen- und zu den Abstellgleisen zurückgebaut worden waren.

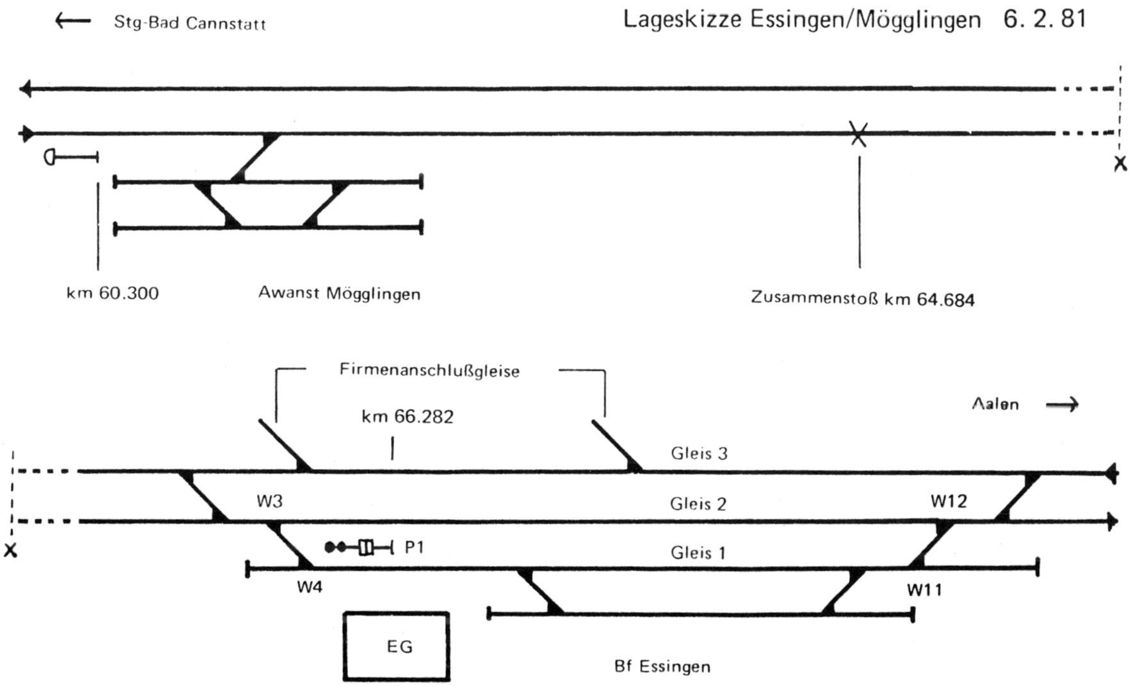

Am Unfalltag hatte die Lok des Üg 68 452 im Bf Essingen nach Übernahme von Wagen diese in Gleis 1 abgestellt. Da die Lok Ri Aalen stand und nach Durchfahrt des E 3447 vom Ausfahrsignal P 1 nach Mögglingen fahren sollte, mußte sie zunächst über Gleis 2 umsetzen. Diese Fahrt wurde zwischen dem Rangierleiter (Rl) und Weichenwärter (hier Fdl) vereinbart. Nach Aussage des Rl hatte er dem Tf nur den Auftrag zum Umsetzen erteilt. Erst nach Durchfahrt des E 3447 hätte er mit Falschfahrtauftragssignal abfahren sollen.
Der Tf befand sich, Ri Mögglingen gesehen, im vorderen Führerstand, der Rl stand auf dem hinteren rechten Trittbrett der Lok. In der Umsetzbewegung hielt der Tf auf Gleis 2 in Höhe des Dienstraumes an und sah zum Fdl hin. Dieser rief ihm zu, er könne weiter-

114/115 - Mögglingen; oben: Wagen 2 und 3 des E 3447, links im Bild Wagen 1 / unten: links das Tfz des E 3447, rechts das der Üg 68 452, nach dem Unfall bereits auseinandergezogen

fahren und machte mit dem Arm eine entsprechende Bewegung. Der Tf sah dann nach dem Rl und fuhr weiter. Er hielt jedoch nicht hinter der Wendeweiche 3 an, sondern beschleunigte. Die vom Rl abgegebenen Halt- und Notsignale beachtete der Tf nicht.
Der Zusammenstoß erfolgte mit einer Geschwindigkeit des E aus 97 km/h und der Üg=Lok aus 89 km/h. Die Tfz verkeilten sich ineinander, wobei die Üg=Lok ca. 84 m zurückgestoßen wurde. Der erste Wagen des E wurde hochgeschleudert, prallte mit der vorderen Stirnseite im Nachbargleis auf und blieb etwa 10 m außerhalb des Bahnkörpers auf der Seite liegen. Der zweite Wagen kam quer im Nachbarlgeis zum Stehen, der dritte stieg auf die Lok. In den ersten beiden Wagen befanden sich keine Reisenden. Von den wenigen Insassen der übrigen Wagen wurden 14 schwer verletzt, dgl. der Rl. Die beiden Tf waren sofort tot. Sachschaden: DM 2 Mio.
Die Üg=Lok fuhr bis zum Zusammenstoß 1734 m, für den auf dem Trittbrett stehenden Rl eine Schreckensfahrt. Er versuchte zunächst, den Luftabsperrhahn zu ziehen, was ihm jedoch nicht gelang. Wegen der hohen Geschwindigkeit wagte er es auch nicht, abzuspringen. In Befürchtung des Zusammenstoßes klammerte er sich an der Haltestange fest und preßte sich eng an die Lokverkleidung. Auch als die Lok durch die Wucht des Aufpralls zurückgeschleudert wurde, konnte er sich auf dem Trittbrett halten.
Der Fdl hatte auf dem Stelltisch (Dr S 2) beobachtet, daß die Üg=Lok Weiche 3 passierte, und diese umgestellt. Danach verließ er den Dienstraum, um die zurückfahrende Lok zu erwarten. Als sie nicht kam und er sie auch nicht sehen konnte, lief er in den Dienstraum zurück und stellte aufgrund der Stelltischausleuchtung fest, daß das Streckengleis nach Essingen belegt war. Sofort setzte er über ZBF den Nothaltauftrag ab. So liefen die Hilfsmaßnahmen an, kurz bevor der Zusammenstoß erfolgte.
Warum der 60jährige Tf, seit 1948 im Tf=Dienst, diese Fehlhandlung beging, blieb ein Rätsel. Gewohnheit als Grund scheidet aus, da er diese Leistung letztmalig am 15.11.1980, also vor fast einem Vierteljahr, erledigte. In den Zeitungen wurde erwogen, daß die Ursache für die Fehlhandlung des Tf ein Zuckerschock gewesen wäre. Denn es gibt ja zu denken, wenn ein Tf mit 90 km/h losfährt, während der Rangierleiter bei winterlichen Temperaturen außen auf dem Trittbrett steht. Amtlicherseits wurde diese Theorie nicht bestätigt. Der Tf befand sich zwar in Behandlung, wäre der Unfall jedoch auf diese Krankheit zurückzuführen, hätte man mit Sicherheit gegen den Bahnarzt Anklage erhoben.

6.3.1981, **Tauberfeld**, Str Ingolstadt-Treuchtlingen, E 3238 in die Flanke von Dg 78 124 gefahren (1 T, 25 V). ***II** [Abb. 116]

7.3.1981, bei **Overath**, Str Köln-Dieringhausen, E 3283 mit ca. 60 km/h von Erdrutsch aus dem Gleis gedrückt (3 V).

13.3.1981, **Flieden**, Str Frankfurt/M./Würzburg-Fulda, Flankenfahrt zweier G nach Signalverwechslung (hoher Sachschaden).

19.3.1981, **Böblingen**, Str Stuttgart-Horb, Bagger in Profil von E 3307 geschwenkt und drei Wagen seitlich aufgerissen (1 T, 2 V).

16.4.1981, **Lembruch**, Str Bremen-Osnabrück, bei Einfahrt des Dg 53 225 ein Kesselwagen mit zwei weiteren Wagen infolge loser Radreifen entgleist.

116: 6.3.1981, Tauberfeld,: Das zerstörte Tfz des E 3238

117: 27.8.1981, Wels, Str Passau-Wien, G nach Überfahren eines Signals mit D 220, Donau-Kurier, zusammengestoßen (160 V). Dieser Unfall ist, obwohl er sich in Österreich ereignete, mit in die Chronik aufgenommen, da die beteiligte DB=Lok (BR 111) trotz relativ geringer Geschwindigkeit vollkommen zerstört wurde, wogegen die ÖBB=Lok den Anprall weit besser verarbeitete.

22.4.1981, **Freilassing**, sechs Kurswagen von Salzburg beim Umsetzen nach Abreißen des Funkkontaktes zwischen Rl und Tf mit zu großer Geschwindigkeit gegen den Stammzug von Berchtesgaden gefahren (12 V).

20.6.1981, **Bietigheim=Bissingen**, Str Stuttgart-Mühlacker, S-Bahn=Zug infolge Fdl=Fehler in die Flanke von Eilzug gefahren (Sachschaden).

21.6.1981, **Wunstorf**, Str Hannover-Minden, Lok des D 1841 infolge Vollbremsung nach Selbstmord eines 51jährigen durch Schäden an der Bremsanlage nicht mehr fahrfähig. Hilfslok für liegengebliebenen D 1841 auf umlaufender Weiche entgleist, da vom Tf ein Haltesignal nicht beachtet.

3.7.1981, **Basel Bad** Bf, Rangierabteilung mit sechs leeren Wagen hart auf stehenden D 13 072 gefahren (40 V).

10.7.1981, **Glückstadt**, Str Hamburg-Itzehoe, N auf Ersatzsignal ab- und wegen falscher Weichenstellung über Prellbock und in Stellwerksgebäude gefahren.

28.9.1981, **Pfarrkirchen**, Str Mühldorf-Passau, E 3475 infolge Fdl=Fehler auf abgestellten Bauzug gefahren (11 V).

20.10.1981, **Wunstorf**, Str Hannover-Minden, durchfahrender Ng 61 614 auf N 4168 gefahren, der nach Überfahren des Ausfahrsignals trotz Zwangsbremsung bis ins Durchfahrgleis rutschte. Zf hatte trotz 'Halt' zeigenden Signals Abfahrauftrag erteilt, den Tf ohne eine Signalprüfung befolgte (15 V). [Abb. 118/119]

4.11.1981, **Hagen**, Str Hannover-Bremen, IC 685 gegen offene Tür eines Containerwagens des begegnenden Dg 61 518 geprallt.

7.11.1981, **Ashausen**, Str Lüneburg-Hamburg, mehrere Wagen eines G infolge Achsbruchs entgleist. Gegenzug N 5220 in die Trümmer gefahren (3 V).

13.11.1981, **Hannover** Hbf, einfahrender N 6327 einer Rabt in die Flanke gefahren; Lok und ein Wagen des N entgleist, ein Wagen der Rabt abgestürzt (5 V).

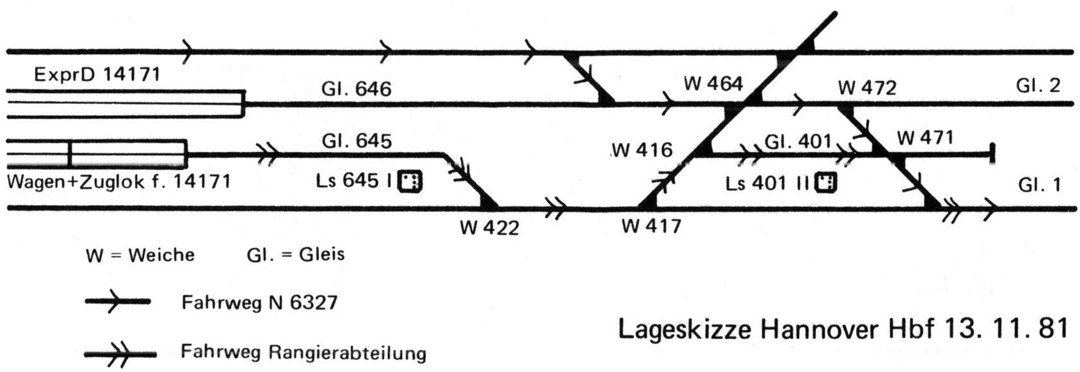

Lageskizze Hannover Hbf 13. 11. 81

118/119: Wunstorf - oben: Blick in Fahrtrichtung, links Güterwagentrümmer, rechts Kollisionsweiche mit Tfz des Ng / unten: beschädigter letzter Wagen des geschobenen Wendezuges N 4168

Wenige Minuten vor Ankunft des N 6327 befand sich die Lok des ExprD 14 171 mit einigen Wagen im Gleis 645. Sie sollte über die Weichen 422-417-416-464-472 nach Gleis 2 vorziehen und dann zum Hauptzugteil 14 171 in Gleis 646 zurücksetzen. Der Tf steuerte die Lok vom hinteren Führerstand. Daher konnte er die Signale im Rangierweg nicht ordnungsgemäß beobachten. Wegen fester Bremsen an zwei Wagen der Rabt verzögerte sich die Abfahrt um einige Minuten. Als die Störung behoben war, sah der Rangierleiter, der sich am letzten Wagen befand, zum Lichtsignal 645 I, das noch 'Fahrt' zeigte. Daraufhin ging er auf die in Fahrtrichtung linke Seite und gab dem Tf das Ausfahrsignal. In diesem Moment fiel jedoch das Signal auf 'Halt' zurück, da Fdl die Fahrstraße wegen der Verzögerung wieder zurückgenommen hatte, um zunächst N 6327 nach Gleis 1 einzulassen. Bei der Dispositionsänderung war auch Weiche 416 als Flankenschutz in Gleis 401 umgelaufen. Signal 401 II zeigte ebenfalls ordnungsgemäß 'Halt'. Da weder der Rangierleiter noch der Tf, beide auf der linken Zugseite, die Signale beobachten konnten, überfuhr die Rabt zunächst Signal 645 I, danach 401 II und geriet in den Fahrweg des N 6327, der inzwischen ein- und auf der Weiche 471 in Höhe des ersten Wagens der Rabt in die Flanke fuhr.
Der Weichenwärter will die Zurücknahme des Signals 645 I über Lautsprecher mitgeteilt haben, was Tf und Rangierleiter jedoch bestritten, gehört zu haben. Grundsätzlich handelte aber der Tf fahrlässig, als er die Umsetzbewegung vom hinteren Führerstand aus steuerte.

14.11.1981, **Bad Münder**, Str Hannover-Hameln, Ng 64363 auf Arbeitszug gefahren. Zur Zeit des Unfalls konnte in der Nordeinfahrt des Bfs Bad Münder wegen eines Dammrutsches nur ein Gleis befahren werden; am anderen Gleis wurde der Oberbau wiederhergestellt. Dazu befanden sich zwei Arbeitszüge im Bahnhof. Am Morgen des 14.11.1981 hatte der Tf des in Gleis 2 stehenden Az gerade sein Funkgerät eingeschaltet, als er einen Funkspruch *"... vorziehen..."* empfing. Obwohl er die Durchsage nur undeutlich gehört hatte, setzte er seinen Az Ri Baustelle in Bewegung, ohne den Auftrag zu wiederholen. Da die Funkgeräte beider Az auf gleicher Frequenz lagen, war es zu einer Verwechslung gekommen. Der Funkspruch war für den anderen Az bestimmt gewesen.

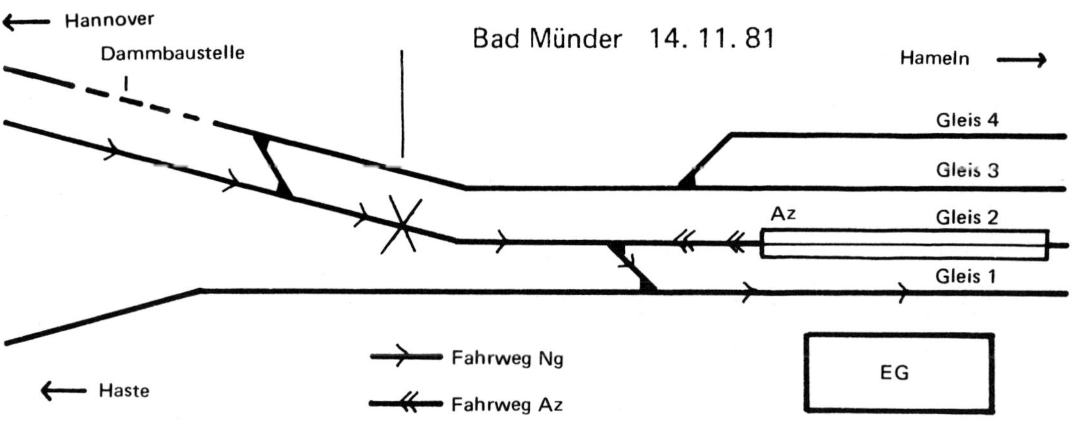

Inzwischen näherte sich aus Ri Hannover Ng 64 363, der ordnungsgemäß seine Geschwindigkeit auf 40 km/h ermäßigte, da er auf Gleis 1 den Bf durchfahren sollte. Schnellbremsung durch den Tf des Ng konnte den Zusammenstoß nicht mehr verhindern. Mehrere an der Spitze des Az laufende Muldenkippwagen entgleisten, eine Mulde mit Sand wurde in den Führerstand der Ng=Lok geschleudert. Der Tf konnte sich noch in den Maschinenraum seiner Lok retten. Etwa zehn Wagen des Ng entgleisten, einige auf einer Brücke, wodurch diese ebenfalls beschädigt wurde.
Die Hauptschuld trifft den Tf des Az, da er den Auftrag nicht wiederholt hat und ohne vorherige Verständigung den Az in Bewegung setzte; außerdem unterließ er eine Kontrolle der Funkverbindungen. Mitschuldig war der Bauaufsichtsführer, da er Funkgeräte an zwei Rabt ausgab, ohne diese auf verschiedene Kanäle zu schalten. [Abb. 120]

120 - Bad Münder: Tfz des Ng 64 363, links aufgekletterte Wagen des Ng, rechts letzter Wagen des Az

10.12.1981, **Donauwörth**, Lok auf Schlußwagen eines N nach Nördlingen gefahren. Die Lok sollte dem N folgen, der jedoch bei der Ausfahrt noch einmal unerwartet angehalten hatte (5 V).

14.12.1981, auf der Str **Wiesau-Waldsassen**, geschobener Steuerwagen von N 6973 auf vereistem BÜ entgleist.

5.1.1982, zwischen **Vorbach** und **Engelmannsreuth**, Str Nürnberg-Kirchenlaibach, D 494 mit Zuglok und 4 Wagen nach Erdrutsch entgleist (8 V).

20.2.1982, **Hannover** Hbf, Rangierabteilung dem ausfahrenden D 471, Komet, nach Überfahren eines Gleissperrsignals in die Flanke gefahren. [Abb. 121]

121

1.3.1982, zwischen **Lübberstedt** und **Stubben**, Str Bremen-Bremerhaven, bei Begegnung von N 5415 mit Üg 66510 wegen gelöster Flügeltür eines Wagens der Üg zwei Fenster der Garnitur des N zerschlagen (1 V).

2.4.1982, **Neustadt** (Donau), Str Ingolstadt-Regensburg, Lok der BR 194 infolge Fehleinschätzung des Bremsweges durch einen Lokführeranwärter auf Kesselwagenzug gefahren; ein Kesselwagen und die Lok in Brand geraten und ausgebrannt. Auslaufendes Benzin gelangte in die Kanalisation und brachte die Stadt in Gefahr, konnte jedoch mit Hochdruckspülgerät wieder entfernt werden. Der Lokführeranwärter und der Ausbilder konnten sich durch Abspringen retten.

27.4.1982, **Linsburg**, Str Hannover-Bremen, Zuglok von Dg 61 532 mit einem Wagen über Prellbock gefahren und die Böschung hinabgerutscht. Der Dg war bereits im Bf Hagen wegen einer Bremsstörung liegengeblieben und sollte in Linsburg von einem Eilzug überholt werden. Da die Zeit drängte, legte Fdl Linsburg schon während der Einfahrt des Dg die Weiche am Ende des Überholgleises in Ri Schutzgleis, obwohl der Durchrutschweg für eine Stellung in Ri Hauptgleis berechnet ist. Im 1400 t schweren Dg waren jedoch aus bisher ungeklärter Ursache (man vermutet einen aufgewirbelten Fremdkörper, der den Luftabsperrhahn am sechsten Wagen umgestellt hat) nur sechs Wagen wirksam

122/123 - Ostercappeln, 2.8.1982: oben: Wagen 1 und 2 des D 15233 / unten: der britische Schützenpanzerwagen

gebremst, so daß die Zugspitze des Dg von den nachfolgenden, ungebremsten Wagen über das Ausfahrsignal und den Prellbock des Schutzgleises gedrückt wurde.

1.5.1982, Str **Hanau-Aschaffenburg**, zehn Wagen eines G vermutlich wegen eines nicht gesicherten Kranauslegers entgleist.

3.5.1982, **Bremen=Vegesack**, letzter Wagen des einfahrenden N 4412 infolge unzeitiger Weichenbedienung nach vorzeitiger Fahrstraßenauflösung mit allen Achsen entgleist und quergestellt. (vgl. auch Bremen=Burg, 14.11.1977)

2.8.1982, bei **Ostercappeln**, Str Osnabrück-Bremen, D 15 233 mit britischem Schützenpanzer kollidiert, der von zwei britischen Soldaten nach einer Amokfahrt auf die Gleise gefahren worden war. Beim Aufprall entgleisten das erste Tfz und die fünf Wagen des Zuges. Der Panzer wurde völlig zerstört, beide Soldaten getötet, 20 Reisende und der Tf erlitten Verletzungen. [Abb. 122/123]

26.8.1982, **Lorch**, Str Wiesbaden-Niederlahnstein, dem mit 80-90 km/h durchfahrenden D 13 301, Dortmund-Freudenstadt, Rabt infolge Signalmißachtung in die Flanke gefahren; Rangierlok auf Straße gestürzt, auslaufender Treibstoff in Brand geraten (24 V).

21.9.1982, **Aschaffenburg** Hbf, rangierende Lok vermutlich infolge Mißachtung eines Gleissperrsignals gegen ausfahrenden IC 129, Johann Strauß, gefahren (66 V).

30.9.1982, bei **Schluchsee**, Str Freiburg-Seebrugg, Zugbahnfunk=Meßzug Dsts 83 743 vermutl. infolge mangelhafter Verständigung mit Kran=Az zusammengestoßen (1 T, 2 V).

16.11.1982, **Heidelberg** Hbf, Zusammenstoß D 897 mit Rangierabteilung (20 V).

29.11.1982, bei **Landshut** Süd, Str Mühldorf-Landshut, Steuerwagen eines N auf durch Erdrutsch infolge eines Wasserrohrbruchs mit Erdreich und Gestrüpp teilweise verschütteten Gleisen entgleist (1 V).

1.12.1982, bei **Raisting**, Str Geltendorf-Weilheim, Frühzug von Augsburg in ausgebrochene Rinderherde gefahren, vier Tiere getötet (Sachschaden der Bahn: ca. DM 15 000).

4.12.1982, **Himmighausen**, Str Altenbeken-Herford, E 2674 nach Überfahren des Ausfahrsignals mit dem einfahrenden E 2171 zusammengestoßen (34 V).

28.12.1982, **Lehrte**, Str Hannover-Braunschweig, Zusammenstoß eines G mit stehender Lokomotive, die vom Fdl versehentlich ins Hauptgleis geleitet worden war.

14.1.1983, **München** Ost, leerer S-Bahnzug auf bereitstehenden N gefahren (8 V).

15.1.1983, **Hannover** Hbf, Zusammenstoß des IC 576 mit Leergarnitur aus E 3205 wegen Signalmißachtung durch den Tf des Leerzuges (14 V).

14.4.1983, bei **Hannover=Linden** Hafen, Güterumgehungsbahn Wunstorf-Seelze-Lehrte, Zuglok des Gag 58 493 entgleist und die Böschung hinabgestürzt, Wagenzug (25 Kesselwagen mit Rohöl) weitergerollt. [Abb. 124]

124: Hannover=Linden Hafen, 14.4.1983: Bergung der Lok 140 032 am 21.4.1983

16.4.1983, **Bad Oldesloe**, Str Hamburg-Lübeck, Lz durch Fdl in besetztes Gleis eingelassen und auf haltenden E 3092 gefahren (17 V).

26.5.1983, **Groß Königsdorf**, Str Aachen-Köln, Entgleisung des D 225 bei ca. 130 km/h auf vermurten Schienen nach einem Erdrutsch im Einschnitt zwischen Großkönigsdorf und Horrem (7 T, 24 V). 1984 wurde der Fdl wegen fahrlässiger Tötung zu einer Geldstrafe von DM 9000,-- auf Bewährung verurteilt. ***II**

9.7.1983, bei **Schalksmühle**, Str Hagen-Lüdenscheid, Frontalzusammenstoß einer Lok mit Wendezug während eines wegen Bauarbeiten zeitweise eingleisigen Betriebes (20 V).

5.8.1983, **Guntershausen**, Str Kassel-Gießen, Leerwagenzug 79 472 mit sieben Wagen entgleist, vermutlich wegen nicht ausreichend gesicherter Kippmulde bei einem Wagen.

23.8.1983, **Hannover** Hbf, Rangiereinheit auf IC 522 gefahren (11 V); am **26.8.1983** ereignete sich erneut ein ähnlicher Unfall mit dem gleichen Zug (2 V).

10.9.1983, **Rosenheim**, Str München-Salzburg, Wagengruppe eines TUI=Ferienexpresses beim Umrangieren nach Ausfall der Funkverbindung zwischen Rangierer und Tf auf stehenden D 13 017 gefahren (45 V).

29.9.1983, **Vollmerz**, Str Fulda-Würzburg, 12 Wagen des Sgk 52 152 entgleist, nachdem sich ein Antriebsteil des Tfz gelöst hatte und in einer Weiche steckengeblieben war (hoher Sachschaden).

11.10.1983, zwischen **Eggmühl** und **Neufahrn**, Str Regensburg-München, Entgleisung eines G auf abgesenkter Hilfsbrücke.

25.10.1983, **Göttingen**, bei dichtem Nebel Dg 79 480 auf abgestellte Kesselwagen gefahren. Für das betroffene Gleis lag keine Gleisbesetztmeldung vor, da die Achszählgrundstellungstaste zu einem nicht mehr feststellbaren Zeitpunkt betätigt worden war.

29.10.1983, Str **Bebra-Eichenberg**, Signal- und Fahrleitungsanlagen durch nicht profilfrei verladenen Lkw im Sgk 52 154 beschädigt worden.

10.11.1983, **Hagen** Hbf, einzelne Lok auf stehenden Eilzug gefahren, der in ein besetztes Gleis geleitet worden, aber rechtzeitig zum Stehen gekommen war (15 V).

7.2.1984, zwischen **Wiesenbach** und **Breidenbach**, Str Wallau-Gönnern, Entgleisung des N 7307 auf einem unterspülten Damm.

7.3.1984, **Ehlershausen**, Str Lehrte-Celle, vier Wagen eines G nach Radreifenbruch entgleist.

18.3.1984, **Augsburg** Hbf, Zusammenstoß des E 2365 mit Rangierabteilung (9 V).

30.3.1984, **Weetzen**, Str Hannover-Hameln, Weiche unter einfahrendem N 4820 gestellt, letzter Wagen entgleist.

13.4.1984, Str **Göttingen-Bebra**, D 789 auf abgefallenen Druckluftbehälter eines G gefahren und entgleist.

18.4.1984, **Uelzen**, Str Hannover-Hamburg, Zusammenstoß zweier G nach Signalmißachtung; hoher Sachschaden.

30.4.1984, **Burgdorf**, Str Lehrte-Celle, G nach Einfahrt in besetztes Gleis auf stehenden Ng gefahren, der wegen einer Schrankenstörung angehalten worden war (hoher Sachschaden).

8.6.1984, zwischen **Schnabelwaid** und **Pegnitz**, Str Nürnberg-Schirnding, Tfz des D 458 entgleist, nachdem starke Regenfälle den Bahndamm unterspült hatten.

14.7.1984, bei **Frankfurt/M.-Sportfeld**, Tfz (BR 150) eines G wegen technischen Defekts in Brand geraten.

31.7.1984, **Neubäu**, Str Schwandorf-Furth i.Wald, Zusammenstoß Nt 6513 mit Dg 44 132 wegen falscher Weichenstellung (13 V).

12.8.1984, **Heilbronn** Vorbf, D 890 von Stuttgart infolge überhöhter Geschwindigkeit (100 km/h statt 40 km/h) bei Falschfahrbetrieb wegen Bauarbeiten auf rückleitender Weichenverbindung entgleist (3T, 57 V). ***II** [Abb. 125]

125 - Heilbronn Vorbf. 12.8.1984

28.9.1984, bei **Mettmann**, Str Düsseldorf-Wuppertal=Wichlinghausen, beim Rangieren entlaufene Güterwagen auf entgegenkommenden N 6259 nach Wuppertal geprallt (16 V).

12.11.1984, **Großenlüder**, Str Fulda-Gersfeld, Zusammenstoß des Nto 5409 mit Rangierlok (25 V).

28.2.1985, **Jettingen**, Str Ulm-Augsburg, drei Wagen eines G wegen eines Radschadens entgleist; einer der Wagen, mit 22 t Orangen beladen, stürzte über die sechs Meter tiefe Böschung auf einen Acker.

20.3.1985, bei **Empelde**, Str Hannover-Hameln, Flankenfahrt des Gag 76 085 gegen Gag 57 461, dessen Tf ein Haltesignal überfahren hatte; Sachschaden ca. DM 3,5 Mio.
In der Nacht vom 19. auf 20. März 1985 näherten sich kurz vor Mitternacht Gag 76 085, Hamburg-Kulmbach (20 Kesselwagen mit Superbenzin), und Gag 57461, Marl=Sinsen-Hameln (24 Kohlewagen), der Abzweigstelle Empelde, bei der die Verbindungsstrecke von der Güterumgehungsbahn Hannover in die Hauptstrecke Hannover-Hameln einmündet (s. nebenstehenden Kartenausschnitt). Gag 57 461 lief 82 Min vor, Gag 76 085 ca. 15 Min nach Plan. Der Fdl im Zentralstellwerk Hannover=Linden, zu dessen Fernsteuerbereich Abzwg. Empelde gehört, griff nicht in den Selbststellbetrieb ein, so daß der Benzinzug Gag 76 085 bei der Einmündung der Güterumgehungsbahn 'Fahrt frei' hatte, der Kohlezug Gag 57 461 dagegen 'Halt'.

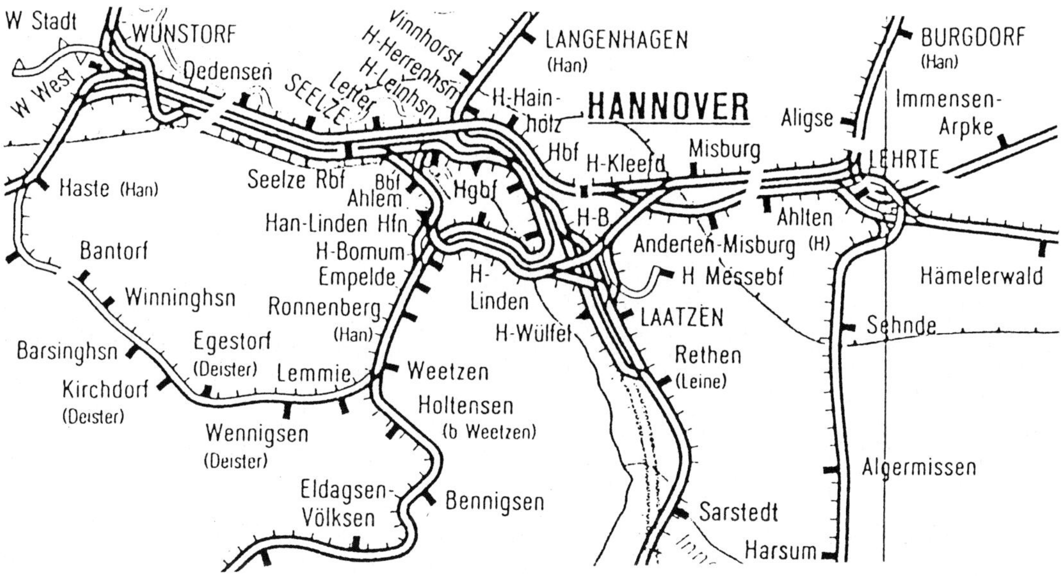

Dem später ausgewerteten Indusistreifen gemäß quittierte Tf des Kohlezuges das in Warnstellung befindliche Vorsignal Vr 661, etwa 1000 m vor dem Hauptsignal Hp 661, wonach der Zug des leichten Gefälles wegen auf ca. 43 km/h beschleunigte. Danach schaltete Tf die Antriebsleistung wieder ein, woraufhin der Zug auf etwa 58 km/h beschleunigte und am 'Halt' zeigenden Hauptsignal Hp 661 Zwangsbremsung erhielt. Die Zugspitze kam im Weichenbereich des Hauptgleises zum Halten. Kurz danach fuhr der Kesselwagenzug der Lok und den ersten Wagen des Kohlezuges in die Flanke. Dabei entgleisten die Lok und vordersten Wagen des Benzinzuges und gerieten in Brand. Beide Tf konnten sich durch schnelles Verlassen der Führerstände retten, bevor nach mehreren Explosionen ein Großbrand entstand, der trotz der schon wenige Minuten später anrückenden Feuerwehr erst im Laufe des Tages unter Kontrolle gebracht werden konnte. Die Strecke blieb nach Beendigung der Aufräumungsarbeiten noch zwei Tage gesperrt, weil vor Neuerrichtung des Oberbaus das Erdreich an der Unfallstelle ausgetauscht werden mußte, da dort einige Tausend Liter Benzin versickert waren. [Abb. 126/127]
Die staatsanwaltlichen Ermittlungen ergaben, daß der Tf des Kohlezuges einer Signalverwechslung erlegen sein mußte. Dazu trugen vermutlich die ungünstigen Aufstellungsorte der Hauptsignale an der Abzweigstelle mit bei, da die Signale im Kurvenverlauf der Strekke dort teilweise durch Sträuche und Bäume verdeckt waren und von einer bestimmten Stelle aus verwechselt werden konnten, d.h. der Tf konnte im kritischen Moment das rechts stehende, für den Benzinzug 'Fahrt' zeigende Signal Hp 662 auf sich beziehen und beschleunigte somit den Zug. Erst ca. 250 m vor den Signalstandorten erschienen die Signale wieder eindeutig in ihrer Gleiszuordnung.
Nun war die für diese Fahrt nötige Streckenkunde des Tf etwa 6 Wochen vorher abgelaufen. Der Tf hätte die Fahrt also gar nicht antreten dürfen oder einen Lotsen anfordern müssen, und Auffrischungsfahrten zur Streckenkenntnis haben die Tf selbst zu beantragen.
Allein ursächlich für den Unfall war diese Signalverwechslung jedoch nicht. Bei Beginn der Fahrt hatte der Tf des Kohlezuges statt der Zugartschalterstellung U die Stellung M eingeschaltet, weshalb bei der Geschwindigkeitsprüfung am 500 Hz=Magneten vor dem

126/127 - Empelde: Unfallstelle des 20.3.1985 - oben: links Tfz des Gag 57 461, Mitte Tfz mit umgestürzten Kesselwagen des Gag 76 085 / unten: Löscharbeiten

Hauptsignal, den der Zug mit 49 km/h passierte, keine Zwangsbremsung erfolgte. Bei Stellung U wäre wegen der Prüfgeschwindigkeit 40 km/h bereits am 500 Hz=Magneten eine Zwangsbremsung ausgelöst worden, die den Zug im Weichenbereich zum Halten gebracht und den Zusammenstoß verhindert hätte. (vgl. auch Ansbach, 30.4.1987)
Die Auswertung des Indusi=Streifens ergab ferner, daß der Tf während der Fahrt von Marl=Sinsen nach Hannover auf einzelnen Abschnitten die Höchstgeschwindigkeit von 80 km/h mehrfach um bis zu 20 km/h überschritten hatte.
Vor dem Amtsgericht Hannover wurde Tf im Januar 1986 wegen Gefährdung des Bahnbetriebs zu einer Geldstrafe von DM 4900,-- verurteilt. Um weiteren Signalverwechslungen vorzubeugen, wurden die Standorte der betroffenen Hauptsignale verlegt.

23.3.1985, **Altenbeken**, durchfahrender Dg 53 803 aus Ri Hamm der Üg 67 891 in die Flanke gefahren, die nach Signalverwechslung in das Hauptgleis geraten war (1 T, 1 V).
Nach Beendigung der Zugbildung und Bremsprobe gegen 5 Uhr zog Üg 67 891 nach Gleis 23 in Erwartung der Ausfahrt vor. Der Rangierleiter hatte nach Erledigung seiner Pflichten die V=Lok der Üg verlassen, dem Fdl über Funk gemeldet, Üg 67 891 sei zur Abfahrt bereit, und der Fdl wiederum antwortete: *"...erst Durchfahrt Gleis 22, dann geht es weiter..."*. In der Meinung, die Üg wäre zum Halten gekommen, gab Fdl die Durchfahrt für den Dg 53 803 aus Ri Hamm frei.
Da auch Gleis 23 des Insel=Bfs Altenbeken in einer leichten Krümmung liegt, gibt es am Bahnsteigende Fahrtanzeiger, die den Tf die Stellung des Ausfahrsignals anzeigen. Der Tf der Üg 67 891 hätte also nicht vorziehen müssen, um Sicht auf das für Gleis 23 geltende Ausfahrsignal zu erhalten. Er tat es dennoch und bekam kurzzeitig das auf 'Hp 1' stehende Ausfahrsignal V 22 in sein Blickfeld, bezog es auf sich und beschleunigte den Zug. Als der Fdl das bemerkte, versuchte er noch durch Umschalten der Signalbeleuchtung auf Taglicht den Tf der Üg auf die Haltstellung s e i n e s Ausfahrsignals V 23 aufmerksam zu machen. Gleichzeitig nahm der Fdl die Durchfahrt für den Dg zurück und setzte über ZBF Nothaltauftrag ab. Weil Üg 67 891 aber schon das Signal V 23 überfahren hatte und ins Hauptgleis geraten war, stand das Ausfahrsignal V 22 bereits auf 'Halt'. Unmittelbar darauf fuhr Dg 53 803 mit ca. 75 km/h der Üg in die Flanke. Die Lok (BR 150) des Dg, deren Führerstand durch einen aufgekletterten Güterwagen vollständig zerstört wurde, sowie 15 Güterwagen entgleisten und stürzten z.T. um [Abb. 128/129]; der Tf des Dg wurde getötet, ein mitfahrender Lokführer schwer verletzt.

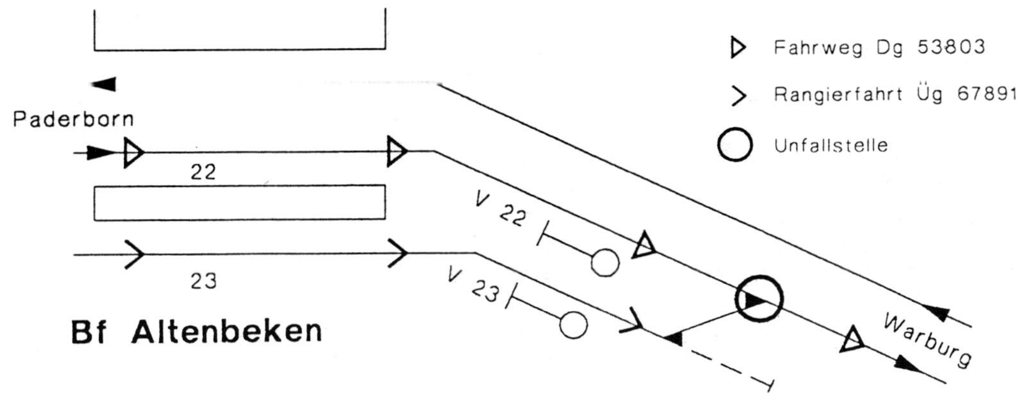

128/129 - Altenbeken, 23.3.1985: oben: zerstörtes Tfz des Dg 53 803 mit Trümmern des aufgekletterten Wagens der Üg / unten: Blick entgegen der Fahrtrichtung, vorne entgleiste Güterwagen des Dg; im Hintergrund rechts nicht entgleiste Wagen des Dg, links die der Üg

Zur Anklage vor dem AG Paderborn kam es sowohl gegen den Tf der Üg als auch gegen den Fdl. Der Tf hätte als streckenkundiger Lokführer das Ausfahrsignal richtig zuordnen und zuvor die Rangierfahrt durch Halten beenden müssen. Fdl hingegen wurde vorgeworfen, der rangierenden Üg keinen eindeutigen Haltauftrag gegeben zu haben. Bei der Konstellation der Gleise 22 und 23 (ohne Flankenschutz und Durchrutschweg) hätte jede Rangierbewegung im Gleis 23 während einer Durchfahrt in Gleis 22 unterbunden werden müssen. So erhielten beide Angeklagten Geldstrafen. Fdl ging in Berufung, und in der zweiten Hauptverhandlung wurde das Verfahren gegen ihn gegen Zahlung einer Geldbuße eingestellt.
Personalvertreter kritisierten den fehlenden Flankenschutz und die schlechte Sicht auf die Ausfahrsignale. Eine vorhandene Flankenschutzweiche war bei den Elektrifizierungsarbeiten 1970 ausgebaut worden (s. Skizze), und vorgeschrieben sind Flankenschutzweichen nur, wenn in Durchfahrgleisen schneller als 160 km/h gefahren wird.

17.6.1985, bei **Wüsting**, Str Oldenburg-Bremen, vier Wagen des E 3949 auf durch starken Regen unterspülten Gleisen entgleist (10 V). Die kurz zuvor auf 160 km/h heraufgesetzte Hg für IC=Züge wurde nach dem Unfall auf 120 km/h zurückgenommen.

25.6.1985, **Hanau** Nord, N 7620 auf stehenden Dg 53 904 gefahren (8 V).

22.7.1985, bei **Hohenstein**, Str Bad Schwalbach-Limburg, Frontalzusammenstoß zwischen N 5652 und der Üg 66 506, deren Tf die planmäßige Kreuzung im Bf Hohenstein nicht abgewartet hatte (2 T, 3 V).

19.8.1985, **Burgdorf**, Str Lehrte-Celle, Ng 63 652 auf Gag 77 515 gefahren, nachdem Fdl die Einfahrt in das besetzte Gleis freigegeben hatte (1 V). [Abb. 130]

130: Burgdorf, 19.8.1985 - Tfz des Ng und letzter Wagen des Gag

27.8.1985, bei **Freising**, Str Landshut-München, Steuerwagen eines N mit Arm eines Gleisbaubaggers (Zweiwegefahrzeug) zusammengeprallt, der während Bauarbeiten zu weit gerollt war und das Gleis nicht mehr verlassen konnte (2 V).

4.9.1985, bei **Melle**, Str Osnabrück-Hannover, auf Gleisen geparkter Pkw von G erfaßt und zerstört. Der Pkw=Fahrer, der sich zunächst von der Unfallstelle entfernt hatte, gab später an, wegen einer fehlenden Absperrbake in die Baustelle geraten zu sein und dann vergeblich versucht zu haben, den Wagen wieder frei zu bekommen.

6.9.1985, bei **Arholzen**, Str Holzminden-Kreiensen, Zusammenstoß eines E mit einem Bagger, der während Gleisbauarbeiten zu weit in das Nachbargleis ragte (4 V).

19.10.1985, **Immendingen**, Str Offenburg-Konstanz, Frontalzusammenstoß des Dg 44 340 mit Lz 85 963 bei ca. 75 km/h wegen falscher Weichenstellung (1 T, 1 V).

16.12.1985, **Neuss**, Triebwagen beim Rangieren in das Hauptgleis Neuss-Mönchengladbach geraten und mit durchfahrendem G kollidiert.

21.12.1985, **Köln** Hbf, Zusammenstoß einer Rangierabteilung mit D 225 (8 V).

22.12.1985, bei **Gunzenhausen**, Str Würzburg-Treuchtlingen, N auf Pkw geprallt, der von einer Brücke auf die Gleise gestürzt war.

14.2.1986, bei **Dollern**, Str Stade-Hamburg, N mit Gleisbaubagger zusammengeprallt (1 V).

17.3.1986, **Porz**, Str Köln-Troisdorf, 5000 t=Gag auf Schotterwagenzug gefahren (2 V).

24.3.1986, Str **Schiltach-Schramberg**, Engleisung einer Üg auf unterspültem Bahndamm.

25.3.1986, **Essen** Nord, Stellwerkbrücke von durch vorzeitige Weichenstellung entgleistem Güterzug umgerissen worden.

15.4.1986, **Pforzheim** Hbf, Str Karlsruhe-Stuttgart, Zusammenstoß einer Rangierabteilung mit D 2758 (35 V).

- - , bei **Ebensfeld**, Str Lichtenfels-Bamberg, Diesellok des D 2450 wegen technischen Defekts in Brand geraten.

- - , **Baunatal**, Str Kassel-Marburg, G auf stehenden G gefahren; Tfz und 12 Wagen entgleist. Der Fdl hatte Einfahrt ins besetzte Gleis gegeben (hoher Sachschaden).

23.4.1986, bei **Godenau**, Str Hannover-Göttingen, Tragwagen mit Wechselaufbauten des Sgk 52 196 in Brand geraten; 22 Feuerwehrleute und Polizisten durch austretende Dämpfe von Chemikalien verletzt.
Durch unsachgemäße Verladung entstand bei einer im Wechselbehälter verladenen Chemikalie eine thermische Zersetzung (nach Reibung zwischen einem Stahlfaß und einem Kunststoffsack), wonach sich das übrige Ladegut entzündete. Die transportierten Chemikalien waren im Rahmen der Gefahrgutverordnung nicht kennzeichnungspflichtig.

23.5.1986, bei **Wiera**, Str Kassel-Gießen, Zuglok des Dg 54 711 vermutlich wegen eines technischen Defekts vollständig ausgebrannt.

3.7.1986, bei **Nienburg**, Str Bremen-Hannover, Schwelbrand in mit 25 t Baumwollballen beladenen Wagen eines G, da ein verbogenes Funkenschutzblech an einem Radsatz schleifte.

15.8.1986, **Frankfurt/M.** Hbf, Eilzug nach einer zu spät eingeleiteten Bremsung auf Prellbock gefahren (6 V).

7.9.1986, bei **Wackersdorf**, Str Schwandorf-Cham, Zusammenstoß Nt mit Polizeihubschrauber, der während Demonstrationen gegen die Wiederaufbereitungsanlage Wackersdorf auf dem Gleis gelandet war (1 T, 5 V). ***II**
Die SÜDDEUTSCHE ZEITUNG brachte in der Ausgabe vom 19./20.11.1988 einen überraschend präzisen Bericht, verfaßt von Rolf Thym, über die Hauptverhandlung vor dem Schöffengericht Schwandorf. Dem Artikel zufolge beantragte die Staatsanwältin lediglich DM 6 900,-- für den angeklagten Hubschrauberpiloten (nicht DM 10 000,-- wie anderen Zeitungen entnommen wurde). Der Schlußabsatz des Berichtes lautet:

> *"Eine späte Genugtuung erfuhr der Lokführer durch die Verurteilung des Piloten: Der Bundesbahn-Beamte hatte während des gut zwei Jahre dauernden Ermittlungsverfahrens den Eindruck gewonnen, daß die Staatsanwaltschaft bei ihm zumindest eine Mitschuld an dem Unglück sehe. Überhaupt legte die Staatsanwaltschaft ein bemerkenswertes Verhalten während dieses Verfahrens an den Tag: Es war bekannt geworden, daß sie das Ermittlungsverfahren gegen den Piloten mit einem Strafbefehl einstellen wollte. Dagegen sträubte sich allerdings das Gericht, und als auf dessen Drängen hin doch der Prozeß begann, stimmte die Staatsanwältin dem Antrag des Verteidigers zu, den Prozeß erst gar nicht stattfinden zu lassen. Als das Gericht dies wiederum ablehnte, verlas die junge Staatsanwältin ihre Anklage."*

Nun hat man heute öfters den Eindruck, daß die StA bei Verfehlungen ihrer 'Hilfsbeamten' zu Nachsicht neige, einerseits verständlich, andererseits dem Grundsatz "gleiches Recht für alle" nicht dienlich. Aber unsere Justizbeamten scheinen zunehmend eine seltsame Haltung einzunehmen.[30] So ist es sehr befremdlich, wenn die Staatsanwältin als Vertreterin der Anklage der Verteidigung assistiert und der die Verhandlung leitende Richter dem schuldigen Piloten *"ein beträchtliches Maß an Fahrlässigkeit"* vorhalten muß, und daß er ca. 200 m von der Unfallstelle entfernt einen risikolosen Landeplatz gehabt hätte.

19.9.1986, **Bingerbrück**, Str Koblenz-Mainz; der Fahrer eines Turmtriebwagens, der nach kleinen Wartungsarbeiten an der Oberleitung umsetzen sollte, überfuhr ein Haltsignal und kam im Hauptgleis auf der Nahebrücke zum Halten. Ein durchfahrender G zertrümmerte den Turmtriebwagen, wobei der unaufmerksame Fahrer den Tod fand.

23.9.1986, **Blankenese**, Str Hamburg-Wedel, S-Bahn=Mittelwagen wegen technischen Defekts in Brand geraten.

30.9.1986, **Friedensdorf**, Str Marburg-Wallau, Flankenfahrt des E 5770 mit der nicht profilfrei im Gegengleis stehenden Schlußlok der Üg 68 683.

7.10.1986, **Hamburg=Rothenburgsort**, Tfz und fünf Wagen eines G auf kurz zuvor reparierter Weiche entgleist, dabei etwa 10 000 l Benzin ausgelaufen (1 V).

29.11.1986, zwischen **Mannheim=Friedrichsfeld** und **Mannheim Hbf**, IC 594 mit Bus zusammengestoßen, der wegen überhöhter Geschwindigkeit von der Straße abgekommen und auf die Gleise geraten war (2 T, 3 V).

10.12.1986, bei **Letter**, Str Hannover-Wunstorf, Lr 33 512 mit Steuerwagen voran nach Einfahrt in besetztes Gleis auf Rangierlok gefahren (1 T, 2 V).

20.12.1986, bei **Neumarkt**, Str Regensburg-Nürnberg, Entgleisung und Zugtrennung eines Sg nach Achsbruch bei etwa 100 km/h (hoher Sachschaden).

3.2.1987, **Elmshorn**, Str Hamburg-Neumünster, Entgleisung des Sgk 52 055 ("Rollende Landstraße") wegen eines Wagenschadens. Ein Lkw stürzte auf das Nebengleis, auf dem gerade ein N vorbeifuhr, so daß ein Wagen des Nahverkehrszuges entgleiste (hoher Sachschaden).

23.2.1987, zwischen **Unna** und **Holzwickede**, Str Hamm-Hagen, Lok auf vor Signal stehendem D gefahren (2 V).

30.3.1987, bei **Schöningen**, Str Braunschweig-Helmstedt, Triebwagen auf abgesacktem Untergrund entgleist.

7.4.1987, bei **Friedland**, Str Göttingen-Bebra, Sgk auf abgerutschte Stützmauer gefahren und entgleist.

- - , **Frankfurt/M.** Hbf, Umspannlok durch Rangierfehler auf D 898 gefahren (23 V).

15.4.1987, **Frankfurt/M.** Hbf, Lok (BR 141) vor N wegen technischen Defekts in Brand geraten.

22.4.1987, **Hameln**, Str Löhne-Elze, zwei Wagen eines G infolge Radreifenbruchs entgleist.

30.4.1987, **Ansbach**, zur Flankenfahrt infolge Signalmißachtung des Ri Würzburg ausfahrenden Dg 54 174 gegen den ebenfalls, aber Ri Stuttgart, ausfahrenden D 494 (1 T, 52 V, hoher Sachschaden) ***II**, hier aus gegebenem Anlaß [31] und weil in KATASTROPHEN DER DEUTSCHEN BAHNEN - TEIL I vornehmlich unter dem Aspekt eines Rechtsvergleiches abgehandelt, noch einige Fakten und Präzisierungen; zunächst der Unfallablauf gemäß Abschlußvermerk der BD Nürnberg:

> *"Etwa um 9.40 Uhr stellt der Fdl Bf Ansbach für den aus Richtung Treuchtlingen kommenden Dg 54 174 die Einfahrt nach Gleis 3. Um 9.42 Uhr fuhr der wegen Ladearbeiten auf Gleis 2 stehende D 494 auf Signal Hp 2 (Höchstgeschwindigkeit 60 km/h, signalisiert durch Signal Zs 3) um 2 Min verspätet ab.*
> *Der Tf des Dg 54 174 sah das Einfahrsignal in Stellung Hp 1 und das an diesem Signal angebrachte Vorsignal zum Ausfahrsignal N 3 in Stellung Vr0 und ermäßigte entsprechend seine Geschwindigkeit. Bei der weiteren Fahrwegbeobachtung verwechselte der Tf des Dg 54 174 das noch von der Ausfahrt für den D 494 in Stellung Hp 2 stehende Ausfahrsignal N 2, beendete seine Geschwindigkeitsermä-*

ßigung und nahm erst unmittelbar vor dem Asig N 3 die Hp00-Stellung dieses Signals wahr. Trotz einer sofort eingeleiteten Schnellbremsung und der am Asig N 3 wirkenden Indusi rutschte der Dg 54 174 über das Signal hinweg, fuhr kurze Zeit mit dem D 494 parallel und fuhr dann auf der Weiche 107 dem dritten Wagen des D 494 in die linke Seite, so daß der zu diesem Zeitpunkt etwa 60 km/h fahrende D 494 mit 4 Wagen entgleiste." (Skizze ***II**)

131: Ansbach - Radlader bewahrten den Gepäckwagen des D 494 vor dem Absturz

In der Begründung des gegen den schuldigen Tf vom AG Ansbach erlassenen Strafbefehls (AZ 7 Js 3621/87) heißt es:

"Bei pflichtgemäßem und aufmerksamen Verhalten des Tf wäre der Zugunfall mit Sicherheit vermieden worden. Der Tf ließ die im Verkehr und Umgang mit Eisenbahnen erforderliche und ihm zumutbare und mögliche Sorgfalt außer acht und hat dabei das Schadensereignis pflichtwidrig nicht vorgesehen:
Er leitete erst 130 m vor dem Ausfahrtsignal die Vollbremsung des Güterzuges ein, obwohl für ihn bei gehöriger Aufmerksamkeit bei der klaren Witterung die Haltstellung des Signals bereits 310 m vor dem Signal erkennbar gewesen wäre. Der Tf hatte spätestens ab dieser Entfernung, als er etwa am Beginn der Bahnsteigüberdachung bzw. auf Höhe des östlichen Treppenaufganges fuhr, wieder volle ungehinderte Sicht auf das Signal. Trotz der von ihm eingeleiteten Vollbremsung und einer Zwangsbremsung durch einen 2 000 Hz-Magneten am Standort

des Ausfahrtsignales gelang es ihm deshalb nicht, den Zug vor dem ordnungsgem. ausfahrenden D-Zug zum Stillstand zu bringen. Bei gehöriger Aufmerksamkeit und sofortiger Schnellbremsung bei Erkennen des Signals N 3 hätte der Güterzug bereits im Bereich dieses Signals angehalten werden können.

Der Tf hatte darüber hinaus in pflichtwidriger Weise nicht die für die vorgegebene Bremsart G vorgeschriebende Indusi-Zugartstellung 'U' beachtet. Er fuhr entgegen der Vorschrift in der Zugartstellung 'M'. Bei Berücksichtigung der richtigen Zugartstellung 'U' wäre der Unfall vermieden worden, weil der Zug bereits 34 Sekunden nach dem Vorsignal eine Zwangsbremsung erhalten hätte."

Hinsichtlich der falschen Zugartstellung (vgl. Empelde, 20.3.1985) wurde in FAHRT FREI 8/92 [31] behauptet:

"Auch sollte man dem Leser erklären, warum der Lokomotivführer die Indusi in die falsche Zugartstellung brachte, weil nämlich Signale zwischen Ingolstadt und Ansbach gestört waren."

Auf Anfrage erhielten wir hierzu von der BD Nürnberg am 14.9.1992 -B 6 - u.a. folgende Auskunft:

"... Nachforschungen zum Thema 'Falsche Zugartstellung wegen Signalstörungen' haben keine neuen Erkenntnisse gebracht. In den Wochen vor dem Unfall waren im fraglichen Bereich zwar Umbauarbeiten, deretwegen vmtl. öfters auf 'Ersatzsignal' gefahren wurde, dies darf aber kein Grund für die falsche Zugartstellung sein. ..."

Einem Vergleich der Registrierungen des Indusischreibstreifens mit dem Fahrverlauf war diesbezüglich auch nichts zu entnehmen.

Ergänzend ist aus dem im Auftrag der StA erstellten, 43 Seiten umfassenden Gutachten vom 6.7.1987 anzuführen, daß das Tfz 150 133-7 des Dg 54 174 mit einer intakten Indusi Bauart I 60 (Siemens), Meßbereich 0-120 km/h, ausgerüstet war und die Zugartstellungen "M" und "U" hatte.

"Die Stellung 'U' ist zu verwenden bei der Bremsart R/P bis (unter) 65 Bremsprozenten und immer bei der Bremsart 'G' (Güterzug). ... 'G' sind langsam wirkende Bremsen für Güterzüge mit Entwicklungszeiten von bis zu 40 Sekunden für moderne Bremsbauarten. Die langsam wirkenden Bremsen sind erforderlich, um ein gleichmäßiges Ansprechen der Bremswirkung von langen Güterzügen zu erreichen und damit Zerrungen und Auflaufen von Güterwagen in Zügen zu vermeiden. ... Die Bremsart wird den Lokführern durch den Bremszettel bekanntgegeben. Für den Dg 54 174 war im Bremszettel (Anlage 7) die Bremsart 'G' vorgeschrieben. ... "

Wie wichtig für die Wirkungsweise der Indusi - so auch im Falle Ansbach - die richtige Zugartstellung ist, zeigen folgende Ausführungen im Gutachten:

"Nach der Bedienung der Wachsamkeitstaste muß der Lokführer die Fahrgeschwindigkeit des Zuges verringern, und zwar unter den Betrag der sogenannten angehängten Geschwindigkeitsprüfung. Diese Geschwindigkeit beträgt ... für die Zugartstellung 'U' 60 km/h. Sie ist an den jeweiligen blauen Leuchtmeldern auf dem Führertisch angeschrieben. Die Einhaltung dieser Geschwindigkeiten werden in Stellung ... 'U' nach 34 Sekunden geprüft. Werden diese Prüfgeschwindigkeiten nicht eingehalten, so erfolgt eine Zwangsbremsung ..."

Nach dem Geschwindigkeits-Weg- und Zeit-Weg-Diagramm des Dg 54 174 (Gutachten Anlage 14) ergab sich:

"Der Indusigleismagnet am Einfahrsignal B mit dem Ausfahrvorsignal n 3 in km 50,065 wird 110 Sekunden und 1807 m vor dem Halt mit einer Geschwindigkeit von V = 80 km/h überfahren. Der Lokführer bremst den Zug ab und unterfährt nach 26 Sekunden (84 Sekunden vor dem Halt) die für die eingestellte Indusizugartstellung 'M' von V = 75 km/h mit 67 km/h. Nach 34 Sekunden (76 Sekunden vor dem Halt) hat der Zug durch Verminderung der Bremswirkung noch eine Geschwindigkeit von 62 km/h, d.h. in der vorgeschriebenen Zugartstellung 'U' hätte der Lokführer weiterbremsen müssen oder er hätte hier im vorliegenden Fall bereits eine Zwangsbremsung erhalten, da er zur Prüfzeit der angehängten Geschwindigkeitsprüfung über 60 km/h schnell fuhr."

Erwähnenswert sind noch die Ergebnisse der gutachterlichen Auswertung der Zeit-Weg-Diagramme beider in den Unfall verwickelten Züge. Danach fuhr die Lok des Dg ca. 36 Sek vor dem Zusammenstoß mit einer Geschwindigkeit von 57 km/h an der Bahnsteigtreppe vorbei. Unmittelbar danach hätte der Tf das für ihn gültige Signal unverwechselbar erkennen können. D 494 lief zu diesem Zeitpunkt, auf dem Parallelgleis beschleunigend, 22 km/h und hatte 12 Sek vor dem Zusammenstoß eine Geschwindigkeit von 43 km/h erreicht, beim Anstoß des Dg 50 km/h. Als der Dg die Bahnsteigtreppe passierte, befand sich dessen Lok auf einer Höhe von 75 m hinter dem letzten Wagen des D 494, 12 Sek vor dem Zusammenstoß war die Lok des Dg der des D 494 auf ca. 75 m nahegekommen. Beim Zusammenstoß auf Weiche 107 lief der abgebremste Dg noch 20 km/h.

In der "Vermeidbarkeitsbetrachtung" auf S. 55 des Gutachtens werden drei Fragen aufgeworfen und deren Beantwortung am Schluß des Gutachtens noch einmal zusammengefaßt:

"wenn

1. *der Lokführer ... bei der Fahrt durch den Bahnhof nach dem in Warnstellung 'Halt erwarten' befindlichen Ausfahrvorsignal aufmerksamer gewesen wäre und an der Stelle, an der einwandfreie Sicht gegeben ist, eine Schnellbremsung eingeleitet hätte.*
2. *der Lokführer ... den Zug in der für die Bremsart 'G' vorgeschriebenen Indusi-Zugartstellung 'U' gefahren hätte.*
3. *250 m vor dem Ausfahrsignal N 3 ein 500 Hz-Indusigleismagnet verlegt ge -wesen wäre, der die Fahrgeschwindigkeit an dieser Stelle von 50 bzw. 40 km/h überwacht. Die tatsächliche Fahrgeschwindigkeit betrug hier 58 km/h."*

Die Installierung eines 500 Hz-Überwachungsmagneten war aber hier, wie im Gutachten S. 28 vermerkt, gemäß DS 818 (SSV) [=Sammlung Signaltechnischer Verfügungen] allenfalls im Zusammenhang mit signaltechnischen Umbau- oder Erneuerungsarbeiten vorzunehmen. Überdies hatte es seit der Stellwerkinbetriebnahme 1968 bei ca. 600 000 Ausfahrten auf Gleis 3 keine Beanstandungen oder dgl. gegeben.

Das abschließend zu erwähnen, schien auch notwendig, da in der FAHRT FREI 8/92 [31] aus dem Gutachten zitiert wird, daß *"nach den Richtlinien ein 500 Hz"* Magnet hätte *"verlegt sein können"*. Aus dem Zusammenhang gerissen, enthält das den Vorwurf der Nachlässigkeit oder Unterlassung seitens der dafür verantwortlichen DB=Beamten. Ungeklärt bleibt, wieso die falsche Zugartstellung durch den Tf des Dg erst zu Beginn der Gerichtsverhandlung zur Sprache kam (***II**, S. 288), wovon offenbar nicht einmal die Presse etwas mitbekam. Vermutlich wurden die diesbezüglichen Passagen im Gutachten, das für einen eisenbahntechnischen Laien effektiv eine kaum verständliche Lektüre darstellt, zunächst lediglich übersehen oder in ihrer Bedeutung nicht genügend gewürdigt.

6.5.1987, bei **Friedberg**/Hessen, Tfz eines E wegen eines losen Radreifens entgleist.

30.5.1987, **Siegen**, Rangierabteilung mit 13 D-Zugwagen Prellbock überfahren (1 T).

1.8.1987, bei **Sarstedt**, Str Hannover-Göttingen, neun Wagen eines G wegen abgesprungener Radhalterung entgleist.

18.9.1987, Dachau, Str München-Ingolstadt, S-Bahn nach Signalmißachtung im Flankenschutzgleis Gleisabschluß überfahren (2 V). ***II**

4.11.1987, Namborn, Str Saarbrücken-Bad Kreuznach, Hilfslok frontal auf liegengebliebenen Ng 67 235 gefahren. Auf dem durch Laubfall und Nässe entstandenen Schmierfilm konnten sowohl der G nicht wieder anfahren als auch die Hilfslok, die vermutlich zu schnell fuhr, nicht rechtzeitig abbremsen (1 V, hoher Sachschaden).

10.12.1987, bei **Lütter**, Str Fulda-Gersfeld, Frontalzusammenstoß N 5800 mit Lr 33 303, dessen Tf die planmäßige Kreuzung in Lütter nicht abgewartet hatte (1 T, 30 V).

21.12.1987, Loppersum, Str Emden-Norden, Frontalzusammenstoß zweier Leerreisezüge, nachdem der Fdl Einfahrt in besetztes Gleis gegeben hatte (2 V, hoher Sachschaden).

18.2.1988, Basel Bad Bf, Flankenfahrt eines Tfz mit dem Wagenpark des D 270 (1 V).

20.2.1988, bei **Andernach**, Str Bonn-Koblenz, sechs Wagen des TEEM 40135 entgleist, nachdem sich bei einem der Wagen eine Achse gelöst hatte.

25.2.1988, Frankfurt/M. Hbf, Abzw Main-Neckar=Brücke, Zusammenstoß des N 7139, Frankfurt/M.-Darmstadt, nach Signalmißachtung mit G (2 V).

29.4.1988, zwischen **Raunheim** und **Rüsselsheim**, Str Frankfurt/M.-Mainz, wegen überhöhter Geschwindigkeit von der Straße abgekommener Pkw vom IC 662 erfaßt (1 T). Am 30.4. mußten den Zügen auf dieser Strecke Vorsichtsbefehle erteilt werden, da türkische Verwandte des Pkw=Fahrers an der Unfallstelle beobachtet wurden.

9.5.1988, Friedberg/Hessen, Tfz BR 141 des N 8825 nach Stufenschalterüberschlag in Brand geraten.

16.5.1988, zwischen **Kreiensen** und **Einbeck**, Str Hannover-Göttingen, Tfz eines IC in Brand geraten.

28.6.1988, bei **Hochspeyer**, Str Saarbrücken-Mannheim, Gag 57 607 nach starken Regenfällen auf Trümmer einer abgerutschten, 150 Jahre alten und 12 m hohen Stützmauer am Heiligenbergtunnel gefahren, und kurz danach D 2754 aus der Gegenrichtung in die Trümmer (1 T, 19 V).

Da das ZBF=Gerät der Lok des G beim Auffahren so beschädigt worden war, daß es nicht mehr funktionierte, wollte der kaum verletzte Tf die Betriebsgefahr von einem Strekkenfernsprecher durchgeben. Bis er die 400 m zum nächsten Fernsprechkasten zurückgelegt hatte, war das zweite Unglück passiert. Hier wie auch in anderen Fällen zeigte sich, daß ZBF keine absolute Unfallverhinderungsgarantie bietet.

5.7.1988, zwischen **Mittlerer Landweg** und **Bergedorf**, Str Hamburg-Büchen, S-Bahn=Triebwagen nach technischem Defekt in Brand geraten.

28.7.1988, zwischen **Osterhofen** und **Girching**, Str Plattling-Passau, Entgleisung eines G nach Achsschenkelbruch infolge Heißläufers.

14.8.1988, **Augsburg** Hbf, vier Wagen des D 1298 nach Störung in Funkverkehr zwischen Tf und Rangierleiter beim Umstellen hart auf D 1212 gefahren (28 V). Tf und Rangierer wurden ein Jahr später durch ein Augsburger Schöffengericht zu Geldstrafen wegen fahrlässiger Körperverletzung verurteilt, da "beide in der Lage gewesen wären, durch entsprechende Maßnahmen den Unfall zu verhindern".

18.10.1988, **Gaggenau**, Str Rastatt-Freudenstatt, E 3703 mit Rangierabteilung zusammengestoßen (1 T, 4 V).

22.12.1988, bei **Nienburg**, Str Hannover-Bremen, mit 27 t Papier beladene Wagen eines G entgleist; hoher Sachschaden.

31.12.1988, in **Ebersberg** nicht ordnungsgemäß abgestellter S-Bahn=Triebwagen ins Rollen gekommen und auf abschüssiger Strecke ca. 20 km weit bis Wasserburg gerollt, dort mit etwa 60 km/h auf Prellbock gefahren. ***II**

4.1.1989, **Weil** a.Rhein, im Rbf Güterwagen explodiert, nachdem austretende Chemikalien in Brand geraten waren.

28.3.1989, **Oelde**, Str Hamm-Bielefeld, elf Wagen des Gdg 52 983 entgleist.

30.3.1989,zwischen **Geseke** und **Lippstadt**, Str Hamm-Paderborn, Ng 65 144 wegen verschobener Ladung entgleist.

15.4.1989, **Rotenburg** (Wümme), Str Hamburg-Bremen, 19 Wagen des TEF 43 211 bei 90 km/h wegen eines losen Radreifens entgleist und z.T. umgestürzt (hoher Sachschaden). Etwa 1000 umliegende Bewohner wurden evakuiert, da in zwei umgestürzten, an sich leeren Gefahrgutkesselwagen noch Ladereste von Prophylenoxid (UN-Nr. 1280), einem leicht entzündbaren Stoff, der mit Luft explosionsfähige Gemische bildet, vorhanden waren, was auch die Bergungsarbeiten wegen der einzuhaltenen Vorsichtsmaßnahmen sehr schwierig machte.

7.6.1989, **München** Süd, Lokleerfahrt nach Signalverwechslung dem durchfahrenden Dg 54 615 in die Flanke gefahren und umgestürzt.

17.6.1989, **Neustadt** (Weinstraße), Str Kaiserslautern-Mannheim, N 6967 im Baustellenbereich zu schnell über auf Ablenkung liegende Weiche gefahren; Tfz (BR 141) umgestürzt (1 V).

15.8.1989, Hamburg Hbf, S-Bahnzug wegen Radreifenbruchs an einem Mittelwagen entgleist (4 V).

24.8.1989, Ober Ramstadt, Str Darmstadt-Eberbach, N 6622 bei Einfahrt in besetztes Gleis frontal auf im Bf wartende Üg 67 753 geprallt (18 V).

31.8.1989, Maschen Rbf, entlaufener Güterwagen dem Ng 64 156 in die Flanke gefahren, 9 Güterwagen entgleist; zur Hilfeleistungen anrückender Turmtriebwagen mit Ng 64 261 kollidiert, dessen Tf ein Signal mißachtet hatte (2 V).

20.10.1989, Immenstadt, Zusammenstoß einer Rangierlok mit Zugteil des FD 1913 (7 V).

15.11.1989, Frankfurt/M. Hgbf, Ng 64 177 infolge eines nicht entfernten Hemmschuhs entgleist (hoher Sachschaden).

22.11.1989, 14 in Bf Baden beladene und nicht ordnungsgemäß gesicherte Wagen entlaufen und in Bf **Achim**, Str Hannover-Bremen, mit Dg 77 501 zusammengestoßen.

25.12.1989, Hanau, Eilzug mit von Brücke herabgestürztem Pkw kollidiert (2 V).

25.1.1990, bei **Babenhausen**, Str Darmstadt-Aschaffenburg, N nach Orkan gegen umgestürzten Baum gefahren und entgleist (1 V).

2.2.1990, Rüsselsheim, Str Frankfurt/M.-Mainz, nach Signalmißachtung Frontalzusammenstoß der S-Bahnzüge S 5062 und S 5063, entgleist und Zugteile auf Parkplatz gestürzt (17 T, 84 V). [32] [Abb. 132]

132: Rüsselsheim - Rettungsarbeiten

14.2.1990, bei **Steinebach**, Str München-Herrsching, S-Bahn auf Baum geprallt, der nach Orkan auf die Gleise gefallen war (1 V).

23.3.1990, Raubling, Str Rosenheim-Kufstein, acht Wagen eines G nach Radbruch entgleist.

13.6.1990, Frankfurt/M.=Stresemannallee, drei Wagen des Ng 64 755 nach Tragfederbruch entgleist (2 Bauarbeiter verletzt, hoher Sachschaden).

26.6.1990, bei **Reichertshofen**, Str München-Ingolstadt, Wagen eines N von Schiebetür, die sich von einem Wagen des entgegenkommenden G gelöst hatte, aufgeschlitzt (1 V).

26.7.1990, Nienberge, Str Münster-Gronau, Frontalzusammenstoß der N 7062 und N 7065 vermutlich wegen Einfahrt in besetztes Gleis (5 V).

18.8.1990, Düren, Str Köln-Aachen, Entgleisung eines G nach Flankenfahrt mit N 8001, dabei aus umgestürzten und beschädigten Güterwagen Gefahrgut ausgetreten.

- , Heilbronn Rbf, elf Wagen eines G auf Weichenverbindung entgleist (hoher Sachschaden, allein Gleisschaden ca. DM 500 000,--) [Abb. 133]

133

16.11.1990, Wunstorf, Str Hannover-Bielefeld, vier Wagen des Dg 53 402 wegen eines defekten Achslagergehäuses entgleist (hoher Sachschaden).

5.12.1990, Zweibrücken, Str Saarbrücken-Pirmasens, Entgleisung eines Zuges nach Aufprall auf Gabelstapler (2 V, hoher Sachschaden).

7.2.1991, Augsburg=Oberhausen, N 5032, Augsburg-Donauwörth, vermutlich infolge Fdl=Fehler gegen Prellbock gefahren und auf ganzer Länge entgleist (Sachschaden).

134/135 - Oebisfelde, 27.7.1991

23.2.1991, bei **Ahlen**, Str Hamm-Bielefeld, G mit leeren Kohlewagen auf stehenden G gefahren; vermutlich hatte Fdl den Kohlewagenzug nach Signalstörung auf Ersatzsignal in den besetzten Abschnitt eingelassen.

5.3.1991, bei **Bad Vilbel**, mit 50 t Stahl beladener Wagen eines G durch Fehler bei der Beladung entgleist und Oberbau stark beschädigt.

6.4.1991, **Darmstadt**, Transportwagen eines G mit fabrikneuen Kfz in Brand geraten und erst nach 10 km Fahrt kurz vor Darmstadt Hbf gestellt worden.

12.4.1991, **Herten=Westerholt**, Güterzugstrecke Hamm-Bottrop, G auf stehenden G gefahren (1 V). Das mechanische Vorsignal hatte 'Fahrt frei' gezeigt, das Hauptsignal jedoch auf 'Halt' gestanden; laut Kripo ist Fremdverschulden nicht ausgeschlossen.

4.5.1991, **Strullendorf**, Str Bamberg-Nürnberg, in der Nacht vom 3. auf den 4.5. Entgleisung von 19 Wagen eines G vermutlich wegen eines schadhaften Radreifens.

20.5.1991, zwischen **Lauenburg** und **Büchen**, Str Lüneburg-Lübeck, Eiltriebwagen in Schafherde gefahren, die vermutlich von einem Hund auf die Gleise getrieben worden war; von den 300 Schafen, die in einer Koppelecke die Umzäunung offenbar in Panik niedergetrampelt hatten, starben 100 Tiere bei dem Unglück.

29.5.1991, bei **Partenstein**, Str Aschaffenburg-Würzburg, Gag 57 669 vor Einfahrsignal auf Gag 57 169 gefahren; Tfz (BR 150) und drei Benzinwagen des aufgefahrenen Zuges ausgebrannt, Tf nach Abspringen von der Lok leicht verletzt. Vermutlich gab Fdl Heigenbrücken nach Problemen mit der Zugnummernmeldeanlage, irrtümlicher Annahme einer Störung der Gleisbesetztmeldung und unklarer Standortbestimmung des Gag 57 169 dem zweiten Zug per Ersatzsignal Einfahrt in den besetzten Abschnitt (hoher Sachschaden).

11.6.1991, Tfz BR 132 und ein Wagen des EC 107, Berlin-Genf, der erst seit einigen Tagen verkehrte, auf defekter Weiche bei Durchfahrt **Niederndodeleben**, Str Magdeburg-Braunschweig, entgleist.

26.6.1991, bei **Jühnde**, Str Göttingen-Kassel (SFS), im Rauhebergtunnel Sgk 52 403 auf Sgk 52 401 gefahren (Sachschaden), vermutlich wegen unsachgemäßer Betätigung der LZB=Befehlstaste im Tfz des auffahrenden Zuges.

3.7.1991, bei **Kassel**, Str Göttingen-Kassel (SFS), Entgleisung des ICG 55 041 wegen eines losen Radreifens; Gleis auf 4 km Länge schwer beschädigt (hoher Sachschaden).

4.7.1991, **Bargteheide**, Str Hamburg-Lübeck, Entgleisung des TEEM 40 559 mit zwei Wagen wegen Achsschenkelbruchs.

27.7.1991, **Oebisfelde**, Str Stendal-Hannover, D 448, Dresden-Köln, kurz nach Abfahrt 1.02 Uhr infolge Signalmißachtung durch den Tf des Kesselwagenzuges Gag 46 183 von Hamburg mit diesem zusammengestoßen; explosionsartiger Brandausbruch. Die Zuginsassen konnten sich retten - nur 26 erlitten Verletzungen -, der schuldige Tf sowie die beiden Lokpersonale des D kamen in den Flammen um.
Das Einfahrsignal des ehemaligen Grenzbahnhofs verfügte nicht über einen Indusi=Magneten, wodurch beim Gag keine Zwangsbremsung ausgelöst wurde.[Abb. 134/135]

28.9.1991, bei **Neuhof**, Str Fulda-Flieden-Frankfurt/M., Zusammenstoß des Autoreisezugs D 1389 mit Sgk 42 351 (13 V).
Verursacher des Unfalls war der angetrunkene Tf des G, der in einer Steigung zum Halten gekommen war, jedoch durch den Tf nicht ordnungsgemäß festgebremst worden war. Der G rollte wieder zurück und prallte mit dem vor dem nächsten Blocksignal haltenden Autoreisezug zusammen. Der Tf wurde im September 1992 wegen Trunkenheit auf der Lok zu acht Monaten Haft auf Bewährung und DM 2500,-- Geldstrafe verurteilt.

7.10.1991, bei **Stockheim**, Str Gießen-Gelnhausen, Frontalzusammenstoß der Hilfslok für den im Bf Ranstadt liegengebliebenen N 8343 mit dem entgegenkommenden N 8344. Die Hilfslok (BR 216) hatte im Bf Stockheim den Befehl zur Vorbeifahrt am 'Halt' zeigenden Ausfahrsignal erhalten. Tf fuhr jedoch aus ungeklärten Gründen nicht in Richtung Ranstadt, sondern in Richtung Gelnhausen auf die freie Strecke, wo die Lok mit dem sich langsam nähernden N 8344 zusammenstieß; beide Lokführer wurden verletzt.

5.12.1991, zwischen **Plettenberg** und **Werdohl**, Str Hagen-Siegen, Aufprall eines G mit ca. 100 km/h auf neun abgerissene Güterwagen (1 T). ***II**

24.1.1992, bei **Lehrte**, Str nach Hildesheim, Frontalzusammenstoß der N 4119 und 4120 nach Signalmißachtung von Tf 4119 (4 T, 37 V). ***II**
Beide Züge verkehren in der östlichen Ausfahrt von Lehrte über einen kurzen gemeinsamen Gleisabschnitt (s. Lageskizze zwischen den Signalen C und D). N 4120 benutzt diesen von Hildesheim kommend, um nicht die beiden Hauptgleise von Wolfsburg bzw. Braunschweig berühren bzw. kreuzen zu müssen, da er im Personenbahnhof Lehrte in das Bahnsteiggleis 11 einlaufen soll.

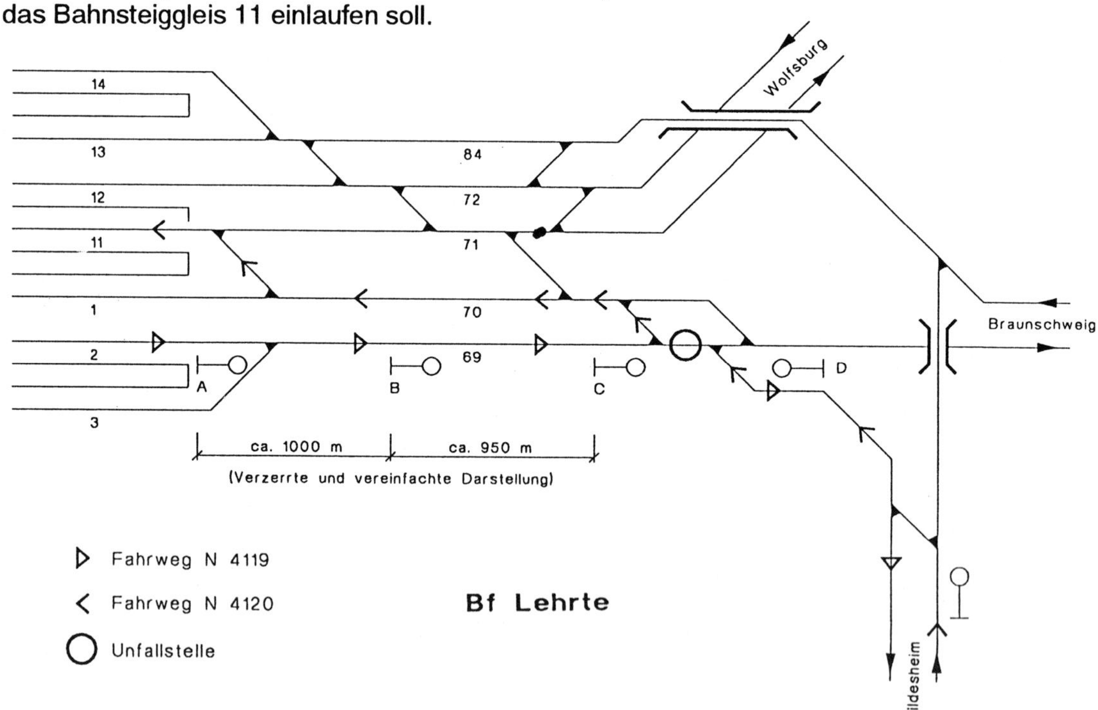

Am Unfalltag hatte N 4120, Lehrte an 8.59 Uhr, etwa 8 Min Verspätung, sollte jedoch als erster in den Bf eingelassen werden, damit er keine zusätzliche Verspätung erhielt. Der aus Steuerwagen, vier CityBahn=Wagen und einer schiebenden Lok der BR 141 bestehende N 4119 nach Hildesheim, Lehrte ab 9.01 Uhr, verließ den Personenbf Lehrte planmäßig und hätte am Signal C die Durchfahrt des Gegenzuges N 4120 abwarten müssen. Das Ausfahrsignal A am Bahnsteig zeigte das Signalbild 'Hp 1' mit Zusatzsignal Kennziffer '8', das Vorsignal für das folgende Zwischensignal B am gleichen Mast 'Vr 2', d.h. 'Langsamfahrt erwarten'. Zwischensignal B wiederum zeigte 'Hp 2' sowie 'Vr 0', d.h. 'Halt erwarten' für das folgende Signal C.
Auf dem Führerstand des N 4119 befand sich der Tf sowie ein betr. Streckenkenntnis mitfahrender Kollege. Ob der Tf durch Unterhaltung mit diesem abgelenkt war und dadurch bei sehr schlechter Sicht - es herrschte am Unfallmorgen dichter Nebel mit Sichtweiten bis zu 30 m - weniger auf die Signalstellungen achtete, läßt sich wohl abschließend nicht mehr klären, da beide Tf bei dem Unfall getötet wurden. Den bahnamtlichen Untersuchungen zufolge beschleunigte Tf den Zug bis auf knapp 80 km/h, wobei er sowohl am Signal A die Warnstellung für das Signal B als auch an diesem das 'Halt erwarten' am Signal C per Wachsamkeitstaste quittierte. Nach Vorbeifahrt am Signal B bremste er den Zug auf etwa 60 km/h ab und rollte mit dieser Geschwindigkeit weiter. Am 'Halt' zeigenden Signal C erfolgte eine Zwangsbremsung, bei der der Zug jedoch noch in den Fahrweg des entgegenkommenden N 4120 hineinrutschte. Kurz vor dem Stillstand erfolgte der Zusammenstoß mit dem Gegenzug, der die Weichenverbindungen ordnungsgemäß mit 80 km/h passierte.
Der Steuerwagen des N 4119 und das wegen eines Steuerleitungsschadens an der Zugspitze laufende Tfz des N 4120 (BR 141) wurde etwa 15 m übereinandergeschoben, der Steuerwagen des N 4119 dabei völlig zerstört [s. Abb. 136]. Der zweite und dritte Wagen des N 4119 wurde durch den Aufprall vor allem in den Einstiegsbereichen beschädigt; bei N 4120 entgleiste nur der erste Wagen mit einem Drehgestell.

136 - Lehrte, 24.1.1992: Zerstörter Steuerwagen des N 4119 und Tfz des N 4120

22.2.1992, **Gelsenkirchen**, S-Bahn=Leerzug entgleist (hoher Sachschaden).

3.3.1992, zwischen **Kamen** und **Dortmund**, Schaltwerksexplosion im Tfz des E 3040, Hamm-Aachen, wodurch Blechteile bis zu 40 m weit geschleudert wurden (1 V).

13.3.1992, **Sinzig**, Str Regensburg-Ingolstadt, Frontalzusammenstoß des N 6986, Regensburg-Ingolstadt, mit dem Schülersonderzug DZ 17 551, Neustadt/Donau-Regensburg, nach Signalmißachtung (29 V).
N 6986 hatte am Unfalltag außerplanmäßig eine Zugkreuzung in Bf Sinzig mit dem DZ 17 551. Den Untersuchungen zufolge gab der Tf des N 6986 Abfahrauftrag, ohne sich über die Stellung des Ausfahrsignals zu informieren. Der Tf befolgte den Abfahrauftrag, ohne seinerseits das 'Halt' zeigende Ausfahrsignal zu beachten. Am Ausfahrsignal erfolgte Zwangsbremsung, der Durchrutschweg reichte jedoch nicht mehr aus, um den Zusammenstoß mit dem entgegenkommenden DZ in Höhe der Einfahrweiche zu verhindern. (vgl. Rüsselsheim, 2.2.1990)

24.4.1992, **Augsburg=Hochzoll**, Str Augsburg-München, Entgleisung von sechs Wagen eines G mit 14 Wagen bei 95 km/h vermutlich wegen Bruchs einer Radscheibe (erheblicher Sachschaden).

25.5.1992, bei **Stadthagen**, Str Bielefeld-Hannover, Tfz des IC 500 nach Fahrmotorbrand Feuer gefangen; ein Fahrgast im ersten Wagen hatte den Rauch aus der Lok bemerkt und das Zugpersonal benachrichtigt, das den Brand rechtzeitig löschen konnte.

15.6.1992, Eisenbahnbauzug in **Zerbst** über Gleisabschluß in Wohnhaus gefahren. Ein Bewohner wurde tot geborgen.

8.7.1992, **Hamburg** Hbf, Entgleisung von zwei Wagen eines S-Bahn=Zuges der Linie S 21 wegen einer gebrochenden Radscheibe (Sachschaden).

9.7.1992, Str **Hagen-Lüdenscheid**, Tfz eines Reisezuges in Brand geraten, Tf und zwei Zugbegleiter durch Rauchvergiftungen leicht verletzt.

4.8.1992, bei **Neuwied=Fahr**, Str Neuwied-Köln (rechte Rheinstrecke), Lkw wegen überhöhter Geschwindigkeit von der Straßenbrücke der B 42 auf Lok und ersten Wagen des IC 508, Rheinfels, geprallt, der wegen einer Fahrleitungsstörung zwischen Koblenz und Bonn über die rechte Rheinstrecke umgeleitet worden war. Der Lkw=Fahrer starb, zwei Tf und ein Fahrgast wurden verletzt.[33]
Beim Aufprall wurden die Lok (BR 103) und der erste Wagen fast völlig zerstört. IC 508 war glücklicherweise sehr schwach besetzt, da die Reisenden in Koblenz auf den davor verkehrenden und nicht umgeleiteten IC 739 verwiesen worden waren. Bei einem Halt wegen einer Lokstörung in Neuwied stieg ein Bereitsschafts=Tf zur Schadenssuche zu.

28.8.1992, Duisburg Hbf, alleinfahrende Ellok (BR 110) auf Kleinlok gefahren (2 T, 1 V). Die 110 hätte in Emmerich den D 215 übernehmen sollen, wurde jedoch wegen einer Indusistörung gegen eine Ersatzlok ausgetauscht und fuhr als Schadlok vor dem D in Richtung Heimat=Bw Köln. In Duisburg Hbf überfuhr der Tf das 'Halt' zeigende Einfahrsignal und geriet nach 400 m Fahrt in den Fahrweg einer Kleinlok, schob diese mit zwei Wagen in ein Postgleis, wobei beide Wagen entgleisten, sich vor einem Stellwerk querstellten und die Kleinlok unter sich begruben. Dabei wurden der Tf der Kleinlok und der Rangierleiter tödlich verletzt. Es wird nicht ausgeschlossen, daß der schuldige Tf eingeschlafen war, da die Lok ungebremst auffuhr.

5.9.1992, bei **Nortmoor**, Str Leer-Oldenburg, G auf sieben aus einer Weide ausgebrochene Kühe geprallt; die Lok entgleiste, die Tiere wurden getötet.

19.9.1992, gegen 20.30 Uhr drei ungesichert abgestellte Reisezugwagen von **Jünkerath** im Gefälle Ri Trier gerollt. Nach Durchgabe der Betriebsgefahr wurde E 3656 in Birresborn auf ein Seitengleis geleitet und angehalten. Der Tf kuppelte seine Lok ab und schaffte, was zwischen Weimar und Gera am 1.9.1980 (s. Teil D) mißlang, d.h. er fing die entlaufenen Wagen mit angepaßter Geschwindigkeit auf und brachte sie zum Stillstand. So fand eine in Schullesebüchern vergangener Jahrzehnte enthaltene Geschichte über den Heldenmut eines Lokführers einmal ihre Bestätigung.

25.10.1992, bei **Gotha**, P in eine im Gleisbereich grasende Kuhherde gefahren, 17 Rinder getötet.

4.11.1992, bei **Beuren**, Str Eichenberg-Leinefelde, 18 Güterwagen infolge abgesacktem Gleisunterbau entgleist, einige Wagen in Gärten abgestürzt.

14.11.1992, bei **Nersingen**, Str Ulm-Augsburg, in der Nacht von 13. auf den 14. Entgleisung eines G wegen eines Achslagerdefekts; Gleisoberbau auf 700 m aufgerissen.

15.11.1992, Bf **Northeim**, Str Göttingen-Hannover, D 482, Innsbruck-Kopenhagen, mit 120 km/h gegen entgleiste Güterwagen des Ng 64 683, Seelze-Göttingen, gefahren, elf Wagen des D teilweise aufgeschlitzt, sieben Wagen entgleist und z.T. abgestürzt. Besonders betroffen waren zwei Schlafwagen, die nicht nur seitlich restlos aufgerissen wurden, sondern auch noch von einer Brücke auf eine Bundesstraße abstürzten (11 T, 52 V).[34]
[Abb. 137-140]
Gegen 1.30 Uhr hatte sich bei der Durchfahrt durch Bf Northeim beim zweiten Wagen des Ng, einem vierachsigen Bahndienstwagen für die Unterhaltung von Gleiswaagen, ein Puffer gelöst, der auf das Gleis fiel und den siebten Wagen zum Entgleisen brachte, weitere 15 von insgesamt 43 Güterwagen entgleisten ebenfalls und blockierten teilweise das Gegengleis, wodurch auch eine Besetztmeldung des anderen Gleises hervorgerufen wurde. Nur wenige Sekunden später kam es zur Kollision mit dem aus der Gegenrichtung kommenden D 482, der am davorliegenden Signal noch eine Zwangsbremsung erhalten hatte, die jedoch nicht mehr ausreichte, um den Zug vor den Wagentrümmern zum Halten zu bringen.
Die Ursachenermittlung der DB ergab bereits nach wenigen Tagen, daß der unfallverursachende Bahndienstwagen (ehemalige Behelfspackwagenbauart MDi 996), der als Behelfspersonenwagen in den vierziger Jahren gebaut und 1965 sowie 1982 umgebaut worden war, eine besondere Pufferkonstruktion hatte. Bei dieser ist der Puffer nicht direkt mit dem Rahmen verbunden, sondern mit einem Verlängerungsstück verschraubt, das wiederum an den Querholm am Ende der Längsträger angeschweißt ist. Diese Schweißnaht hatte offensichtlich, vermutlich wegen Materialermüdung, versagt, so daß der Puffer abriß. Nach Auskunft der DB hatte es bisher mit dieser Pufferkonstruktion keine der-

artigen Vorkommnisse gegeben. Auch könnten solche Mängel bei der wagendienstlichen Untersuchung per Augenschein vor Abfahrt eines Zuges nicht festgestellt werden. Als Sofortmaßnahme wurde eine Überprüfung sämtlicher Bahndienstwagen bahnintern angeordnet. Gemäß Fernschreiben vom 2.12.1992 waren

"die Wagen ... spätestens im nächsten Wendebahnhof ... aus dem Zugverband auszusetzen und mit Rotzettel den nachfolgend genannten Aw zuzuführen. ... unabhängig davon, ob bereits zuvor eine Prüfung im Bw stattgefunden hat.
Die Wagen dürfen nur als Einzelfahrzeug oder als Schlußläufer verkehren. ..."

137/138 - Northeim: Das Tfz des D 482

139/140: oben der vor der Brücke stehengebliebene Liegewagen (Wagen 8) / unten der auf die Straße abgestürzte Schlafwagen (Wagen 7) nach der Bergung

30.11.1992, Hannover Hbf, umsetzende Zuglok für IR 2646 12.34 Uhr auf abfahrbereiten D 2544, Braunschweig-Hengelo, gefahren. Der letzte der vier Wagen des D wurde geknickt (38 V). [Abb. 141]
Die von einem Kölner Tf geführte Lok BR 103 sollte über Gleis 14 zur Westseite des Hbfs fahren, um den IR 2646, ab 13.29 nach Köln, zu übernehmen. Auf Gleis 14 stand noch der verspätete D 2544, Hannover planmäßig ab 12.29. Gemäß Bfo hätte der Tf der Kölner Lok nur 10 km/h fahren dürfen, um jederzeit halten zu können. Er fuhr jedoch ca. 28 km/h und leitete trotz 50 m Sichtweite (wegen der Bahnsteigkrümmung) erst kurz vor dem Aufprall auf den Zugschluß des D 2544 Bremsung ein, für ein Wirksamwerden zu spät.

141: Hannover Hbf, 30.11.1992, Gleis 14: Der abgeknickte Wagen 4 des D 2544

10.12.1992, Essen West, Str Essen-Duisburg, nach Halt anfahrende S-Bahn vermutlich wegen Materialermüdung an einer Achse mit etwa 30 km/h entgleist und auf 200 m Oberbau beschädigt.

28.12.1992, Erfurt Hbf, Zusammenstoß einer alleinfahrenden Lok mit einem P (etl. V).

28.12.1992, Maschen Rbf, Flankenfahrt einer Rangierabteilung mit ausfahrendem Ng vermutlich wegen Signalmißachtung, dabei drei Wagen des Ng entgleist und drei mit Phenol beladene Kesselwagen umgestürzt, die jedoch nicht leckschlugen.

31.12.1992, Holthusen, Str Schwerin-Wittenberge, durchfahrender D 2731 nach Leipzig auf eine vom Fdl im Hauptgleis vergessene Rangierlok gefahren (1 T, 9 V).

Streifblick auf einige "Unregelmäßigkeiten" und Betriebsstörungen

Pannen des Bahnbetriebes sind hauptsächlich Gegenstand der täglichen Betriebslage- und Störungsmeldungen der Direktionen. Da in der Regel auch nicht mit Unfällen verbunden, gehören diese Vorkommnisse nicht in diese Chronik. Dennoch sollen einige Beispiele aufgeführt werden, weil sie vielfach die Kehrseite des technisch immer perfekter werdenden Bahnbetriebes widerspiegeln und für die Reisenden durch Umleitungen, Verspätungen oder lange Wartezeiten, ohne daß sie die Ursache erfahren, oft lästig werden.

Am **16.12.1972** kollidierte TEE 22 bei **Bad Godesberg**, Str Koblenz-Köln, mit einem Taubenschwarm; durch den beschädigten Stromabnehmer wurde ein Kurzschluß verursacht.

Am **6.7.1973** wurden bei **Olching**, Str Augsburg-München, mehrere 100 m Fahrleitung vermutlich infolge Bügeldefektes an IC=Lok 103 004 abgerissen.

Am **2.1.1976** kam es im Raum **Köln** zu einem totalen Zusammenbruch des Stromnetzes. Nachdem an einem Brückenbauwerk bei Köln-Deutz eine Bauplatte den Fahrdraht beschädigt hatte, riß ein einfahrender Zug diesen herab; ein von Köln kommender Zug überbrückte den stromlosen Abschnitt, so daß ein weiterer Kurzschluß entstand, der Fahrdraht abbrannte und der Stromabnehmer beschädigt wurde. Weitere Überbrückungen durch andere Züge zogen weitere Kurzschlüsse nach sich.

Am **28.2.1986** kam es bei **IC 183**, Prinz Eugen, infolge einer Bremsstörung zwischen Flieden und Elm zu einer Zugtrennung, als bei der abrupten Bremsung die Kupplung zwischen dem ersten und zweiten Wagen riß. Provisorisch angekuppelt, setzte der Zug nach 23 Minuten die Fahrt fort.

Am **13.8.1988** ereignete sich bei der U-Bahn in **Nürnberg=Langwasser** ein Unglück, das an ähnliche Unfälle der Eisenbahnfrühzeit in den USA (s. SCHATTEN... BD. 1, S. 114) erinnert und deshalb hier erwähnt werden soll. Durch den glücklichen Umstand, daß der Zug auf dem Weg zum Betriebsbahnhof gerade über ein Abstellgleis rollte, waren keine Insassen in der U-Bahn, als ein Wagen aus ungeklärter Ursache auf einer Weiche aus den Schienen sprang, sich die seitliche Stromschiene in den Wagenboden bohrte, die erste Sitzreihe durchbrach und steckenblieb. [Abb. 142].

Am **26.9.1990** wurde durch Blitzschlag in ein Stellwerk bei **Brühl** der Betrieb zwischen Köln und Bonn für vier Stunden lahmgelegt.

Am **21.6.1991** verursachte ein defektes Schaltelement um 5.38 Uhr den Ausfall des neuen Stellwerks **Hamm**, das den Betriebsbereich von ehemals zehn Stellwerken zu lenken hat. So wirkte sich die Panne durch einen gigantischen Stau rund ums Ruhrgebiet aus. Obwohl der Fehler bis 7.15 Uhr behoben werden konnte, regulierte sich der Verkehr erst nach dem Mittag wieder.

142 - Nürnberg=Langwasser, 13.8.1988

Am **24.6.1991** verhängte sich der Stromabnehmer der Lok des IC 882 auf der Fahrt Ri **Augsburg** ca. 15.40 Uhr in der Fahrleitung und riß sie ab, wodurch ca. 10 Min später der Stromabnehmer der Lok des EC 65, Paris-Wien, beschädigt wurde. Dessen Tf bemerkte das nicht, fuhr bis **München** weiter, wodurch an ca. 30 weiteren Stellen die Oberleitung defekt und die Gesamtstrecke blockiert wurde. Ein Umleiten der Züge über Geltendorf war nicht möglich, da der Ort des auslösenden Schadens die Abzweigung in Mering einbezog. Auch der Versuch zwischen Mering und Nannhofen, Endstation der S-Bahn, Schienenersatzverkehr einzurichten, schlug weitgehend fehl.
Diese Panne zog durch erhebliche Verspätungen fast das gesamte DB=Netz in Mitleidenschaft. Eingleisig konnte der Betrieb erst 19.35 Uhr wieder aufgenommen werden, ab 25.6. um 5.18 Uhr auf beiden Gleisen.

Am **14.8.1991** fiel auf der Strecke **Offenbach-Frankfurt/M.** die Fahrleitung auf einen Ri Frankfurt/M. fahrenden Nahverkehrszug und brachte durch Funkenflug mehrere Hundert Reisende in Lebensgefahr. Da die Leitung unter Spannung blieb, mußten alle Fenster geschlossen bleiben, die Folge waren unerträgliche Temperaturen bis zu 40° in den Wagen. Zwar konnten nach einer Stunde etwa die Fenster wieder geöffnet werden, bis eine Hilfslok den Zug in den Frankfurter Hbf schleppte, verging jedoch eine weitere Stunde.

Am **16.12.1991** beschädigte kurz nach 9 Uhr der Stromabnehmer eines S-Bahnzuges die Fahrleitung zwischen **München**=Pasing und Donnersberger Brücke an mehreren Stellen, so daß der Verkehr diverser S-Bahnlinien bis zum Nachmittag unterbrochen war.

Im **Feburar 1992** wurde **D 2003**, Berlin-Oberstdorf, in München versehentlich in Richtung Ingolstadt geleitet, nachdem ein Fdl eine Zugnummer verwechselt hatte. Nach einer Rundfahrt im Münchner Norden kam der D auf die richtige Strecke und mit etwa 45 Min Verspätung in Oberstdorf an.

Am **6.3.1992** saßen Fahrgäste des ICE 'Amalienburg' vier Stunden lang kurz vor **Hannover Hbf** fest. Wasser, das im Speisewagen durch eine undichte Leitung in die Stromaggregate gelangt war, hatte einen Kurzschluß in der gesamten Elektrik des Zuges ausgelöst. Als sich innerhalb kurzer Zeit auch die Batterien entluden, fielen Notlicht und Klimaanlage ebenfalls aus. Und da sich die Bremsen nicht lösen ließen, konnte der Zug nicht einmal abgeschleppt werden. Warum allerdings die Fahrgäste bei dieser schweren Störung nicht 'schon' nach etwa einer Stunde aus dem Zug evakuiert werden konnten, ist rätselhaft.

---

29 Da dieses Unglück einer auflagenstarken bundesdeutschen Zeitschrift zu einem zeittypischen Artikel über den "bedauernswerten" Fdl diente, der nun weiterstudieren und dann in den höheren Dienst wolle, war beabsichtigt, darüber eingehender zu berichten. Ein Pressereferent der BD Essen behauptete jedoch auf unsere Anfragen hin, nichts Genaues zu wissen und verweigerte auch die Vermittlung einer Gleisskizze als "Nicht für Dritte".

30 Wie weit sich die bundesdeutsche Justiz von Rechtsgrundlagen, namentlich der Verhältnismäßigkeit entfernt hat, zeigen drei bequem zu ergänzende kleine Beispiele der letzten Monate des Jahres 1992:
Am **21.10.1992** berichteten süddeutsche Zeitungen, daß einem zweimal einschlägig Vorbestraften trotz einer noch offenen Bewährungsstrafe bei seiner dritten Trunkenheitsfahrt erneut Strafaussetzung gewährt wurde. Nachdem der Fall bereits vier Instanzen (!) beschäftigt hatte, beantragte die StA nunmehr Revision, vermutlich zu Recht, da die vom LG München I akzeptierte *"Ausnahmesituation"* des Mannes in einem anonymen Anruf bestand, sein Sohn sei verunglückt, was eine Schutzbehauptung gewesen sein dürfte. In Anbetracht seiner "Bewährung" hätte er die Stichhaltigkeit des angeblich anonymen Anrufes telefonisch bei der Polizei klären lassen können.
Etwa zur selben Zeit wollte ein süddeutscher StA einem Einbrecher, der den Wohnunginhaber erschossen hatte, den Notwehrparagraphen bei der Anklageerhebung zubilligen. Der Wohnungsinhaber hatte nachts ein Geräusch gehört, daraufhin mit einer Axt bewaffnet nachsehen wollen und war vom Einbrecher, über den nähere Angaben in den Zeitungsberichten fehlen, erschossen worden. Der einbrecherkonziliante StA ließ sich aber offenbar eines Besseren belehren, so daß er späteren Berichten zufolge bei der Anklage auf den Notwehrparagraphen verzichtete.
Am **26.11.1992** wurden in einer Buchhandlung einer Großstadt des Ruhrgebietes sämtliche auf Lager befindlichen Kursbuchnachdrucke des Zeitraumes 1936-1945 beschlagnahmt. Die Beschlagnahmung erfolgte ohne klärende Überprüfung des Sachverhaltes durch die Polizei, wie vor einigen Jahren schon einmal, und ohne richterlichen Befehl, allein auf Anweisung der StA, da *"Gefahr im Verzuge"* sei wegen Verbreitung von NS=Schrifttum.
Ein Mitarbeiter der Buchhandlung hatte aus dem Schaufenster einen der ausgestellten Kursbuchnachdrucke genommen, die Einschweißfolie entfernt und versehentlich das zum Neutralisieren des Hoheitszeichens vorgesehene Klebeschildchen nicht umgeklebt. Das dann wieder in das Schaufenster gelegte Kursbuch mit nicht abgedecktem unteren Teil des Reichsbahnadlers sah ein Passant, der daraufhin Anzeige erstattete.
Uns liegt lediglich eine Kopie des Durchsuchungs-/Sicherstellungs-Protokolls vor, und auf Wunsch der betroffenen Firma gingen wir der Sache nicht nach. So ist nicht bekannt, was der Anzeigesteller vorgab, und worauf die StA den Ausnahmepassus *"Gefahr im Verzuge"* stützte, was bei Kursbuchnachdrucken, die seit rd. 1/4 Jahrhundert mit viel Aufmerksamkeit der Medien auf dem Markt sind, nicht gegeben sein dürfte.

31 Die Rezension unseres Werkes KATASTROPHEN DER DEUTSCHEN BAHNEN - TEIL I, geschrieben von Otto Wegner, veröffentlicht in FAHRT FREI 8/92, enthält an wesentlichen Angaben und etwa den halben Text einnehmend zwei gegen die DB gerichtete, ungerechtfertigte Spitzen. Der FAHRT FREI als einer amtlich anzusehenden und in ihrer letzten Phase, man darf wohl sagen, hochinteressanten und vorzüglichen Eisenbahnerzeitschrift, kommt Nachsicht gegenüber Falschdarstellungen in Art mancher Eisenbahnfreundezeitschriften wohl nicht zu. Eine Richtigstellung konnte wegen der Einstellung des Erscheinens bald darauf nicht erfolgen, weshalb wir es für erforderlich hielten, den Fall Ansbach, insbesondere an Hand des in der FAHRT FREI=Rezension zitierten Gutachtens, noch einmal aufzurollen.

32 Ausführlicher abgehandelt in DIE EISENBAHNSZENE gestern-heute BAND 2, Pürgen 1990.

33 Was kaum bekannt wurde ist, daß der Lkw derselben Spedition gehörte, die vor wenigen Jahren in die Schlagzeilen geriet, als ein Tanklaster in Herborn in eine Eisdiele fuhr und etliche Häuser abbrannten. Typisch ist auch, daß die Presse mit der Schlagzeile "Zugunglück" berichtete.

34 Der Presse=Entrüstungssturm über die Verwendung älterer Wagenarten und DB=Materialprüfungspraktiken und andere Versäumnisse war wieder einmal genauso laut wie überflüssig. Wie eingangs dieses Chronikteiles eigens betont, sind die aufgeführten Fälle an Unglücken, auch durch Materialermüdung oder dgl. nur eine kleine Auswahl. Da diese meistens Güterwagen betrifft, bleibt deren Entgleisung - ebenfalls meistens - mangels spektakulärer Folgen von Presse und Öffentlichkeit unbeachtet. In Northeim hatten Fahrgäste und DB einmal Pech, kein Grund, solche moralisierenden Tiraden loszulassen, insbesondere wenn die 'vornehme Zurückhaltung' der Presse bei ihren Berichten über Bonner Säumigkeiten in Sachen Sicherheit der Straße zum Vergleich herangezogen wird.
Außerdem ereignen sich im Straßenverkehr eine unvergleichbar höhere Zahl an Krisensituationen infolge Fehlverhalten oder Rücksichtslosigkeit, die auch nur durch Glück folgenlos bleiben. Würde jeder dieser Fälle ereigniskonsequent verlaufen, hätten wir jährlich 50 000 Tote oder gar mehr auf unseren Straßen.

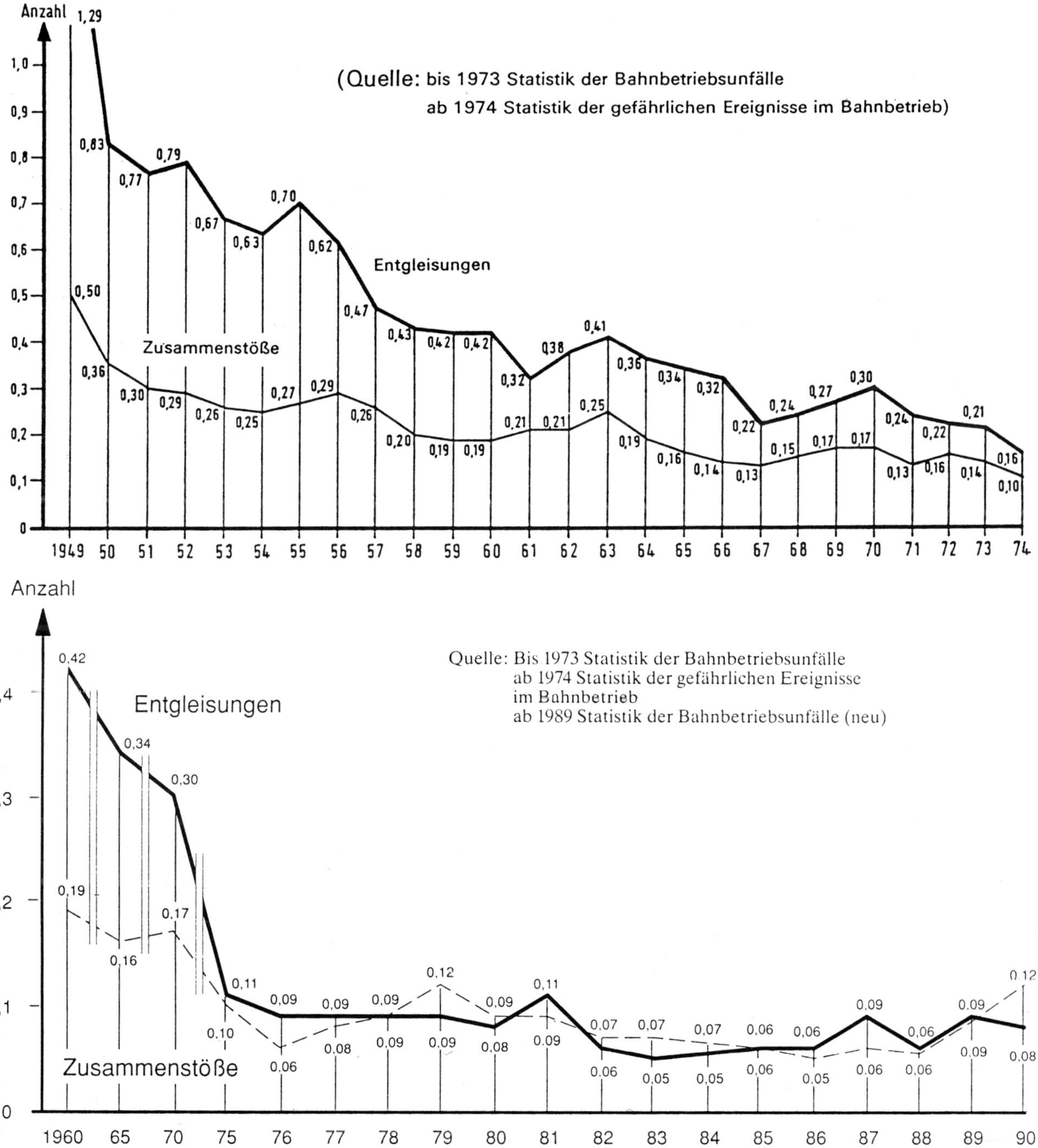

Graphische Darstellungen über Zahl der Entgleisungen und Zusammenstöße bezogen auf 1 Mio. Zugkilometer - aus: Statistische Angaben über die Deutsche Bundesbahn im Geschäftsjahr 1974 bzw. 1990

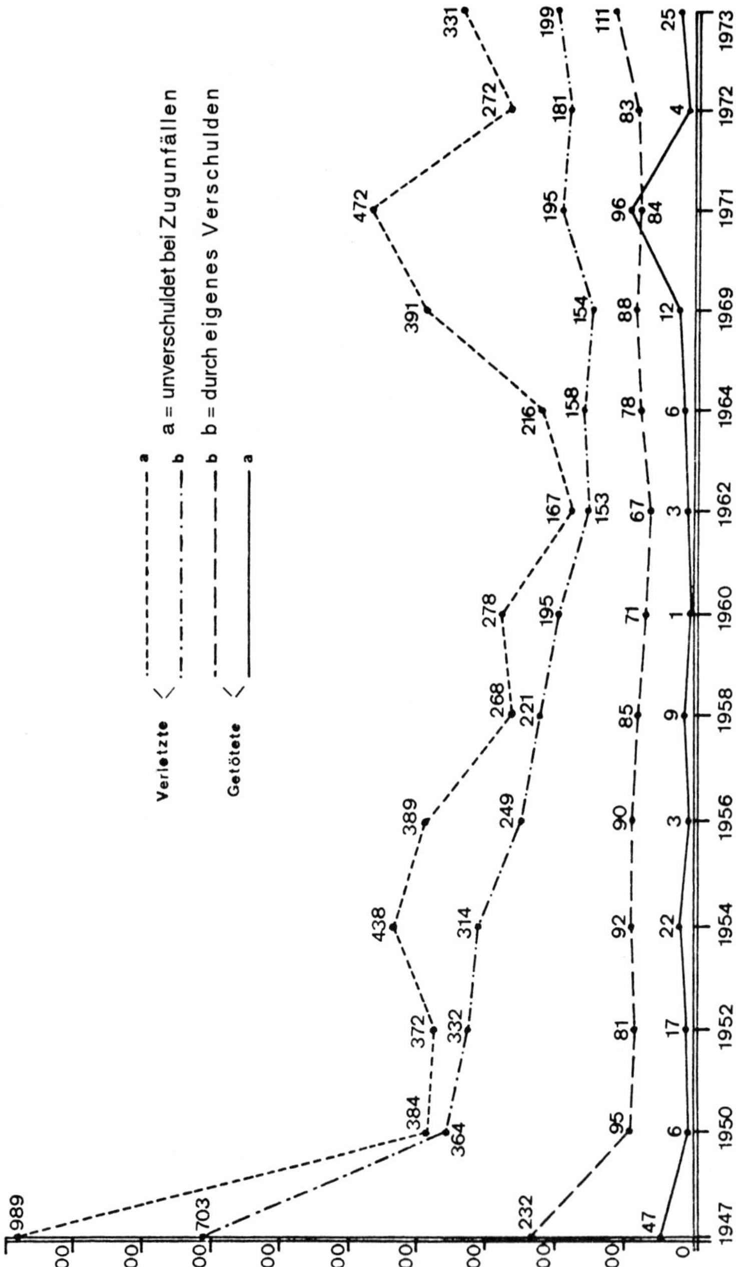

Die graphische Darstellung zeigt bei Eisenbahnbetriebsunfällen unverschuldet und durch eigenes Verschulden getötete und verletzte Reisende 1947-1973.
Eine Fortführung ist wegen Erfassungsänderungen der DB=Statistik nicht möglich. Darüber und betr. Angaben für 1990 s. S. 217, letzter Absatz.

Teil C: Spezielle Unfallarten

[ab 1991 auch neue Bundesländer]

I. Rotten- und Arbeitsunfälle

15.5.1905, Rottenunfall auf der **Berliner** Ringbahn zwischen Treptow und Rixdorf (3 T, 1 V).

5.12.1906, bei Nebel und Regen auf der **Berliner** Stadtbahn zwischen Warschauer Brücke und Schlesischer Bf (3 T, 1 V).

14.11.1907, bei Nebel auf der Paarbrücke nahe **Reichertshofen**, südl. Ingolstadt (2 T, 3 V).

24.11.1913, **Berlin** zwischen den Bfn Karlshorst und Erkner. Arbeiter einer Baufirma traten wegen eines Vorortzuges auf das Gleis der Gegenrichtung und wurden von einem Personenzug überfahren, (7 T, 1 V).

11.11.1916, bei **Berlin** Bf Rahnsdorf; junge Frauen, die an Stelle zum Militär eingezogener Arbeiter hier eingesetzt waren, überhörten wegen eines vorbeifahrenden Militärzuges die zu spät gegebenen Warnsignale. Während Soldaten und Frauen einander zuwinkten, fuhr der Balkanzug in die Rotte und tötete 19 Arbeiterinnen. Der Sicherheitsposten erhielt 1 Jahr Gefängnis.

17.12.1916; in **Berlin** Bf Friedrichshagen verließen vier Postbeamte bzw. -beamtinnen das Postamt, um vom Postzug aus Erkner die Postsäcke abzuholen. Als der verspätete Postzug eintraf, fand man herumliegende Trümmer des Postkarrens und die Leichen der vier Beamten. Es wurde vermutet, daß sie in der Dunkelheit den D 38 mit dem Postzug verwechselten, die Geschwindigkeit des sich nähernden Schnellzuges unterschätzten und erfaßt wurden, ohne daß es die Personale auf dem Führerstand der Lok bemerkten.

28.11.1918, **Berlin**, bei Bf Baumschulenweg (7 T); Sicherheitsposten schuldig.

22.5.1920, Bf **Osnabrück**, (6 T, 2 V); ohne Sicherheitsposten gearbeitet.

5.4.1922, Str **Hagen-Kabel** (8 T, 4 V); mangelhafte Aufsicht.

2.10.1925, bei **Görlitz**, Arbeit ohne ausreichende Sicherung (5 V).

9.10.1925, bei **Leipzig**, Str Ri Dresden; (5 T, 1 V); Verschulden des Sicherheitspostens.

17.10.1925, Str **Bad Oeynhausen** Nord - **Vennebeck** (5 T, 1 V); Sicherheitsposten warnte nur durch Zuruf, der überhört wurde.

7.11.1925, Tunnel bei **Ronheide** westl. Aachen (3 T); G für Bauzug gehalten.

21.11.1925, Bf **Schwandorf**, zwei Arbeiter durch eigene Unvorsichtigkeit getötet.

15.1.1926, **Krefeld=Linn**, auf viergleisiger Strecke Rotte von parallel fahrenden Zügen überrascht (3 T).

10.2.1926, Tunnel bei **Oberhof**, Str Erfurt-Schweinfurt (7 T, 4 V).

6.11.1926, **Dergenthin** westl. Wittenberge (6 T); ohne Sicherheitsposten gearbeitet.

1.12.1926, bei **Seelze** (Hann.), Warnsignal überhört, zwei Züge gleichzeitig (3 T, 1 V).

21.7.1927, bei **Kahla** südlich Jena, drei Tote infolge Fehlverhaltens der Arbeiter.

11.4.1929, **Berlin**, abermals (vgl. 28.11.1918) bei Bf Baumschulenweg (1 T, 3 V). Sicherheitsposten schuldig.

19.12.1929, zwischen **Mülheim** und **Essen**; Schachtmeister versäumte Anordnung zur Arbeitseinstellung wegen Nebel (6 T, 6 V).

11.11.1935, zwischen **Roßla** und **Berga=Kelbra**, Str Halle-Nordhausen, drei Tote infolge Fehlverhaltens der Arbeiter.

14.8.1936, Tunnel zwischen **Messinghausen** und **Beringhausen**, Str Warburg-Brilon Wald, zwei Arbeiter getötet; Warnsignale überhört.

16.7.1937, zwei Arbeiter einer Rotte bei Einfahrt E 66 in Bf **Mühlhausen** i.Thür. irrtümlich auf falsche Seite ausgewichen, von Rangierabteilung erfaßt und getötet.

29.10.1937, bei **Wiesenburg**, Str Berlin-Güsten, P 302 bei Nebel in Rotte gefahren, da Warnsignal des einen Postens durch einen vorbeifahrenden Güterzug vom anderen Posten zu spät wahrgenommen wurde (3 T, 2 V).

4.12.1937, Str **Stettin-Stolp**, Unaufmerksamkeit des Sicherheitspostens (11 T, 7 V).

14.1. und **13.3.1939**, Str **Düren-Neuß** und Str **Essen-Duisburg** (je 5 T und 1 bzw. 2 V); Sicherungsfehler.

15.12.1939, **Vennebeck** b. Bad Oeynhausen, Warnsignale zu spät gegeben (6 T, 6 V).

28.10.1941,**Berlin** zwischen den Bfn Ostkreuz und Grünau; Warnsignal des einen Postens durch vorbeifahrenden Güterzug vom anderen Posten zu spät wahrgenommen (6 T, 2 V).

17.2.1942, **Neudietendorf**, Str Ri Arnstadt, Lok in Schneeräumrotte gefahren (8 T, 5 V).

16.7.1942, auf der Str **Nürnberg-Treuchtlingen** in Verkettung widriger Umstände vier Rottenarbeiter getötet, einer verletzt.

4.3.1948, Str **Minden-Hannover**, Dg 6019 in Unternehmerrotte gefahren, Arbeiten trotz starken Nebels ohne ausreichende Sicherung aufgenommen (5 T).

24.8.1948, Str **Gemünden-Würzburg**, Dtb Nür 4399 in Unternehmerrotte gefahren; bei Warnsignal in das Nachbargleis getreten (3 T).

11.7.1949, Bf **Kreiensen**, Str Hannover-Göttingen, Elektrokarren durch Selbstverschulden des Karrenfahrers von P 777 erfaßt (1 V).

10.12.1949, Str **Osterfeld** Süd-**Recklinghausen**, P 2510 in Arbeiter von Bauzug 1003 gefahren; bei Nebel Warnsignale überhört (3 T).

7.11.1950, Str **Münster-Osnabrück**, Dg 7127 in Arbeiterrotte gefahren; wegen Vorbeifahrt eines Zuges im Nachbargleis vermutlich die Warnsignale überhört (4 T).

25.11.1954, Str **Karlsruhe-Offenburg**, P 3221 bei starkem Nebel in Unternehmerrotte gefahren; trotz Verbot die Arbeit aufgenommen (10 T).

21.12.1954, Bf **Günzach**, Str Buchloe-Kempten, Bahnbediensteter mit Gepäckkarren infolge Sturm und schlechter Sicht Warnung des Fdl überhört und von E 690 überfahren (1 T).

2.3.1957, **Hamburg=Eidelstedt**, Str Hamburg=Altona-Kiel, D 75 in Arbeiterrotte gefahren (6 T). ***II**

1.7.1958, Bk **Heimbach**, Str Neuwied-Niederlahnstein, Rottenführer, Schachtmeister und ein Arbeiter vor Arbeitsaufnahme und Aufstellen von Sicherungsposten im Gleis aufgehalten, vermutlich wegen G in Nachbargleis getreten und dort von D 169, Mittenwald-Köln, überfahren (3 T).

25.9.1958, Str **Schwelm-Witten**, Üg 13199 infolge mangelhafter Sicherung in Maschinenrotte gefahren (4 T).

3.12.1958, Str **Horb-Rottweil**, infolge eines Verstoßes des Rottenführers gegen die Sicherheitsvorschriften Maschinenrotte und Rottenführer von E 594 überfahren (7 T, 1 V).

28.12.1961, Bf **Emmerthal**, Str Hameln-Altenbeken, Rottenkraftwagen auf einen im Gleis befindlichen Kran gefahren (9 V).

22.4.1963, bei **Bad Hersfeld**, E 690 in Baukolonne gefahren, die sich ohne Weisung im Gleis aufhielt (2 T).

6.5.1964, bei **Ehringhausen**, Str Dillenburg-Wetzlar, Nt vermutlich wegen zu später Warnsignale in Bautrupp gefahren (3 T).

15.4.1965, zwischen **Bochum=Langendreer** und **Dortmund**, D in 30 Mann starke Arbeiterrotte gefahren (3 T, 2 V).

5.10.1965, Str **Kirchheim** u.Teck Süd-**Weilheim**, Üg 19 557 infolge mangelhafter Sicherung bei starkem Nebel in Stopfmaschinenrotte gefahren (4 T, 1 V).

17.10.1967, Str **Rosenheim-Salzburg**, Unternehmerrotte von Dt 122 überfahren. Die Arbeiter waren während der Mittagspause und in Abwesenheit der Sicherheitsposten ins Gleis getreten (5 T).

2.4.1968, Str **Mülheim=Styrum-Duisburg**, Nt 3180 bei Falschfahrt infolge mangelhafter Sicherung in Arbeiterrotte gefahren (4 T, 1 V).

8.11.1968, zwischen **Nierstein** und **Nackenheim**, Str Mainz-Mannheim, D 269 in Rotte gefahren, Arbeiter vermutlich Warnsignale überhört (3 T).

27.2.1969, Bf **Celle**, DB=Bediensteter auf dem Wege zum Dienst von D 49 erfaßt (1 T).

22.9.1969, **Vellberg**, Str Crailsheim-Schwäbisch Hall=Hessenthal, Üg 18774 infolge mangelhafter Sicherung in Arbeiterrotte gefahren (4 T, 1 V).

26.9.1969, **Monsheim**, Str Worms-Bingerbrück, Ng 8366 in Arbeiterrotte gefahren; mangelhafte Sicherung der Arbeitsstelle (3 T).

9.10.1972, Str **Köln-Aachen**, TEE 20, Saphir, bei dichtem Nebel in Rotte gefahren; vermutlich zu spät gewarnt (4 T, 1 V).

9.8.1973, Str **Heilbronn-Eppingen**, Rottenunfall (4 T, 1 V).

10.12.1973, Bf **Raunheim**, Str Mainz-Frankfurt/M., N 2268 in Arbeiterrotte gefahren; Warnsignale überhört, da der Posten zu weit entfernt aufgestellt war (5 T, 1 V).

11.7.1974, Bf **Dortmund=Eving**, Rangierabteilung auf Weiche entgleist, an der gearbeitet wurde; mangelhafte Aufsicht und innerdienstliche Verständigung (2 V).

26./27.7.1977, Bf **Nürnberg** Ost, bei Unterbrechung einer Arbeitspause Rottenarbeiter gegen Mitternacht eine Planierraupe verladen und vom E 3589, Nürnberg-Amberg, erfaßt (3 T, 1 V).
Die StA erhob Anklage gegen den Bauführer, einen DB=Betriebsinspektor, wegen fahrlässiger Tötung usw. durch Unterlassung und beantragte DM 6000,-- Geldstrafe. Das Nürnberger Verkehrsschöffengericht verhängte nur eine Strafe von 70 Tagessätzen zu DM 50,--. Der vorsitzende Richter kritisierte die Unterlassung der StA, nicht auch gegen den Verantwortlichen für die Sicherheitsposten Anklage erhoben zu haben. Der Bauführer hätte diesen schließlich nur verständigen lassen, daß die Rotte eine kurze "Brotzeit" im Aufenthaltsraum mache, eine allgemeine "Arbeitsruhe" sei nicht angeordnet gewesen. Andererseits entschuldige es den Bauführer nicht, daß er davon ausging, die Sicherheitsposten würden ohne Anordnung keine Brotzeitpause einlegen. Der Bauführer hätte sich vor Beginn der unprogrammäßigen Verladearbeiten überzeugen müssen, daß die Posten ihrer Sicherungsaufgabe nachkämen.

27.11.1978, zwischen **Delmenhorst** und **Ganderkesee**, Str nach Osnabrück, N 8366 in Rotte gefahren; Arbeit an BÜ ohne Sicherheitsposten aufgenommen (5 T, 1 V).

2.3.1980, **Poppenburg**, Str Hannover-Göttingen, D 15470 in Gleisarbeiterkolonne gefahren (2 T); vermutlich Warnsignale überhört.

14.9.1982, bei **Seußen**, Str Marktredwitz-Schirnding, Diesellok bei dichtem Nebel in Bautrupp gefahren; Arbeitsaufnahme ohne Meldung an Betriebsbeamten (3 T, 1 V).

7.3.1983, bei **Welsede**, Str Hameln-Altenbeken, zwei Rottenarbeiter von alleinfahrender Lok erfaßt; Gleis nicht rechtzeitig verlassen (2 T).

7.7.1983, zwischen **Renzendorf** und **Wallenrod**, Str Alsfeld-Fulda, Diesellok in Gleisbaurotte gefahren (2 T).

4.10.1987, bei **München**, Lokomotivführer des D 996, München-Passau, beim Versuch, bei 130 km/h eine Tür am Führerstand zu schließen, vom Sog aus dem Tfz gerissen und getötet. Ein Fahrgast, der den Unfall beobachtet hatte, zog die Notbremse.

28.6.1988, bei **Roßbach** v.d.Höhe, Str Friedberg-Bad Homburg, Lok in Rotte gefahren (3 T); Die Sicherheitsposten waren vom zuständigen Fdl nicht über die Lz verständigt worden. Der Fdl wurde wegen fahrlässiger Tötung zu 11 Monaten Haft mit Bewährung sowie zu Zahlungen an die Hinterbliebenen der Opfer verurteilt.

22.9.1989, **Saarbrücken** Hbf, Rangiereinheit in Gleisbaurotte gefahren (1 T,1 V).

6.11.1989, bei **Frankfurt**/M. Süd, zwei Gleisbauarbeiter von IC 662 erfaßt (2 T).

23.12.1989, **Stuttgart=Untertürkheim**, Rangierarbeiter beim Abkuppeln getötet; ein Unglück, das sich jährlich 5 - 10 Mal ereignet.

20.2.1990, bei **Niederschopfheim**, Str Offenburg-Freiburg, Gleisbauarbeiter von EC erfaßt und getötet; trotz Warnung im Gleis geblieben.

5.5.1990, **Düsseldorf**, Gleisbautrupp von Airport=Expreß erfaßt (1 T, 1 V).

23.11.1990, **Karlsruhe**, drei Streckenarbeiter von E 7513 erfaßt (1 T, 2 V).

10.10.1991, Bf **Bergedorf**, Str Hamburg-Büchen, ein Gleisbauarbeiter von IC 132 erfaßt und getötet, vermutlich wegen Unaufmerksamkeit, da andere Arbeiter auf die Warnsignale des Sicherungstrupps reagiert hatten.

12.10.1991, **Köln=Höhenhaus**, Str Düsseldorf-Köln, gegen 2.47 Uhr Leerzug Dortmund-Frankfurt/M. mit 130 km/h in 15köpfige Unternehmerrotte gefahren (6 T, 1 schwerverletzter Sichheitsposten). Trotz klarer Nacht, guter Sicht und der Aufstellung von sieben Sicherheitsposten wurde weder ein Horn- noch ein Tyfonsignal gegeben.

7.2.1992, **Düsseldorf=Eller**, Lok in Gruppe von fünf Gleisarbeitern gefahren, drei konnten noch zur Seite springen, zwei wurden getötet. Keine Warnsignale.

10.12.1992, EC 181, Kopenhagen-Hamburg, 22.06 Uhr nach Passieren Bf **Bad Oldesloe** in Rotte gefahren; Sicherheitsposten und 6 Gleisarbeiter tot, 1 V; unter den Toten war auch der Baubezirksleiter der Bm.
Die Rotte hatte ab 20 Uhr begonnen, 200 m südwestlich Bf Bad Oldesloe das Auswechseln einer Schwelle im Weichenbereich vorzubereiten, ab 22.30 Uhr war Sperrung der Strecke zur Durchführung der Arbeiten vorgesehen.
Sowohl bei diesem als auch bei dem Unglück vom 12.10.1991 oblag, soweit bekannt, die Rottensicherung der Gleisbaufirma, die den Arbeitsauftrag erhalten hatte.

***

In der DB=Statistik werden neuerdings Rottenunfälle unter *Personenunfälle* geführt, d.h. bei Unfällen von Personen durch, in oder an einem bewegten Eisenbahnfahrzeug, sofern es sich nicht um Entgleisungen, Zusammenstöße, Auf- oder Zusammenpralle handelt. **1990** wurden 416 Personenunfälle gezählt, mit 122 Toten (27 Reisende, 16 Mitarbeiter, 79 andere Personen) und 309 Verletzten (149 Reisende, 119 Mitarbeiter, 41 andere Personen).

II. Verstöße und Unvorsichtigkeit von Bahnfremden und Bahnbenutzern

Fälle, in denen die Bahn als Mittel zum Selbstmord benutzt wird - Alptraum jedes Lokführers - gehören nicht in diese Sparte. Erwähnt sei hier lediglich, daß sich die Zahl derer, die sich in Selbstmordabsicht von Zügen überfahren lassen, jährlich auf über 2000 Tote gestiegen ist. Wenngleich die Selbstmordrate in Deutschland allgemein eine erhebliche Zunahme erfahren hat,[35] ist der Anteil der Bahn überproportional gewachsen.

Obwohl die DB viel zur Verbesserung der Reisesicherheit geleistet hat, passiert immer noch unverhältnismäßig viel, den Umständen entsprechend mehr als in früheren Zeiten, in denen gewisse Risiken, so die Türsicherung, größer waren, wie das untere Bild eines Plakates der Reichsunfallverhütungswoche 1929 [Abb. 143/144] zeigt.

Daß aus der Vielzeit der Fälle vorwiegend Beispiele aus den Bezirken der BD Hannover und München gesammelt und ausgewählt wurden, läßt ahnen, wieviel sich im Gesamtbereich der DB ereignete.

...-Woche (RUWo) vom 24. Februar bis 3. März 1929 ergangen:

Schützt Leben und Gesundheit!

Ueber 1 Million Unfälle wurden im letzten Jahre allein in den gewerblichen und landwirtschaftlichen Betrieben gezählt. Insgesamt haben sich in Deutschland in diesem Zeitraum sicher über 2 Millionen Unfälle ereignet. Fast 24000 Menschen, davon etwa ein Drittel in den bei den Berufsgenossenschaften versicherten Betrieben, haben dabei ihr Leben verloren. Also

täglich 64 Tote durch Unfall!

Welche Unsummen von Schmerz, Kummer und Elend, zerstörtem Familienglück, vernichteten Existenzen, gescheiterten Zukunftshoffnungen und verlorenen wirtschaftlichen Werten stecken in diesen Zahlen!

Behörden, Berufsgenossenschaften, Verkehrsorganisationen, Gewerkschaften, soziale, wirtschaftliche und technische Verbände sind bestrebt, Aufklärung zu schaffen und Einrichtungen zu treffen, um Unfälle zu verhindern. **Manches ist schon erreicht — vieles bleibt noch zu tun!**

Es gilt die in Haus und Beruf, im Verkehr, in der Werkstatt und im Betriebe drohenden **Gefahren zu erkennen und abzuwenden.** Ein großer Teil der Unfälle ist vermeidbar, aber nur, wenn jeder bestrebt ist, sich und andere zu unfallsicherem Verhalten zu erziehen!

Nicht Verbote und Bestimmungen sind das Allheilmittel gegen Unfälle!

Jeder muß mithelfen Unfälle zu verhüten!

Der moderne Mensch soll freiwillig und verantwortungsbewußt an der Unfallverhütung mitwirken. Dieses Verständnis und Verantwortungsgefühl zu verbreiten und zu vertiefen, ist das Ziel einer großen, von den Verbänden der Berufsgenossenschaften ausgehenden Veranstaltung.

Vom 24. Februar bis 3. März 1929

wird die

Reichs-Unfallverhütungs-Woche (RUWo)

stattfinden. In allen beteiligten Kreisen hat dieser Gedanke sofort lebhaften Widerhall gefunden.

Während dieser Woche soll möglichst in allen Orten des Reiches mit allen Mitteln der Aufklärung, Belehrung und Werbung die Aufmerksamkeit auf die Unfallverhütung hingelenkt werden.

Zweck und Ziel der Reichs-Unfallverhütungs-Woche ist die dauernde und freudige Mitarbeit jedes Einzelnen im Kampfe gegen die Unfallgefahren. Es geht um das Wohl aller Volksgenossen, es geht um Leben und Gesundheit jedes Einzelnen!

Der Wahlspruch der Reichs-Unfallverhütungs-Woche

„Helft Unfälle verhüten!"

muß für alle Zeiten jedermanns Wahlspruch werden.

An alle Bevölkerungskreise ergeht der Ruf mitzuwirken.

Wissel
Reichsarbeitsminister

Schäffer
Präsident des Reichsversicherungsamtes

Prof. Dr. Adam
Reichsausschuß für hygienische Volksbelehrung

Arbeitsgemeinschaft für Unfallverhütung:

Verband der Deutschen Berufsgenossenschaften. Verband der deutschen landwirtschaftlichen Berufsgenossenschaften. Verein Deutscher Maschinenbau-Anstalten. Zentralverband der deutschen elektrotechnischen Industrie. Allgemeiner Deutscher Gewerkschaftsbund. Deutscher Gewerkschaftsbund. Gewerkschaftsring Deutscher Arbeiter-, Angestellten- und Beamtenverbände. Arbeitsgemeinschaft Deutscher Betriebsingenieure. Verband Deutscher Elektrotechniker. Verein Deutscher Gewerbeaufsichtsbeamten.

D. Spiecker
Verband der Deutschen Berufsgenossenschaften

Dr. Schroeder
Verband der deutschen landwirtschaftlichen Berufsgenossenschaften

1. Unaufmerksamkeit von Bahnbenutzern oder Fahrgästen in Zügen

30.7.1955, bei **Holzminden**, drei Menschen durch ihr unachtsames Verhalten von E 544 überfahren und getötet.

1.11.1965, **Burgdorf**, Str Celle-Lehrte, Frau unter ausfahrenden E 777 geraten und schwer verletzt.

2.4.1966, **Löhne**, Str Bielefeld-Minden, Mann aus durchfahrendem D 122 gestürzt und schwer verletzt.

29.8.1966, **Braunschweig** Hbf, Frau aus anfahrendem D 1033 gesprungen und verletzt.

25.10.1966, Str **Bingerbrück-Saarbrücken**, E 591 in Gruppe von Reisenden gefahren, die aus einem auf freier Strecke haltenden Zug der Gegenrichtung gestiegen waren (5T).

7.3.1967, **Bückeburg**, Str Hannover-Minden, Mann aus anfahrendem E 879 gefallen, verletzt.

25.2.1968, **Bremen** Hbf, Frau aus anfahrendem E 745 gefallen, verletzt.

22.7.1969, **Rheda**, Str Bielefeld-Hamm, dito aus E 834.

1.1.1970, **Bremerhaven=Lehe**, Mann auf anfahrenden D 11 284 gesprungen, zwischen Zug und Bahnsteigkante gestürzt, verletzt.

19.6.1970, **Kreiensen**, Str Hannover-Göttingen, Mann aus fahrendem E 2087 gestürzt, getötet.

24.6.1971, **München=Pasing**, Schüler aus N 3306 gestürzt, getötet.

4.9.1972, **Stubben**, Str Bremen-Bremerhaven, Mann aus E 1682 gestürzt, getötet.

28.9.1972, Str **Hannover-Göttingen**, Frau infolge Türverwechslung in der Nähe von Gut Wispenstein aus D 755 gestürzt, verletzt; zunächst Attentatsverdacht.

4.3.1973, **Dedenhausen**, Str Lehrte-Wolfsburg, Mann beim Aufspringen auf N 2215 in Tür geklemmt und 800 m mitgeschleift, getötet.

29.5.1973, bei **Osterholz=Scharmbeck**, Str Bremen-Bremerhaven, Schülerin aus E 578 gestürzt, getötet.

1.11.1973, bei **Langenhagen**, Str Hannover-Celle, Frau aus D 472 gestürzt, getötet.

23.12.1973, **Hannover** Hbf, Mann aus anfahrendem D 546 gestürzt, zwischen Zug und Bahnsteigkante geraten, verletzt.

25.2.1974, **Hannover=Bismarckstraße**, dito Frau aus N 4649, getötet.

4.3.1974, **Stadthagen**, Str Hannover-Minden, dito Mann aus N 4955, verletzt.

27.9.1974, **Eichenberg**, Str Göttingen-Bebra, Mann aus anfahrendem E 2087 gestürzt, zwischen Zug und Bahnsteigkante geraten, getötet.

14.1.1975, **Seesen**, Str Kreiensen-Braunschweig, 13jähriger Schüler von Nto 6773 erfaßt und getötet.

25.8.1975, bei **Bremen**, Mann aus D 639 gefallen und getötet.

9.9.1975, **Osnabrück** Hbf, Frau beim Einsteigen in anfahrenden D 537 zwischen Zug und Bahnsteigkante geraten und verletzt.

13.1.1976, **Osnabrück**, Mann aus D 239 gefallen, verletzt.

26.1.1976, bei **Delmenhorst**, Str Bremen-Oldenburg, dito Mann aus D 875, getötet.

17.1.1977, Bf **Delmenhorst**, Mann von E 3127 erfaßt, getötet.

14.9.1977, bei **Emden**, Mann aus D 685 gestürzt, getötet.

21.5.1978, bei **Haren**/Ems, Str Rheine-Leer, Schülerin aus D 734 gestürzt, getötet.

18.6.1978, **Osterholz=Scharmbeck**, Str Bremen-Bremerhaven, betrunkener Mann von E 3146 überfahren und verletzt.

10.9.1978, **Rheine**, Mann aus anfahrendem E 2733 gestürzt, getötet.

9.12.1978, **Varel**, Str Oldenburg-Sande, Frau aus anfahrendem E 2191 gesprungen und verletzt.

2.7.1979, **Hannover** Hbf, dito Mann aus IC 576, getötet.

21.3.1980, bei **Salzbergen**, Str Rheine-Leer, 12jährige Schülerin in Höhe des Flughafens Bentlage aus Zug gestürzt, getötet; während der Fahrt bei 120 km/h Wagentür als Mutprobe geöffnet.

18.8.1981, bei **Gernlinden**, Str München-Augsburg, 20jähriger Schüler, der während der Fahrt mit der Türklinke herumgespielt hatte, beim plötzlichen Aufspringen der Tür vom Fahrtwind ins Freie gerissen und getötet.

10.11.1981, **Rieste**, Str Delmenhorst-Osnabrück, Mann aus Nt 8352 gefallen, getötet.

5.12.1981, bei **Northeim**, Str Hannover-Göttingen, dito Mann aus D 799, getötet.

2.1.1982, **Aschaffenburg**; zwei Marokkaner, die sich in einem IC verdächtig gemacht hatten, wurden von der Bahnpolizei kontrolliert und festgenommen. Als der Zug vor Aschaffenburg abbremste, versuchten beide zu fliehen. Dabei blieb einer an der Trittstufe hängen, der andere sprang aus dem Zug, lief in einen entgegenkommenden IC und wurde getötet.

17.2.1982, **Roßtal**, Str Nürnberg-Ansbach, 83jährige Frau, die nach Verlassen des Zuges hinter dem letzten Wagen die Gleise überqueren wollte, von entgegenkommendem G erfaßt und getötet.

2.4.1982, bei **München**, drei Schüler als Mutprobe von Lochham nach Starnberg auf dem Dach eines S-Bahn=Triebwagens gefahren, einer der Schüler kam der Fahrleitung zu nahe und erlitt schwerste Verbrennungen.

31.7.1982, **München**, 17jähriges Mädchen, das sich zum Zeitungslesen auf die Bahnsteigkante gesetzt hatte, von S-Bahn=Zug erfaßt und getötet.

6.8.1982, **Norden**, Str Emden-Norddeich, Mann über Koffer gestolpert, gegen anfahrenden E 3110 gefallen und verletzt.

10.11.1983, **Neuekrug=Hahausen**, Str Kreiensen-Braunschweig, Frau, die ihren auf die Gleise gelaufenen Hund retten wollte, von durchfahrendem Zug erfaßt und getötet.

7.12.1983, **München**, zwei 14 bzw. 15 Jahre alte Jungen lieferten sich auf dem Gleiskörper der S-Bahn, Str nach Herrsching, zwischen Harthaus und Germering eine Schneeballschlacht und überhörten gegen 19.10 Uhr das Herannnahen eines S-Bahn=Zuges; der 14jährige wurde überfahren.

2.9.1984, bei **Traunstein**, Str München-Salzburg, 13jähriger Schüler bei voller Fahrt aus IC gesprungen, nachdem er bei der Fahrkartenkontrolle im Zug darauf aufmerksam gemacht worden war, daß der IC in Traunstein durchführe und in Salzburg keine Rückfahrmöglichkeit bestünde; getötet.

22.2.1986, Str **Friedberg-Hanau**, Schüler vermutlich nach versehentlichem Öffnen einer Wagentür aus fahrendem N gestürzt, getötet.

8.12.1986, bei **Rastede**, Str Wilhelmshaven-Oldenburg, 38jährige Japanerin mit Sohn aus E 3126 gestürzt (1 T, 1 V).

20.7.1988, **Isernhagen**, Str Hamburg-Hannover, 14jährige Schülerin von durchfahrendem E 3232 erfaßt und getötet; Lautsprecherdurchsagen wegen Tragen eines Walkman überhört.

21.11.1989, **Wennigsen**, Str Hannover-Weetzen-Haste, Schüler beim Aufspringen auf abfahrende CityBahn ("Bahn=Surfen" als Mutprobe) abgerutscht und vom Zug überrollt.

24.1.1992, **München=Pasing**, Rentner beim Versuch, einen in den Gleisbereich gefallenen Schuh seiner gehbehinderten Frau zu bergen, von ICE überfahren, getötet.

2. Unbefugtes Betreten von Bahnanlagen

28.10.1977, **Algermissen**, Str Lehrte-Hildesheim, Schülerin beim Klettern auf Güterwagen mit Fahrleitung in Berührung gekommen und getötet.

3.4.1978, bei **Neustadt**, Str Marburg-Wabern, drei türkische Kinder, beim Versuch die Gleise abseits eines BÜ zu queren, von D erfaßt und getötet.

11.10.1978, Nürnberg Rbf, Bundeswehrsoldat auf einen verladenen Panzer geklettert und mit der Fahrleitung in Berührung gekommen, verletzt.

4.10.1980, Frankfurt/M. Rbf, zwei 17jährige auf einen Kesselwagen geklettert, dabei in das Spannungsfeld der Fahrleitung geraten und einen Lichtbogen ausgelöst. Einer der Jungen wurde getötet, der andere heruntergeschleudert. Die von letzterem alarmierte Feuerwehr versuchte, den Toten zu bergen, bevor die Leitung abgeschaltet war, so daß noch zwei Feuerwehrleute starben.

19.12.1980, bei **Garmisch=Partenkirchen**, türkische Familie beim Versuch, den Weg abzukürzen, auf dem Gleis von E erfaßt, Ehepaar getötet, Kleinkind schwer verletzt.

9.3.1981, Darmstadt Rbf, zwei Männer beim Besteigen eines Tankwagens unter Fahrdraht durch Stromüberschlag getötet.

18.3.1981, Nürnberg Rbf, US=Soldat bei Halt seines Truppenzuges den Deckel einer Panzereinsteigsluke geöffnet, durch Stromüberschlag getötet.

13.4.1981, Weichering, Str Ingolstadt-Donauwörth, elfjähriges Mädchen beim Spielen mit zwei Schulkameraden auf Kesselwagen geklettert und dabei mit der Fahrleitung in Berührung gekommen. Der Bahnhofswirt wollte das bewußtlos auf dem Laufsteg des Wagens liegende Mädchen retten und kam dabei selbst mit der Fahrleitung in Berührung. Das Kind überlebte, der Mann starb in der Unfallklinik.

14.4.1981, Bad Hersfeld, Str Bebra-Fulda, Unbekannter bei Überqueren der Gleise von IC 574 erfaßt und getötet.

15.5.1981, bei **Nördlingen**, siebenjähriger Junge beim Spielen auf dem Bahnkörper von Zug erfaßt und getötet.

16.7.1981, bei **Saarlouis**, drei Kinder im Alter von sieben bis zwölf Jahren mit einem Kinderwagen auf den Bahngleisen spazierengefahren. Als sie eine sich nähernde Rangierlok erblickten, sprangen sie von den Gleisen und ließen den Kinderwagen stehen. Trotz Vollbremsung prallte die Lok noch gegen den Kinderwagen, wodurch der darin liegende eineinhalbjährige Junge verletzt wurde.

4.9.1982, Haste, Str Bielefeld-Hannover, 13jähriger Schüler beim Klettern auf abgestellten Güterwagen mit dem Fahrdraht in Berührung gekommen, schwer verletzt.

22.9.1982, Str Essen-Bochum, durch Wärter des BÜ Posten **Leithe**, mehrere Kinder im Gleis bemerkt. Er rief 16.27 Uhr Fdl Essen Hbf an, damit dieser den fälligen TEE 18 stellen und den Abschnitt mit Befehl Ad ('Fahren auf Sicht') langsam passieren ließ, wodurch der TEE 8 Minuten Verspätung erhielt.
Als die ebenfalls alarmierte Bahnpolizei erschien, waren die Kinder weg, aber sie kamen wieder, und IC 526 mußte über ZBF gewarnt werden, allerdings so knapp, daß der Tf am BÜ mit Schnellbremsung reagieren mußte, um die Kinder nicht zu überfahren. Denen reichte das Spiel immer noch nicht. So mußte die Bahnpolizei zum zweiten Male ausrücken und konnte diesmal sechs Kinder im Alter von elf bis zwölf Jahren erwischen und ihre Personalien feststellen.

15.6.1986, bei **Lenne**, Str Holzminden-Kreiensen, alkoholisierter Mann auf Gleisen eingeschlafen, von Triebwagen ein Arm abgefahren.

11.7.1986, bei **Rohrsen**, Str Bremen-Hannover, alkoholisierter Mann beim Versuch, die Strecke als Abkürzung zu überqueren, von G erfaßt und getötet.

13.7.1988, bei **Frankenthal**/Pfalz, Schüler von G überrollt, getötet.

18.2.1989, **Neuss**, zwei Kinder beim Spielen auf Panzer, der zum Abtransport auf Güterwagen verladen war, in Fahrleitungsnähe geraten (2 T).

23.8.1990, **Hamm=Wiescherhöfen**, zwei Kleinkinder infolge mangelhafter Beaufsichtigung auf Bahndamm geklettert und überfahren. [eingehend in DIE EISENBAHNSZENE BD. 2, Pürgen, 1991, S. 67ff]

Nacht vom **29.** auf den **30.4.1991**, 17jähriger auf einen Fahrleitungsmast der Str **Paderborn-Altenbeken** geklettert, um seiner Clique zu zeigen, welch "toller Hecht" er wäre. Bevor er sein Ziel erreichte, geriet er in das Spannungsfeld der 15 000 V=Leitung und wurde getötet. Kein Vierteljahr darauf kam es zu einem ähnlichen Unglück im Bf **Lünen** Süd: zwei Halbwüchsige stiegen auf das Dach eines abgestellten Wagens, wobei sich der 14jährige schwere Verletzungen zuzog.

24.6.1991, bei **Friedland**, Str Göttingen-Bebra, fünfjähriger Junge beim Versteckenspielen im Betonschacht einer Schrankenanlage von deren Gegengewicht schwer verletzt.

10.10.1991, **Essen=Altenessen**, Str Duisburg-Dortmund, 46jähriger nach Überklettern eines Zauns beim Überschreiten der Gleise von Zug erfaßt und getötet. Die häufige Benutzung dieser "Abkürzung" an einem stillgelegten Bahnübergang sollen Streifen der Bahnpolizei und Bußgeld verhindern.

16.10.1991, Str **Weilheim-Schongau**, 39jähriger von Zug erfaßt, nachdem er sich zum Biertrinken auf die Gleise gesetzt hatte; getötet.

5.6.1992, Str **Güsten-Sangerhausen**, nahe einem BÜ bei Siersleben ein auf den Schienen laufendes Ehepaar vom Zug überfahren.

---

35 Über die Gründe der Unstetigkeit der Selbstmordrate ermittelte B.E. Durkheim schon vor über 100 Jahren noch heute gültige Erkenntnisse: Der Hauptgrund für das Anwachsen sei in einer Lockerung der persönlichen, überschaubaren Bindungen und im Abstraktwerden der gesellschaftlichen Ordnungen zu sehen. Zeiten, auch Notzeiten, die die Energie des Menschen stark beanspruchten, zeigten oft ein Zurückgehen, dagegen Verwirrungen des sozialen Gefüges ein Steigen der Selbstmordziffern.
Sigmund Freud fügte die Theorie hinzu, der Selbstmord stelle auch einen gegen bestimmte Personen oder die Umwelt gerichteten Akt der Aggression dar. Möglicherweise gibt diese Erwägung eine Erklärung für den Selbstmord in der Öffentlichkeit durch Abstürzen oder Überfahrenlassen.
Eine Bestätigung der Durkheim'schen Lehre liefert auch das Ansteigen der Selbstmordrate in den neuen Bundesländern. Nach einer ADN=Meldung gemäß Presseveröffentlichung vom 1.8.1992 hätten sich laut Polizeiauskunft allein zwischen Dresden und Schöna während der letzten neun Monate acht Personen überfahren lassen. Sich häufende Meldungen von Selbstmorden auf der Schiene liegen auch aus anderen Gegenden der neuen Bundesländer vor.

III. Bahnanschläge und Eingriffe in den Bahnbetrieb

Wie bereits im Zusammenhang mit den Attentaten der zwanziger Jahre vermerkt, sind Bahnanschläge zeitsymptomatisch, und nur in Ausnahmefällen gab materielle Not das Tatmotiv ab. Bezeichnenderweise fallen erste Anschläge auf DB=Anlagen zeitlich in etwa sowohl mit der Ausprägung eines Wohlfahrtsstaates zusammen, auf dessen politische Gestaltung die Bevölkerung letztlich nur durch die Wahlurne spärlichen Einfluß hat, als auch mit ersten Aktionen radikaler Terrorgruppen. Deren politisch motivierte Anschläge sparten die Bahn aus, Kinder und Jugendliche dagegen, trieben und treiben ohne politische Ambitionen in Zügen bzw. an Zügen und Bahnanlagen ein in Deutschland früher in dieser Dimension nicht bekanntes Unwesen, zumal viele der ungeklärten Brandanschläge wahrscheinlich auch auf das Konto Jugendlicher gehen oder letztlich auf das des Wohlfahrtsstaates mit den Folgen Langeweile, Sensationslust, nicht gefördertes, daher mangelhaftes Verantwortungsbewußtsein sowie schlechte Vorbilder.
Die Bahn aus erpresserischen Gründen zu bedrohen und Anschläge zu verüben, kam ähnlich vergangenen Zeiten nur wenigen in den Sinn. Auch wurden sie meist ebenfalls gefaßt und abgeurteilt. Völlig unverständlich ist es, wenn Gruppen, die an sich Gutes wollen - so Umweltschützer - zu verbrecherischen Mitteln wie Attentaten greifen, um dadurch auf ihr Anliegen aumerksam zu machen. Nicht erwiesen scheint allerdings, ob hier nicht versteckt andere Gruppen wirkten, die z.B. auch bei den Wackersdorfer Demonstrationen radikale Elemente einbrachten.
Vieles in Deutschland ist undurchschaubar geworden, und wenn man die Entwicklung der kriminellen Szene der jüngsten Zeit betrachtet,[36] gehen wir einem Abgrund entgegen. Hehre Appelle, Lichterketten oder dgl. lösen jedenfalls keine Probleme, weder die, derentwillen man sie startet noch jene, über die die Medien nur sehr dezent berichten oder sie schlichtweg ignorieren.

17.2.1962, zwischen **Isenbüttel Dorf** und **Isenbüttel Gifhorn**, Str Braunschweig-Uelzen, Pto 3131 mit drei Wagen entgleist und in Brand geraten, nachdem Kinder Steine auf die Schienen gelegt hatten (2 T, 34 V).

17.9.1966, **Bensheim**, Pto von Worms durch von zwei Kindern auf Schienen gelegte Schottersteine zum Entgleisen gebracht und 8 m tief abgestürzt (1 T, 15 V).

7.11.1967, zwischen **Salzgitter=Osterlinde** und **Derneburg**, Str Baunschweig-Derneburg, E 792 auf BÜ auf durch Manöverfahrzeuge zugefahrenen Spurrillen entgleist.

16.10.1968, **Hauptstuhl**, Str Saarbrücken-Kaiserslautern, Tfz und sieben Wagen des D 216 mit 120 km/h auf einer Weiche entgleist, die gewaltsam auf Ablenkung gestellt worden war (1 T, 14 V).

24.2.1969, Str **Freiburg-Donaueschingen**, Pto durch auf Schienen gelegte Steine entgleist und abgestürzt (4 V).

5.3.1969, bei **Dortmund**, Tf eines G durch einen von Jugendlichen geworfenem Stein getroffen und 3 Min bewußtlos.

21.10.1970, Str **Nürnberg-Schirnding**, Pto 4919 gegen eine von US=Soldaten im Manöver über das Gleis gelegte Panzerbrücke gefahren und entgleist (20 V).

24.1.1971, Thalfingen, Str Ulm-Heidenheim, Hemmschuh auf Gleis montiert. Der fällige, voll besetzte E 1921 von Aalen blieb jedoch vorher wegen Getriebeschadens liegen, und die von Ulm angeforderte Ersatzlok sprengte den Hemmschuh zur Seite. Bereits in der Nacht zum 15.1.1971 waren dort an Signalen die Lampen zerschlagen worden.

10.5.1971, Adelsdorf, Str Forchheim-Höchstadt, Nt durch von Kindern auf Schienen gelegte Steine entgleist (2 V).

15.6.1971, Solingen Hbf, N 2594 nach Wuppertal=Oberbarmen gegen einen auf das Gleis montierten Hemmschuh gefahren und diesen 370 m mitgeschleift, bis er sich in einer Weiche verklemmte und die Diesellok und zwei Wagen zum Entgleisten brachte.

2.4.1972, bei **Drebber**, Str Bremen-Osnabrück, zwei Wagen von D 538, Hamburg-Köln, durch Brandstiftung zerstört.

24.5.1972, zwischen **Darmstadt=Ost** und **=Nord**, Nt mit ca. 50 km/h auf Planierraupe geprallt, die von spielenden Kindern in Gang gesetzt worden und auf dem Gleis stehengeblieben war (9 V).

13.8.1973, Erdbach, ehemalige Str Herborn-Westerburg, 16 Güterwagen, die in Mademühlen mutwillig von Jugendlichen abgekuppelt und nach Lösen der Bremsen in Bewegung gebracht worden waren, rissen nach 17 km Talfahrt mit 20 Überwegen einen Prellbock um und fuhren 50 m weiter mit hoher Geschwindigkeit in ein Bauernhaus (1 T).

19.8.1973, Lüneburg, N 2310 nach Hamburg von einer Rockerbande gestürmt, Reisende und Bahnpersonal belästigt und geschlagen. Erst ein stärkeres Polizeiaufgebot konnte die Rocker in Winsen festnehmen.

27.11.1973, zwischen **Wunstorf** und **Neustadt**, Str Hannover-Bremen, zwei Nahverkehrswagen durch Brandstiftung ausgebrannt.

21.5.1974, bei **Dußlingen**, Str Tübingen-Sigmaringen, Lok durch auf die Schienen gelegte Steine entgleist.

15.8.1974, bei **Biblis**, Str Mannheim-Groß=Gerau, ein Wagen von N 4670 Infolge Brandstiftung ausgebrannt.

22.5.1976, Erlangen, Str Nürnberg-Bamberg, von Kindern Kabel über das Geländer einer Straßenüberführung gelegt, so daß es bei einer Zugvorbeifahrt zur Berührung mit der Fahrleitung und Kurzschluß kam.

5.8.-16.9.1976, im Raum **Frankfurt/M.** sieben Sabotageakte, u.a. bei **Zeppelinheim** durch Lockerung der Schienenbefestigung und durch Hindernisse auf den Schienen; die Täter wurden durch eine Streife wegen Brandgefahr im Wald gestört, so daß die Hindernisse noch nicht fest angebracht und von einem G beiseite geschleudert werden konnten.

Bei **Germersheim** wurde ein Baumstamm über das Gleis gelegt und in **Sprendlingen** eine zweieinhalb Zentner schwere Eisenplatte.
Das siebte Attentat, am **16.9.1976**, traf die **Königsteiner Kleinbahn** AG. Der Triebwagenführer bemerkte auf der Fahrt nach Frankfurt/M.=Höchst einen aus Steinen und Baustahl gemauerten Block auf den Gleisen, zu spät zum Anhalten. Der Triebwagen riß von den drei festgebremsten Wagen ab und fuhr eine Böschung hinunter. [Abb. 145]

145

26.8.1976, bei **Muggensturm**, Str Karlsruhe-Offenburg, Ng 64 203 durch "Monsieur X" zum Entgleisen gebracht; hoher Sachschaden. Knapp ein Jahr zuvor, am 6.10.1975, hatte die BD Karlsruhe den ersten Erpresserbrief von "Monsieur X" mit einer Forderung von DM 100 000,-- erhalten, weitere Briefe und Anschläge folgten (s. 17.10.1977).

19.6.1977, **Kaufering**, Str München-Buchloe, 25 Niederbordwagen nach mutwilligem Lösen der Bremsen von privatem Gleisanschluß in den Bf und gegen Prellbock gefahren.

17.10.1977, D 271, Italia=Expreß, zwischen **Kenzingen** und **Riegel**, Str Offenburg-Freiburg, mit ca. 140 km/h entgleist, zwei Wagen umgestürzt (25 V).
Dieses Unglück war der folgenschwerste Anschlag von "Monsieur X", der inzwischen seine Forderung auf DM 250 000,-- erhöht hatte und insgesamt 13 Anschläge verübte. Nach intensiven Ermittlungen und durch den Hinweis eines Straßburger Hoteliers konnte er vor Gericht gestellt werden. Am 9.3.1979 wurde er in Rastatt nach über vierwöchiger Verhandlung zu lebenslanger Freiheitsstrafe verurteilt. Die Revision wurde vom BGH verworfen. Der Straßburger Hotelier erhielt die von DB und StA ausgesetzten Belohnungen von insgesamt DM 110 000,--.

15.3.1978, zwischen **Dirmingen** und **Eppelborn**, Tfz und Wagen eines Rz durch ein auf die Gleise gelegtes Stahlrohrgestänge beschädigt. Die Täter - vier Kinder im Alter von 6 bis 10 Jahren - gaben zu, weitere drei Anschläge verübt zu haben: Fichtenstamm über Gleise gelegt, Stein auf fahrenden Zug geworfen, Steinplatte von Brücke in Zughöhe aufgehängt.

19.5.1979, 8.4.1980 (Raum **Hamburg**), **4.9.1980 (Bad Homburg)** ein bis drei S-Bahn=Wagen durch Brandstiftung ausgebrannt.

25.9.1980, bei **Iserlohn** Ost, Str Iserlohn-Menden, Nto 6127 durch von Kindern in die Spurrillen eines Bahnüberweges gelegte Steine entgleist und gegen ein Haus geprallt (13 V).

5.11.1980, Bf **Parsberg**, Str Regensburg-Nürnberg, bei Panzerverladung in einem Kampfpanzer eine Granate detoniert, woraufhin die Bahnstrecke für längere Zeit wegen Aufräumungsarbeiten vollständig gesperrt werden mußte. Später wurde festgestellt, daß es kein Unfall war, sondern daß ein US=Soldat aus Eifersucht mit der Kanone seines Panzers auf einen anderen geschossen hatte (2 T, 2 V).

22.11.1980, Köln=Mülheim, S-Bahn=Wagen durch Brandstiftung ausgebrannt.

24.1.1981, bei **Lindhorst**, Str Hannover-Minden, drei DRB=Wagen des D 340 durch von randalierenden Fußballfans gelegtes Feuer ausgebrannt.

16.2.1981, bei **Tostedt**, Str Bremen-Hamburg, zwei Wagen des D 1835 durch Brandstiftung ausgebrannt.

14.4.1981, bei **München**, D 290, Akropolis, gegen Baumsperre gefahren.

11.5.1981, bei **Karlsfeld**, Str München-Dachau, S-Bahn=Zug durch Kurzschluß gestoppt, da vier Kinder *"aus Jux und Langeweile"* ein Kabel über die Fahrleitung geworfen hatten.

10.9.1981, bei **Haar**, Str München-Rosenheim, Rhönrad, Drahtpapierkorb und Schachtabdeckplatten auf Schienen gelegt und von Eilzug erfaßt.

1.10.1981, **Berlin** S=Bf Südende, von 15- und 16jährigen Jugendlichen Weichen mit Steinen blockiert.

15.10.1981, **Duckterath**, Str Köln-Bergisch Gladbach, S-Bahn=Mittelwagen wegen Brandstiftung ausgebrannt.

10.12.1981, S-Bahn Str **München-Wolfratshausen**, von Unbekannten Mast einer 110=Kilovolt=Leitung abgesägt und zum Umstürzen gebracht, sowie während der ersten Monate des Jahres **1982** weitere Anschläge im **Münchner** S-Bahn=Bereich.

24.1.1982, Brühl, Str Köln-Bonn, zwei Wagen der jugoslawischen Eisenbahnen im D 218 infolge Anschlag ausgebrannt.

22.2.1982, Langenfeld, Str Köln-Düsseldorf, Brandanschlag auf S-Bahn=Wagen.

23.2.1982, Str **Hamburg-Lübeck**, Zug gegen Baumstamm und Betonklotz gefahren.

28.3.1982 bei **Göttingen**, mehrere Wagen von IC 572 durch angetrunkene und randalierende Wehrpflichtige beschädigt.

16.4.1982, **Düsseldorf=Rath**, Brandanschlag auf S-Bahn=Wagen.

10.7.1982, **Laatzen**, Str Hannover-Göttingen, D 499 gegen 5,2 m langes und 16 mm dickes Stahlseil gefahren, das von einer Brücke über den Fahrdraht geworden worden war. Dabei entstand Kurzschluß, die Frontscheibe der Lok zersplitterte und deren Tf erlitt einen Schock. Nach einem weiteren Anschlag in der Nacht zum **13.7.** wurden vier Türken im Alter von 12-17 Jahren festgenommen, die zugaben, beide Anschläge *"aus Langeweile"* verübt zu haben.

24.8.1982, Str **Stuttgart-Tübingen**, Attentatsversuch im Rahmen einer anonymen Erpressung der BD Stuttgart; Forderung: DM 3 Mio. Weitere Attentate und Erpressungsversuche im Raum Kassel und Saarbrücken.

16.9.1982, **Hattersheim**, Str Wiesbaden-Frankfurt/M., Brandanschlag auf S-Bahn=Wagen.

29.9.1982, bei **Großen Buseck**, Str Fulda-Gießen, Anschlag auf G, der u.a. Material für ein in der Nähe liegendes US=Militärdepot transportierte. Die Täter zündeten von einem Waldstück aus den auf die Gleise gelegten Sprengkörper, der unter den 16 Wagen explodierte und auch am Bahndamm sowie den Signalleitungen Schaden anrichtete. Erpressung als Motiv wurde ausgeschlossen; möglicherweise bestand jedoch ein Zusammenhang mit vier ähnlich arrangierten Anschlägen in Frankfurt/M., bei denen es einen Toten und einen Verletzten gab. Beim vierten Sprengsatz versagte der Zeitzünder.

11.1.1983 und **3.2.1983**, **Walsrode**, Str Hannover-Buchholz, jeweils ein Reisezugwagen durch Brandstiftung ausgebrannt.

22.12.1982, **Berlin**, Bf Marienfelde, bei 29 Güterwagen insgesamt 49 Bremsschläuche zerschnitten, die in betriebssicherem Zustand für ein Westberliner Möbelwerk zur Entladung auf einem Anschlußgleis bereitgestellt worden waren.

26./27.3. sowie **24.4.1983**, **Berlin**, Anschläge auf S-Bahn bei Bf Großgörschenstraße durch über das Gleis gelegte Baumstämme, zwischen den Bfn Mariendorf und Marienfelde durch auf die Gleise gelegte Holzbohle sowie zwischen Papestraße und Yorckstraße durch Betonklotz. Die Täter wurden nicht ermittelt.

24.9.1983, **Berlin**, erneuter Anschlag auf S-Bahn zwischen den Bfn Großgörschenstraße und Schöneberg an fünf Stellen auf beiden Richtungsgleisen. Eine Streife der Bahnpolizei entdeckte die durch schwere Gegenstände errichteten Hindernisse knapp vor der Durchfahrt des nächsten Zuges und konnte die Kollision verhindern.

27.9.1983, **Grafing**, Str München-Rosenheim, sowie **28.9.1983**, **Mainz** Hbf, S-Bahn=Wagen durch Brandstiftung ausgebrannt.

30.9.1983, zwischen **Appenweier** und **Oberkirch**, Str Appenweier-Bad Griesbach, Schienenbus beim Aufprall auf Baustellenfahrzeug entgleist, das von einem Erpresser entwendet und auf dem Gleiskörper abgestellt worden war (2 V). In mehreren Drohbriefen an die DB hatte der Erpresser insgesamt DM 1,8 Mio gefordert.

5.3.1984, **Hilpoltstein**, Str Roth-Hilpoltstein, Triebwagen infolge von Kindern auf die Gleise gelegte Steinen zum Entgleisen gebracht.

12.3.1984, **Frankfurt/M.=Bonames**, Autotransportzug mit farbrikneuen Pkw durch Brandstiftung z.T. zerstört.

26.5.1984, **Berlin**, Transitzug D 339 zwischen den Bfn Spandau und Charlottenburg auf Hindernis aus Pflastersteinen und Kabelabdeckplatten gefahren und durch den an der Lokomotive befindlichen Bahnräumer beiseitegeschleudert.

11. und **21.4.**, **18.8.**, **30.9.**, **2.** und **3. 11.1984** folgenschwere Brandanschläge auf S-Bahn=Wagen und abgestellte Triebwagen im Raum **Kassel, München, Hamburg** und in **Obertürkheim** b. Stuttgart; neben erheblichem Sachschaden insgesamt 1 V.

6.3.1985, bei **Burgdorf**, Str Lehrte-Celle, über die Oberleitung geworfenes Stahlseil von Güterzug erfaßt.

19.3.1985, bei **Verden=Scharnhorst**, Str Langwedel-Uelzen, Anschlag einer Gruppe "Baubrigade Manöverschaden" auf die Strecke; G gegen Barriere aus Baumstämmen und Absicherungsmaterial einer Straßenbaustelle gefahren.

14.6.1985, Bf **Hannover=Bismarckstraße**, Str Hannover-Göttingen, D gegen zwischen die Schienen gerammten Eisenträger gefahren, ohne zu entgleisen. Die Täter - drei Jugendliche - wurden nach weiteren Anschlägen (z.B. Aufbruch von Schaltkästen) gefaßt.

15.6.1985, Großraum Hannover, mehrere Anschläge durch von Brücken auf Oberleitung geworfene Wurfanker aus Eisen: bei **Dedensen**, Str Hannover-Wunstorf, bei **Ahlten**, Str Hannover-Lehrte, und bei **Otze**, Str Lehrte-Celle.

15.11.1985, **Berlin**, D Moskau-Paris kurz nach Mitternacht zwischen den Bfn Grunewald und Wannsee auf ein aus Baustämmen, Balken und Brettern sowie gefüllten Benzinkanistern bestehendes Hindernis gefahren. Die Lokomotive und drei Wagen wurden beschädigt, Menschen kamen durch glückliche Umstände nicht zu Schaden. Die Täter wurden nicht ermittelt.

14.4.1986, bei **Kissing**, Str München-Augsburg. Drahtseil von Brücke auf Fahrleitung geworfen, dadurch Tfz eines G und Fahrleitung beschädigt.

20.4.1986, **Frankfurt/M.**, Brandanschlag auf S-Bahn=Baustellen durch zwei alkoholisierte Jugendliche.

12.5.1986, **Dachau**, Str München-Ingolstadt, Brandstifung an S-Bahn=Mittelwagen.

8.6.1986, bei **Jühnde**, NBS Göttingen-Kassel, vermutlich politisch motivierter Brandanschlag auf Baumaschinen im Mackenrodt=Tunnel der Neubaustrecke.

5.7.1986, S-Bf **Stuttgart=Stadtmitte**, Brandstifung in S-Bahn=Mittelwagen.

22.8.1986, bei **Olching**, Str München-Augsburg, D 411 durch Unbekannten beschossen; Tf leicht verletzt.

20.10.1986, bei **Dachau**, Str München-Ingolstadt, angesägter Fahrleitungsmast auf Strecke gestürzt.

24.10.1986, Str **Augsburg-Donauwörth**, Diesellok einer Üg gegen von der Fahrleitung herabhängendes Stahlseil gefahren; Tf bei Kurzschluß leicht verletzt.

1.11.1986, Okarben, Str Frankfurt/M.-Friedberg, Brandstiftung in S-Bahn=Mittelwagen.

29.11.1986, bei **Kissing**, Str München-Augsburg, bei **Fünfstetten**, Str Augsburg-Nürnberg, und bei **Dachau**, Str München-Ingolstadt: mehrere Anschläge mit Eisenteilen auf Fahrleitungsanlagen.

11.12.1986, Halstenbek, Str Hamburg-Pinneberg, Brandanschlag auf S-Bahn=Wagen.

10.1.1987, Mönchengladbach, Brandstiftung an abgestelltem Akku=Triebwagen.

16.2.1987, zwischen **Baden** und **Etelsen**, Str Hannover-Bremen, Tfz eines US=Militärzuges durch auf Fahrleitung gelegten Wurfanker beschädigt.

17.2.1987, bei **Günzburg**, Str Ulm-Augsburg, Tfz eines G durch auf Fahrleitung geworfenes Seil beschädigt.

3.3.1987, Hp **Frankfurt/M.=Berkersheim**, Str Frankfurt/M.-Friedberg, Mittelwagen eines S-Bahn=Triebwagens nach Brandstiftung durch angetrunkene Jugendliche zerstört.

12.3., **Bad Homburg**, Str Frankfurt/M.-Friedrichsdorf, und **19.3.1987, Maisach**, Str München-Augsburg, Brandanschlag auf S-Bahn=Mittelwagen.

8.4.1987, bei **Oberviechtach**, Str Nabburg-Oberviechtach, G gegen Gleissperre aus Balken gefahren.

8.5.1987, Str **Nürnberg-Neumarkt**, Zug vor abgesägtem Baum rechtzeitig angehalten.

13.7., **Zuffenhausen**, Str Stuttgart-Ludwigsburg, **17.7.**, **Münster** und **21.8.1987, Eschborn** (Raum Frankfurt/M.), Brandstiftung an S-Bahn=Wagen und Nahverkehrstriebwagen.

31.8.1987, bei **Hedemünden**, Str Kassel-Göttingen, Sprengstoffanschlag auf US=Militärzug. Der Sprengsatz im Gleis wurde jedoch wegen der Verspätung des Militärzuges durch das Tfz eines vorwegfahrenden Sg ausgelöst, umherfliegende Eisenteile beschädigten Pkw auf der parallel verlaufenden Bundesstraße.
Ein weiterer Anschlag auf einen Militärzug wurde hier am **26.4.1988** verübt, bei dem der Tf durch Glassplitter verletzt wurde.
Zumindest einer der Attentäter, ein 40jährige Jordanier mit deutschem Paß und Mitglied einer antiisraelischen und antiamerikanischen Organisation, konnte im Dezember 1988 auf dem Frankfurter Flughafen bei der Rückkehr von einer Auslandsreise gefaßt werden.

29.11.1987, bei **Verden**, Str Bremen-Hannover, zwei 25 kg schwere Bootsanker von einer Brücke auf Fahrleitung geworfen, Tfz eines US=Militärzuges beschädigt.

2.1.1988, Höhenkirchen=Siegertsbrunn, Brandanschlag auf S-Bahn=Wagen. Der Täter konnte gefaßt werden.

2.1.1988, zwischen **Münden** und **Speele**, Str Göttingen-Kassel, Isolator der Fahrleitung und Zugmeldegerät zerstört, dadurch Eilzug infolge Stromausfall gestoppt.

20.1., **Soltau**, **4.4.**, **Bad Vilbel** (Raum Frankfurt/M.), **18.4.**, **Rheinberg** (Raum Duisburg), **30.4.**, **14.8.** und **24.9.1989** Raum **Frankfurt/M.**, Brandanschläge auf S-Bahn- und Reisezugwagen.

7.3.1989, bei **Darmstadt**, N 8930 nach Mainz gegen ein auf die Gleise gelegtes, 2 m langes Schienenstück geprallt, führender Steuerwagen entgleist.

15.3.1989, zwischen **Celle** und **Uelzen**, Str Hamburg-Hannover, demonstrativer Pseudo=Anschlag mittels zweier an Strommasten neben den Gleisen befestigter Pakete mit je 6 kg Sprengstoff. Ein Förster, der morgens vor seiner Haustür Zettel mit Hinweisen fand, informierte sofort die Polizei, die daraufhin die Strecke sperren und absuchen ließ. Die 'Täter' werden in Kreisen von Atomkraftgegnern vermutet, die mehrfach im Raum Uelzen/Dannenberg Ähnliches verübt hatten, um gegen Atommülltransporte nach Gorleben zu protestieren.

16.4.1988, Hp **Frankfurt/M.=Rödelheim**, S-Bahn=Mittelwagen nach Brandstiftung ausgebrannt (1 V).

April 1990, Attentatsdrohung - jede Nacht sollte ein Schnellzug entgleisen - und Geldforderung von DM 2 Mio. an die BD **Nürnberg**. Im Februar 1991 wurde Anklage wegen Verdachts der versuchten Erpressung gegen ein Ehepaar (45 und 47 Jahre) erhoben, das gestanden hatte.

5.11.1990, bei **Jühnde**, SFS Göttingen-Kassel, Arbeitszug entgleist, nachdem Unbekannte ein 1,74 m langes Schienenstück im Endelskamp=Tunnel der damals noch unbenutzten Neubaustrecke herausgetrennt hatten (Sachschaden ca. DM 100 000,--).

3.12.1990, zwischen **Unterlüß** und **Suderburg**, Str Hannover-Hamburg, etwa 1,8 m langes Schienenstück durchgeschnitten; Tf eines Sg meldete nach Überfahren, daß etwas nicht stimme. Ein nachfolgender Reisezug konnte vor der Stelle, wo sich inzwischen das Schienenstück gelöst hatte, gestoppt werden. In derselben Nacht wurde auf der Strecke zwischen **Uelzen** und **Dannenberg** ein 2,25 m langes Gleisteil herausgeschnitten und neben den Schienenstrang gelegt.
Neben den drei vorstehenden Anschlägen verübten Unbekannte im **Oktober** und **November 1990** weitere Anschläge bei **Hamburg=Rothenburgsort** und bei **Zeven**, Str Bremervörde-Rotenburg/Han., wobei ebenfalls jeweils Schienenstücke herausgetrennt wurden. Den Angaben nach wurde dabei offenbar ein Spezialgerät ("Trennjäger") verwendet, das bei Gleisbauarbeiten eingesetzt wird und von so großem Gewicht ist, daß es sich um mehrere Täter handeln muß. Darauf deuten auch die demontierten Schienenteile hin. Die Erpresserbriefe waren mit *"Herbert"* unterzeichnet und forderten von der BD Hamburg DM 2 Mio. Zwei Versuche der Geldübergabe scheiterten.
Anfang **April 1992** wandte sich *"Herbert, der Säger"*, wie der Bundesbahn=Erpresser mittlerweile von den Medien genannt wird, erneut mit drei fast gleichlautenden Drohbriefen an die BD München, eine Hamburger Zeitung sowie ein Nachrichtenmagazin und erhöhte dabei seine ursprüngliche Geldforderung auf annähernd das Doppelte.

20.1.1991, letzter Wagen eines **Rostocker** S-Bahn=Zuges stand beim Halt kurz nach 7 Uhr in Lütten Klein in Flammen. Kurz zuvor war eine junge Frau zur Zugbegleiterin gelaufen, um sie aufmerksam zu machen, daß Jugendliche *"kokelten"*. Der Wagen brannte trotz schnellen Feuerwehreinsatzes aus. Hier wurde auch sofort die Oberleitung geerdet und der Fahrstrom abgeschaltet. Die Brandstifter wurden nicht ermittelt.

14.2.1991, zwischen **Mörfelden** und **Groß=Gerau**, Str Frankfurt/M.-Mannheim, nahe beieinander zwei Schienenstücke herausgesprengt; darüber fahrender G nicht entgleist. Weitere Sprengstoffanschläge verbunden mit Erpresserbriefen: am **11.1.** bei **Köppern** (Taunus) und **25.1.** bei **Darmstadt**. Zu dieser Serie gehörte auch der Anschlag am

5.3.1991 zwischen **Heilsbronn** und **Wicklesgreuth**, Str Ansbach-Nürnberg. Wiederum wurden zwei Schienenstücke herausgesprengt, von denen eines das Dach eines ca. 400 m entfernten Bauernhauses durchschlug. Die Sprengung kurz nach 5 Uhr war weithin zu hören. Ein etwa 10 Minuten später über das beschädigte Gleis fahrender Reisezug entgleiste auch hier nicht.
Ende Mai 1991 verhaftete die Kriminalpolizei zwei Männer aus Pforzheim, 24 und 31 Jahre alt, die an sich wegen Sparkassen=Überfällen in Thüringen gesucht wurden. Einer der beiden gestand auch die Bahnanschläge, bei denen Schienenstücke herausgesprengt worden waren. Ein Koffer mit dem dazu verwendeten Sprengstoff wurde gefunden und bei Durchsuchung der Wohnung eines der Festgenommenen auch die Schreibmaschine, auf der die Erpresserbriefe geschrieben worden waren.

Nacht zum **26.3.1991**, **Hamburg**, Brandanschlag auf S-Bahn=Triebwagen.

30.3.1991, **Northeim**, Str Hannover-Göttingen, zwei Wagen des IR 1680 durch randalierende Fußballrowdies demoliert. Der Zug wurde während der Auseinandersetzungen mit der Polizei über eine Stunde aufgehalten, die übrigen Reisenden konnten mit anderen Zügen weiterfahren.

10.6.1991, drei Brandanschläge im **Rostocker** S-Bahnbereich, verbunden mit der Forderung nach Zahlung einer halben Million Mark. Bei einem der Brände erlitt der Zf eine schwere Rauchvergiftung.
Bei einem Brand kurz zuvor war das Problem mit den Feuerlöschern, die in den Wagen für Brandfälle griffbereit vorhanden sind, nur am Rande erwähnt worden. Jetzt griff man es auf: Die Handhabung sei nicht einfach genug, vor allem wüßten die Fahrgäste nicht, wo die Feuerlöscher hingen. Bei Überprüfungen stellte man auch fest, daß Feuerlöscher fehlten; man vermutete teils durch Diebstahl, teils durch Rowdytum, da Feuerlöscher am Bahndamm gefunden wurden.
Die Presse veröffentlichte Ratschläge für das Verhalten bei Brand im Zuge, insbesondere daß die Notbremse nicht auf freier Strecke gezogen werden solle. Die Fahrleitungen könnten schmelzen und auf die Wagen stürzen; die Feuerwehr käme zum Löschen nicht an den Zug.
Eine weitere Attentatsdrohung mit einer Geldforderung in der gleichen Höhe folgte am **6.8.1991**. Es blieb bei der Drohung. Ein Zusammenhang mit dem Erpressungsversuch vom 10.6. bestand nach Ansicht der Kripo nicht. Die Ermittlungen verliefen in beiden Fällen ohne Ergebnis.

14.10.1991, gegen 10 Uhr bei **Borsdorf** am Gleis der Str Leipzig-Dresden, von Streckengeher entdeckt: 11 Päckchen mit insgesamt ca. 14 kg gewerblichem Sprengstoff, durch Draht an den Schwellen befestigt, Mehrere Züge hatten die Stelle bereits passiert, ohne daß es zur Explosion kam.
Vermutet wurde ein Zusammenhang mit einer Explosion in einer Dresdener Bank, die mit der Drohung weiterer Anschläge verbunden war, sofern nicht 1,5 Mio Dollar gezahlt würden (die dpa-Meldung, auch in Zeitungen der neuen Bundesländer abgedruckt, nannte als Währung Mark statt Dollar, und daß es sich um eine Bombe gehandelt habe, die entschärft werden konnte). Am gleichen Tag gab es gegen Abend noch eine Attentatsdrohung, die sich als grober Unfug erwies.

20.10.1991, **Düsseldorf**, durch Brandstiftung der gesamte U-Bahnbetrieb lahmgelegt; durch schmorende Kabel freigewordene Dioxine vier Menschen verletzt. Der Geschäftsführer vom Verband Öffentlicher Verkehrsbetriebe erklärte gegenüber der WESTDEUTSCHEN ALLGEMEINEN ZEITUNG, es würden mindestens zwei bis vier schwere Fälle von Brandstiftung im Jahr allein in Düsseldorf verübt.

13.1.1992, bei **Steinbach** a. Wald, Str Saalfeld-Lichtenfels, ein Sprengsatz am Gleis von Streckengeher entdeckt.

15.1.1992, **Ludwigsstadt**, versuchter Anschlag durch Sprengladung unter einer Brücke am Bahnkörper der Str München-Berlin. Der Sprengstoff war so befestigt, daß ein vorbeifahrender Zug die Explosion hätte auslösen können, er wurde jedoch rechtzeitig von zwei Bundeswehrangehörigen entdeckt.

24.1.1992, **München**, S-Bf Donnersberger Brücke, durch Jugendliche Feuer in S-Bahn=Zug zwischen München=Pasing und dem Hp Donnersberger Brücke entzündet, dort machten Fahrgäste den Lokführer auf den Brand aufmerksam, der bei Löschversuchen leicht verletzt wurde; ein S-Bahn=Triebwagen brannte vollständig aus.

Anfang **Mai 1992** wurden in Helmstedt zwei Männer verhaftet, die offenbar die Erpressungsversuche "Herberts" als Anregung genommen hatten. Sie verlangten telefonisch von der DB=Zentrale, Frankfurt/M., DM 500 000,-- im Weigerungsfalle würden sie in einem Bahnhof eine Bombe hochgehen alssen. In einem Hof bei Helmstedt sollte das Geld hinterlegt werden. Bei der Abholung wurden die beiden Erpresser festgenommen, ein 31jähriger, vormaliger NVA=Soldat aus Burg bei Magdeburg, und ein 23jähriger arbeitsloser Maler aus Seelze, der 1987 in Hannover bereits eine räuberische Erpressung in einer Tankstelle begangen haben soll. Der ehemalige NVA=Soldat arbeitete zeitweilig als Busfahrer in Hannover. Beide hatten sich während der Arbeit für ein hannoversches Sicherheitsunternehmen kennengelernt.

In der Nacht zum **22.8.1992** verübten bei **Northeim**, Str Hannover-Göttingen, drei in einer unbekannten Sprache sprechende Männer einen Raubüberfall im Nachtschnellzug Hamburg-Stuttgart, zogen die Notbremse und flüchteten zu Fuß. In der gleichen Nacht wurden mehrere Schlafwagenfahrgäste im D Frankfurt-Paris vermutlich durch Betäubungsspray in Tiefschlaf versetzt und bestohlen.

Gemäß einer dpa=Meldung, Presseveröffentlichung am 9.10.1992, hätte die DB=Zentrale, Frankfurt/M., im Jahr 1991 "rund um die Bahn" 15 000 Diebstähle und Raubüberfälle registriert, fast 36% mehr als 1990. Vor allem im Gedränge auf großen Bahnhöfen grassierten Diebstähle häufig von Mitgliedern organisierter Banden meist aus Südamerika, Spanien, Polen, Rumänien und Serbien.[36] Die DB hätte wenig Chancen, dagegen nachhaltig anzugehen.

19.9.1992, bei Einfahrt in **Köln** Hbf stand der letzte Wagen des N 7312 in Flammen und brannte aus, vermutlich infolge Brandstiftung.

22.9.1992, bei **Nürnberg-Reichelsdorf**, IC 700, München-Halle, mit 135 km/h gegen sieben auf die Gleise gelegte Betonplatten geprallt, etwa DM 100 000,-- Sachschaden am Tfz.

Als 'Anschlag' auf das öffentliche Ansehen des eigenen Unternehmens oder das, was davon dank einschlägiger 'Medienarbeit' noch übriggeblieben ist, könnte man schließlich auch die Horror=Prognosen in Sachen "Bahndefizit" bezeichnen, die DB=Chef Heinz Dürr zu verbreiten pflegt, um damit einer fragwürdigen Bahnreform den Boden zu bereiten - dort, wo im Grunde nur eine totale Umwälzung, eine Reform der a l l g e m e i n e n Verkehrspolitik die Rettung bringen könnte. Und zum Scenario dieses betriebsfremden, inkompetenten Aktionismus - letztlich weit gefährlicher und kostspieliger als alle Anschläge und Unfälle zusammen - gehören auch die horrenden Summen für Werbespots im Fernsehen und unzählige, ganzseitige Werbungen in Zeitschriften und Zeitungen, wenn gleichzeitig etwa wegen Mangel an Loks und Wagen überfüllte Züge mit Stehplatzreisenden verkehren (aus anderem Blickwinkel s. ***II**, S. 300f). Als Kostprobe jener (gar nicht mal mehr so) "neuen Denke" nachstehend einer der, man kann es nicht anders nennen, an der Grenze gehobenen Schwachsinns sich bewegenden Werbetexte zu einem die obere Hälfte einer Zeitschriftenrückseite einnehmenden abstrusen Bild:

"Dafür läßt sich doch
kein Turbo laden.
Hannover-Kassel
28 Mark.* Mit der
BahnCard. "

Da die höheren DB=Verwaltungsdienststellen auch sonst nicht gerade vernünftig, rationell oder gar sparsam handeln - hierzu lesenswert die Zeitschrift SCHIENE - sollte die DB hinsichtlich Ausgaben einer strengeren Kontrolle unterworfen werden, wozu das Hauptprüfungsamt der DB offenbar nicht mehr in der Lage ist.

---

36 s.a. Hans-Dieter Schwind, KRIMINOLOGIE - EINE PRAXISORIENTIERTE EINFÜHRUNG MIT BEISPIELEN, 4. Auflage Heidelberg 1992. S. 383 ff.
Jürgen Roth/Marc Frey, DIE VERBRECHER HOLDING - DAS VEREINTE EUROPA IM GRIFF DER MAFIA, 3. Auflage München/Zürich 1992, S. 17 ff.

IV. Zusammenpralle an Bahnüberwegen und auf der Strecke 1906-1992

Kaum eine Unfallart ist bezeichnender für den Mangel an Umsicht und Aufmerksamkeit des heutigen Menschen als Zusammenpralle an Bahnüberwegen, verschuldet durch Straßenverkehrsteilnehmer. Fahrlässigkeiten, die begangen werden, ohne deren Konsequenzen direkt vor Augen zu haben, sind noch verständlich, insbesondere im Bahndienst, wo die Perfektionierung technischer Sicherungen und Routine zu Sorglosigkeit verleiten. Begreifbar ist bedingt auch noch das Unvermögen vor allem jüngerer Verkehrsteilnehmer, die Kraft der von ihnen bedienten Motorfahrzeuge den Gesetzmäßigkeiten der Bewegung anzupassen. Wenn Jugendliche jedoch vorsätzlich Überwegsicherungen mißachten, über Zäune oder geschlossene Schrankenbäume springen bzw. klettern, laute Radiomusik hörend Halbschranken umfahren, Erwachsene auf gerader, übersichtlicher Straße einem BÜ entgegenrasen, dabei das Blinklicht gar nicht wahrnehmen, ergeben sich berechtigte Zweifel am menschlichen Verstand.
Der Immanenz menschlicher Unzulänglichkeit - wie wir es in unserem Buch DIE KATASTROPHENSZENE DER GEGENWART nannten - beizukommen, nützen keine Appelle. Wie polizeiseitig erkannt und mehrfach ausgesprochen, schaffen nur einschneidende Maßnahmen Abhilfe. Um beispielsweise jene zu erwischen, die zu schnell an besonders unfallträchtige Kreuzungen heran- und das Rotlicht überfahren, wurden in der Ampelanlage Rotlichtkameras installiert. Allein schon die Fama davon regte zur Vorsicht an, und die Unfallzahlen sanken.
Offenbar inspirierten diese Erfolge die DB, an einigen BÜ=Blinklichtanlagen gleichfalls Rotlichtkameras probehalber einzubauen. Keine billige Lösung, und nicht nur der Installationskosten, sondern auch des Wartungs- und Auswertungsaufwandes wegen. Dennoch könnte es lohnen, vor allem wenn die volkswirtschaftlichen Folgelasten der BÜ=Unfälle in die Rechnung mit einbezogen werden.[37] Halbschranken erwiesen sich schließlich im Vergleich zu reinen Blinklichtsicherungen auch nicht als wesentlich wirkungsvoller, 'schuld' ist einfach die gedankenlose Raserei.
Frappierend an dem DB=Versuch mit Rotlichtkameras ist die Reaktion von 'Verkehrsexperten'. Fachleute der Bundesanstalt für Straßenwesen meinten, die DB solle ihre BÜ mit Schildern und Signalen ausrüsten wie sie im Straßenverkehr gebräuchlich wären. Vor den BÜ müsse ferner Überholverbot und Tempo 70 angeordnet werden. Das sei den Autofahrern geläufig und mache Schrankenanlagen überflüssig.
Offenbar haben die Bundesbehörden ähnlich den Bonner Politikern ihren Kontakt zur Bevölkerung verloren. Denn was den Straßenverkehrsteilnehmern *"geläufig"* ist, und was sie davon beachten, ist häufig zweierlei. *"Geläufig"* wären den Kraftfahrern die BÜ=Kennzeichnungen überdies hinreichend, da diese zu den ältesten Warn- und Gebotsschildern des Straßenverkehrs gehören. Außerdem ist ein erheblicher Teil derer, die ein BÜ=Unglück verursachen, mit den örtlichen Verhältnissen bestens vertraut und brauchte daher überhaupt keine Kennzeichnung.

Auch von anderen 'Verkehrsexperten' wurden der DB kluge Gegenvorschläge unterbreitet, von denen ebenfalls keiner die Psyche unserer Auto- und Motorradfans berücksichtigt. Ansatzweise, wenn auch nur vereinzelt, tun das die Praktiker der lokalen Straßenverkehrsämter. Sie legen, insbesondere in übersichtlichem Gelände versetzte Kreuzungen an, in der Hoffnung dadurch zu erreichen, was Stop=Schilder auch mit Blinklicht und Vorwarnschild sowie Tempolimit nicht schaffen: Temposenkung und Anhalten vor dem Einbiegen bzw. zum Einfädeln, da es ja direkt geradeaus nicht weiter geht. Aber auch das verhindert keineswegs, daß ab und zu die am jenseitigen Rand der vorfahrtsberechtigten Straße aufgestellten Sichtbaken in Trümmern und dahinter demolierte Autos im Acker liegen, oder daß es zu Rammstößen kommt - genauso wie es Autofahrer auch ganz ohne BÜ zuwegebringen, auf einem Gleis zu landen, wenn es sich nur in physikalisch erreichbarer Nähe befindet.

1. Zusammenpralle 1906-1945

Am **21.12.1906** durchbrach bei **Lübben**, Str Berlin-Cottbus, ein Kfz die Schranken und blieb auf den Gleisen stehen. Die Insassen konnten sich retten, bevor Sz 113 den Wagen erfaßte und zertrümmerte.

Am **1.5.1907** rammte in **Spandau** ein Moabiter Güterzug infolge vorzeitig geöffneter Schranken eine Straßenbahn auf schienengleicher Kreuzung (2 T, 11 V).

Am **28.10.1909** prallte ein Personenauto in voller Fahrt seitlich gegen einen Güterzug der Nebenbahn **Züllichau-Wollstein** (4 T).

Am **30.6.1912** wollte gegen 23.40 Uhr ein mit Breslauer Skatbrüdern, Frauen und Kindern, insgesamt ca. 25 Personen, besetzter Kremser (Pferdeomnibus) von Deutsch=Lissa kommend, auf der Heimfahrt von einem Ausflug den beschrankten Überweg zwischen **Schmiedefeld** und **Herrnprotsch** passieren. Die Pferde befanden sich bereits jenseits des Gleises, als P 647, Stettin-Glogau-Breslau, in voller Geschwindigkeit den Wagen erfaßte und zertrümmerte.
Der Hilfsschrankenwärter hatte bei dem auf dieser Linie nachts schwachen Verkehr vermutlich geschlafen und das Läutezeichen der Zugmeldung nicht gehört. An diesem Tag, einem Sonntag, mußte er zwischen 22 und 24 Uhr nur für den P 647 die Schranken schließen. Seine Behauptung, er habe gelesen, dürfte eine Schutzlüge gewesen sein.
Ein im Zug befindlicher Arzt leistete Erste Hilfe. Der Hilfszug vom knapp 10 km entfernten Hbf Breslau traf erst nach 1 Uhr ein. Insgesamt forderte das Unglück 10 Tote, 8 Schwer- und 7 Leichtverletzte.

24.5.1913 bei **Itzehoe**; Pkw nach Wilster von P 1726 aus Wrist erfaßt; Schranken durchbrochen (3 T, 2 V).

Im **Februar 1914** durchbrach in **Altenessen** ein Taxi die Schranken; der Fahrer konnte sich retten, der Fahrgast starb. Der Prozeß um die Schadenshaftung ging bis vor das

Reichsgericht, das in letzter Instanz die Bahnverwaltung für schuldig erkannte. Die Urteilsbegründung ist nicht bekannt. Aber das Urteil wurde allgemein als widersinnig empfunden.

Am **23.4.1915** fuhr P 1341 bei Einfahrt Bf **Bruckmühl**, Str Holzkirchen-Rosenheim, wegen zu spät geschlossener Schranken auf ein Pferdefuhrwerk und entgleiste (2 V).

Am **27.11.1919** mißachtete in **Osterweddingen**, Str Magdeburg-Halberstadt, ein Kutscher die niedergehenden Schranken, so daß das Fuhrwerk von D 29 erfaßt wurde (3 T, 1 V).

23.12.1922, Str **Hagen-Altenvoerde**; P gegen Tram; Schranken offen (1 T, 14 V).

8.6.1924, Str **Rheine-Quakenbrück**; Fuhrwerk; unbeschrankter BÜ (4 T, 1 V).

7.7.1924, Hp **Röhrensee**, vor Bayreuth=Altstadt; Kfz; unbeschrankter BÜ (5 T, 2 V).

2.9.1924, Str **Wittenberg-Bitterfeld**; Kfz; Schranken durchbrochen (2 T, 1 V).

10.5.1925, bei **Rot=Malsch** [s. Teil A]

19.5.1925, Str **Sehma-Buchholz**; Kfz; unbeschrankter BÜ (2 T, 3 V).

30.5.1925, Str **Mellrichstadt-Fladungen**; Kfz; unbeschrankter BÜ (2 T, 3 V).

29.6.1925, **Empel**, Str Emmerich-Wesel; Kfz; Schranken vorzeitig geöffnet (2 T, 4 V).

22.11.1925, Str **Wernshausen-Schmalkalden**; Kfz=Lenker verlor die Nerven (8 V).

27.2.1926, Str **Wildpark-Nauen**; Lkw; unbeschrankter BÜ (5 V).

15.3.1926, Str **Mülheim-Kettwig**; Pkw; Schranke schadhaft, Zeichen von Wärter nicht beachtet (7 V).

4.9.1926, zwischen **Bogen** und **Bärndorf**; Lkw (2 T, 4 V).

11.9.1926, bei **Ebschied**, Str Boppard-Simmern; Pkw; unbeschrankter BÜ (1 T, V).

21.10.1926, Str **Münster-Rheda**; Pkw; unbeschrankter BÜ (5 V).

8.12.1926, bei **Oberhartmannsdorf**, Str Wilkau-Schönheide; Omnibus; unbeschrankter BÜ (12 V).

Am **9.2.1927** mißachtete ein Lkw=Fahrer an einem unbeschrankten Überweg zwischen **Plankstadt** und **Eppelheim**, Str Schwetzingen-Heidelberg, die Warnzeichen des herannahenden Zuges. Beim Zusammenprall brach Brand aus (1 T, 10 V).

18.5.1927, Str **Ruhland-Lauchhammer**; Lkw; unbeschranker BÜ (3 T), der Fahrer des Lkw hatte die Seitenfenster verhängt.

4.6.1927, Str **Rottenbach-Katzhütte**; Lkw; unbeschrankter BÜ (3 T).

Am **9.6.1927** wurde zwischen **Groschowitz** und **Beuthen** infolge zu späten Schließens der Schranken ein Fuhrwerk überfahren (2 T, 3 V). Der Kutscher war insofern mitschuldig, als er die Rufe des Wärters, anzuhalten, mißachtete.

25.6.1927, Str **Hamburg-Lübeck**; Pkw; Schranken nicht geschlossen (5 T).

19.9.1927, bei **Wunstorf**; Kfz; Schranken nicht geschlossen (4 T, 1 V).

2.10.1927, bei **Garmisch=Partenkirchen**; Pkw; unbeschrankter BÜ (6 V).

18.10.1927, **Essen** Nord; Kfz; Schranken nicht geschlossen (2 T, 2 V).

2.12.1927, **Muldenstein** bei Bitterfeld; Lkw; Schranken offen (2 T, 4 V).

22.1.1928 Str **Greiffenberg-Friedeberg**; Pkw; unbeschrankter BÜ (2 T, 2 V).

15.4.1928 Str **Dinkelscherben-Thannhausen**; Pkw; unbeschrankter BÜ (4 V).

26.4.1928, Str **Hörde-Dortmund**; Pkw Schranken durchbrochen (1 T, 3 V).

13.6.1928, Str **Paderborn-Osnabrück**; Pkw; unbeschrankter BÜ (4 V).

19.8.1928, bei **Schwarzenberg**, Str Zwickau-Annaberg; Pkw Schranken durchbrochen (1 T, 3 V).

26.8.1928, bei **Marienheide**, Str Lennep-Dieringhausen; Lkw; unbeschrankter BÜ (8 V).

2.9.1928, Str **Lorsch-Heppenheim**; Pkw; unbeschrankter BÜ (4 V).

23.9.1928, **Buchschlag=Sprendlingen**; Pkw; unbeschrankter BÜ (3 T, 1 V).

8.10.1928, Str **Stendal-Hannover**; Pkw; Schranken nicht geschlossen (5 V).

13.10.1928, Str **Berlin-Königswusterhausen**; Pkw in die Schranken gefahren (3 T).

13.11.1928, Str **Günzburg-Mindelheim**; Pkw; unbeschrankter BÜ (4 V).

1.3.1929, Str **Ruhland-Lauchhammer**; Pkw; unbeschrankter BÜ (1 T, 3 V).

7.4.1929, Str **Eberbach-Hanau**; Pkw halb geschlossene Schranke unterfahren, Wärterzeichen nicht beachtet (5 T).

4.5.1929, bei **Buchschlag=Sprendlingen**; Pkw; unbeschrankter BÜ. Insassen durch lautes Singen Warnzeichen überhört (3 T, 5 V).

20.5.1929, Str **Mittelberwigsdorf-Eibau**; Pkw; unbeschrankter BÜ (2 T, 3 V).

25.8.1929, Str **Soltau-Buchholz**; Pkw; unbeschrankter BÜ (5 T).

24.12.1929, Str **Paderborn-Bad Lippspringe**; Pkw; unbeschrankter BÜ (2 T, 3 V).

31.12.1929, Str **Insterburg-Tilsit**; Omnibus wegen nicht geschlossener Schranke vom Zug gerammt (4 T, 11 V).

25.9.1930 Bruchmühlen, Str Osnabrück-Löhne; Pkw; geschlossene Schranke gefälligkeitshalber wieder geöffnet (2 T, 4 V).

4.11.1930, **Grebben**, Str Heinsberg-Lindern; Omnibus ; unbeschrankter BÜ (3 T, 13 V).

10.12.1931, Str **Lippstadt-Rheda**; Omnibus; unbeschrankter BÜ (14 V).

19.6.1932, **Norderstapel**, Str Rendsburg-Husum; Omnibus; unbeschrankter BÜ (21 V).

15.1.1933, Str **Stendal-Hämerten**; Fuhrwerk; Schranken nicht geschlossen (3 T, 2 V).

10.7.1933, Str **Bamberg-Breitengüßbach-Maroldsweisach**, Omnibus, unbeschrankter BÜ (etl. V) [vermutlich identisch mit Abb. 132 in SCHATTEN... BD. 1, S. 232].

7.9.1933, Str **Nienburg-Minden**; Pkw; unbeschrankter BÜ (3 T, 1 V).

23.8.1934, Str **Köln-Niederlahnstein**; Omnibus Schranken durchbrochen (9 V).

17.10.1934, Str **Treuenbrietzen-Jüterbog**; Lkw; unbeschrankter BÜ (4 T, 12 V).

6.12.1934, **Vaihingen** [s. Teil A, S. 84].

14.12.1934, Str **Langwedel-Uelzen**; Omnibus Schranke durchbrochen (16 T, 4 V).

9.2.1935, Str **Glogau-Reppen**; Lieferwagen Schranken durchbrochen und vom D 32 erfaßt (4 T).

9.3.1935, Str **Johannisburg-Lötzen**; P 503 Wehrmacht=Lkw erfaßt; unbeschrankter BÜ (3 T, 8 V).

Am 11.8.1935 überfuhr D 94 bei **Karlsruhe** einen Pkw, dem der Schrankenwärter gefälligkeitshalber die bereits geschlossenen Schranken wieder geöffnet hatte (4 T).

15.9.1935, zwischen **Kirchheim**/Teck und **Oberlenningen**; Lkw von P 2915 erfaßt; unechrankter BÜ (5 T, 13 V).

20.11.1935, Str **Leutkirch-Isny**; Pkw; unbeschrankter BÜ (4 T).

8.12.1935, Str **Firchau-Schneidemühl**; Omnibus; Schranken offen (7 T, 14 V).

8.2.1936, Str **Celle-Gliesmarode**; Omnibus; unbeschrankter BÜ (6 T, 15 V).

10.8.1936, Str **Chemnitz-Wechselburg**; Lkw; unbeschrankter BÜ (1 T, 4 V).

Am **20.8.1936** wurde auf dem nördlichen Kanonenbahn=Teilstück zwischen **Güterglück** und **Lindau** ein Lkw bei offenen Schranken von einem G erfaßt (2 V). Der G entgleiste und geriet in Brand.

19.9.1936, Str **Sande-Jever**; Omnibus Schranke durchbrochen (20 V).

17.10.1936, Str **Stein** (b.Nürnberg)**-Unterbibert**; Omnibus; unbeschrankter BÜ (2 T, 12 V).

30.12.1936, **Strausberg** bei Berlin; Pkw; Schranken nicht geschlossen (2 T, 3 V).

Am **1.6.1937** erfaßte ein Eiltriebwagen zwischen **Lohbrück** und **Breslau** Freib.Bf den Anhänger eines Lkw und entgleiste (bahnseitig 3 T, zahlreiche V).

17.10.1937, Str **Hof-Bad Steben**; Omnibus; unbeschrankter BÜ (2 T, 19 V).

5.6.1938, Str **Kempten-Pfronten**; Omnibus; unbeschrankter BÜ (7 T, 21 V).

Am **14.7.1938** stieß bei Bf **Trebsen**, Str nach Boicha, ursprünglich RBD Dresden, später Halle, ein Omnibus, dessen Lenker zu schnell gefahren war und zu spät reagiert hatte, gegen eine Rangierabteilung, wobei Brand ausbrach (9 T, 21 V).

4.10.1938, Str **Heidelberg-Karlsruhe**; Egz gegen Postomnibus; Schranken nicht geschlossen (12 T, 8 V).

Am **18.10.1938** bremste auf der Str **Haidhof-Burglengenfeld** ein Pkw=Lenker vor einem unbeschrankten BÜ zum Halten ab, fuhr wieder an und direkt vor den Zug (5 T).

22.12.1938, bei **Thiede**, Str Braunschweig-Derneburg; Omnibus Schranke durchbrochen (4 T, 15 V).

16.2.1939; **Olching**, Str München-Augsburg [s. Teil A, S. 93ff]

4.6.1939, Str **Buchholz-Lüneburg**; Omnibus; unbeschrankter BÜ (15 T, 23 V).

5.8.1939, Str **Berlin-Wiesenburg**; Omnibus; Schranken vorzeitig geöffnet (12 T, 11 V).

1.12.1939, Str **Dortmund-Witten** West; Omnibus Schranken durchbrochen (15 T, 17 V).

Am **17.1.1940** durchbrach zwischen **Zittau** und **Hagenwerder** ein Omnibus bei Schneetreiben die geschlossenen Schranken (12 T, 20 V).

5.2.1940, Str **Cloppenburg-Ocholt**; Omnibus; unbeschrankter BÜ (11 T, 31 V).

3.8.1940, Str **Rheine-Salzbergen**; Omnibus; Schranken nicht geschlossen (8 T, 9 V).

Am **28.2.1941** öffnete bei **Mariensiel** südl. Wilhelmshaven in Abwesenheit des Wärters ein Passant auf Verlangen des Omnibus=Fahrers die Schranken (21 T, 28 V).

Am **14.6.1941** stürzte ein Flugzeug bei **Fellheim**, Str Ulm-Memmingen, vor den P 752. Bahnseitig kostete dieses Unglück fünf Menschen das Leben, elf wurden verletzt.

10.8.1942, bei **Teplitz/Schönau**; Omnibus angeblich wegen Bremsversagens Schranken durchbrochen (6 T, 33 V).

4.7.1943, Str **Saalfeld-Naumburg**; D 49 gegen Werk=Lkw; Schranken offen (10 T, 3 V).

16.10.1943, westl. **Coesfeld**; Wehrmacht=Lkw; unbeschrankter BÜ (21 T, 10 V).

23.10.1943, Str **München-Ingolstadt**; Omnibus bei Nebel von Frühzug 210 erfaßt; Schranken nicht rechtzeitig geschlossen (17 T, 25 V).

2. Zusammenpralle 1947-1992

20.9.1947, Str **Marktredwitz-Schirnding**, N 9153 gegen Lkw; Schranken offen (5 T, 1 V).

10.12.1947, **Kassel=Bettenhausen**, Str Kassel-Eschwege, P 259 gegen KOM=Anhänger; Schranken offen (4 T, 30 V).

2.10.1948, Str **(Salzwedel)-Dannenberg**, P 976 gegen Bahnbus; technisch ungesicherter BÜ (4 T, 4 V).

26.10.1948, **Radbruch**, Str Lüneburg-Hamburg, D 75, Basel-Kiel, gegen Pkw; Schranken zu spät geschlossen; Fahrer Schließvorgang mißachtet (4 T, 2 V).

11.12.1948, Str **Lage-Bielefeld**, P 1444 gegen Behelfslieferwagen; technisch ungesicherter BÜ (4 T).

14.12.1948, Str **Kronach-Nordhalben**, N 8034 gegen Lkw; technisch ungesicherter BÜ (5 T, 24 V).

12.2.1949, Str **Gessertshausen-Türkheim**, Kp 2123 gegen Pkw; technisch ungesicherter BÜ (4 T).

14.3.1949, Str **Menden-Neuenrade**, P 1792 gegen Pkw; geschlossene Schranken durchbrochen (3 T).

7.5.1949, Str **Stolberg** (Rhld.)**-Walheim** b. Aachen, P 751 gegen Straßenbahn=Anhänger; Schranken offen (4 T, 20 V).

Am **8.8.1949** fuhr D 99 in **Schlebusch**, Str Köln-Opladen, gegen einen mit Ferienkindern besetzten Lastzug, dessen Fahrer die späte Schließung der Schranken mißachtete (18 T, 12 V).

8.3.1950, **Bergheim**/Erft, Str nach Rommerskirchen, P 2518 gegen mit Werkangehörigen besetzten Lkw; technisch ungesicherter BÜ (5 T, 21 V).

6.10.1950, Str **Zimmersrode-Kirchhain**, P 2656 gegen Lieferwagen; technisch ungesicherter BÜ (4 T).

Am **26.1.1951** durchbrach gegen 16.22 Uhr in **Lohhof**, Str München-Freising, ein von Bremen kommender Lastzug bei Nebel und wegen zu hoher Geschwindigkeit die geschlossenen Schranken und kam auf dem Gleis zum Stehen. Der gerade im nahen Bf angefahrene P 1011 rammte den Lkw, der in Brand geriet. Der Fahrer und seine beiden Bei- oder Mitfahrer begannen mit Löschen; Reisende verließen aus Neugier den Zug, etliche auf der Seite des Gegengleises. Wenige Minuten danach kam der in Lohhof durchfahrende P 1010, erfaßte den Lkw und schleifte ihn 200 m mit. Die Ellok entgleiste (4 T, 4 V).
Die BD München ließ einen Pressekommentar veröffentlichen, demzufolge sich die Verkehrsdisziplin so verschlechtert habe, daß seit September 1950 im Bezirksbereich im Durchschnitt täglich eine Schranke angefahren bzw. durchbrochen würde. Nur einmal im Laufe der vergangenen fünf Jahre hätte ein Wärter einen Unfall an einem beschrankten BÜ verschuldet. Statistisch ergäbe das bei täglich 16 000 Schrankenschließungen einen Bedienungsfehler. Man würde auch laufend kontrollieren. Im übrigen hätte die DB durch die unvorsichtige Fahrweise erhebliche Schäden. Nicht alle Schrankenbäume seien aus Stahl, die wenigstens leichtere Anpralle von Pkw aushielten. Die älteren, z.T. hölzernen Schrankenbäume würden fast immer zerbrechen. Allein an einem BÜ in München=Riem mußten 1950 zwanzigmal neue Schranken eingebaut werden! Vielfach ließe sich der Schuldige gar nicht ermitteln, da viele Schranken fernbedient seien, und der Schuldige sich beim Eintreffen des Wärters längst entfernt habe. (Hierzu s.auch Merkblatt, S. 242)

Aus: Die Reichsbahn 4/1949;
Betr. zur Verhütung v. Überwegunfällen.

Wegübergänge in Schienenhöhe.

(42.421 Jwss vom 24. November 1948)

Mit Verfügungen 42.421 Jwss 19 vom 8. 4. 1947 und 42.421 Jwss 24 vom 2. 10. 1947 haben wir zur Herabminderung der hohen Zahl der Zusammenpralle an Wegübergängen die RBD'en beauftragt, den Dienst der Schrankenwärter gewissenhaft zu überwachen und die Sicherheitsverhältnisse an unbeschrankten Wegübergängen nachzuprüfen. Wenn sich die Zahl der Zusammenpralle mit Straßenfahrzeugen im Jahre 1948 gegenüber den Vorjahren erfreulicherweise gesenkt hat, so lassen die Unfallmeldungen dennoch erkennen, daß ein Teil der Unfälle auf Wegübergängen in Schienenhöhe bei genauerer Beachtung der bestehenden Bestimmungen hätte vermieden werden können. Wir führen nachstehend einige durch Verschulden oder Mitverschulden von Reichsbahnbediensteten verursachte Unfälle auf, die im Dienstunterricht und in der Ausbildung zu verwerten sind:

I. Auf Wegübergängen mit Schranken.

a) Der Schrankenwärter hat im Dunkeln nicht wahrgenommen, daß ein Kraftwagen, der auf dem Wegübergang wenden wollte, vom Bohlenbelag in das Gleis geraten ist und dann überfahren wurde.

b) Schranken waren nicht vollständig geschlossen. Der Wärter hatte bei einer vierteiligen Schranke die Schrankenbäume wohl in die Sperrlage, die Schrankenkurbel aber nicht in die Endlage gebracht. Durch unbeabsichtigte Bewegung einer Kurbel hat sich ein Schrankenbaum etwas gehoben. In der Annahme, daß nach Durchfahrt des Zuges die Schranken wieder geöffnet werden würden, hat sich ein bis an den Schrankenbaum vorgefahrener Kraftwagen sofort in Bewegung gesetzt, hat den Schrankenbaum weiter hochgehoben und ist von einem Gegenzug erfaßt worden.

c) Mangelhafte Verständigung des Wärters über Zugfahrt. Die Schranke wird von einem 40 m vom Überweg entfernten Befehlsstellwerk durch einen Bahnhofsschaffner bedient. Statt mündlicher oder fernmündlicher Benachrichtigung über die Zugfahrt hat der Fahrdienstleiter dem Schrankenbediener nur ein Pfeifensignal gegeben, das dieser infolge anderweitiger Tätigkeit im Güterschuppen nicht gehört hat. Die Schranke blieb offen, ein Fuhrwerk wurde überfahren. Schuldig der Fahrdienstleiter, der den Schrankenbediener nicht nur unvorschriftsmäßig verständigt, sondern auch die Bestätigung des Pfeifensignals durch den Schrankenbediener nicht abgewartet hatte.

d) Eine Rangierabteilung fuhr über einen abgeschrankten Überweg ins Ausziehgleis. Eine Straßenbahn mit Anhänger hielt vor der geschlossenen Schranke. Der Rangierleiter, auf dem Überweg stehend, gab nach Durchfahrt der Rangierabteilung dem Schrankenwärter Auftrag, die Schranken zu öffnen. Nachdem dieses geschehen war, gab er dem Straßenbahnführer durch Armbewegung Auftrag zur Weiterfahrt. Dieses Signal mit dem Arm faßte der Lokführer der Rangierabteilung als Auftrag zum Zurückdrücken des Zuges auf und fuhr, da er von der Lok aus die Straßenbahn nicht sehen konnte, in den Straßenbahnanhänger. Dieser Zusammenprall wird noch ausführlich im Unterrichtsmerkblatt B behandelt werden.

e) Mehrere Zusammenpralle sind dadurch entstanden, daß der Schrankenwärter sich durch ihm obliegende andere Aufgaben (Aufziehen des Läutewerks u. dergl.) von der rechtzeitigen Schrankenschließung hat ablenken lassen.

f) Bei fernbedienten Schranken sind Fuhrwerke eingeschlossen und überfahren worden.

g) Die Sicht von der Lok auf den Überweg und die Schranken ist nicht immer vorhanden, sie wird z. T. durch Fernsprechgestänge oder andere Hindernisse beeinträchtigt. Bei ausreichender Sicht hätte der durch Nichtschließen der Schranke verursachte Zusammenprall u. U. vermieden werden können.

h) Bei Überwegen, die durch Hektore gesichert sind, werden diese von den dazu verpflichteten Anliegern nach Befahren des Überweges nicht immer wieder verschlossen. Bahnbewachungs- und Lokbedienstete mussen hierauf mehr als bisher achten und solche Fälle sofort melden, damit die Anlieger zur Rechenschaft gezogen werden können.

II. Auf unbewachten Wegübergängen.

a) Die nach den RÜW vorhandene Übersichtlichkeit der Wegübergänge ist in einzelnen Fällen bei Überwegen an den Bahnhofsenden durch Abstellen von Zügen und Wagen auf Abstell- und Ladegleisen vorübergehend eingeschränkt worden und hat zu Zusammenstößen auf dem Wegübergang geführt.

b) Bei Bedienung von Anschlußgleisen, die Wege kreuzen, ist ein Zusammenprall dadurch entstanden, daß die Rangierabteilung nicht, wie in der Bedienungsanweisung vorgeschrieben ist, vor dem Überweg gehalten und einen Posten aufgestellt hat.

III. Allgemeine Hinweise.

Bei Straßensperrungen, die Verkehrsumleitungen über einen anderen Wegübergang notwendig machen, ist auf vorschriftsmäßige Sicherung des vorübergehend stärker belasteten Wegüberganges zu sorgen. Ist z. B. der durch die Straßensperrung zeitweilig stillgelegte Überweg durch Schranken gesichert, muß der Überweg, der vorübergehend den Umleitungsverkehr aufzunehmen hat, in gleicher Weise gesichert und auch durch Straßenverkehrsschilder entsprechend kenntlich gemacht werden.

Aus den Unfallmeldungen haben wir entnommen, daß in einzelnen Fällen bald nach einem Zusammenprall Veränderungen im Bereich des Wegüberganges vorgenommen worden sind, sei es durch Beseitigung von Sichtbehinderungen oder durch Aufstellung von Kennzeichen für den Lokführer. Diese Maßnahmen, die vor dem Unfall notwendig gewesen wären, beweisen, daß die mit unserer Vfg vom 2. Oktober 1947 — 42.421 Jwss 24 — angeordnete Überprüfung der Sicherungen und der Sichtverhältnisse an unbeschrankten Wegübergängen und die Abstellung der Mängel noch nicht überall durchgeführt worden und daher beschleunigt nachzuholen sind.

Abschließend ersuchen wir erneut, die Ausbildung und Unterweisung der Schrankenwärter mit größter Sorgfalt zu betreiben und durch Dienststellenvorsteher und Amtsvorstände laufend überwachen zu lassen. Das gleiche gilt für alle anderen Dienstzweige, die Einfluß auf eine Herabminderung der Unfälle auf Wegübergängen in Schienenhöhe haben.

4 Zusammenpralle mit Straßenbenutzern auf Bahnübergängen

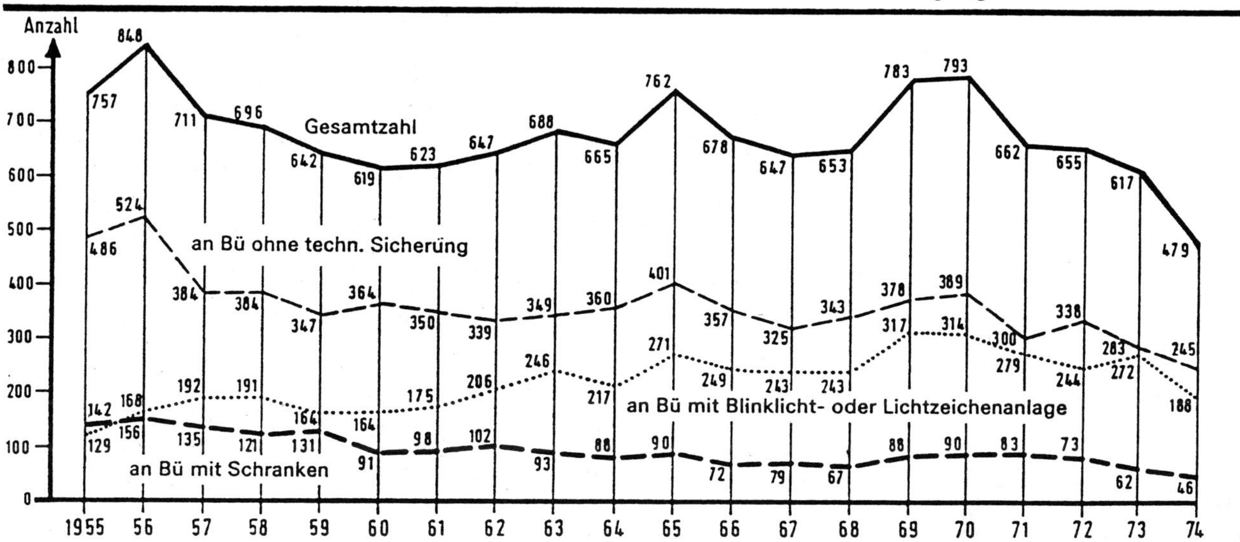

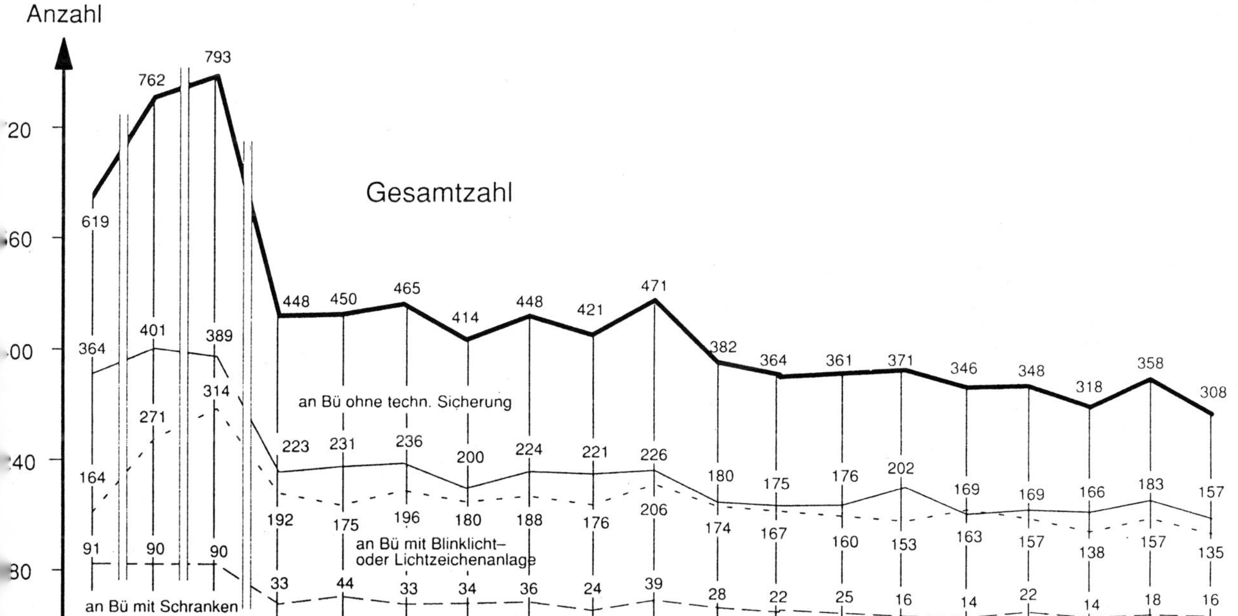

Die graphischen Darstellungen zeigen die zahlenmäßige Entwicklung der BÜ=Unfälle, deren sinkende Tendenz auf Verminderung der Überwege durch Streckenstillegungen, Schließung von Überwegen oder Anlage von Straßenüber- bzw. Unterführungen zurückzuführen ist. [aus: Statistische Angaben über die Deutsche Bundesbahn im Geschäftsjahr 1974 bzw. 1990]

146/147 - Prisdorf, 21.5.1953: unten: Der rechtzeitig zum Halten gekommene Gegenzug

1.5.1951, Str **Siegelsdorf-Markt Erlbach**, Kp 2304 gegen Klein=KOM; Fahrer Blinklicht mißachtet (4 T, 1 V).

19.6.1951, Str **Waldshut-Oberlauchringen-Hintschingen-Immendingen**; P 1745 gegen KOM; Fahrer Blinklicht mißachtet (7 T, 14 V).

Am **19.6.1951** wollte zwischen **Herrsching** (Ammersee) und **Hechendorf** ein mit 25 Personen besetzter Lkw (Fahrer, Beifahrer, einem Pater und Novizen des Jesuitenklosters Pullach), auf der Fahrt von Andechs über Herrsching zum Pilsensee gegen 16.30 Uhr den BÜ eines nach Hechendorf führenden Feldweges passieren. In diesem Moment kam P 3461 von München, Hechendorf ab 16.29 Uhr, mit ca. 75 km/h aus der unübersichtlichen Kurve nördlich des BÜ, erfaßte trotz Schnellbremsung den mit ca. 10 km/h fahrenden Lkw und schleifte ihn noch 30 m mit, bevor der zertrümmerte Wagen die Böschung hinabgeschleudert wurde. Der Zug hielt mit Lokspitze 100 m weiter. Von den Lkw=Insassen wurden 16 getötet, sieben erlitten schwere Verletzungen, einer leichtere.
In der Verhandlung vor dem LG München im Januar 1954 wurde der 22jährige Lkw=Fahrer freigesprochen, ein BOI erhielt 8 Monate Gefängnis, dgl. ein BOR, ein zweiter BOR 7 Monate Gefängnis. Der BGH hob im Frühjahr 1955 das Urteil auf, und Ende 1955 erfolgte die zweite Verhandlung in München. Am Schuldspruch änderte sich nichts, nur die Strafen wurden etwas gemildert und auf Bewährung ausgesetzt. Rechtskraft erlangte das Urteil abermals ein Jahr später, nachdem der BGH die Revision der StA gegen den Freispruch des Lkw=Fahrers verworfen und die gegen die BOR ausgesprochenen Urteile bestätigt hatte. Die Verurteilung des BOI wurde aufgehoben und in Freispruch umgewandelt.
Verständlich werden die richterlichen Entscheidungen durch die Besonderheit des BÜ, der nämlich trotz der nahen und verdeckten Kurve Selbstbedienungsschranken mit einer Hinweis- und Erläuterungstafel für Benutzer hatte. Dieser Zustand war 1950 von einer Prüfungskommission unter Leitung der beiden verurteilten BOR nicht beanstandet worden, vermutlich in der Annahme, der BÜ würde nur von Anliegern benutzt und die Bedienungsanweisung befolgt. Dem war aber offenbar nicht so. Denn zumindest der vor dem Unfall letzte Benutzer hatte die Schranken nach Befahren des BÜ nicht wieder hinter sich geschlossen. Auch das Zugbegleitpersonal bestätigte, daß die Schranken offen standen. Der wohl ortsunkundige Lkw=Fahrer konnte das zu Recht als Erlaubnis zum Queren des Gleises nehmen. Dem BOI, der dort der Bm vorstand, billigte der BGH zu, er hätte sich auf das Ergebnis der Prüfung durch die Kontrollkommission verlassen dürfen.

22.2.1952, Str **Neumünster-Heide**, P 1411 gegen Lkw; technisch ungesicherter BÜ (3 T).

19.1.1953, Str **Stuttgart-Aalen**, P 1482 gegen KOM der DBP; Schranken zu spät geschlossen, Fahrer Schließvorgang nicht bemerkt (2 T, 21 V).

21.3.1953, **Prisdorf**, Str Hamburg=Altona-Elmshorn, Pkw von Zug erfaßt; Schranken nicht geschlossen (2 T). [Abb.146/147]

1.8.1953, **Neustadt** (Weinstraße), Str Landau-Neustadt, T 547 gegen französischen Pkw; Schranken offen (3 T).

5.9.1953, Str **Varel** (Oldb.)**-Neuenburg**, Ng 9905 gegen Pkw; Fahrer Warnsignale und Hg=Beschränkung (!) vor technisch ungesichertem BÜ nicht beachtet (6 T).

11.9.1953, Str **Celle-Gifhorn** Stadt, P 1542 gegen Pkw; techn. ungesicherter BÜ (3 T, 1 V).

27.10.1953, Str **Düsseldorf-Köln=Mülheim**, Ft 32 gegen Pkw; Schranken offen (3 T).

Am **9.11.1953** fuhr auf der Str **Koblenz-Mayen** Ost an einem technisch ungesicherten BÜ P 2112 gegen einen Pkw, dessen einäugiger Fahrer den Zug übersehen und die Warnsignale mißachtet hatte (3 T).

Am **24.7.1954** näherte sich während eines Betriebsausfluges ein mit 29 Personen besetzter Bus einem übersichtlichen, technisch ungesicherten BÜ der Str **Worms-Gundheim**. Als der Fahrer auf den herankommenden Zug nicht reagierte, riefen ihm Insassen etwa 60 m vor dem BÜ zu *"Der Zug kommt"*. Statt zu bremsen, gab der Fahrer Gas. Der Tf konnte noch Schnellbremsung einleiten, P 3912 kam jedoch erst 50 m danach mit dem völlig zerstörten Bus zum Stillstand. Der Tacho des Busses zeigte noch 69 km/h an. Nur ein Businsasse kam mit leichteren Verletzten davon, 25 wurden getötet, 6 verletzt.

Am **20.8.1954** fuhr bei **Waffensen**, Str Bremervörde-Rotenburg (Hann.), ein Lastzug, dessen Fahrer das Blinklicht am BÜ (B 75) mißachtet hatte, in einen mit Schülern besetztem Pto, der umstürzte (12 V).

Am **10.10.1954** fuhr bei **Steinhöring**, Str Ebersberg-Wasserburg, ein Post=KOM (Sonderfahrt) auf einem technisch ungesicherten BÜ gegen die Lok von P 2311. Der Fahrer des Postbusses war mit 71 km/h auf der B 304 an den übersichtlichen BÜ herangefahren und hatte die Warnsignale des Zuges nicht beachtet, so daß die Bremsung zu spät erfolgte. Der Bus prallte mit noch 55 km/h gegen die Lok und wurde ca. 6 m mitgerissen, wobei eine Insassin hinausgeschleudert und zerquetscht wurde (1 T, 20 V).

Am **17.10.1954** erfaßte bei **Hünfeld**, Str Bebra-Fulda, ein D Hamburg-Basel wegen nicht geschlossener Schranken am BÜ (B 27) vor dem Burghauner Tunnel einen mit Zucker beladenen Lkw=Anhänger und riß ihn durch den ca. 100 m langen Tunnel mit. Die bis in den Führerstand der Lok geschleuderten Zuckermassen gerieten in Brand, der Heizer wurde dadurch schwer verletzt. Es dauerte zwei Stunden, bis die Feuerwehr den Zucker aus dem Tunnel und von der Straße gespült hatte.

Am **17.10.1954** öffnete bei **Baldham**, Str München-Rosenheim, ein als zuverlässig bekannter und jahrelang ohne Beanstandungen tätiger Wärter nach Vorbeifahrt des D 15 Ri Rosenheim die Schranken. Als er sie sehr knapp vor dem Gegenzug F 6, Orientexpreß, wieder schließen wollte, fuhr ein mit vier Personen besetzter Pkw unter den sich senkenden Schrankenbäumen durch, wurde vom Tfz des F 6 mit 90 km/h erfaßt und ca. 50 m mitgeschleift. Der Pkw geriet in Brand, drei der Insassen wurden getötet, der vierte und der an der Kurbel stehende Wärter schwer verletzt.
Da die Kurbelmechanik der Anlage wiederholt Funktionsmängel gezeigt hatte, erhob die StA auch Anklage gegen den zuständigen Signalwerkmeister. Dieser wurde freigesprochen, weil er die gemeldeten Fehler stets - zuletzt vor dem Unfall - repariert hatte, soweit möglich. Es mußte jedoch eine neue Winde eingebaut werden, die er zwar angefordert hatte, die aber ohne seine Schuld erst nach dem Unglück eintraf.
Der Wärter hingegen erhielt 1 Jahr und 6 Monate Gefängnis, weil er nach Vorbeifahrt des D 15 gegen 18.31 Uhr die Schranken öffnete, obwohl er wußte, daß ca. 18.32 Uhr F 6 zu

erwarten war. Als er den Zug hörte, versuchte er noch, die Schranken zu schließen, was ihm wegen der Funktionsmängel nicht rechtzeitig gelang. Der Wärter gab zu, er hätte die Schranken nicht öffnen dürfen, insbesondere im Hinblick auf die ihm bekannten Störungen im Mechanismus.

6.11.1954, Str **Stadthagen-Leese=Stolzenau**, Ng 9715 gegen Pkw; technisch ungesicherter BÜ (5 T).

8.5.1955, Mühlheim, Str Hanau-Offenbach, E 938 gegen Pkw; Schranken offen (5 T).

Am **10.8.1955**, erfaßte bei **Mainz=Bischofsheim** FT 8, Rheinblitz, den Motorwagen eines Lastzuges, der die Schranken durchbrochen hatte, und zertrümmerte ihn völlig (2 T, 1 V).

Am **11.10.1955** wurde am BÜ bei **Baldham** (vgl. 17.10.1954) ein VW=Bus mit zwei Insassen von einem Meßwagenzug mit 100 km/h erfaßt und ca. 900 m mitgeschleift. Der Wärter wurde freigesprochen, weil er rechtzeitig begonnen hatte, die Schranken zu schließen. Als er den VW=Bus mit hoher Geschwindigkeit heranfahren sah, nahm er an, der Wagen käme nicht mehr zum Halten und ließ die Schranken halb offen. Der Busfahrer bremste jedoch so, daß er genau auf dem Gleis des nahenden Meßwagenzuges zum Stehen kam (2 T).

Am **21.2.1956** wurde in **München**, Überweg Freimanner Bahnhofsstraße, ein Pkw nach Mißachtung des Blinklichtes von einem G erfaßt, der Fahrer getötet.
Im Hinblick auf die Häufung derartiger Unfälle und die mangelhafte Verkehrsdisziplin an technsich ungesicherten BÜ ließ die BD München Folgendes veröffentlichen:

> *"Wir müssen ernstlich in Erwägung ziehen, bis auf weiteres die Einrichtung solcher Anlagen einzustellen. Angesichts der dauernden Mißachtung dieser neuartigen Warnlicht=Anlagen durch die Kraftfahrer können uns und den Trägern der Wegebaulast - Bund, Länder und Gemeinden - nicht weiterhin die hohen Kosten für derartige Einrichtungen zugemutet werden."* (Damals betrugen diese Kosten für eine Anlage zwischen DM 10 000,-- und DM 25 000,--.)

7.3.1956, Str **Kempen-Kaldenkirchen**, Pto 2914 gegen Lastzug, Pto entgleist; Fahrer Blinklicht mißachtet (4 T, 19 V).

8.7.1956, Emmerthal, Str Hameln-Altenbeken, Lz 90 843 B gegen Pkw; Schranken vorzeitig geöffnet (5 T).

16.7.1956, Unter Waldmichelbach, Str (Weinheim/Bergstr)-Mörlenbach-Wahlen, P 3375 gegen zwei Pkw; technisch ungesicherter BÜ (4 T, 2 V).

Am **24.9.1956** erfaßte E 592 von Holzkirchen in **München=Obersendling** gegen 7.30 Uhr bei offenen Schranken einen Pkw (1 T). Es herrschte dichter Nebel. Der Wärter gab an, infolge von Zurufen und Hupen das akustische Signal der Zugmeldung überhört zu haben. Er stand an der Schrankenkurbel, weil er gerade nach Durchfahrt eines Güterzuges die Schranken geöffnet hatte. Trotz vierjähriger Tätigkeit ohne Beanstandung, wurde der Wärter zu 8 Monaten Gefängnis auf 3 Jahre Bewährung und DM 150,-- Geldstrafe verurteilt.

Am **27.3.1957** prallte Pto 2335 an einem blinklichtgesicherten BÜ bei **Mertingen**, Str nach Wertingen, gegen einen mit Schotter beladenen Lkw=Anhänger, dessen Fahrer angeblich durch die Sonne geblendet worden war (6 V).

Am **31.5.1957** prallte ein von **Itzehoe** kommender Pkw gegen die Lok des P 2784. Trotz der vor dem blinklichtgesicherten BÜ geraden Straße und guter Sicht hatte der Fahrer erst 14,50 m vor dem Gleis scharf gebremst. Die Lok schleuderte den Wagen herum und gegen die Blinklichtsäule der anderen Straßenseite (2 T). [Abb. 148]

148: Itzehoe, 31.5.1957 -

Am **21.10.1957**, **München=Mittersendling**, Str nach Holzkirchen. Gegen 8.04 Uhr wurde dem Wärter von Posten II, BÜ Johann=Clanze=Str., E 1200 aus Ri Holzkirchen gemeldet. Aus der Gegenrichtung sollte bald darauf ein Sonderzug gekommen. Da die Durchfahrt des E 1200 erst für 8.08 Uhr angekündigt war, ging der Wärter noch austreten. Bei seiner Rückkehr hörte er gerade noch die Schlußworte einer Verspätungsdurchsage aus dem Lautsprecher der Zugmeldeanlage. Er glaubte, daß sich diese auf den Sonderzug bezog und will deshalb beim benachbarten Posten I rückgefragt haben, der ihm angeblich sagte, daß die Verspätungsmeldung E 1200 betraf. Der Wärter von Posten I bestritt diesen Rückruf, und der Sprachspeicher, ein Tonbandgerät, registrierte lediglich Zugmeldungen, aber nicht Telefonate auf der die Posten verbindenden, gesonderten Leitung. So konnte die Behauptung weder bestätigt noch widerlegt werden.
Unmittelbar nach dem angeblichen Gespräch hörte der Wärter von Posten II den Eilzug

kommen und versuchte noch, die Schranken zu schließen. Ein Pkw mit zwei Insassen fuhr jedoch noch unter den sich zu senken beginnenden Schrankenbäumen durch, wurde von der Lok des Zuges mit 80 km/h erfaßt, 20 m mitgerissen und beiseitegeschleudert. Der Zug kam nach 600 m zum Stehen (2 T).
Der Wärter erhielt 9 Monate Gefängnis auf Bewährung. Ihm wurde einmaliges Versagen nach einer langen Dienstzeit ohne Beanstandungen als strafmildernd zugebilligt. Er hatte 1956 die Prüfung für den Schrankendienst bestanden, war anschließend in Urlaubsvertretungen eingesetzt worden und tat seit Februar 1957 an diesem Posten Dienst.

10.6.1958, Str **Hanau-Eberbach**, P 1313 gegen Pkw; Fahrer Blinklicht mißachtet (5 T).

27.7.1958, Str **Heide-Neumünster**, Lto 19 387 gegen Traktor mit Anhänger, Lto entgleist; technisch ungesicherter BÜ (5 T, 2 V).

20.6.1959, **Lauffen**, Str Stuttgart-Heilbronn, 45 T und 27 V infolge zu später Schließung der Schranken. ***II**

Am **21.6.1959** wurde ein Schrankenwärter bei **Rottenburg**, Str Horb-Tübingen, wegen Schließung der Schranken von einem 18jährigen Kfz=Lenker beschimpft und tätlich angegriffen (sechs Zähne ausgeschlagen).

27.6.1959, bei **Heumar**, Str Köln-Overath, N 3163 gegen Pkw; Schranken erst zu 1/3 geschlossen, als Pkw in schneller Fahrt noch durchzukommen versuchte und gegen Lok prallte; Fahrer vermutlich angetrunken (4 T).

Am **gleichen Tag** fuhr ein 24jähriger, vemutlich angetrunkener Pkw=Fahrer in **Blumenau** bei Neustadt, Str Hannover-Nienburg, zu schnell an die geschlossenen Schranken heran. Er versuchte, auf einen Seitenweg auszuweichen, prallte gegen den Schrankenpfosten und wurde auf die Schienen geschleudert, wo ihn ein Egz aus Ri Poggenhagen erfaßte und 390 m mitriß. Der Wärter hatte noch versucht, den Egz mit der Handlampe zu stellen (3 T).

12.9.1959, **München=Isartalbahnhof**, BÜ Brudermühlstraße (1 T, 11 V). Wegen des starken Samstagverkehrs und zur Vermeidung von größeren Stauungen am BÜ sollten gegen 13.20 Uhr ein Triebwagen und auf dem Nachbargleis ein Rangierzug - Lok in der Mitte der Garnitur - etwa gleichzeitg fahren, was auch dem Wärter gemeldet worden war. Beim Schließen der Schranken fuhr noch ein Motorradfahrer durch, und zwei abbremsende Radlerinnen stießen zusammen und fielen hin. Der Wärter stoppte den Schließvorgang, um die Gestürzten nicht durch das Schrankengitter zu verletzen. Erst als sie standen, schloß er die Schranken völlig, und nun befand sich eine dieser beiden Radlerinnen, eine Zugehfrau, im Gleisbereich. Durch Zuruf hinderte der Wärter sie am Überschreiten der Gleise. Über all dieser Aufregung und im Gedanken, der blutenden Frau zu helfen, vergaß er den Rangierzug und öffnete die Schranken. In diesem Moment war der Rangierzug mit 25 km/h bereits auf 40 m an den BÜ herangefahren. Der Tf leitete sofort Schnellbremsung ein und gab ein Achtungssignal, was jedoch nicht verhindern konnte, daß zwei Pkw erfaßt wurden, ein Pkw auf einen weiteren, scharf abbremsenden Pkw fuhr, der durch den Stoß eine Radlerin erfaßte. Einer der vom Zug erfaßten Pkw stieß gegen die Wärterbude und riß dabei eine Radlerin mit, die getötet wurde.

149/150: Str Kempten-Lindau, 4.2.1966

Der Schrankenwärter erhielt 9 Monate Gefängnis mit Bewährung. Die Einmaligkeit des Versagens und der Hilfswille wurde als strafmildernd gewertet.

10.3.1960, Eppertshausen, Str Offenbach-Reinheim, P 4690 gegen Pkw; Fahrer Blinklicht mißachtet (4 T). An diesem blinklichtgesicherten BÜ, Kreuzung mit der B 486, ereigneten sich zwischen dem 5.3.1958 und dem 24.4.1965 insgesamt zehn Unfälle, davon zwei mit Toten, acht gingen mit Sachschaden und Verletzten ab.

26.4.1960, Steinau, Str Hanau-Fulda, Sg gegen Pkw; Schranken offen, Wärter hatte Gegenzug vergessen (3 T).

Am **21.5.1960** erfaßte ein Personenzug in **Oberursel**, Str Frankfurt/M.-Bad Homburg wegen nicht geschlossener Schranken einen Pkw, dessen Fahrer verletzt wurde. Ein 4jähriges Kind, das zum Kindergarten gebracht werden sollte, wurde getötet.

29.8.1961, **Immigrath**, Str Opladen-Hilden(-Düsseldorf), Lz 4280 überfuhr Radfahrergruppe; Schranken durch Signalmechaniker versehentlich geöffnet (5 T).

14.10.1961, Str **Landshut-Plattling**, P 1966 gegen Pkw; Schranken offen (4 T).

26.9.1962, Str **Bestwig-Nuttlar-Frankenberg**/Eder, P 2013 gegen Traktor mit Anhänger, Lok entgleist; technisch ungesicherter BÜ (5 T, 1 V).

4.8.1963, Str **Lübeck-Puttgarden**, D 71 gegen britischen Militär=Lkw; Fahrer Blinklicht mißachtet (4 T, 3 V).

31.8.1963, **Großen Linden**, Str Frankfurt/M.-Gießen, durchfahrender Lto 51 730 gegen Pkw; Schranken offen (5 T).

16.9.1963, **Eschborn**, Str Kronberg-Frankfurt/M., N 4030 mit schiebender V=Lok auf technisch ungesichertem BÜ gegen Lkw geprallt und entgleist (16 V).

1.3.1964, Str **Reutlingen-Schelklingen**, Pto 33 065 gegen Pkw; Fahrer Blinklicht mißachtet (4 T).

14.4.1964, **Bad Oeynhausen**, Str Hannover-Bielefeld, E 879 gegen Lkw (1 T, 4 V). [s.Teil B]

15.8.1964, Str **Bayrischzell-Schliersee**, E 809 (S) gegen VW=Bus; Fahrerin Blinklicht mißachtet (8 T, 2 V).

2.3.1965, Str **Karlsruhe-Rastatt**, P 3355 gegen Lkw; Schranken offen (4 T).

26.4.1965, **Hagen=Halden**, E von Iserlohn gegen Pkw; Schranken offen. Modernste technische Einrichtungen wie Anrückmeldeanlage usw. vorhanden (3 T).

13.10.1965, bei **Hungen**, Str Gießen-Gelnhausen, N gegen Lkw; Fahrer Blinklicht mißachtet (5 V).

4.2.1966, Str **Kempten-Lindau**, Ng 8418 gegen Post=KOM; Schranken vorzeitig geöffnet (5 T, 26 V). [Abb. 149/150]

20.3.1966, Str **Gemünden-Bad Kissingen**, Lto 3918 gegen Pkw; Fahrer Blinklicht mißachtet (4 T).

9.7.1966, Bk **Weiler**, Str Neuß-Köln, E 222 gegen Pkw; Schranken vorzeitig geöffnet. Strecke von Wärterhaus beidseitig weithin einzusehen (4 T).

3.4.1967, Str **Gießen-Fulda**, Pto 1571 gegen Pkw; Fahrer Blinklicht mißachtet (2 T, 42 V).

7.10.1967, **Grünsfeld**, Str Würzburg-Lauda, E 532 gegen Pkw; Schranken vorzeitig geöffnet (4 T).

27.2.1968, **Bayreuth=Hollfeld**, Ng 8891 gegen Pkw; technisch ungesicherter BÜ (3 T, 2 V).

3.2.1969, Str **Böblingen-Dettenhausen**, Üb 16 164 gegen Pkw; Fahrer Blinklicht mißachtet (4 T).

17.2.1969, bei **Weiden**, D 145, München-Dresden, gegen Tanklastzug; Schranken durchbrochen (2 T, 2 V).

3.6.1969, **Krefeld=Forsthaus**, Et 2827, Mönchengladbach-Dortmund, gegen Doppelstock=Linienbus; Schranken offen (7 T, 12 V).
Bis zum Fahrplanwechsel (31.5./1.6.) verkehrte der Zug als P mit Halt im Hp Forsthaus. Der am Unglück schuldige Aufsichtsbeamte hatte einige Tage keinen Dienst gehabt und sich nicht über die Fahrplanänderung informiert. So wollte er wie üblich die vom Dienstgebäude des Hp zu bedienenden Schranken erst schließen, wenn der Zug hielt.

15.8.1969, bei **Sennelager**, Str Brackwede-Paderborn, Pkw von G erfaßt; Blinklichtanlage evtl. durch Blitzschlag ausgefallen (2 T, 2 V).

19.12.1969, bei **Pfaffenhofen**, Str München-Ingolstadt, Kesselwagenzug gegen Tanklastzug gefahren; Schranken durchbrochen (1 T).

8.1.1970, südlich **Offenburg**, D 266, Hagen-Basel, mit auf BÜ liegengebliebenem Tanklaster kollidiert; Brand (1 T).

13.4.1970, Str **Köln-Dieringhausen**, E 2152 gegen Pkw; Schranken offen (3 T).

22.4.1970, **Vach**, Str Fürth-Erlangen, D 128 gegen Pkw; Schranken offen (4 T).

1.8.1970, Str **Landstuhl-Glan**, Pto 2962 gegen Pkw; Fahrer Blinklicht mißachtet (3 T, 1 V).

22.8.1970, **Sünching**, Str Regensburg-Straubing, D 329 gegen Pkw; Schranken vorzeitig geöffnet (4 T).

25.8.1970, **Aichstetten**, Str Leutkirch-Memmingen. Bei mangelhaft gesichertem Viehtrieb (30 Kühe, 1 Treiber) Kuh an blinklichtgesichertem BÜ von Pto erfaßt und getötet.
Der Unfall ist als Beispiel für eine Unzahl ähnlicher Fälle in Gegenden mit Weidebetrieb aufgeführt. Obwohl in der Regel Verschulden durch Nachlässigkeit der Viehhalter vorlag, entstanden auch der DB vielfach erhebliche Kosten, nicht zuletzt durch den rechtlichen Passus der bahneigenen "Betriebsgefahr" mit entsprechender Haftung.

26.8.1970, Str **Münster-Coesfeld**, Et 1920 gegen Pkw; Fahrer Blinklicht mißachtet (4 T).

30.8.1970, **Loppersum**, Str Emden-Aurich, Lz 13 624 gegen Pkw; Fahrer Blinklicht mißachtet (4 T, 1 V).

22.9.1970, Str **Fröndenberg-Unna**, Pto 3307 gegen Lkw; technisch ungesicherter BÜ (32 V).

24.1.1971, Str **Köln-Kranenburg**, E 1722 gegen Pkw; Fahrer Blinklicht mißachtet (3 T).

13.2.1971, **Karlsruhe** West, E 1551 gegen Pkw; Schranken vorzeitig geöffnet (5 T).

26.7.1971, Str **Münster-Gronau**, Ng 17655 gegen Pkw; Fahrer Blinklicht mißachtet (5T).

29.9.1971, Str **Hausach-Freudenstadt**, N 3977 gegen Pkw; Fahrer Blinklicht mißachtet (4 T).

22.10.1971, **Föching**, Str Holzkirchen-Rosenheim, Nto 3269 gegen Pkw; Fahrer Blinklicht mißachtet (5 T).

Am **gleichen Tag** fuhr im Kreis **Monschau** ein belgischer Güterzug gegen einen Schulbus (2 T, 8 V) und

auf der Str **Paderborn-Bielefeld**, E 1763, Frankfurt/M.-Bremen, gegen einen Lkw, dessen Fahrer das Blinklicht mißachtet hatte (9 V).

Am **25.10.1971**, fuhr in **Rotenburg**, Str Hamburg-Bremen, IC 119, Schwabenpfeil, gegen einen Traktor infolge zu spät geschlossener Schranken. Der aufmerksame Tf (auf Prüfungsfahrt) reduzierte das Tempo von 160 auf 95 km/h, so daß sich Bauer und Bäuerin in Sicherheit bringen konnten. Der Schrankenwärter erhielt DM 750,-- Geldstrafe.

7.4.1972, km 41.52, Str **Nienburg-Minden**, Dg 7046 gegen Pkw; Fahrer Blinklicht mißachtet (3 T, 1 V).

9.5.1972, Bf **Zennern**, Str Wabern-Bad Wildungen, Nb 3149 gegen KOM, der auf technisch ungesichertem BÜ angehalten hatte (3 T, 12 V).

Am **2.8.1972** blieb ein von zwei Polizeiwagen begleiteter Sattelschlepper auf einem gesicherten, für den Schwertransporter zu engen BÜ in **Schwaig**, Str Regensburg-Ingolstadt, stehen und wurde vom E 1761 mit 110 km/h gerammt. Die Seite der Diesellok, wohin sich die Tf geflüchtete hatten, wurde aufgerissen (2 T, 35 V).

14.10.1972, km 55.50, Str **Bayreuth-Kirchenlaibach**, Nb 4084 gegen Pkw; Fahrer Blinklicht mißachtet (4 T).

15.11.1972, **Hohenlimburg**, Str Hagen-Finnentrop, bei offenen Schranken Sattelschlepper von Nahverkehrszug erfaßt; Ladung (Bandeisen) gegen Tfz (140 573) geschleudert, Tf getötet.

19.12.1972, Str **Landsberg-Schongau**, Lz gegen Pkw, dessen Fahrer, ein Wehrpflichtiger, im Zivilberuf Eisenbahner, an einem technisch ungesicherten BÜ die Warnsignale mißachtet hatte (2 T, 1 V).

24.4.1973, Bf **Horneburg**, Str Cuxhaven-Hamburg (s. Teil B).

151/152: bei Kißlegg, 25.6.1973

1.5.1973, km 13.32, Str **Aschaffenburg-Miltenberg**, P 3316 gegen Pkw; Fahrer Blinklicht mißachtet (4 T).

12.5.1973, bei **Altenwalde**, Str Cuxhaven-Bremerhaven, Pkw von E erfaßt; Fahrer Blinklicht mißachtet (2 T).

Am **25.6.1973** kollidierte gegen 13 Uhr am blinklichtgesicherten BÜ bei km 60.35 der Str **Memmingen-Kißlegg** Lz 75 524 mit einem Schulbus. [Abb. 151/152]
Der in Kißlegg nach Schulschluß abgefahrene KOM hatte auf seiner Runde die meisten Schüler bereits abgesetzt. Bevor der Rest ausstieg, nahm der KOM am Wendepunkt seiner Fahrt einige Kinder auf, die nach Kißlegg wollten. Der weitere Weg des KOM führte längs der Bahnlinie bis zu einem BÜ, der zu queren war, um noch jenseits der Strecke in Reipertshofen Kinder abzusetzen.
Außer dem Bus näherte sich dem BÜ mit 90 km/h eine in derselben Richtung fahrende V=Lok, deren Tf den Bus beobachtete. Dem Tf hatte das Kontrollicht angezeigt, daß die Blinklichtanlage in Tätigkeit war. Er wußte auch nicht, daß der KOM abbiegen würde, da die Straße nach Kißlegg geradeaus führte, und das Fahrverhalten des Buslenkers auf Geradeausfahrt hindeutete.
Als der Tf sah, daß der KOM unvermittelt abbremste, nach rechts einschwenkte und auf den BÜ rollte, war es für eine wirksame Bremsung zu spät. Die Lok stieß gegen den vorderen Teil des KOM, der herumgerissen wurde, so daß auch noch das Busheck gegen die Lok prallte, die nach über 300 m zum Stillstand kam. Der Bus flog 15 m weit in eine Wiese. Die meisten der Insassen wurden hinausgeschleudert, sieben getötet, 13 z.T. schwer verletzt.
Die überlebenden Kinder sagten aus, sie hätten das Blinklicht bemerkt und den Fahrer durch Zurufe darauf hingewiesen.

3.7.1973, km 48.38, Str **Dorsten-Rheine**, Nt 2614 gegen Pkw; Fahrer Blinklicht mißachtet (3 T).

1.8.1973, zwischen **Wittingen** und **Stöcken**, Str Uelzen-Gifhorn, Pkw von Triebwagen auf blinklichtgesichertem BÜ erfaßt, drei Wagen entgleist, davon ein Wagen umgestürzt (1 T, 4 V).

Am **31.8.1973** kollidierte bei **Asel**, Str Wilhelmshaven-Norden, Nto 4811, besetzt mit ca. 200 Reisenden - davon 140 Ferienkindern -, mit einem zu nahe am Gleis haltenden Lkw (2 T, 39 V).
Vor allem im norddeutschen Flachland verlegte man aus Kostengründen die Trassen von Sekundärbahnen vielfach neben Straßen, bei deren Verbreiterung sich die Distanz zum Gleis kritisch verringerte. So verläuft auch beidseitig des Ortes Asel die B 210 direkt neben der Strecke, nur durch kleine Begrenzungssteine getrennt, die im Abstand von 50 m stehen und von Ortsfremden leicht mißachtet werden können. Vom Straßenrand bis zur Gleisachse sind es lediglich 2, 97 m.
Am Unfalltag hatte der Fahrer eines holländischen Sattelschleppers sein Fahrzeug wegen Treibstoffmangel am Fahrbahnrand so abgestellt, daß er mit der Seite des Lkw 13,5 cm in den Lichtraum des Zuges hineinragte, was weder der Lkw=Fahrer noch der Tf des Nto bemerkte. Der Tf war der Meinung, an dem schon von weitem zu sehenden

Sattelschlepper gefahrlos vorbeifahren zu können. Daher leitete er auch keine Bremsung ein. Das tat nach dem Unfall der Beimann - der Tf war verletzt. Bei der Kollision wurde der erste Triebwagen (BR 798) seitlich aufgeschlitzt, die drei hinteren Wagen nur wenig beschädigt.
Das Gericht verurteilte sowohl den Lkw=Fahrer als auch den Tf; diesen mit der Begründung, er hätte den Zug vor dem Hindernis sicherheitshalber anhalten müssen, um sich durch Inaugenscheinnahme von der Profilfreiheit zu überzeugen.

7.9.1973, km 12.22 Str **Paderborn-Brackwede**, Nb gegen Pkw; technisch ungesicherter BÜ (4 T, 1 V).

14.9.1973, km 83.22, Str **Essen=Altenessen-Gelsenkirchen**, Nv 3018 gegen Pkw; Schranken vorzeitig geöffnet (6 T).
Der Wärter behauptete, der Zug sei nicht angemeldet worden und die Schranke defekt gewesen. Urteil: sechs Monate, zur Bewährung ausgesetzt.
Bei Beerdigung der Opfer und auch in der folgenden Nacht demonstrierten ca. 300 Personen. Auf die Gleise stellten sie Kerzen und zeigten Transparente mit der Aufschrift: *"Hier werden Engel gemacht"*. Organisiert und gelenkt wurde die Demonstration von Mitgliedern und Anhängern der Kommunistischen Partei.[38]

21.3.1974, Str **Basel-Konstanz**, E 1564 gegen Lkw; Fahrer Blinklicht mißachtet (4 T, 6 V).

28.5.1974, km 3.9, Str **Gießen-Gelnhausen**, N 7755 gegen Pkw; Blinklicht mißachtet (3 T).

2.9.1974, Bf **Winsen**, Str Hamburg-Hannover, D 673 erfaßte zwei Pkw und zwei Radfahrer bei offener Schranke (3 T, 4 V).

15.11.1974, **Aubing**, Str München-Fürstenfeldbruck, Auto wegen überhöhter Geschwindigkeit von parallel zur Bahn verlaufender Straße abgekommen und gegen Fahrleitungsmast, S-Bahnzug gegen geknickten Mast gefahren, diesen und einen weiteren 600 m mitgeschleift; sieben Stunden Betriebsunterbrechung, großer Sachschaden.

Am **15.1.1975** brach in einer Kurve der B 32 am oberen Ortsende von **Staig**, Bahnbuslinie Ravensburg-Herbertingen, der Anhänger eines aus dem Kreis Neustadt a.d. Waldnaab kommenden, unbeladenen Lastzuges bei zu scharfer Bremsung in Fahrtrichtung nach links aus und schleuderte einen entgegenkommenden, voll besetzten Bahnbus gegen die Leitplanke. Der Busfahrer und ein Fahrgast starben, sieben Insassen wurden z.T. lebensgefährlich, 24 weitere mittelschwer oder leichter verletzt. [Abb. 153]
An dieser Stelle war die Hg auf 50 km/h begrenzt, der Bahnbus fuhr ca. 40 km/h, der Lastzug, mit zulässigen 38 t auf maximal zulässigen 60 km/h beschränkt, fuhr knapp 70 km/h.

18.1.1975, **München=Riem**, N 4406 gegen Pkw und Tanklaster; Schranken vorzeitig geöffnet (1 T, 12 V).

7.3.1975, **München=Allach**, Str München-Freising, N 4208 gegen Omnibus; Schranken vorzeitig geöffnet (12 T, 5 V). ***II**

22.4.1975, Bf **Heinebach**, Str Bebra-Kassel, E 3563 gegen Pkw; Schranken vorzeitig geöffnet (4 T).

4.11.1975, Str **Babenhausen-Dieburg**, N 5254 gegen Pkw; Fahrer Blinklicht und Halbschranke mißachtet (3 T, 1 V).

5.11.1975, km 1,0 Str **Mertingen-Wertingen**, N 6081 gegen Pkw; technisch ungesicherter BÜ (3 T).

19.2.1976, Hp **Okarben**, Str Frankfurt/M.-Friedberg, N 4140 gegen Lkw, Pkw und Pritschenwagen; Schranken offen (4 T, 2 V).

28.4.1976, **Rosdorf**, Str Göttingen-Eichenberg, E 2076 gegen Pkw; Schranken offen (4 T).

12.8.1976, **Schwarzenfeld**, Str Schwandorf-Weiden; Anrufschranke auf Verlangen für Bauer geöffnet: Der Wärter hatte den gemeldeten Nahverkehrszug vergessen (1 T).

8.9.1976, **Unterrammingen**, Str Buchloe-Memmingen, Eilzug gegen Traktor; 73jähriger Bauer Blinklicht mißachtet (1 T).

5.11.1976, **Pirmasens** Nord, Lz 86 944 gegen Pkw; Fahrer Blinklicht mißachtet (4 T, 1 V).

153: Staig, 15.1.1975: Im Hintergrund zwischen Bus und Lastzugende (rechts) ein Pkw, der auch noch beschädigt wurde.

28.1.1977, **Castrop=Rauxel**, Str Herne-Dortmund, Eto gegen Lieferwagen mit Ölfässern; Fahrer Halbschranke durchbrochen, Brand (1 T, 2 V).

24.6.1977, **Senden**, Str nach Weißenhorn, Tfz mit einem Güterwagen gegen Pkw; technisch ungesicherter BÜ für einen Feldweg (2 T).

8.8.1977, km 4.1, Str **Husum-Jübek**, Sperrfahrt 69 772 gegen Pkw; Fahrer Blinklicht mißachtet (4 T, 1 V).

11.9.1977, km 13.16, Str **Haltern-Hervest=Dorsten**, Gag 58 097 gegen Pkw; Fahrer Blinklicht mißachtet (6 T, 1 V).

Am **12.1.1978** fiel auf der Fahrt eines Güterzuges von Lippstadt nach Warstein hinter Bf **Anröchte** einer der beiden Motoren der V=Lok aus. Der Zug setzte zurück und erhielt eine Schiebelok, da der Schaden nicht sofort behoben werden konnte. Gegen 7.25 Uhr fuhr der jetzt 290 m lange G weiter. Im Ortsbereich Anröchte waren drei technisch gesicherte BÜ zu queren. Bei Heranfahren an den dritten (Kliever Straße) stellte der Tf fest, daß die Anlage nicht funktionierte. Er informierte über Zugfunk seinen Kollegen auf der Schiebelok und brachte den Zug 5 m vor dem BÜ zum Halten.
Der Tf hätte nun - es war immer noch dunkel - Blinklicht und Halbschranken von Hand einschalten können. Er kalkulierte aber, daß ab Betätigung der Lichttaste am Mast der Lichtzeichenanlage die Zeit für den Rückweg zum Tfz, die Verständigung mit dem Tf auf der Schiebelok, das Lösen der Bremsen und Anfahren bis zum BÜ, wo sich ein weiterer Kontakt zur Selbstauslösung - hier zur Verlängerung des BÜ=Arbeitsintervalls - befand, den mit der Handeinschaltung bewirkten 200=Sek=Intervall überschritte. Der Tf befürchtete also, die BÜ=Sicherung wäre bereits wieder ausgeschaltet, wenn der Zug die Straße erreicht hätte.
Der Tf entschloß sich daher gemäß der vereinfachten FV § 42 zu handeln. Er informierte den Tf der Schiebelok und gab vor Anfahrt drei Achtungssignale. Gerade als sich der Zug in Bewegung setzte, erblickte er einen sich dem BÜ nähernden Lkw. Der Tf gab noch ein Achtungssignal und leitete Bremsung ein, da er keine Reaktion des Lkw=Fahrers bemerkte. Der Lkw wurde erfaßt, total beschädigt und der Fahrer verletzt.
Der Tf wurde vom AG Lippstadt am 26.1.1979 zu zehn Tagessätzen von je DM 35,-- verurteilt und legte Berufung ein, die vom LG Paderborn mit Datum vom 12.3.1979 (AZ 3 Ns-14 Js-82/78-Ak 37/79) verworfen wurde. Seine Zwangslage und die Korrektheit seiner Entscheidung wurden anerkannt, dennoch habe er falsch gehandelt. Den Fahrlässigkeitsvorwurf begründete die Kammer folgendermaßen: Dem Tf wäre der rege Straßenverkehr an diesem BÜ bekannt gewesen, dgl. die Tatsache, daß sich Kraftfahrer auf die vorhandenen Sicherungen verließen und nicht mit einem technischen Defekt rechneten. Daher hätte der Tf warten müssen, bis nach der von Hand eingeschalteten Anlage etliche Kfz am BÜ hielten und sich deren Fahrer bereit erklärten, später eintreffende Kfz=Fahrer zu warnen.
Bedauerlich ist, daß man die Logik mancher Richter nicht auf die Probe stellen kann, so in diesem Fall. Denn wie oft mißachten Kraftfahrer nach Unfällen Haltezeichen und sorgen für weiteren Schaden. Hätte der Tf am 12.1.1978 gemacht, was die Richter als

richtig befanden, ohne dadurch einen Unfall zu verhindern, wäre er wahrscheinlich verurteilt worden, weil er sich auf Kraftfahrer verließ.
Nun gab es bei dem BÜ=Unglück von Anröchte noch einen bemerkenswerten Umstand. Auf der Schiebelok befand sich nämlich ein Rangierer, von dem der verurteilte Tf nichts wußte. Zur Entschuldigung, seinen Kollegen nicht auf den Rangierer aufmerksam gemacht zu haben, gab der Tf der Schiebelok an, der Rangierer hätte den fast 300 m langen, schlechten Weg bei Dunkelheit nicht in angemessener Zeit zurücklegen können. Das wurde von den Gerichten akzeptiert, obwohl die Beorderung des Rangierers zum BÜ zur mehrfachen Betätigung des Handschalters die sinnvollste Lösung gewesen und es auf ein paar Minuten nicht mehr angekommen wäre. Außerdem führte der Rangierer vermutlich eine Handlampe mit sich, von Bedeutung zur Abschätzung des Zeitaufwandes für den Gang zum BÜ. Der Urteilsbegründung nach wurde das, wie anderes im Zusammenhang mit der Anwesenheit des Rangierers und zur Bewertung der Sachlage Wesentliche, nicht geprüft oder nicht berücksichtigt.

10.2.1978, **Wienhausen**, Str Celle-Gifhorn, Skl 89 099 gegen Pkw; Fahrer Blinklicht mißachtet (3 T, 6 V).

22.4.1978, bei **Kirchhorsten**, Str Hannover-Minden, IC 147, Dompfeil, bei vorzeitig geöffneten Schranken mit 160 km/h gegen Pkw (1 T).

7.7.1978, **Wackersdorf**, Str Schwandorf-Furth, Nt 3596 gegen Pkw; Fahrer Blinklicht mißachtet (3 T).

Am **30.7.1978** durchbrach ein zum Dienst fahrender Schrankenwärter bei **Triesdorf**, Str Treuchtlingen-Würzburg, mit dem Pkw 'seine' Schranken, wurde von Ne 62 006 erfaßt und getötet.

20.9.1978, **Straß**, Str Donauwörth-Ingolstadt, Halbschranken von Tanklaster durchbrochen und von Kesselwagenzug erfaßt, Brand; Tf und Fahrer verletzt.

Am **17.10.1978** übersah ein Arbeiter, der einen Muldenkipper, von einem Kieswerk bei **Burlafingen** kommend, beim Einbiegen in die B 10 nach Neu Ulm einwinkte, einen DB=Linienbus mit ca. 50 Personen besetzt. Beim Zusammenstoß wurden drei Fahrgäste lebensgefährlich, 12 mittelschwer oder leichter verletzt.

19.10.1978, **Jaderberg**, Str Wilhelmshaven-Oldenburg, E 2734 gegen Lkw; Schranken offen (1 T, 16 V).

Am **3.2.1979** durchbrach der Fahrer eines US=Sattelschleppers bei **Oberhaid**, Str Bamberg-Würzburg, einen Schrankenbaum und blieb auf den Gleisen stehen. Als er den Achtungspfiff von Lg 59 924 vernahm, versuchte er den BÜ zu räumen und durchfuhr auch den zweiten Schrankenbaum, aber die Lok kollidierte noch mit dem Auflieger.

15.3.1979, bei **Leeder**, Str Landsberg-Schongau, Pkw infolge überhöhter Geschwindigkeit an technisch ungesichertem BÜ in Tfz eines G gefahren (1 V).

Am **28.5.1979** mißachtete in Bf **Winkelhaid**, Str Feucht-Altdorf, ein Tanklastzug die Warnsignale des N 4443 und fuhr gegen dessen Steuerwagen, der entgleiste. Auslaufendes

Heizöl geriet in Brand, alle Fahrgäste, hauptsächlich Schulkinder, konnten gerettet werden (1 T, 3 V).

25.7.1979, bei **Wittmund**, Pkw=Fahrer Blinklicht mißachtet und von Zug erfaßt (3 V).

Am **1.9.1979** überholte an der Str **Neumarkt**/Opf.**-Beilngries** eine 20jährige Pkw=Fahrerin auf der parallel zur Bahn verlaufenden Straße N 6491, um noch vor diesem einen BÜ zu queren, was ihr nicht gelang (4 V).

4.10.1979, Bf **Brokstedt**, Str Hamburg-Kiel, Et 3518 mit Lkw kollidiert; Schranken offen (2 T, 37 V).

10.6.1980, Str **Wengerohr-Wittlich**, Schulbus wegen Mißachtung des Blinklichtes von Triebwagen erfaßt (25 V).

Am **3.7.1980** wurde in **Troisdorf** ein Notarztwagen, der vor blinklichtgesichertem BÜ haltende Autos überholte, um noch vor dem G einer Werkbahn das Gleis zu queren, von einer Lok erfaßt (1 T, 2 V).

5.7.1980, Haßloch, Str Kaiserslautern-Ludwigshafen; Zug gegen Pkw; Schranken nach Passieren eines Zuges der Gegenrichtung geöffnet (2 T).

10.9.1980, Untereichen, Str Memmingen-Ulm, Fahrer eines niederländischen Pkw nach Blinklichtmißachtung von D erfaßt (2 T).

7.10.1980, Varel, Str Oldenburg-Sande, Lz (220 075) auf BÜ mit fernbedienten Schranken in Kuhherde gefahren, die gerade beim Schließvorgang über die Gleise getrieben wurde. Zehn Tiere wurden eingeschlossen und getötet. Die Schranke war vom Wärter nicht einsehbar.

7.10.1980, bei **Schwarmstedt**, Str Hannover-Soltau, Pkw an technisch ungesichertem BÜ erfaßt; Fahrer tot.

******

Zur Verdeutlichung der Bahnüberweg=Situation und Fahrcharakteristik durchweg ortskundiger Straßenverkehrsteilnehmer nachstehend alle ernsteren Zusammenpralle dreier Jahre an einigen niveaugleichen Kreuzungen von Nebenstraßen bzw. Wegen mit der in übersichtlicher Trassierung verlaufenden Nebenbahn Bobingen-Kaufering und deren Fortsetzung südlich Landsberg nach Schongau (vgl.a.15.3.1979).

- **11.10.1980**, bei **Lagerlechfeld**, Ng 63 556 gegen Pkw; US=Soldat Blinklicht mißachtet (5 T).

- **5.5.1981**, in **Asch=Leeder**, ein Pkw an technisch ungesichertem BÜ erfaßt (1 V).

- **28.7.1981**, am **gleichen BÜ** hielt ein Autofahrer an und rollte aus Unachtsamkeit dann doch vor den Zug (1 V).

- **2.10.1981**, bei Hp **Hurlach**, Kradfahrer mißachtete das Blinklicht, fuhr ohne Bremsung gegen den Puffer eines Pto und wurde getötet.

- **13.2.1982**, am **gleichen BÜ** Pkw von N 5804 erfaßt. Der Fahrer, ein US=Soldat, wurde getötet, zwei weitere Autoinsassen und ein Kleinkind schwer verletzt.

- **15.9.1982**, südlich **Landsberg**, Frau an technisch ungesichertem BÜ mitten in einen über 100 m langen G gefahren, unter einen der Wagen geraten und 7 m mitgeschleift; tot.

- **13.11.1982**, bei Bf **Denklingen**, N 5804 gegen Kleinbus mit Schulkindern. Der Fahrer hatte die Hg=Beschränkung auf 20 km/h mißachtet und nicht aufgepaßt (3 V).

- **7.1.1983**, bei **Lagerlechfeld** (gleicher BÜ wie am 11.10.1980), 22jähriger Pkw=Fahrer wegen Unaufmerksamkeit und Nichtbeachtung der Hg=Beschränkung auf 20 km/h in den zweiten Wagen des N 5805 gefahrten und getötet.

Bemerkenswert ist der Pressetenor. In Anbetracht des Gerangels um hiesige Streckenstillegungspläne und der Häufigkeit von BÜ=Unfällen - auch an anderen Strecken der Umgebung - sollte man meinen, daß die Journalisten ihre Berichte über diese Vorkommnisse mit Mahnungen zur Vorsicht verbunden hätten: Kein Wort davon, und das in einer Zeitung, die von moralischen Appellen mitunter 'trieft'.

******

Am **14.10.1980** durchbrach bei **Unterfürberg**, Str Nürnberg-Würzburg, ein Pkw=Fahrer die Baustellenabsperrung an einem BÜ und blieb in der Baugrube zwischen den Gleisen liegen. Der Fahrer versuchte mehrere Minuten, seinen Pkw frei zu bekommen. Als sich die Halbschranken senkten, sprang er beiseite, bevor ein IC mit ca. 140 km/h den Wagen erfaßte.

25.10.1980, bei **Kronach**, Str Lichtenfels-Ludwigsstadt, Pkw zu nahe am Gleis des BÜ geparkt, von D 300 erfaßt, zertrümmert und in Brand geraten.

26.11.1980, nördlich **Riedlingen**, Str Ulm-Sigmaringen, Pkw zum Beladen auf BÜ gestellt. Der Fahrer merkte zu spät, daß sich die automatischen Schranken schlossen, so daß den Pkw ein E mit 110 km/h erfaßte. Die im Pkw sitzenden 74jährige Ehefrau des Fahrers wurde getötet.

20.1.1981, bei **Handeloh**, Str Buchholz-Soltau, Pkw auf technisch ungesichertem BÜ von Pto erfaßt; der Fahrer überhörte die Warnsignale, da er aus einem Kassettenrecorder Musik hörte (2 V).

Am **14.2.1981** stellte bei **Maisach**, Str Augsburg-München, eine 32jährige Frau in Selbstmordabsicht ihren Wagen auf den Hauptgleisen ab. Als sie den D 297 mit hoher Geschwindigkeit kommen sah, überlegte sie es sich anders und verließ ihr Fahrzeug.

25.2.1981, **Emmerke**, Str Nordstemmen-Hildesheim, E 349 gegen Lkw; Fahrer getötet; Schließen der Schranken zu spät begonnen.

11.4.1981, **Verden**, Str Bremen-Hannover, Radfahrerin von IC 685 überfahren; Schranken nach Vorbeifahrt eines Gegenzuges vorzeitig geöffnet.

12.6.1981, **Nordstemmen**, Str Hannover-Göttingen, Pkw bei offenen Schranken von IC 680 erfaßt (2 V).

8.5.1981, bei **Straubing**, Anrufschranke von Wärter auf Grund falscher Angabe eines Bauern geöffnet; Bauer mit Traktor von Eilzug überfahren (1 T).

9.5.1981, Str **Gelnhausen-Stockheim**, Radfahrer überfahren; Blinklicht mißachtet (1 T).

9.6.1981, **Drangstedt**, Str Bremerhaven-Bederkesa, Pkw auf technisch ungesichertem BÜ von Tfz erfaßt. Der Fahrer, der unterwegs war, um Schulkinder abzuholen, überhörte wegen lauter Musik aus dem Autoradio die Warnsignale (1 T, 1 V).

26.6.1981, **Ahrbergen** bei Hildesheim, "Kalibahn" Harsum-Gr.Giesen, Pkw von G erfaßt; Fahrer Blinklicht mißachtet (3 V).

23.8.1981, **Hagen=Gevelsberg**, E 2641 gegen Pkw; Schranken offen (2 T).

28.8.1981, bei **Sünching**, Str Regensburg-Passau, 18jähriger Pkw=Fahrer vor BÜ ins Schleudern und auf Gleise geraten. Insassen konnten noch herausspringen, bevor der Zug auffuhr. DM 300 000,-- Sachschaden und 6 Stunden Streckensperre.

7.11.1981, **Bienrode**, Str Braunschweig-Gifhorn, Fahrer eines nach Moskau fahrenden russischen Sattelschleppers Blinklicht mißachtet. Beim Zusammenprall mit einem Nt entgleiste dieser (11 V). Die StA verlange von dem Russen DM 10 000,-- Kaution (DB=Sachschaden ca. DM 2 Mio).
Bereits im Sommer 1981 kam es hier zu einem Zusammenprall mit einem russischen Lkw, ebenfalls wegen Mißachtung des Blinklichtes.

Am **24.1.1982** durchbrach bei **Verden**, Str Bremen-Hannover, eine 70jährige Pkw=Fahrerin bei Nebel die zusätzlich durch rotes Warnlicht gesicherten Schranken am BÜ der B 75, wurde von einem G erfaßt und getötet.

6.2.1982, Str **Gießen-Fulda**, Tankwagen der US=Armee vor Einbiegen in das Depot Gießen verbotswidrig auf mit Halbschranken und Blinklicht gesichertem BÜ gehalten. Zug trotz Vollbremsung aufgefahren; Brand und Explosion; Tf und Beifahrer tot, Lenker schwer verletzt.

10.3.1982, zwischen **Langlingen** und **Wienhausen**, Str Celle-Gifhorn, Pkw von G erfaßt (1 T). Der Pkw=Fahrer hatte versucht, den technisch ungesicherten BÜ noch vor dem Zug zu überqueren.

Am **13.3.1982** floh ein Mann mit seinem Pkw vor der Polizei in den Bf **Ludwigshöhe**, Str Nürnberg-Hersbruck, und fuhr mit Schwung vom Bahnsteig auf die Gleise. Anwohner bemerkten das, verständigten sofort telefonisch die Landpolizei und diese wiederum die Bahnpolizei. So konnte gerade noch rechtzeitig Streckensperrung veranlaßt und E 2857, Nürnberg ab 22.16 Uhr nach Bayreuth, gestellt werden.

5.5.1982, **Stickhausen**, Str Ocholt-Leer, Pkw von Üg 69599 an technisch ungesichertem BÜ erfaßt; Fahrerin unaufmerksam. Zuglok BR 211 mit vier Achsen, ein Wagen mit einer Achse entgleist; Aufgleisungsarbeiten ca. 8 Stunden (1 T, 3 V).

6.6.1982, **Hodenhagen**, Str Soltau-Hannover (2 T, 1 V). Nach Besuch einer Festveranstaltung des Roten Kreuzes überholte ein Pkw vor einem blinklichtgesicherten BÜ einen anderen Pkw und versuchte mit hoher Geschwindigkeit noch vor dem Zug das Gleis zu passieren. Die V=Lok des E 6331 erfaßte den Pkw und schleuderte ihn 18 m weit. Der 23-jährige Fahrer und ein 17jähriges Mädchen starben, eine 18jährige wurde schwer verletzt.

2.8.1982, bei **Ostercappeln**, Str Osnabrück-Bremen; D 15 233 mit britischem Schützenpanzer kollidiert (s. Teil B).

Am **19.8.1982** fuhr auf der Str **Köln-Düsseldorf** ein Traktorfahrer nach Mißachtung der BÜ=Lichtzeichenanlage gegen den Schrankenbaum, der durch den Aufprall in die Höhe schnellte und die Fahrleitung beschädigte; diese fiel auf den Traktor und setzte ihn sowie die beiden mit gepreßten Strohballen beladenen Anhänger in Brand; ein herannahender IC konnte durch die Schrankenwärterin rechtzeitig gewarnt werden.

Am **16.9.1982** durchbrach ein US=Tanklaster im Bereich des Bfs **Hellmitzheim**, Str Würzburg-Nürnberg, eine geschlossene Halbschranke und kam auf dem Gleis zu stehen. Da es sich um eine der modernsten Anlagen handelte, die schon bei Berührung eine automatische Halt=Stellung der Signale bewirkt, wurde ein Unglück verhindert. Denn IC 527 'Drachenfels' der gerade mit ca. 140 km/h heranfuhr, erhielt am auf 'Halt' gefallenen Einfahrsignal Zwangsbremsung und kam mit Lokspitze etwa 20 m vor dem BÜ zum Stillstand.
Hier sei noch angefügt, daß bei allen fernüberwachten Anlagen neuester Art im Falle einer Störung oder gewaltsamen Berührung im zugehörigen Stellwerk eine Hupe und Blinklicht den Fdl aufmerksam machen, der daraufhin sofort über ZBF Nothaltauftrag abzugeben hat. Der betriebliche Nachteil dieser BÜ=Sicherungstechnik ist, daß bei Beschädigung der Anlage bis zur Reparatur den Zügen nicht einmal 'Zs 1' gegeben und nur auf Befehl gefahren werden kann, was natürlich Verspätungen zur Folge hat.

Am **23.9.1982** wurde bei **Großdüngen**, Str Hildesheim-Goslar, ein dreieinhalbjähriger Junge in der Nähe des Elternhauses von einem Zug überfahren und getötet, weil er trotz geschlossener Halbschranken mit seinem Fahrrad auf den BÜ gefahren war.

Am **21.10.1982** kam bei **Aufhausen**, Str München-Erding, nachts ein Kleinlaster von der Straße ab und schleuderte in der Nähe eines technisch gesicherten BÜ ins Gleis. Wenig später erfaßte ein G den Lkw und zertrümmerte ihn völlig. Der Fahrer, der sich retten konnte, gab an, er sei von einem anderen Wagen geblendet worden. Wahrscheinlich war er zu schnell gefahren, da hier die Straße das Gleis in einer S=Kurve kreuzt.

23.10.1982, **Dortmund=Kruckel**, Str Dortmund-Witten, IC 548 gegen 15 t schwere Straßenwalze gestoßen, die sich infolge Unachtsamkeit des Fahrers in der Schranke verfangen hatte (ca. DM 1,2 Mio Sachschaden).

13.12.1982, **Frankfurt/M.** Süd, Frau mit dreijährigem Sohn von Az erfaßt (1 T). Bei Bauarbeiten hatte sich ein Bauzug, bestehend aus zwei Maschinen, auf der Strecke getrennt, bei der Rückfahrt in den Bf öffnete sich nach Passieren des ersten Teiles die automatische Schranke, so daß der im Abstand von ca. 700 m folgende zweite Teil des Bauzuges die Fußgänger auf dem BÜ erfaßte. Der Bauzugführer wurde mit Geldbuße bestraft.

29.12.1982, **Loxstedt**, Str Bremerhaven-Bremen, Pkw bei vorzeitig geöffneten Schranken von D erfaßt. Der Wärter hatte nach Durchfahrt eines N den D vergessen (1 V).

7.1.1983, zwischen **Bückeburg** und **Kirchhorsten**, Str Minden-Hannover, Pkw nach Durchbrechen der geschlossenen Schranken von G erfaßt (1 T).

24.3.1983, **Obernburg**, Str Aschaffenburg-Miltenberg, Eilzug mit Sattelschlepper zusammengeprallt, dessen Fahrer das BÜ=Rotlicht zu spät beachtet hatte; Lok und zwei Wagen des E entgleist (13 V).

6.4.1983, bei **Langen**, Str Bremerhaven-Bederkesa, Pkw und einzelne Lok auf technisch ungesichertem BÜ zusammengeprallt (1 T, 1 V).

23.4.1983, bei **Göttingen**, Str Göttingen-Bodenfelde, Pkw nach Blinklichtmißachtung von G erfaßt (1 T).

Am **15.6.1983** wurde in **Ergolding**, Str Regensburg-Landshut, an einem mit automatischer Halbschrankenanlage gesichertem BÜ ein Pkw von E 3095 erfaßt und zertrümmert. Der Fahrer kam mit mittelschweren Verletzungen davon.
An diesem Vormittag arbeiteten Beamte der Nachrichtenmeisterei Landshut an der Schrankenanlage, die zu einer Kette von insgesamt drei solcher Anlagen gehörte. Die Arbeiten waren dem Fdl Landshut Hbf gemeldet, auch hatte der Fdl bei den Nachrichtentechnikern betr. E 3095 angefragt und Fahrerlaubnis erhalten. Dennoch funktionierten weder Licht- noch Schrankenanlage, noch sorgten die Techniker für eine hilfsweise Sicherung des BÜ.

5.7.1983, BÜ zwischen **Hönnersum** und **Einum**, Str Hildesheim-Braunschweig, Pkw nach Blinklichtmißachtung mit alleinfahrender Lok zusammengeprallt, die in Brand geriet (2 T).

29.7.1983, bei **Walsrode**, Str Soltau-Hannover, 18jähriger Radfahrer auf unbeschranktem BÜ von G erfaßt (1 T).

Am **11.8.1983** wurde bei **Hoheneggelsen**, Str Hildesheim-Braunschweig, ein mit Bitumen beladener Sattelschlepper, dessen Fahrer das BÜ=Blinklicht mißachtete (angeblich wegen Bremsversagens), von E 2541 mit ca. 100 km/h gerammt. Das Tfz stürzte in die Wiese, drei Wagen entgleisten. Der Tf starb, 10 Zuginsassen und der Kfz=Lenker wurden z.T. schwer verletzt. [Abb. 154]

22.8.1983, Str **Gelsenkirchen-Buer**, Eilzug wegen nicht geschlossener Schranken mit Lkw zusammengeprallt (2 T). Ein Fdl=Helfer hatte vergessen, den Eilzug abzumelden, so daß der Schrankenwärter von dem nahenden E überrascht wurde.

18.9.1983, bei **Aiterhofen**, Str Regensburg-Passau, kurz vor einem BÜ von der Straße abgekommener und auf den Gleisen liegengebliebener Pkw von D 223 erfaßt; der Pkw=Fahrer hatte sich zuvor entfernt.

Am **17.8.1983** mißachtete in **Dießen**, Str Geltendorf-Weilheim, eine 53jährige Münchnerin das BÜ=Blinklicht, der Pkw wurde von einer alleinfahrenden Lok erfaßt und die nicht angeschnallte Fahrerin aus dem stark beschädigten Wagen geschleudert. Sie erlag ihren Verletzungen im Krankenhaus.

Obwohl die Sichtverhältnisse an diesem und benachbarten BÜ sehr gut sind, könnte auch hier eine Unfalliste wie auf S. 260/261 zusammengestellt werden.

20.9.1983, bei **Eltville**, Str Wiesbaden-Niederlahnstein, bei nicht geschlossenen Schranken Schulbus mit behinderten Kindern von G erfaßt (4 T). Der Wärter hatte wegen Verwechslung der Fahrtrichtung des G vergessen, die Schranken zu schließen (Strafe: sechs Monate auf Bewährung).

26.9.1983, bei **Treuchtlingen**, Str Ansbach-Treuchtlingen, Pkw mit vier 16-18jährigen Insassen nach Umfahren der geschlossenen Halbschranke von IC Herrenchiemsee, Bremen-München, erfaßt (4 T).

3.1.1984 zwischen **Goldenstedt** und **Lutten**, Str Delmenhorst-Bramsche, Pkw nach Blinklichtmißachtung von N erfaßt (2 T).

27.2.1984, Gifhorn, Str Braunschweig-Uelzen, 83jähriger Radfahrer nach Umfahren der geschlossenen Halbschranke von Nahverkehrszug erfaßt (1 T).

27.8.1984, Euskirchen, Pkw nach Blinklichtmißachtung von Nahverkehrszug erfaßt (3 T).

11.12.1984, zwischen **Prüm** und **Pronsfeld**, Üg 67 903 von Schulbus gerammt, dessen Fahrer das BÜ=Rotlicht mißachtet hatte (5 T, 36 V).

154 - Hoheneggelsen, 11.8.1983: Das in die Wiese gestürzte Tfz des E 2541

26.12.1984, BÜ beim Hp **Walpertshofen**, Str München-Ingolstadt, zwei Mädchen hinter S-Bahnzug vor Öffnen der Schranken Gleise überschritten und von entgegenkommendem G erfaßt (2 T). [vgl. 9.12.1987]

29.1.1985, bei **Drakenburg**, Str Bremen-Hannover, Pkw von IC 680 erfaßt (1 T). Die Halbschranken hatten sich nach Durchfahrt eines G kurz gehoben, aber wegen des anrollenden IC bei ununterbrochenem Rotlicht sofort wieder gesenkt. Die Fahrerin eines Pkw war hinter zwei Pkw, die unter Mißachtung des Blinklichtes unmittelbar nach Passieren des G den Übergang querten, auch losgefahren, dann jedoch mit abgewürgtem Motor auf dem BÜ stehengeblieben, der Beifahrer ausgestiegen, um den Wagen von den Gleisen zu schieben.

13.3.1985, bei **Meine**, Str Braunschweig-Uelzen, Lkw nach Blinklichtmißachtung und Durchbrechen der Halbschranken bei dichtem Nebel mit E 6620 kollidiert (1 V).

28.3.1985, bei **Gaggenau-Hörden**, Str Rastatt-Freudenstadt, Kleinbus von N 5939 erfaßt. Die Schranke war zwar ordnungsgemäß geschlossen worden, hatte sich jedoch vermutlich infolge eines technischen Defektes wieder geöffnet (1 T, 2 V).

Am **14.6.1985** fuhr bei **Schellerten**, Str Hildesheim-Braunschweig, ein Pkw mit überhöhter Geschwindigkeit an einen mit Halbschranken gesicherten BÜ, vor dem bereits Fahrzeuge warteten, heran, geriet ins Schleudern und auf die Gleise. Dem 22jährigen Fahrer wurde von einem Unfallzeugen aus dem Fahrzeug geholfen, bevor der Pkw wenige Sekunden später von einem G erfaßt wurde.

21.6.1985, bei **Dannenberg**, Str Lüneburg-Dannenberg, Pkw mit N zusammengeprallt (1 T). Bei dem getöteten Fahrer handelte es sich um einen Landtagsabgeordneten. In einer Stellungnahme der Polizei wurde vermutlich deshalb dezent bahnkritisch formuliert:

> *"Die Unfallstelle ist sehr unübersichtlich. Auf der nur 3 m schmalen Gemeindestraße besteht eine Geschwindigkeitsbeschränkung von 20 km/h, der Bahnübergang ist weder durch Schranken noch durch Blinklicht gesichert."*

6.7.1985, bei **Lindwedel-Hope**, Str Hannover-Soltau, Pkw an technisch ungesichertem BÜ von Lok erfaßt (2 T, 1 V).

14.9.1985, bei **Melle**, Str Osnabrück-Hannover (s. Teil B).

Am **3.10.1985** vergaß der Tf eines G in **Neuenkirchen**, Str Delmenhorst-Bramsche, die Wachsamkeitstaste zu drücken, woraufhin der Zug Zwangsbremsung erhielt und so zum Halten kam, daß der letzte Wagen noch einen BÜ blockierte. Da die Schienenkontakte nicht mehr von Rädern berührt wurden, öffneten sich die Schranken, und in der morgendlichen Dunkelheit fuhr ein Pkw mit vier Frauen, die auf dem Weg zur Arbeit waren, auf das Hindernis (3 T, 1 V).
Der Triebfahrzeugführer wurde in erster Instanz wegen fahrlässiger Tötung und fahrlässiger Körperverletzung zu einer Geldstrafe verurteilt, in der Berufungsverhandlung jedoch freigesprochen. *"Zwar sei das nicht ordnungsgemäße Bedienen der Wachsamkeitstaste ein pflichtwidriges Verhalten gewesen, die Schuld an dem Unfall könne dem Lokführer jedoch nicht angelastet werden"*, hieß es in der Urteilsbegründung. Gutachterlich wurde nachgewiesen, daß die Pkw-Fahrerin in Anbetracht der Dunkelheit zu schnell gefahren

war, so daß ihr die Hauptschuld an dem Unfall zufiele, bei angemessener Fahrweise hätte sie vor dem Hindernis zum Stehen kommen können.

16.10.1985, Str **Karlsruhe-Heidelberg**, BÜ an der L 604, Zusammenprall eines G mit einem Lkw, der trotz Sperrung wegen Gleisbauarbeiten auf den BÜ gefahren war (1 T).

14.12.1985, **Bad Zwischenahn**, Str Oldenburg-Leer, Pkw mit Lok zusammengeprallt; der Pkw=Fahrer hatte versucht, bei rotem Blinklicht die Halbschranken zu umfahren (1 T).

1.2.1986, **Neustadt**/Rbg., Str Hannover-Bremen, Pkw nach Durchbrechen der geschlossenen Schranke gegen vorletzten Wagen des IC 551 geprallt' (1 T, 1 V).

3.3.1986, **Anderten=Misburg**, Str Hannover-Lehrte, Pkw von Eilzug erfaßt, nachdem der 74jährige Pkw=Fahrer versucht hatte, die Halbschranken zu umfahren. Als Begründung für sein Verhalten gab der Rentner, der mit leichten Verletzungen davonkam, an, er hätte wegen der tiefstehenden Sonne weder das Blinklicht noch die Halbschranken bemerkt; seine Slalomfahrt konnte er damit allerdings nicht erklären.

12.5.1986, bei **Sigmaringen**, Str Ulm-Tuttlingen, Pkw mit E 3352 zusammengeprallt, als dessen Fahrer den BÜ trotz Blinklichts überqueren wollte (3 T).

25.5.1986, bei **Rastatt**, Radfahrer beim Umfahren geschlossener Halbschranken getötet.

21.8.1986, **Bremervörde**, Str Stade-Bremerhaven, Zusammenprall des N 4564 mit einem Sattelschlepper (27 V).

7.9.1986, bei **Wackersdorf**, Str Schwandorf-Cham, leerfahrender Pto gegen auf Gleis gelandeten Polizeihubschrauber geprallt (1 T, 5 V). (vgl. Teil B) ***II**

1.11.1986, bei **Schwarmstedt**, Str Schwarmstedt-Gilten, Wohnmobil auf technisch ungesichertem BÜ von Lok erfaßt (3 V).

29.11.1986, zwischen **Mannheim=Friedrichsfeld** und **Mannheim Hbf**, IC 594 mit Bus zusammengestoßen (2 T, 3 V) [s. Teil B].

Am **14.2.1987** geriet zwischen **Ehringshausen** und **Sinn**, Str Gießen-Siegen, infolge Unaufmerksamkeit des Fahrers ein Schulbus zwischen die niedergehenden Schranken. Immerhin reagierte der Fahrer nunmehr. Er trieb die noch im Bus befindlichen Kinder an, schnell auszusteigen. So wurde nur ein Mädchen von herumfliegenden Trümmern leicht verletzt, als D 816 den Bus zerfetzte.

5.3.1987, bei **Karlskron**, Str Augsburg-Ingolstadt, Nt 5103 an Blinklicht gesichertem BÜ mit Lkw zusammengeprallt, entgleist und eine Böschung hinabgestürzt (1 T, 14 V).

9.4.1987, bei **Neustadt**, Str Hannover-Bremen, G mit auf den Gleisen stehendem Pkw zusammengeprallt. Der unter Alkoholeinfluß stehende Pkw=Fahrer war ins Schleudern geraten und neben einem BÜ liegengeblieben. Er hatte sich vom Unfallort entfernt, wurde aber später von der Polizei gestellt.

27.4.1987, zwischen **Echzell** und **Nidda**, Str Beienheim-Nidda, Nto 7676 mit Lkw nach Blinklichtmißachtung zusammengeprallt (1 T, 8 V).

18.8.1987, **Hildesheim=Einum**, Lkw nach Blinklichtmißachtung mit Eilzug zusammengeprallt (1 V).
Eine Woche nach diesem Unfall brachte die hannoversche NEUE PRESSE einen Bericht mit der Überschrift *"Todesfalle auf den Gleisen - kein Geld für mehr Schranken"*. Neben der obligatorischen Belegliste der jüngste BÜ=Unfälle (*"Seit Januar neun Unfälle"*) wird der DB vorgeworfen, die Sicherheit an BÜ zu vernachlässigen. *"Das Signal (des BÜ) stand auf Rot, doch der Lkw fuhr weiter ..., keine Schranke als Barriere hatte ihn abgefangen ..."*. Weiter klagt die NEUE PRESSEan:

> *"Von den rund 3700 Bahnübergängen in Niedersachsen sind nur etwa 1800 durch Schranken gesichert ...; die hochverschuldete Bahn spart. Auch die noch 750 Bahnwärter in Niedersachsen sollen bis 1990 wegrationalisiert werden."*

Über diese verantwortungslose und voreingenommene Berichterstattung, die sehr häufig bei dieser Art Unfällen zu finden ist, eingehend in DIE EISENBAHNSZENE - BAND 2, Kapitel Eisenbahn und Presse, Pürgen 1991, S. 63ff.

8.12.1987, bei **Gernsbach**, Str Rastatt-Freudenstadt, Zusammenprall eines N mit einem Schulbus nach Blinklichtmißachtung (10 V).

9.12.1987, Hp **Walpertshofen**, Str München-Ingolstadt, FD 722 auf BÜ mit zugbedienten Halbschranken zwei Pkw erfaßt (1 T, 1 V).
Infolge Beschädigung eines Signalkabels beim BÜ durch einen Bagger war auch die Schrankenautomatik gestört. Fdl Dachau behalf sich, indem er den vor dem gestörten Blocksignal haltenden Zügen Zs 1 gab, was bei FD 722 auch nicht mehr funktionierte. Daraufhin erklärte Fdl Dachau über ZBF dem Tf des FD die Situation und erteilte ihm Befehl A, mit der besonderen Anweisung, daß der Tf den BÜ nur nach vorheriger Sicherung durch Handbedienung befahren dürfe.
Der Fdl führte das ZBF='Gespräch' im Stil Tauberfeld (***II**, S. 252f), hier auch unter Verwendung mundartlicher Ausdrücke, zu deren Verständigung der Unkundige ein Wörterbuch braucht. Da der Tf infolge der außerplanmäßigen Verzögerung unter Zeitdruck stand, verzichtete er auf weitere Fragen und fuhr an, ohne das Wesentliche begriffen zu haben. Als er sich nun dem BÜ näherte, beobachtete er bei einem entgegenkommenden G, daß sich die Schranken ordnungsgemäß geschlossen hatten. In der Annahme, der Schließvorgang funktioniere wieder, hielt der Tf nicht an. Inzwischen öffneten sich aber die Schranken, und beidseitig wartende Pkw rollten gerade auf den BÜ, als der FD diesen erreichte. Der Tf wurde zu einer Geldstrafe verurteilt.
Die SÜDDEUTSCHE ZEITUNG behauptete in der Ausgabe vom 10.12.1987, Sparte 'Region', der Schnellzug habe sich nach Halt in Walpertshofen gleichzeitig mit den beiden Autos in Bewegung gesetzt:

> *"Ursache des Unglücks dürfte eine Regelung sein, die nach einem schweren Unfall am 2. Weihnachtsfeiertag 1984 getroffen wurde. Damals wurden zwei Mädchen getötet, die zwar die anfahrende S-Bahn abgewartet hatten, den herannahenden Gegenzug aber nicht bemerkten. Seitdem dürfen sich in Walpertshofen nicht mehr zwei fahrende Züge kreuzen."*

12.12.1987, bei **Banteln**, Str Hannover-Göttingen, Pkw bei Umfahren der Halbschranke von G erfaßt (1 T).

26.2.1988, bei **Sulzberg**, Str Kempten-Reutte, Zusammenprall des N 4551 mit einem Schulbus, dessen Fahrer bei dichtem Schneetreiben den Zug nicht gesehen und auch dessen Pfeifsignale überhört hatte (1 T, 38 V). Die Ermittlungen ergaben, daß nicht nur der Bus zu schnell gefahren war, sondern auch der Zug.

29.4.1988, bei **Raunheim**, Str Frankfurt/M.-Mainz, (1) [s. Teil B]

12.6.1988, bei **Edesheim**, Str Hannover-Göttingen, Traktor an einer Anrufschranke vom IC 699 erfaßt, der vom Schrankenwärter vergessen worden war (1 T).

27.6.1988, bei **Saulgau**, Str Aulendorf-Herbertingen, Pkw nach Blinklichtmißachtung von Triebwagen erfaßt (3 T, 1 V).

8.7.1988, zwischen **Ober Ramstadt** und **Reinheim**, Str Darmstadt-Eberbach, auf Gleis geparkter Pkw von Üg erfaßt.

29.9.1988, **Oppenau**, Str Offenburg-Bad Griesbach, Nto 4728 mit Kleinschulbus kollidiert (6 V).

21.12.1988, **Unterdießen**, Str Landsberg-Schongau, Bahnbus bei Glätte auf BÜ gerutscht und von G erfaßt (14 V).

13.4.1989, bei **Ohu**, Str Landshut-Plattling, Pkw von G erfaßt; Blinklicht mißachtet (2 T).

Am **19.6.1989** fuhr bei **Schechen**, Str Rosenheim-Wasserburg, ein mit Kartoffelmehl beladener Lkw trotz Nebel zu schnell an einen BÜ, so daß der Fahrer das Blinklicht zu spät sah und eine sechsteilige Triebwagengarnitur (N 5354) auf Höhe des zweiten Wagens rammte, wonach der Zug entgleiste. Außer dem Lkw=Lenker starb im Zug ein Insasse, vier weitere und drei Bahnbedienstete wurden verletzt. [Abb. 155]

155: Schechen, 19.6.1989: Der gerammte zweite Wagen des N 5354

12.7.1989, Str **Diepholz-Sulingen**, Gag 57 984 auf technisch ungesichertem BÜ mit Schulbus zusammengeprall (6 V).

19.7.1989, bei **Bensheim**, Str Worms-Bensheim, Jugendlicher auf Kleinkraftrad wegen Mißachtung der Halbschranken von Schienenbus erfaßt (1 T).

31.7.1989, **Bersenbrück**, Str Oldenburg-Osnabrück, 19jähriger Schüler nach Überspringen der geschlossenen Schranke überfahren; tot. Der Schüler joggte mit Kopfhörer zu den Klängen seines Walkmans und hatte offenbar auch nur Musik im Kopf.

19.8.1989, bei **Memmingen**, Str Ulm-Kempten, E 3756 überfuhr Kleinkraftrad mit drei Jugendlichen, die seitlich einer Anrufschranke das Gleis queren wollten (3 T). [eingehend in DIE EISENBAHNSZENE gestern-heute, Band 2, Pürgen 1991, S. 65]

19.10.1989, bei **München=Unterföhrung**, Junge mit BMX=Rad nach Blinklichtmißachtung von S-Bahn erfaßt (1 T).

Am **27.11.1989** fuhren bei **Neuenkirchen**, Str Delmenhorst-Bramsche, zwei Pkw und ein Kleinlastwagen gegen einen G, der wegen Indusi=Zwangsbremsung zum Halten gekommen war; die Halbschranken hatten sich inzwischen wieder geöffnet (3 V).
Da sich an diesem BÜ am 3.10.1985 ein ähnlicher Unfall ereignet hatte, wurden Forderungen nach technischen Verbesserungen laut. Eine zusätzliche Sicherung, die verhindert, daß sich die Schranken öffnen, wenn ein Zug mit seinem Schlußwagen noch den BÜ sperrt, wäre laut DB jedoch mit Investitionen von DM 300 000,-- pro BÜ verbunden, und ca. 5000 Anlagen müßten dann umgerüstet werden.

13.12.1989, **Hanau**, Str Fulda-Frankfurt/M., Lkw wegen nicht geschlossener Schranke von Eilzug erfaßt (2 T).

23.3.1990, bei **Langenzenn**, Str Siegelsdorf - Markt Erlbach, Pkw wegen Blinklichtmißachtung der Fahrerin von Triebwagenzug erfaßt (1 T).

14.4.1990, bei **Reckershausen**, Str Göttingen-Eichenberg, Pkw nach Umfahren der Halbschranke von G erfaßt (1 T).

26.4.1990, bei **Wittingen**, Str Braunschweig-Uelzen, Lkw nach Blinklichtmißachtung mit N 6621 zusammengeprallt; die Lok stürzte um, drei Wagen entgleisten (13 V).

7.7.1990, **Hermaringen**, Str Ulm-Heidenheim. Ein mit vier jungen Frauen im Alter von 17 - 22 Jahren besetzter Pkw wurde an einem mit Rotlicht und Halbschranken gesicherten BÜ von E 3507, Aalen-Ulm, erfaßt und zerfetzt (3 T, 1 V). Obwohl bereits Autos hielten, versuchte die alkoholisierte Fahrerin den BÜ zu queren.

In der Nacht vom **18.** auf den **19.8.1990** durchbrach ein unbesetzter Reisebus die Schranken eines BÜ an der Str **Rosenheim-Kufstein** und wurde von einer allein fahrenden Lok erfaßt. Der 23jährige, vermutlich übermüdete Busfahrer starb.

28.9.1990, bei **Untergriesheim**, Str Osterburken-Heilbronn, Kleinbus wegen vorzeitig geöffneter Schranken von Eilzug erfaßt (1 T, 1 V).

2.10.1990, bei **Steinheim**, Str Memmingen-Ulm, Kleintransporter infolge Mißachtung des Blinklichts von E 3776 erfaßt, von drei entgleisten Wagen zwei umgestürzt (2 T, 40 V). [Eingehend in DIE EISENBAHNSZENE, Band 2, Pürgen 1991, S. 63f] Die nachfolgenden **Abb. 156** und **157** zeigen die Wagentrümmer des E 3776.

27.10.1990, bei **Offenau**, Str Neckarelz-Heilbronn, D erfaßte Pkw, dessen Lenker die Halbschranken umfahren hatte (1 V).

19.1.1991, bei **Oerel**, Str Bremervörde-Bremerhaven, Triebwagenzug E 3360 mit Pkw zusammengeprallt, dessen Fahrer versucht hatte, die Halbschranken zu umfahren. Der Triebwagen entgleiste und stürzte um. Außer dem 57jährigen Pkw=Fahrer kamen im Zug drei Fahrgäste ums Leben (4 T, 7 V).
Im Bericht zu diesem Unfall schreibt die hannoversche NEUE PRESSE zwar zunächst, der Unfall sei durch die leichtsinnige Fahrweise des Pkw=Fahrers, der den BÜ *"...unzählige Male auf dem Nachhauseweg nach Vorschrift passiert..."* hätte, verursacht worden. Insgesamt ist jedoch der Text zu den beigegebenen Bildern so gehalten, daß man fast mehr Mitleid mit dem Unfallverursacher (und seinem Auto) haben könnte als mit den bei dem Unfall ums Leben gekommenen drei Fahrgästen.

24.1.1991, bei **Erbsen**, Str Göttingen-Bodenfelde, Kleinbus nach Blinklichtmißachtung von Triebwagen erfaßt (1 T).

13.2.1991, E 890, Cottbus-Leipzig, erfaßte an einem BÜ in **Taucha** infolge nicht geschlossener Schranken Pkw, Kleintransporter sowie eine Radfahrerin (3 T, 1 V).

14.3.1991, **Kirchheim**, Str Würzburg-Lauda, US=Soldat Blinklicht mißachtet, Pkw von Zug erfaßt (1 T).

10.4.1991, bei **Peine=Vöhrum**, Str Hannover-Braunschweig. Auf der Suche nach ihren zwei entlaufenen Schäferhunden wollte eine 45jährige Frau auf einem mit Halbschranken gesicherten BÜ, den sie kurz zuvor gequert hatte, wenden. Daß die Schranken inzwischen geschlossen waren, beachtete die Frau nicht, sondern setzte den Wagen auf der nicht vom Schrankenbaum gedeckten Straßenseite zurück, so daß der Wagen von D 247 erfaßt wurde. Die Frau wurde auf den Bahndamm geschleudert, der Wagen, noch 400 m mitgeschleift, geriet in Brand, wodurch auch die beiden anderen Insassen, die 18jährige Tochter mit ihrem 19jährigen Freund, starben.

17.4.1991, bei **Emmenhausen**, Str Göttingen-Bodenfelde, E 6955 mit Lkw nach Blinklichtmißachtung zusammengeprallt (1 V). Die Lkw=Ladung explodierte, und dabei geriet auch der erste Triebwagen des Zuges in Brand. 60 im Zug befindliche Schulkinder kamen mit dem Schrecken davon.

18.4.1991, **Wallau**, Str Marburg-Erndtebrück, Nahverkehrszug mit Kleinbus auf technisch ungesichertem BÜ zusammengeprallt (1 T, 6 V).

2.6.1991, bei **Wörth**, Str Aschaffenburg-Wertheim, Eilzug mit Pkw zusammengeprallt (3 T). Nach ersten Angaben der Polizei soll die automatisch gesteuerte Signalanlage am BÜ nicht funktioniert haben.

16.7.1991, bei **Hämelerwald**, Str Hannover-Braunschweig; zwei Österreicher (22 und 28 Jahre alt), die dort ihren Urlaub verbrachten, mißachteten das Rotlicht und die geschlossenen Halbschranken eines 500 m von ihrem Campingplatz entfernten BÜ; ihr Pkw wurde vom IC 542 erfaßt (2 T).

25.7.1991, bei **Wertheim**, Eilzug Ulm-Aschaffenburg in Schafherde gefahren und ca. 100 Tiere getötet. Der angetrunkene Schäfer hatte seine 900 Schafe zählende Herde trotz Rotlicht und gesenkter Halbschranke über den BÜ getrieben.

22.8.1991, **Ludwigsfeld**, Str Neu Ulm-Kempten, 46jähriger Pkw=Fahrer Blinklicht mißachtet, vom Zug erfaßt und getötet.

15.9.1991, bei **Scharzfeld**, Str Northeim-Nordhausen, angetrunkener Rentner wegen Unachtsamkeit an BÜ von Triebwagen erfaßt (1 T).

15.10.1991, **Pfronten=Ösch**, Str Kempten-Reutte, Pkw von Schienenbus erfaßt. Ein 18jähriger Führerscheinneuling hatte versucht, den BÜ noch vor dem herannahenden Zug zu überqueren (1 V).

17.12.1991, **Nehren**, Str Tübingen-Sigmaringen, Pkw auf eisglatter, abschüssiger Fahrbahn bis auf Gleise gerutscht und von Nahverkehrszug erfaßt (1 T).

8.1.1992, Spezial=Lkw am Fahrbahnträger einer Bahnüberführung in **Sanitz**, Str Rostock-Tessin, steckengeblieben, weil der Fahrer vergessen hatte, die Kippermulde abzusenken. Da der Träger mit dem Gleis nur hochgedrückt worden war, konnte eine V=Lok durch vorsichtiges Darüberfahren den Schaden beheben.

24.1.1992, Str **Prien-Aschau**, Kleinbus mit Kindern auf technisch ungesichertem BÜ wegen grober Unachtsamkeit der Fahrerin mit Triebwagen zusammengeprallt (4 V).

29.1.1992, **Swisttal=Odendorf** bei Bonn, Nahverkehrszug Rettungswagen der Feuerwehr gerammt und 500 m mitgerissen, nachdem die Sanitäter noch kurz vor dem nahenden Zug einen BÜ passieren wollten. Die beiden Feuerwehrleute wurden dabei aus ihrem Fahrzeug geschleudert, das nach der Explosion einer Sauerstofflasche sofort in Flammen aufging (2 Schwerverletzte).

10.3.1992, E 413, Stralsund-Wismar, erfaßte kurz nach 8.30 Uhr eine 60jährige Frau, die mit ihrem Fahrrad die geschlossenen Schranken eines BÜ bei **Mönchhagen**, Str Rostock-Stralsund, umgehen wollte.
Dem Bericht ist angefügt, daß es der dritte tödliche BÜ=Unfall des Jahres durch ähnliches Verhalten im Dienststellenbereich gewesen sei, ferner daß, ebenfalls am 10.3., ein 40jähriger Mann von einem Bahnbediensteten gestellt wurde, der an einem anderen BÜ der Gegend die geschlossenen Schranken mißachtete und knapp vor E 410 die Gleise querte. Der Mann habe patzig reagiert.

22.3.1992, bei **Marktoberdorf**, Str nach Füssen, Fahrer eines Kieslasters trotz kilometerweiter, bester Sicht und Warnsignalen des nahenden Zuges ohne zu Bremsen auf technisch ungesicherten BÜ gefahren, vom Zug erfaßt und getötet.

8.4.1992, bei **Heimenkirchen**, Str Lindau-Kempten; Eilzug Ri Lindau mit Bier=Lkw kollidiert, der ohne Bremsung die Halbschranken durchbrochen hatte (1 T, 7 V).

30.4.1992, zwischen **Weddel** und **Schandelah**, Str Braunschweig-Helmstedt, G mit Pkw zusammengeprallt, der die Halbschranken umfahren hatte (4 T).

Am **20.5.1992** übersah ein 44jähriger Vater, der in seinem Kleinbus die Geburtstagsgäste seines 6jährigen Sohnes aus drei umliegenden Dörfern nach Hause bringen wollte, bei **Jarrenwisch**, Str Heide-Büsum, trotz guter Sicht und Warnsignalen den sich nähernden Eiltriebwagen 4769, der den Kleinbus erfaßte und zertrümmerte. Alle Insassen, der Fahrer und sechs Kinder starben.

18.6.1992, **Lehrte**, Str Hannover-Braunschweig, Rangierlok an technisch ungesichertem BÜ auf Anschlußgleis im Industriegebiet mit Pkw kollidiert (2 T).

21.6.1992, **München**, BÜ **Allach**, *"Großes Glas Sekt, kleiner Wein - da raste sie in die Schranken hinein"*. Dieser mokante Vers war die Schlagzeile zum Bericht über ein Beinahe=Unglück. Eine 35jährige, volltrunkene Angestellte durchbrach nach einer Betriebsfeier mit ihrem Wagen, in dem außer ihr noch drei 18-21jährige saßen, den östlichen Schrankenbaum des Allacher BÜ unmittelbar nach Passieren eines Schnellzuges, auf dessen Gleis der Wagen liegen blieb. Die Insassen kamen mit leichten Verletzungen davon. Der Berichterstatter versäumte nicht, auf den *"Zusammenstoß eines Schulbusses mit einem Personenzug vor 17 Jahren"* (s. Allach, 7.3.1975 ***II**) hinzuweisen.

4.8.1992, bei **Neuwied**, Lkw infolge zu schnellen Fahrens von Brücke auf IC gestürzt (1 T, 3 V). [s. Teil B]

11.9.1992, Hp **Pfaffenhain**, Str Chemnitz-Stollberg; Fahrer eines aus Jülich bei Köln stammenden Kaffee=Fahrten=Busses an technisch ungesichertem BÜ unaufmerksam. Trotz Schnellbremsung des bereits zum Planhalt langsamer fahrenden Zuges erfaßte die Lok den Bus noch in der Höhe der Hinterachse, riß ihn herum, so daß sich die rechte Seite der Busfahrerkabine zwischen Lok und erstem Reisezugwagen verkeilte. Der Bus hatte glücklicherweise erst einige der für die Kaffeefahrt nach Bremen [39] angemeldeten Fahrgäste aufgenommen (1 T, 8 V).
Am gleichen BÜ war bereits am **3.4.** des Jahres, auch infolge Unaufmerksamkeit und zu schnellen Fahrens, ein französischer Autotransport=Lkw von der Lok eines P gegen 16 Uhr erfaßt worden; die neuen Peugeot waren danach schrottreif, der Fahrer wurde schwer verletzt.

6.10.1992, bei **Amberg** (Oberpfalz) hielt ein 64jähriger Autofahrer auf einem blinklichtgesicherten BÜ an; aus dem etwas später vom Zug erfaßten Pkw wurden alle drei Insassen tot geborgen.

Drei Wochen darauf wollte bei **Tannheim**, Str Memmingen-Leutkirch, ein 87jähriger Autofahrer auf einem BÜ wenden. Bei dem Wendemanöver senkten sich die Schranken; Fahrer und Beifahrerin gerieten in Panik, konnten jedoch gerade noch von Zeugen des Vorfalls aus dem Wagen gezerrt werden, bevor ein D den Pkw erfaßte.

12.10.1992, **Hoheneggelsen**, Str Hildesheim-Braunschweig, Traktor nach Rotlichtmißachtung von E erfaßt (1 T).

- -, **Braunschweig**, Pkw von einzeln fahrender Diesellok erfaßt. Der Pkw=Fahrer hatte versucht, trotz Rotlicht einen BÜ zu queren, vor dem bereits ein Pkw anhielt (2 V).

37 Für unser Werk KRITERIEN DER SCHIENE (Pürgen, 1978) erbaten wir 1977 von der Bundesanstalt für Straßenwesen und für Verkehr Material über die Unfallkosten des Straßenverkehrs. Die Auswertung der Unterlagen für das Jahr 1976 ergab einen volkswirtschaftlichen Ausfallschaden von insgesamt zwischen DM 30 und 35 Mrd. Für einen Verkehrstoten wurde dabei rd. DM 500 000,--, einen Schwerverletzten rd. DM 65000,-- und einen Leichtverletzten rd. DM 5 000,-- angesetzt. Heute können wir mit einem Mehrfachen dieser Beträge rechnen.
Zum volkswirtschaftlichen Schaden kommen ferner hinzu die Kosten der dafür anfallenden Polizeieinsätze, der Justiz und was sonst noch als Folgelast zu bezeichnen wäre.

38 Soweit bekannt, wurden hier Kerzen erstmals in Deutschland öffentlich und nicht für kirchliche Zwecke symbolisch verwendet. 1992 fand die Kerzen=Idee in größerem Rahmen bei den, nicht zuletzt durch die sich gegenseitig aufschaukelnden Medienberichte ausufernden Aktionen gegen den sogenannten "Ausländerhaß" Anwendung.So wenig am 14.9.1973 bei Altenessen "Engel" gemacht wurden, kann in der Bundesrepublik pauschal von "Ausländerfeindlichkeit oder -haß" die Rede sein, und Demonstrationen mit falschen Etiketten sind kaum der richtige Beitrag zur Lösung der eigentlichen Probleme, worauf es den Initiatoren in beiden Aktionen vermutlich auch nicht ankam.

39 Auch die Entwicklung der schon öfters in Mißkredit geratenen Kaffeefahrten hinsichtlich ihrer Distanzen ist bemerkenswert; gibt es doch neuerdings sogar Kaffeefahrten per Flugzeug nach Übersee.

Nachwort zur Omnibus=Kalamität und Chancengleichheit im Verkehrswettbewerb

Wie die Auflistung zeigt, waren Omnibusse relativ häufig an BÜ=Unfällen beteiligt, überwiegend durch Verschulden der Fahrer, und wiederum vielfach von Fahrern, die ihre Strecke einschließlich der Bahnüberwege kannten. Da sich jedoch diese Unfälle zeitlich und räumlich verteilten, insbesondere die Bahn der andere Unfallpartner war, blieb das Interesse mit wenigen Ausnahmen lokal beschränkt, auch wurde versucht, den Kern des Problems zu verdrängen, ja der DB mitunter einen Schuldanteil anzulasten. Aber im Jahr **1992** passierte ein Bus=Unglück nach dem anderen ohne Beteiligung der Bahn, so daß plötzlich Medien und Politiker aufmerkten. Zunächst ein Unfallüberblick:

In der **ersten Augusthälfte** gab es 25 Tote und zahlreiche z.T. Schwerverletzte bei drei durch deutsche Busse verursachten Unfällen: bei einem Zusammenstoß zweier Busse auf der **Autobahn Nürnberg-Würzburg**, einem Auffahrunfall in **Norditalien** und einem auf der **Autobahn Hannover-Berlin**.

Am **6.9.1992** geriet auf dem Autobahnzubringer Nr. 864 **Donaueschingen** ein Reisebus aus Schwarzenbach/Saale mit 53 Insassen ins Schlingern und kippte gegen die Leitplanke (20 oder 21 T, 35 oder 36 Schwerverletzte). Der Fahrer war erst ca. 30 Min vor Antritt der Fahrt von einer anderen Tour zurückgekommen, daher vermutlich übermüdet oder unaufmerksam gewesen sowie zu schnell gefahren.

11.9.1992, Pfaffenhain, Str Chemnitz-Stollberg (s. S. 274)

Am **15.9.1992** kam bei **Ainring** (B 304) ein Reisebus aus der Oberpfalz mit 57 Fahrgästen des Raumes Cottbus von der Fahrbahn ab und stürzte die Böschung hinab (30 z.T. schwer V). Der Fahrer wurde angeblich von einem überholenden Pkw geblendet. Aber so etwas passiert dauernd und dürfte einen Profi-, ja nicht einmal einen versierten Privatfahrer eigentlich nicht aus der Fassung bringen.

Das Unglück am **17.9.** in **Saaldorf** bei Freilassing, wo ein Betonmischer infolge überhöhter Geschwindigkeit gegen einen Schulbus stieß und 34 Kinder verletzt wurden, weist nur allgemein auf die Risiken des Busverkehrs hin sowie auf die nicht seltene Verantwortungslosigkeit von Lkw=Lenkern des Nahverkehrs.

Aber am **26.9.** starben bei **Agard** am Velencer See südlich Budapest abermals 16 Busreisende (aus Dachau und Umgebung) durch die Schuld des Lenkers. Nur drei der Insassen, darunter der Fahrer, überlebten verletzt.
Der BÜ ist wie die meisten BÜ in Ungarn blinklichtgesichert, dieser obendrein sehr übersichtlich. Die ungarischen Loks geben röhrende Warnsignale ab, die kilometerweit zu hören sind. Dann gelten vor dem Befahren der ungarischen BÜ Hg=Beschränkungen und Überholverbot. Bislang passierte daher in Ungarn an BÜ relativ wenig.

Nun drei Beispiele aus einem anderen Blinkwinkel zum Problem:
Am **10.9.** wurde am Grenzübergang **Lindau-Autobahn** ein vollbesetzter Bus festgehalten, dessen Fahrer einen Busführerschein aus Zaire präsentierte. Der deutsche Führerschein war im Frühjahr 1992 gerichtlich eingezogen worden.

Mitte September zogen Beamte der Grenzpolizei am Übergang **Oberjoch** den Fahrer eines Reisebusses mit 48 Fahrgästen aus dem Verkehr, weil der Alkoholtest 1,51 Promille ergeben hatte.

Ende September wurde an der Grenze bei **Passau** ein Reisebus mit 40 Insassen auf der Fahrt nach Wien gestellt, dessen Fahrer zum zweiten Mal mit gefälschtem Führerschein erwischt worden war.

Mehrere Busunfälle am ersten Oktoberwochenende gingen mit Glück für die Businsassen verhältnismäßig glimpflich ab, auch in dem Fall, in dem der 54jährige Fahrer einen Herzinfarkt erlitt, und Bäume die Busfahrt stoppten, dgl. in einem anderen Fall, in dem die Fahrt nach Bremsversagen an einer Böschung endete. In einem dritten Fall stieg eine Schulklasse aus Darmstadt auf die Bahn um, als sich auf ihrer Fahrt nach Italien gravierende technische Mängel am Bus zeigten.
Zuvor, im September, wurde bei einer Kontrollaktion ein betrunkener Fahrer ermittelt, 22 Fahrzeugen die Weiterfahrt wegen technischer Mängel untersagt und zwei Führerscheine sichergestellt. Von 8000 kontrollierten Bussen hatten 630 die Hg bis zu 40 km/h überschritten, an 141 wurden technische Mängel ermittelt.

Überschreitung der Lenkzeiten oder sonstige Verstöße gegen Sicherheits- und Sozialvorschriften sind Legion. Da die Polizei ohnehin überlastet ist und kaum in der Lage, häufigere Kontrollen durchzuführen, sollte man für diesen Zweck Hilfskräfte ausbilden und einsetzen. Es blieben immer noch Dunkelstellen, die durch Überprüfung der Fahrtenschreiber usw. nicht kontrollierbar sind. So äußerte sich ein Busfahrer der Presse gegenüber:

> *"'Wer streng nach Vorschrift fahren will, der hat nur bei den öffentlichen Arbeitgebern eine Chance', ... Aber von dort komme die Konkurrenz. In ihrer geregelten Freizeit verdienten sich die Angestellten von Kommunen und Behörden als Aushilfsfahrer bei Privatunternehmen eine schnelle Mark. So kämen die Firmen ohne weiteres 'mit 50 Prozent zu wenig Personal' aus."*

Das hier angeschnittene Problem ist nicht zuletzt auch Produkt des Wohlfahrtsstaates und Folge mangelhafter Auslastung am Arbeitsplatz. Selbst die DB hat so unausgelastete Mitarbeiter, daß ihre Nebentätigkeit der Hauptberuf zu sein scheint.

Man kann natürlich zugunsten der Busunternehmer und -fahrer argumentieren, schwarze Schafe gäbe es überall und das berechtigte nicht, den Stab über alle zu brechen. Es ergibt sich aber noch ein Aspekt, der in dieser Sache Allgemeingültigkeit hat, und bei der Chancengleichheit im heute so propagierten Wettbewerb einseitige Gewichte schafft: Wenn schon in unserer Wirtschafts- und auch in der kommenden EG=Ordnung Wettbewerb die große Maxime ist, sollte man dabei auch für die Basis einer Chancengleichheit sorgen. Bei den Busunternehmen würden bereits strengere Auflagen zur Auswahl, Ausbildung und zum Einsatz der Fahrer einen erheblichen Preisruck nach sich ziehen.

Die Beschäftigung von Aushilfsfahrern für DM 100,-- pro Tag oder die Übertragung der vertraglich übernommenen Aufgaben an einen preisgünstigeren Subunternehmer, dazu die Betätigung der Busfahrer nach ihrer Fahrt mit Wartungsarbeiten und dgl. sind Beispiele einer Vorteilnahme, die noch im mehr oder weniger legalen Bereich liegen. Darüber hinaus aber wurden bei Fahndungen nach Schwarzarbeitern auch kriminelle Praktiken ermittelt, z.B. von einem Busunternehmen, das Sozialabgaben für Aushilfskräfte auf DM 470,--=Basis zahlte. Diese gemeldeten 'Aushilfskräfte' hatten von ihrer Tätigkeit keine Ahnung. Ihre Namen und Anschrift waren dem Telefonbuch entnommen. Die Sozialabgaben usw. der wirklichen Fahrer zahlte das Unternehmen nicht, da diese nicht gemeldet waren. Ist das auch ein besonders krasser Fall, zeigt er doch, wie weit manche Privat=Busunternehmen gehen, um bei Billigpreisen noch genügend Profit zu machen.
Auch die harmloseren Tricks kann die im Blickpunkt der Öffentlichkeit stehende Bahn, ob Staatsunternehmen oder - der Form nach - eine AG, nicht anwenden, und man wird private Verkehrs=Kleinunternehmen, wie gesagt, nie einer perfekten Kontrolle unterziehen können. Bereits daran scheitert die Chancengleichheit, zu der noch vieles zu sagen wäre, gesagt und geschrieben worden ist. Von *"Wettbewerb"* im Verkehr sollte heute schon gar nicht mehr die Rede sein. Der zu einer drohenden Katastrophe ausartende Verkehr müßte aus Selbsterhaltungsgründen auf ein erträgliches Maß reduziert werden.

REPARATIONEN: Obwohl der Umfang der von Deutschland zu leistenden R. praktisch erst mit dem Industriebeschränkungsplan vom März 1946 von den vier Alliierten festgelegt wurde, führte die SU bereits vor diesem Zeitpunkt in der SBZ umfangreiche **Demontagen** durch, von denen nicht bekannt ist, ob die Gegenwerte dem Reparationskonto gutgeschrieben wurden. Eine Abrechnung über die Entnahmen wird kaum jemals erfolgen, da die Sowjets im Widerspruch zum Potsdamer Abkommen ohne Zustimmung der Westalliierten ungeheure Entnahmen aus der laufenden Produktion forderten.

Nach Unterlagen aus dem sowjetzonalen Amt für R. und nach Schätzungen westlicher Experten wurden von den Sowjets seit 1945 bis 1953, d. h. bis zur offiziellen Beendigung sowjetzonaler Reparationsleistungen an die SU, Werte in folgender Form und Höhe entnommen:

a) **Beuteaktionen:** Die Besetzung Ost- und Mitteldeutschlands durch die Rote Armee war mit einem rücksichtslosen Beutezug verbunden. Ohne Registrierung wurden riesige Sach- und Kunstwerte aus öffentlichem und Privatbesitz beschlagnahmt und ostwärts verfrachtet. Ferner erbeuteten die Sowjets Mrd.-Beträge an Reichsbanknoten, mit denen sie später deutsche Lieferungen und sonstige Leistungen „bezahlten". Der Wert der bei den Beuteaktionen entnommenen Gegenstände wird auf etwa 2,0 Mrd. Mark geschätzt; die Menge der erbeuteten Banknoten muß mit sechs Mrd. Mark angenommen werden.

b) **Demontagen.** Die Sowjets hielten sich nicht daran, kriegswichtige Industrien zu entfernen, sondern demontierten und beschlagnahmten auch für die Friedenswirtschaft unentbehrliche industrielle Kapazitäten.

Folgende Abschnitte der Demontagen sind erkennbar:

1. Welle vom Mai bis Anfang Juli 1945. Bis zum Beginn der Besetzung Berlins durch alle vier Alliierten räumten die Sowjets hier alle nur irgend demontierbaren Fabriken, vor allem in West-Berlin, aus. Etwa 460 Berliner Betriebe wurden von den Sowjets voll demontiert [...] Etwa 75 v. H. der bei der Kapitulation noch vorhandenen Kapazitäten wurden betroffen.

2. Welle vom Anfang Juli bis Herbst 1945. Hiervon wurden industrielle Großbetriebe der ganzen Zone ebenso wie mittlere und kleinere Werke betroffen. Zu dieser Zeit begann auch der Abbau der zweiten Gleise auf sämtlichen Eisenbahnstrecken der Zone. Wieder wurden Produktionskapazitäten von Friedensindustrien abgebaut: [...]

3. Welle vom Frühjahr bis Spätsommer 1946. Nach einer vorbereiteten Liste wurden weit mehr als 200 große Industriebetriebe der chemischen Industrie, der Papierindustrie, Schuhfabriken, Textilwerke usw. demontiert.

4. Welle Oktober 1946 bis Frühjahr 1947. Obwohl Marschall Sokolowski bereits am 21. 5. 1946 die Demontagen für abgeschlossen erklärt hatte, setzte einige Monate später eine vierte Welle ein, von der z. B. die Zeiss-Werke Jena, Kraftwerke, Druckereien und einige Rüstungsbetriebe, die bis dahin für die Sowjets weitergearbeitet hatten, betroffen wurden.

5. Welle Herbst 1947. Nach einem weiteren halben Jahr wurden nochmals wichtige Betriebe der Friedensindustrie abgebaut: Braunkohlenwerke, Brikettfabriken, Kraftwerke und weitere 1100 km Eisenbahngleise.

6. Welle Frühjahr 1948. Bei dieser vorläufig letzten Welle wurden drei Betriebe, die vorher zu SAG-Betrieben erklärt worden waren, voll oder zum Teil demontiert, darunter Anlagen des Buna-Werkes in Schkopau. (→ **Sowjetische Aktiengesellschaften**)

Von den Demontagen wurden oft auch solche Betriebe betroffen, die inzwischen durch die deutschen Arbeiter wieder in Gang gebracht worden waren. [...]

Der Gesamtwert der Demontagen wird auf 5 Mrd. Mark geschätzt.

c) **Ausgabe von Besatzungsgeld.** Die Summe des verausgabten sowjetischen Besatzungsgeldes wird auf 9 Mrd. Mark geschätzt. Nur ein Teil davon wurde für eigentlichen Besatzungshaushalt verwendet. Der weitaus größte Teil des Geldes wurde für den „Kauf" solcher Güter verwendet, die die Sowjets außer den offiziellen Reparationen zu erhalten wünschten. Mit diesem Gelde wurden die zahlreichen in der SBZ tätigen sowjetischen Handelsgesellschaften und anfangs auch der Milliardenbeträge verschlingende → **Uranbergbau** für die Sowjets finanziert. Von 1947 bis 1953 sind allein für den Uranbergbau 7,75 Mrd. Mark aufgewendet worden.

d) **Beschlagnahme von Betrieben als SAG-Betriebe.** 213 Betriebe der SBZ wurden 1946 von der SU beschlagnahmt und als SAG-Betriebe fortgeführt. Über den Wert dieser Betriebe liegen keine amtlichen Unterlagen vor. Als Mindestwert wird von Fachleuten die Summe von 2,5 Mrd. Mark geschätzt. Sie dürfte höher liegen und möglicherweise das Zwei- bis Dreifache davon ausmachen. Der Preis, den die SBZ-Regierung 1953 für den Rückkauf zu zahlen hatte, betrug mindestens 2,55 Mrd. Mark.

Vor der Übergabe in sowjetisches Eigentum mußten die Betriebe mit Finanzmitteln aus öffentlichen Haushalten ausgestattet werden. Vor dem Rückverkauf an die Sowjetzone wurden die Betriebe zum Teil von Vorräten und Ausrüstungsteilen entblößt. Beide Formen der Entnahmen werden von Experten auf etwa 1 Mrd. Mark geschätzt.

e) **Lieferungen aus der laufenden Produktion.** Seit Wiederingangsetzung der Betriebe mußte die SBZ an die Sowjets erhebliche Teile der laufenden Produktion abliefern, und zwar in Form direkter Reparationslieferungen nach der SU, Zulieferungen deutscher Betriebe an SAG-Betriebe, Lieferungen an die Sowjet-Armee (→ **GSOW**), Lieferungen an → **Sowjetische Handelsgesellschaften** in der SBZ und Exporte für sowjetischen Nutzen. Nur die direkten R.-Lieferungen nach der SU wurden von den Sowjets als R. anerkannt. Alle anderen hier erwähnten Lieferungsformen sind jedoch ebenfalls als R. anzusehen. Da die Sowjets dafür nur die unzureichenden Stopp-Preise des Jahres 1944 bezahlten, mußten den deutschen Lieferwerken umfangreiche Subventionen aus Steuermitteln geleistet werden. Nach Unterlagen aus dem Amt für R. haben die Sowjets von 1945–1953 Waren im Werte von 34,7 Mrd. Mark zu Stopp-Preisen aus der laufenden Produktion entnommen.

f) **Subventionen.** Die an deutsche Betriebe und SAG-Betriebe 1946 bis 1953 gezahlten Preissubventionen für direkte und indirekte R.-Lieferungen und für Reparationsnebenkosten, d. h. die Kosten für Verpackung, den Versand frei Verwendungsort in der SU und für Versicherungen werden mit 6,15 Mrd. Mark geschätzt. [...]

Legt man den von den Sowjets bis 1953 im allgemeinen selbst angewandten Kurs von 2,50 DM je Dollar zugrunde, so ergibt das bei einer Gesamtentnahme von 66,40 Mrd. Mark eine Reparationsleistung in Höhe von 26,5 Mrd. Dollar, also 16,5 Mrd. Dollar mehr, als die SU von Gesamtdeutschland an Reparationen gefordert hatte. Behauptungen, wonach die SU auf hohe Reparationsleistungen verzichtete, sind unwahr. [753, 754, 763]

Aus: SBZ VON A-Z, 8. Aufl. Bonn 1963. Der Text entspricht bis auf Kleinigkeiten der erweiterten und umbenannten 11. Aufl. [40]

***

Die von der SBZ/DDR zu tragenden Reparationslasten sowie das auf die UdSSR ausgerichtete und vor allem für diese vorteilhafte Wirtschaftssystem wirkten sich entscheidend auf den schleppenden Aufbau nach dem Kriege und die weitere Entwicklung aus. Letztlich trafen auch die Gebietsabtretungen im Osten die DDR am unmittelbarsten, da z.B. Steinkohle von Polen gekauft werden mußte (s. Anhang).

Da die Abtretungen deutschen Gebietes an Polen - seinerzeit als vorbehaltlich einer friedensvertraglichen Regelung bezeichnet - als eine Entschädigung für die von der UdSSR annektierten polnischen Ostgebiete erklärt wurden, müßten auch diese Abtretungen in die Reparationsleistungen einbezogen werden. Allein der Wert der von der UdSSR und Polen übernommenen Reichsbahnanlagen wurde von Generaldirektor Dr. Schulz-Wittuhn für eine Denkschrift mit 7,8 Mrd Reichsmark (Stand 1937) berechnet.

Teil D:
Bahnen in der SBZ und der DDR
1945-1990

1. Zur besonderen Lage und zur begrifflichen Abgrenzung

Die gesonderte Fassung dieses Chronikteiles mag verwundern, insbesondere weil in Teil A die Staatsbahnen der deutschen Länder keine entsprechende Aufgliederung erhielten. Aber die meisten dieser souveränen Staaten bildeten nach Gründung des Deutschen Zollvereins 1834 einen Zoll=Staatenbund, der durch wirtschaftspolitische Gemeinsamkeit den Aufbau einer deutschen Nationalwirtschaft förderte und letztlich die Neugründung des Deutschen Reiches ermöglichte. Jene spärlichen, noch vorhandenen Zollgrenzen, die erst im Laufe des 19. Jahrhunderts verschwanden, dienten lediglich dem Fiskus und bildeten ansonsten keine Trennung. Selbst handfeste Konflikte, die bis zu kriegerischen Auseinandersetzungen führten (1866), waren nur vorübergehende Störungen des Gefüges.
Bahnstrecken wurden problemlos über Grenzen hinweg oder darüber pendelnd gebaut, mehrere Staaten beteiligten sich am Bau der ihr Gebiet berührenden Linien, und die Fahrgäste der dann verkehrenden Züge merkten nichts vom Passieren der seinerzeitigen innerdeutschen Grenzen.
Ganz anders entwickelte sich die deutsche Situation nach Beendigung des Zweiten Weltkrieges. Sobald die Sowjets 1945 ihre Zone voll in Besitz genommen hatten, sperrten sie diese weitgehend ab. Die Eisenbahn betreffend ist das in unserem Werk DIE INNERDEUTSCHE GRENZE UND DER SCHIENENVERKEHR dargelegt und soll hier nicht wiederholt werden. Der Kurs, den die DDR nach ihrer Gründung 1949 einschlug, zielte in zunehmendem Maße auf völlige Abschnürung gegenüber der kurz zuvor entstandenen BRD ab und betrieb eine totale Angleichung als treuester Satellitenstaat Moskaus. So verlief die Entwicklung jenseits der neuen Innerdeutschen Grenze, einem abendländischen Novum und in ihrer Monströsität nur in etwa mit der chinesischen Mauer vergleichbar, gänzlich anders als diesseits - geistig, wirtschaftlich und verkehrlich.
Den Fahrgästen der wenigen Züge, die über die Grenze der "Zone" fuhren - so noch lange nach Konstituierung der DDR benannt - konnte diese Grenze nicht unbemerkt bleiben, ja sie mußten bei den Kontrollen ein 'dickes Fell' haben, und viele Alt=Bundesbürger verzichteten deshalb auf eine Reise nach 'drüben'.
Darüber hinaus gibt es noch einen Grund, warum eine getrennte Aufarbeitung zweckmäßig war: Die gravierenden Folgen der unterschiedlichen Start- und unvergleichlich

schwereren Aufbaubedingungen (s.a. S. 278). Zitieren wir hierzu aus dem TASCHEN- UND NACHSCHLAGEBUCH ÜBER DEN ANDEREN TEIL DEUTSCHLANDS A BIS Z.[40]:

> *" [...] Bei Wiederaufnahme des Betriebes waren 5000 km Strecke nur eingleisig befahrbar, und es gab keine elektrifizierten Strecken mehr. Der Wiederaufbau konnte unter den Bedingungen der sowjet. Besatzungspolitik nur langsam vorangehen. Die Eisenbahner haben in dieser Zeit Hervorragendes geleistet. Das Streckennetz konnte auf 15 500 km Länge wiederhergestellt werden, davon 14 600 km Normalspur. Noch immer aber sind nur 10 v.H. des Streckennetzes zweigleisig. (Vor den Demontagen durch die SU waren es 35 v.H.) [...] Fehlende Finanzmittel, Mangel an Material [...] haben zur Folge, daß Tausende von Streckenkilometern erneuerungsbedürftig sind. Nach offiziöser Mitteilung konnte in den letzten Jahren nicht einmal der Verschleiß voll ersetzt werden. [...]*
> *Der → **Siebenjahresplan** sah vor, daß von 1959-65 16 000 moderne Güterwagen neu in Betrieb genommen werden sollten. [...] Hingegen wurde amtlich mitgeteilt, daß die 'DDR' auf Grund einer Vereinbarung im → **Rat für gegenseitige Wirtschaftshilfe** keine normalen Güterwagen mehr herstellt, sondern nur noch Reisezugwagen und Spezial-Güterwagen. Die benötigten Güterwagen werden importiert. [...]"*

Worüber sich die Bearbeiter des A-Z Handbuches nicht ausließen, waren die Gründe für die Beibehaltung des Namens "Deutsche Reichsbahn", noch immer eine Frage ohne Antwort, zu der Eisenbahnschriften=Autoren der neuen Bundesländer - soweit bekannt - bislang auch keinen klärenden Beitrag lieferten. Das zum Erscheinen im Herbst 1992 angekündigte Werk mit dem Titel REICHSBAHN OHNE REICH, von dem wir uns einiges erhofften, wurde gemäß Informationen des Verlages zugunsten eines anderen Buches zurückgestellt.

Unabhängig von der Lösung dieses Rätsels sind hier für den praktischen Gebrauch die Benennung und die entsprechenden Abkürzungen beider 'Reichsbahnen' abzugrenzen. Bei den ausgeschriebenen Namen bieten sich mehrere Möglichkeiten an, u.a., wie in DDR=amtlichen Schriften oder Bahnkarten praktiziert, durch den Zusatz "der DDR" (s.a. Schluß des Teiles D), oder wie in Lexika, auch dem LEXIKON DER EISENBAHN vom (Ost-) Berliner transpress Verlag, die durch Zahlen=Zusatz differenzieren: 1) hinter dem Namen für die deutsche Staatsbahn des Zeitraumes ab 1920 und 2) für das, wie es im transpress=Lexikon heißt, *"volkseigene Unternehmen der DDR"*, beim Stichwort 'Deutsche Reichsbahn=Gesellschaft (DRG)' mit Verweis auf das Stichwort 'Deutsche Reichsbahn' 1).

Abkürzungen würden ihren Sinn verlieren, wenn man sie mit Zusätzen versähe, und die Beigabe von Zahlen könnte in Anbetracht der Ausziﬀerungen als Hinweis auf Anmerkungen und Quellen verwirren. Deshalb entschlossen wir uns, bei unserer früheren Praxis zu bleiben, d.h. die Abkürzung DR und DRG dem jeweiligen Status entsprechend zu setzen und DRB für die Reichsbahn der DDR zu verwenden.

Die SBZ/DDR=Chronik endet mit dem Jahr der Vereinigung 1990; ab 1991 sind die Unfälle der neuen Bundesländer in den Teilen B oder C enthalten.

2. Erwähnenswerte Unfälle und einschlägige Vorkommnisse 1945-1990

Als wir vor gut einem Jahrzehnt an dem Buch DIE KATASTROPHENSZENE DER GEGENWART arbeiteten, konnten wir über einschlägige Ereignisse der ersten Nachkriegsjahre in der SBZ nur Vermutungen bringen. Inzwischen sind wir in der Lage, Lücken zu füllen, wie auch Angaben der Folgezeit zu ergänzen und zu berichtigen. Über die dunkelste Phase erhielten wir sogar Kopien von Dokumenten, die sowohl als Chronikbeitrag wertvoll als auch hinsichtlich der damaligen Situation allgemein aufschlußreich sind.

Auf dem Bf Frankfurt/O. fand am 6./7.10.1945 eine "offene Gerichtssitzung des Kriegsgerichtes der Eisenbahntruppen der sowjetischen Besatzungsarmee in Deutschland" statt. Anklage und Verteidigung waren ausgeschlossen, da das Gericht (Vorsitzender ein Kapitän, Beisitzer zwei technische Leutnants und eine Sekretärin) die Unterlagen des Untersuchungsverfahrens *"durchgesehen"* hatte.
Verurteilt wurde 1. der Fdl Bf Köpenick, geb. 1885, Eisenbahner seit 1907; 2. der Lokführer des Zuges 1021 (s.u.), geb. 1902, Eisenbahner seit 1920; 3. Zugführer des gleichen Zuges, geb. 1897, Eisenbahner seit 1919; alle drei verheiratet, parteilos und nicht vorbestraft. Des Verbrechens gemäß Artikel 59-3p(w) Ukas d. UdSSR für schuldig befunden, erhielten Fdl zwei Jahre, Tf zehn Jahre und Zf fünf Jahre Gefängnis je ohne Verlust der "bürgerlichen Rechte". Die Berechnung der Strafe galt ab 20.9.1945, das Urteil war *"endgültig"* und wurde wie folgt begründet:

1.) Der Angeklagte ... hat am ***19. September 1945****, als er auf der Station* ***Köpenick*** *Fahrdienstleiter war, um 3 Uhr 37 Minuten den Zug Nr. 1021 von der Station Erkner angenommen.*
Nach Erhalt des Telephonogramms über die Abfahrt des Zuges um 4 Uhr hat er nicht aufgehört, auf der Station Köpenick zu rangieren. Der Zug Nr. 1021 fuhr durch das geschlossene Haltesignal ein, wodurch auf den Einfahrt-Weichen ein Zusammenstoss mit dem Rangier-Zug geschah.

2.) Der Angeklagte ..., der Lokführer der Lokomotive Nr. 43003 war, hat, als er den Zug Nr. 1021 von der Station Erkner führte, bei der Einfahrt in den Bahnhof Köpenick die Wachsamkeit bei der Beobachtung der Einfahrt-Signale ausser Acht gelassen. Er ist durch das unbeleuchtete geschlossene Haltesignal gefahren. Als er durch das geschlossene Haltesignal durchgefahren war und vor sich die Gefahr sah, ergriff er Maßnahmen auf kurze Entfernung den Zug zu bremsen, was eine Zugentgleisung nicht mehr verhüten konnte und wodurch der Zug 1021 mit einem rangierenden Zug zusammengestossen ist, wobei 5 eingebürgerte Personen der UdSSR getötet wurden und 25 Wehrmachtsangehörige und eingebürgerte Personen verletzt wurden; der Materialschaden betrug 11 700 Rubel. [*"Wehrmachtsangehörige"* hier: Soldaten der Sowjetarmee; d.Verf.]

3.) Der Angeklagte ..., Zugführer des Zuges Nr. 1021 hat, vom Bahnhof Erkner kommend, bei der Einfahrt des Zuges in den Bahnhof Köpenick die Einfahrt-Signale nicht beachtet und hat dem Lokomotivführer der Lokomotive die Möglichkeit gegeben, durch das geschlossene Einfahrtssignal durchzufahren, wodurch eine Zugentgleisung mit Menschenopfern entstanden ist.

Am 30.11.1945 verhängte ein "Kriegstribunal" gleicher Zusammensetzung und Art wie vorstehend auf dem Bf Cottbus die Strafen von sechs Jahren Arbeitslager für einen "Wagenkuppler", geb. 1892, und zehn Jahre für einen Weichensteller, geb. 1899, mit folgender Begründung:

*Am **8. Oktober 1945** um 18 Uhr 30 Minuten hat der Wagenkuppler ... vom Fahrdienstleiter der Station Hohenbang den Auftrag erhalten, den Zug Nr. 11519 in Empfang zu nehmen und ihn umzurangieren vom 9. Gleis nach dem 3. Gleis. ... hat den Auftrag des Fahrdienstleiters nicht erfüllt, den Zug nicht in Empfang genommen, als er sich auf dem Stellwerk befand. Obwohl er sah, daß der Zug das Haltesignal passierte, verlies er seinen Posten, ohne sich abzumelden und ging nach Hause.*

Der Weichensteller ... war auf seinem Posten; obwohl er wußte, daß der Zug zum Rangieren halten sollte, gab er das Signal: "vorwärts", trotzdem er wußte, daß eine weitere Fahrt für den Zug eine Katastrophe bedeutete.

Der Lokführer, der vom Weichensteller ... das Signal "vorwärts" erhalten hatte, fuhr weiter und fuhr mit Schnelligkeit auf eine Erhöhung, schlug den Prellbock herunter und entgleiste.

Als Ergebnis der Nichtbefolgung der Fahrdienstvorschriften der Deutschen Reichsbahn haben ... [sie; d.Verf.] *... den Zug Nr. 11519 fahrlässig zum Entgleisen gebracht, was Menschenopfer von italienischen Untertanen - 4 Tote, 19 Schwerverletzte und 20 Leichtverletzte - zur Folge hatte. Die Lokomotive und 6 Wagen waren nicht mehr betriebsfähig, der Schaden infolge der Entgleisung betrug 100 000 Rubel.*

Zufolge eines der Urteilsbegründung angefügten Vermerkes war dem 'Tribunal' *"eine weitere Sache"* übergeben worden, nämlich die Entgleisung der Züge 19 935 und DD 60 auf der Str Waldreka-Breinitz (RBD Dresden) zur Anklage gegen Zf und einen Oberschaffner. Kopie einer Niederschrift zu dieser Verhandlung liegt nicht vor, so daß rätselhaft bleibt, um welche Strecke es sich handelt. Aber auch das Unglück vom 8.10.1945 wäre kaum zu lokalisieren, wenn nicht der *Präsident der Zentralverwaltung des Verkehrs Dr. Fitzner* im Stile der Sowjetischen Militäradministration in Deutschland (SMAD) das Urteil veröffentlicht hätte und im Begleitschreiben der Bf Hohenbock genannt wird, vermutlich also **Hohenbocka**, Knoten=Bf der Strecken Dresden-Senftenberg und Wittenberg-Kohlfurt. Im Begleitschreiben heißt es:

I c h b e f e h l e :

Dieses Urteil allen Eisenbahnern bekanntzugeben und warne, daß bei Wiederholung gleichartiger Fälle von Verstoß gegen die Fahrdienstvorschriften die Schuldigen nach den Gesetzen des Militärtribunals streng bestraft werden.

Der Präsident der Zentralverwaltung des Verkehrs

Dr. Fitzner

Die Härte der in den Fällen Berlin=Köpenick und Hohenbocka verhängten Strafen darf man nicht als gegen Deutsche gerichtete Siegerjustiz werten.[41] Die drakonischen Strafen der sowjetischen Militärgerichte waren auch nur bedingt sowjetspezifisch, da im Prinzip altrussische Justiz. Da den Sowjets seinerzeit vor allem an Arbeitskräften gelegen war, sowohl zur Ausbeutung ihrer Zone (s.a. S. 278) als auch zu Arbeiten in der UdSSR, wurden häufig Gefängnisstrafen im Arbeitslager [42] verbüßt.
Es entsprach auch der russischen Mentalität allgemein, daß sich die sowjetischen 'Richter' mit Aufhellung von Ursachen und Schuld, und nicht nur bei Eisenbahnunglücken, keine große Mühe gaben, so wenig sie die richtigen Namen der Unfallorte interessierten. Die Verurteilten hatten einfach das Pech gehabt, in die Sache verwickelt gewesen zu sein, sei es durch ein Mißverständnis oder durch eine Nachlässigkeit, die von einem westeuropäischen Gericht normaler Zeiten mit ein paar Monaten geahndet worden wäre.
Am härtesten griffen die Sowjets durch, wenn ihre Interessen verletzt worden waren oder Sowjetsoldaten Schaden genommen hatten, worüber sie sich von Zeit zu Zeit einen Überblick verschafften, wie ein *Telefonogramm* vom 23.3.1946 zeigt. Ein Oberstleutnant Schmykow wollte wissen, wie viele Soldaten der UdSSR bei Zugunfällen zwischen dem 1.8.1945 und 20.3.1946 getötet bzw. verletzt worden waren. Die HV der DR, Dolmetscherbüro Nr. 1546/25.3.1946, übersandte folgende Liste:

Direktions-bezirk	*Anzahl d. Unfälle*	*In der Zeit vom 1.8.1945 bis 26.3.1946 wurden Wehrmachtangehörige der UdSSR* ***bei Unfällen***			***durch eigenes Verschulden***		
		getötet	*schwer verl.*	*leicht verl.*	*getötet*	*schwer verl.*	*leicht verl.*
Berlin	*14* *1+*	*32* *3+*	*34*	*9* *7+*	*6*	*3*	
Cottbus	*1*			*1*			
Dresden	*7*	*4*	*4*	*3*		*3*	*1*
Erfurt	*3*	*6*	*4*	*4*	*1*		
Greifswald	*4*			*1*		*2*	*2*
Halle (S)	*9*	*1*		*17*	*4*	*6*	
Magdeburg	*10* *1+*	*4*	*3+*	*2* *10+*	*3*	*2*	*1*
Schwerin	*2*	*1*		*6*			
Wittenberge	*1*			*1*			
zusammen:	***51***	***48***	***42***	***44***	***14***	***16***	***4***
+Zivilreisende	*2*	*3*	*3*	*17*			

Am **29.11.1945** fuhr Zug 864 vermutlich auf der Str **Kamenz-Bischofswerda** auf einen explodierenden Blindgänger (eine im Krieg beim Aufschlag nicht detonierte Bombe oder Granate) und entgleiste. Im diesbezüglichen Schreiben vom 10.12.1945 (Nr. 21/398) des *Stellvertretenden Chefs der Transportabteilung der SMAD, Generaldirektor des Verkehrs III. Ranges Trunow* an den vorgenannten Dr. Fitzner heißt die Str "Kammentz-Bischofsfeld". Das Unglück mit einer ungenannten Zahl Toter - offenbar Deutscher, da nur vorgeschlagen wird, alle Strecken auf Blindgänger zu untersuchen - soll sich zwischen den Stationen Rauschwitz und Gönitz (?) ereignet haben.

Am **12.12.1945** gaben der Leiter der Transportabteilung d. SMAD und der Präsident der Zentralverwaltung d. Verkehrs den Befehl Nr. 72 heraus. Er betraf Maßnahmen zur Verhütung von Zugunfällen. Auf die schweren Folgen - *"Menschenopfer"* und Schäden für das *"Reich"* - wird einleitend hingewiesen, ferner daß allein im November *"auf den Eisenbahnen Deutschlands"* (wohl SBZ) 24 Unfälle und 66 grobe Verstöße bei der Arbeit vorgekommen seien. Im einzelnen wurden aufgeführt:

bei der RBD			*Dresden*	*9*	*Zugunfälle*	*und Entgleisungen*	*und*	*8*	*Verstöße*
"	*"*	*"*	*Magdeburg*	*6*	*"*	*"*	*"*	*35*	*"*
"	*"*	*"*	*Berlin*	*6*	*"*	*"*	*"*	*7*	*"*
"	*"*	*"*	*Kottbus*	*2*	*"*	*"*	*"*	*6*	*"*
"	*"*	*"*	*Halle*	*1*	*"*	*"*	*"*	*3*	*"*

Aus den obenangeführten Daten geht hervor, daß die ungünstigsten Direktionen die Magdeburger und die Dresdener Direktion sind, die als Herde von Zugentgleisungen bezeichnet werden können.

Die Kunde einer Eisenbahnkatastrophe im Jahr 1947 drang bis in die Westzonen durch: Eine "Gaskesselexplosion" mit Brand bei **Nauen**, bei der es ca. 100 Tote gegeben haben soll. Wahrscheinlich handelt es sich um das Unglück zwischen Velten und Kremmen, Str Berlin-Neuruppin, östlich Nauen, wo
am **23.8.1947** der Benzinkanister eines Reisenden in Brand geriet. Ein anderer Reisender soll Filmstreifen im Gepäck gehabt haben, wodurch sich das Feuer explosionsartig ausbreitete und eine Panik verursachte. 26 Reisende sollen getötet und 50 schwer verletzt worden sein. Eine Bestätigung dieser Zahlen konnte nicht ermittelt werden.

Am **12.7.1950** stießen zwischen **Hartenstein** und **Fährbrücke** N 9175, Aue-Zwickau, und ein Schichtwechsel=(Arbeiter-)Zug, P 4930, zusammen (18 T, 63 z.T. Schwerverletzte)[43]; als das schwerste Unglück *"seit Bestehen unserer DDR"* bezeichnet, womit die Katastrophe von Nauen ausgeklammert ist, da die provisorische Gründung der DDR 1949 erfolgte.
Für die Industrie der Stadt Aue, (1946) 25 600 Einwohner, war es nicht nötig, Schichtwechselzüge zu fahren, aber Aue bildete das Zentrum des dortigen Uran=Bergbaubezirkes, der einen enormen Arbeiterbedarf hatte.[44] Die Ausbeutung der für die Atomenergie wichtigen Uranvorkommen betrieb die Sowjet. Wismut AG, deren Verwaltung direkt sowjetischen Stellen in Moskau unterstand (s. Anhang 1), die auch bald nach Demontage des zweiten Gleises dessen Neuverlegung verlangten.

Ab Ende Juni 1950 mußte wegen Ausbesserungsarbeiten an einer Brücke zwischen Hartenstein und Fährbrücke der Betrieb für drei Wochen eingleisig abgewickelt werden. Das RBA Aue entschloß sich, den Betrieb durch 'Befahren des falschen Gleises' (vgl. Heilbronn, 12.8.1984) abzuwickeln und gab eine entsprechende Betra heraus, ähnlich der für eine vorangegangene Arbeit.
Da man wußte, daß die Arbeiten zumindest noch eine dritte Betriebsbehinderung nötig machen würden, wäre es besser gewesen, 'zeitweise eingleisigen Betrieb' durchzuführen, wenn diese Lösung auch mit einigem Aufwand verbunden gewesen wäre. Den sparte man sich zu Lasten der Zugpersonale und Bfs=Bediensteten, die außer Ausfertigung des Befehls B für jeden falschfahrenden Zug auch noch ein Auftragsbuch zu führen hatten zum Eintrag der mit den Falschfahrten verbundenen "betriebswichtigen Gespräche", Meldungen usw.
Prekäre Situationen ergaben sich bei Kreuzungen mit Schichtwechselzügen, die offenbar grundsätzlich Vorrang hatten, vermutlich auf sowjetische Weisung hin. Im Unfallbericht wird das natürlich nicht einmal angedeutet, wie sich darin auch keinerlei Erläuterungen zur Lage dort finden. Aber die Hektik der Betriebsabwicklung bei der Zugkreuzung und die Unterbrechung der Zugmeldung des Fdl Hartenstein durch den Fdl Fährbrücke (s.u.) läßt keine andere Deutung zu.
Zwischen ca. 20.00 und 20.30 Uhr kreuzte N 9175 täglich mit den Schichtwechselzügen P 4930 in Hartenstein und P 4932. Am 12.7. war N 9175 leicht verspätet und mußte in Hartenstein noch etwas warten, da P 4930 ebenfalls verspätet eintraf, weil der Zug wegen gezogener Notbremse unterwegs gehalten hatte.
Damit sich die Kreuzung des in Fährbrücke stehenden Zuges 4932 nicht noch mehr verzögerte, wollte Fdl Hartenstein den 9175 unmittelbar nach Eintreffen des 4930 ablassen. Er telefonierte deshalb mehrfach mit dem Stellwerkwärter, und wies ihn nach Einlaufen des 4930 an, den Befehl B dem Zf von N 9175 zum Auslaufen des Zuges zu überbringen. Der Wärter soll dem Fdl bereits vor Einlaufen des 4930 gemeldet haben, daß der Fahrweg für N 9175 gelegt und geprüft sei. Da diese Fahrstraße bei Falschfahrbetrieb in den Fahrweg des 4930 führte, kann die Angabe oder die Formulierung nicht stimmen, oder es hätte einen Auffahrunfall wie Walpertskirchen (8.11.1951) gegeben. Und noch etwas Wichtiges bleibt unklar: Nachdem Fdl Hartenstein dem Wärter die Aushändigung des vorbereiteten Befehls B befohlen hatte, bot Fdl 20.32 Uhr mit dem *"Rückmelder"* (gemeint ist wohl Rückmeldung des eingetroffenen 4930) gleichzeitig den N 9175 an. Fdl Fährbrücke unterbrach aber die Zugmeldung mit *"Nein, warten"* und bot seinerseits 4932 an.
Die Frage stellt sich hier: Warum sagte Fdl Hartenstein seinem Kollegen nicht, "Moment, ich muß erst sehen, ob der 9175 noch da ist. Ich war etwas voreilig." Warum nahm er statt dessen den 4932 an und prüfte erst dann den Stand der Dinge? Ein Aneinandervorbeireden wie im Fall Warngau (8.6.1975) oder Schluderei wie die der Fdl von Markdorf und Kluftern (22.12.1939) war es schließlich nicht. Warum also sah Fdl Hartenstein erst nach dem 9175, nachdem er Gegenzug 4932 angenommen hatte, zu spät, um ihn noch zurückzuhalten.
Der Wärter versuchte, N 9175 mit Hornrufen anzuhalten, aber die *"Schlußschaffnerin"* saß bei ihrer Kollegin und einem Fahrgast und hörte nichts. Erst durch Rufe eines

Rottenführers wurde sie aufmerksam und wollte Bremsung einleiten. Statt kurzerhand die Notbremse zu ziehen, betätigte sie die Handbremse. Beim Zusammenstoß hatten beide Züge - Glück im Unglück - nur noch geringe Geschwindigkeit.
Beinahe 2/3 des von der *"Generaldirektion Reichsbahn"* verfaßten Berichtes, dem die meisten der vorstehenden Angaben entnommen sind, beschäftigt sich mit den Verfehlungen der Beteiligten. Dem Dienstvorsteher wurden Nachlässigkeiten in der Unterrichtung und in der Beaufsichtigung vorgerechnet, dem Zf, daß er nach Abfahrt *"zu seinem Packwagen ging"*, statt zu beobachten, ob alle Wagen folgten, d.h. ob beim Halt im Bf keiner stehen geblieben wäre. Dem Vorwurf an die Adresse der Schlußschaffnerin, daß sie sich setzte, statt sichtbar am Fenster zu stehen, wurde schuldmildernd angefügt, als Neuling hätte sie nicht für diesen Dienst eingeteilt werden dürfen, es sei denn in Begleitung einer weiteren, erfahrenen Kollegin. Diese Unterlassung ging auf Konto des Fahrmeisters. Der Bericht, der mit appellierenden Sätzen schließt, enthält über die Bestrafungen nichts. Aber selbst in der Annahme, daß die Gerichtsbarkeit wieder in Händen Deutscher lag, dürften die Beteiligten kaum mit weniger als abgestuft 1-6 Jahren davongekommen sein.

Abgedruckt wurde der DRB=amtliche Bericht in Nr. 41/1950 der im zweiten Jahrgang erscheinenden Eisenbahnerzeitung FAHRT FREI. Da diese Ende 1992 'stillgelegte' Zeitung eine besondere Beachtung und ein Gedenken als exzellenter Spiegel der Bahnentwicklung in der DDR in dieser Chronik verdient, hier zunächst einige Worte über ihren Start und ihre erste Phase.
Die erste Nummer erschien 1949, und zwar etwa 1/2 Jahr bevor die bahnamtliche Zeitschrift DIE REICHSBAHN in DIE BUNDESBAHN umbenannt wurde. Diese Umbenennung (***II**, S. 33) war eine Konsequenz der bundesrepublikanischen Staatsgründung mit Änderung des im Übergang beibehaltenen Namens 'Reichsbahn' in 'Bundesbahn'. In der SBZ wurde der staatsrechtliche Schritt des Westens am 7.10.1949 durch Gründung der DDR nachvollzogen, allerdings ohne für die Öffentlichkeit erkennbare bahnseitige Konsequenzen, es sei denn, man nimmt die Änderung des ursprünglichen Titels FREIE FAHRT in FAHRT FREI als solche. Der Untertitel dieser Eisenbahnerzeitschrift lautete *Die Wochenzeitung der deutschen Eisenbahner*. Ein zeitungsübliches Impressum sucht man vergebens, weshalb über die Trägerschaft nur Vermutungen angestellt werden können. Da später das Ministerium für Verkehrswesen der DDR als Herausgeber firmiert, dürfte es die Zentralverwaltung des Verkehrs gewesen sein, die das Erscheinen anordnete. In der Zeitschrift findet man noch lange nur Angaben über den (Ost-)Berliner Redaktionssitz, den Verlag und den jeweiligen Chefredakteur. Die Namen wechseln und am Anfang häufig. Vorübergehend wurde der Druckort auch nach Weimar verlegt zum Thüringer Volksverlag, vormals Verlag der Thüringer Gauzeitung.
In den ersten Jahrgängen stößt man noch auf Reminiszenzen, die einer gewissen Wehmut um die deutsche Einheit nicht entbehren. Bevor sich jedoch der spätere Stil der Zeitung durchsetzte, der in beinahe hausväterlichem Flair eine ausgewogene Mischung von Lob und Tadel, unterhaltenden und sachlichen Beiträgen brachte, präsentierte sie sich in den ersten zwei Jahrzehnten vornehmlich als ein übles Hetzblatt. Da dominieren Hetzartikel gegen die ehemaligen Verbündeten der UdSSR, gegen die BRD und ihre

Politiker, ja sogar gegen höhere DB=Beamte und Westberliner Amtsträger. Um Prototypen des *"westlichen Imperialismus und Faschismus"* anzuprangern - auf einige wie Minister Seebohm und Herrn Abs schossen sie sich regelrecht ein -, benutzte man auch tragische Vorfälle wie das Rottenunglück vom 2.3.1957 bei Hamburg (***II**, S. 293 ff). Der oder die Verfasser des im Anhang 5 wiedergegebenen FAHRT FREI=Artikels zeigten sich über den Vorgang bestens informiert, und sie verstanden es auf ihre Weise meisterhaft, die Dinge für ihre Absicht passend zurechtzubiegen.

Das Wort Kampf findet sich in fast allen Bezügen, ob es nun um *"Verräter"* oder *"westliche Saboteure"* geht - besonders in Berlin um die UGO-, OAS-[45] oder sonstigen *"Verbrechern und Lumpen"* -, um den *"Klassenfeind"* oder nur um die simple Arbeit. Da haben wir den *"Arbeitskampf"* mit Soll=Übererfüllung nach dem System Stachanow,[46] und selbst um den Frieden ranken sich die Kampfparolen.

Sehr viel Raum wurde der politischen Bildung mit Artikeln über Marx, Engels, Rosa Luxemburg oder Karl Liebknecht gewidmet, und vor allem der vorbildlichen Sowjetunion und Stalin, dem *"Freund aller Unterdrückten"*. Eisenbahnerisch wurde nicht viel geboten, eine Seite Eisenbahnersport und eine belehrende Beilage. Die am 19.6.1953 nur in einem Blatt erschienene Nr. 25 gab eine beachtenswerte Darstellung der Ereignisse vom 17. Juni 1953 (s. Anhang 3) wieder, die ohne Eingreifen der Sowjetarmee das frühe Ende der DDR bedeutet hätten.

Von den damaligen Umorganisationen in allen Verwaltungsbereichen, auch der Bahn, womit eine straffere Lenkung und Überwachung gewährleistet werden sollte, von Enteignungen, auch der Privatbahngesellschaften, erfuhr der FAHRT FREI=Leser kaum etwas, ebensowenig von Eisenbahnunglücken. Bagatellunfälle ohne genauere Angaben brachte ein *"Mitteilungsblatt"* der DRB mit dem Aufruf, die Disziplinarordnung zur Vermeidung von Unfällen anzuwenden, da diese die Produktionserfolge beim Aufbau des Sozialismus minderten. Insbesondere ging es um das Schuldbekenntnis:

> *"Wer Unfallursachen bewußt verschleiert, der verhindert die Beseitigung von Unfällen, sabotiert die großen Erfolge unserer Aktivisten und Bestarbeiter und arbeitet dem Gegner unseres Aufbaus direkt in die Hände."*

Anschließend werden vier warnende Beispiele aus dem Bereich e i n e s RBA gebracht: Ein Fdl wurde entlassen, weil er trotz wiederholter Belehrungen bewußt die Unwahrheit gesagt hätte, statt zuzugeben, daß er am 17.11.1952 durch unbefugte Einfahrtfreigabe den Zusammenstoß eines G mit einer Rangierlok verursachte. Je ein Tf, Heizer und Weichenwärter wurden wegen Verschleierung verwarnt, obwohl das, was sie bestritten begangen zu haben, für einen Unfall am 6.11.1952 gar nicht kausal war.

Dann gab es noch zwei strenge Verweise im Zusammenhang mit leichten Entgleisungen am 19. und 21.1.1953, weil das Fehlverhalten erst später zugegeben wurde. In einem Fall ist rügend vermerkt, daß das Leugnen *"umfangreiche Ermittlung (Rekonstruktion...)"* notwendig gemacht hätte.

Es ist sehr unwahrscheinlich, daß sich beim Eisenbahnbetrieb in der DDR während der ersten Hälfte der fünfziger Jahre nichts ereignete, was in diese Chronik gehörte. Die FAHRT FREI nahm erst das Bornitzer Unglück zum Anlaß, wieder einen detaillierten Bericht zu bringen.

Am **25.2.1956** fuhr im Bf **Bornitz** bei Riesa der vorrückende Dg 7137 Ri Dresden dem durchfahrenden D 94 nach Leipzig in die Flanke. 43 Reisende wurde getötet, 55 verletzt. Beide Züge hatten infolge Sichtbehinderung durch Nebel Verspätung. Als dem Fdl Bornitz, der seinen Dienst um 6 Uhr angetreten hatte, Dg 7137 angeboten wurde, stimmte er sich mit dem Streckendispatcher ab, die für Riesa vorgesehene Kreuzung nach Bornitz zu verlegen. Der in Ablenkung auf Gleis 1 einfahrende Dg in Doppeltraktion hielt zu früh, d.h. 400 m vor dem Ausfahrsignal und blockierte einen Bfs=Gleisübergang. Der seit 6.30 Uhr anwesende Dienststellenleiter (Bfs=Vst) schickte daraufhin einen Weichenwärter zu den Lokpersonalen mit der Anweisung, den Zug bis zum vorschriftsgemäßen Halteplatz vor dem Ausfahrsignal vorzuziehen, womit sich der Fdl, danach über diese Maßnahme informiert, einverstanden erklärte, obwohl er inzwischen festgestellt hatte, daß der Dg grenzzeichenfrei stand. Fdl nahm dann D 94 an und stellte die Durchfahrt.
Weil die Bremsen des Dg noch blockierten, dauerte es ca. 10 Minuten, bis mit Hilfe des Zf gelöst werden konnte, und der Zug sich zum Vorziehen in Bewegung setzte. Die Zuglok rollte mit geschlossenem Regler. Deren Personal hatte wegen der Dampfentwicklung der hart arbeitenden Vorspannlok keine Sicht. Unklar bleibt, ob sich der Tf der Vorspannlok verbremste, oder ob er das Wartezeichen K 11 übersah. Jedenfalls fuhr die Vorspannlok mit 5-10 km/h in die Einfahrweiche und dem gerade mit 50-60 km/h passierenden D 94 in die Flanke.
Das Leipziger Bezirksgericht sah in dem 55jährigen Bfs=Vst den Hauptschuldigen, weil er sich in die Dienstgeschäfte des Fdl gemischt habe und den verhängnisvollen Befehl durch einen Unbefugten übermitteln ließ. Er erhielt 5 Jahre Gefängnis.
Der Fdl bekam 4 1/2 Jahre, weil er als Verantwortlicher nicht dafür gesorgt hatte, daß der Befehl zum Vorrücken zurückgenommen wurde, angeblich in der Annahme, die Ausführung unterbliebe der unbefugten Übermittlung wegen ohnehin. Es sah ja zunächst auch so aus, als ob der Dg stehen bliebe.
Zf erhielt 1 1/2 Jahre, weil es sich beim Vorrücken um eine Rangierfahrt handelte, die er mit dem Fdl abzusprechen und zu beaufsichtigen hatte. Da dies unterblieb, hätte er den Befehl nicht ausführen dürfen; zudem seien auf einem so kleinen Bf bei zu erwartender Durchfahrt eines anderen Zuges Rangierfahrten verboten.
Der Heizer der Vorspannlok wurde zu einem Jahr Gefängnis verurteilt, da er den unbefugten Befehl entgegennahm und seinem Meister, der schwer verletzt wurde - zur Zeit der Verhandlung lag er noch im Krankenhaus - ausrichtete, ohne auf das Verbotswidrige des Vorrückens hinzuweisen.
Die Hauptverhandlung fand in DDRüblicher Schnelligkeit bereits Mitte 1956 statt. Dem Prozeßbericht *"Die Lehre von Bornitz"* in FAHRT FREI 28/1956 sind fünf lehrhafte Stellungnahmen angefügt. Drei von diesen beginnen mit den Worten *"Wir müssen..."*. Zuvor, in FAHRT FREI 9/1956, hatte Erwin Kramer, Minister für Verkehrswesen, unter der Überschrift *"Disziplin muß oberstes Gesetz sein"* den *Genossen und Kollegen Eisenbahner des operativen Dienstes* seine Schlußfolgerungen zum Bornitzer Unglück dargelegt.

Am **7.1.1959** entgleisten bei **Zeitz** die letzten vier Wagen eines P, vermutlich wegen Schienenbruchs (3 T, etl. V).

Am **6.6.1959** kollidierte an einem technisch ungesicherten BÜ bei **Kretzschau**, Str Zeitz-Molau, ein P mit einem Lkw infolge Unaufmerksamkeit des Fahrers (6 T).

Am **4.11.1959** erfaßte D 160 infolge vorzeitig geöffneter Schranken am BÜ Posten 8 im Bf **Schönebeck**, Str Magdeburg-Köthen, einen Lkw. Fahrer und Beifahrer wurden getötet. Das Kreisgericht Magdeburg, Stadtbezirk Süd, verurteilte am 12.1.1960 den schuldigen Schrankenwärter zu zwei Jahren Gefängnis, außerdem wurde die Veröffentlichung des Urteils in der FAHRT FREI gemäß § 7 StEG angeordnet, ferner daß der Angeklagte diese Kosten sowie die des Verfahrens zu tragen habe.
Dem in einer kleineren Schrift vor einem Inseratenteil abgedruckten Urteil ist folgender Sachverhalt zu entnehmen: Der Wärter hatte zwei Stunden nach Dienstantritt das Läutesignal für den um 10 Minuten verspäteten E 250, Wittenberg-Erfurt, überhört. Drei Minuten, nachdem E 250 abgemeldet worden war, ertönte abermals das Läutewerk für eine Lz, und so schloß der Wärter gerade noch rechtzeitig die Schranken für den Eilzug, der als erster Zug passierte. Diese Zugfahrt überraschte den Wärter, wahrscheinlich weil sie zu bald nach der Meldung kam.
Der Gerichtsbericht läßt verschiedenes ungeklärt, u.a. aus welchem Grund der Wärter das erste Läutesignal nicht hörte (vgl. hierzu auch 8.2.1971, 2. Absatz), und warum er die Schranken bis zur Vorbeifahrt der Lz geschlossen ließ. Es heißt nur, daß bei Durchfahrt der Lz eine weitere Zugfahrt, die des D 160 von Bf Schönebeck, der Gegenrichtung angekündigt wurde, und der Wärter nun über die weitere Zugfolge keine Klarheit mehr hatte, zumal er nicht mit dem Fahrplan arbeitete, sondern sich auf das Abläuten verließ.
In seiner Unsicherheit bat der Wärter Bk Frose telefonisch um Auskunft. Sein Kollege in Bk Frose zeigte sich aber nur über die Züge Ri Schönebeck im Bilde. Daher nahm der Wärter an, das Abläuten bei Durchfahrt der Lz sei nachträglich für E 250 vorgenommen worden und öffnete für einen wartenden Lkw die Schranken. Als dieser den BÜ querte, kam D 160, Leipzig-Rostock, mit 80 km/h heran. Bei einer Sichtweite von 40-50 m wegen starken Nebels erkannte der Tf die geöffneten Schranken und den Lkw erst kurz vor dem Zusammenprall.
In Anbetracht der dort offenbar primitiven BÜ=Zugmeldeeinrichtungen wurde der Wärter hart bestraft. Bei der dichten Zugfolge der Strecke und Verspätungen hätte er auch mit Einsicht in den Fahrplan Irrtümern unterliegen können. Als Groteske ist jedoch zu bezeichnen, daß in FAHRT FREI Nr. 4/1960 (drei Nummern vor Abdruck des oben wiedergegebenen Gerichtsurteiles) unter der Überschrift *"Bundesbahn mitschuldig am Lauffener Unglück"* die sicherungstechnische Ausrüstung des Lauffener BÜ und andere Mängel bzw. Unterlassungen aus Sicht der Verteidigung hämisch kritisiert wurden. Dieser Zusammenprall am 20.6.1959 (***II**) deckte zwar effektiv beträchtliche Sicherheitslücken u.a.m. auf, die aber letztlich nicht ursächlich für das Versagen des Wärters waren. Trotz der hohen Zahl an Toten erhielt dieser aber in letzter Instanz 9 Monate auf Bewährung, 'nur' darf man im Vergleich zu Schönebeck anfügen. Der Freispruch des Wärters in erster Instanz - und über diese Verhandlung berichtete FAHRT FREI - wird unterschlagen.
Nun begnügte sich der nicht signierte Artikel nicht mit tatsächlich von der Verteidigung vorgebrachten und nicht unbedingt stichhaltigen Argumenten, einiges ist auch sachlich

falsch wiedergegeben bzw. glatt erfunden. So soll der Fdl Bf Kirchheim bei der Beweisaufnahme für eine Sensation gesorgt haben:

> *"...Atemlose Stille herrschte, als der Verteidiger bekanntgab, der Zeuge ..., Fahrdienstleiter auf dem Bf Kirchheim, wolle 'auspacken über die Bundesbahn und ihre Gepflogenheiten. Wenn auch ich dran glauben sollte, dann geht es aber einigen höheren Beamten an den Kragen!'..."*

Vermutlich **1960** soll wegen Signalmißachtung bei **Kohlhasenbrück** (?) D 164, Berlin-Hamburg, gegen 12.30 Uhr auf einen Arbeiterzug gefahren sein. Als D 164 lief dem Bericht nach die zweiteilige Fdt=Garnitur 'Fliegender Hamburger' (24 V).

Die Fachschrift für Bedienstete der DRB, DER OPERATIVE DIENST brachte auch Unfallberichte, z.T. genauso abstrakt wie DB=Fachschriften dieser Art. An Stelle von Ortsnamen stehen A=leben oder B=hausen; gelegentlich kamen dabei die Verfasser selber durcheinander und schrieben Mitten im Bericht A=hausen und B=leben. Erfundene Zugnummern verhinderten zusätzlich eine Lokalisierung. Die Folgeschrift EISENBAHNPRAXIS war von höherem Niveau. Sie enthielt regelmäßig Unfallschilderungen ohne Frisierung, aber ebenfalls in lehrhafter Form und durchweg von Fällen relativ harmloser Folgen durch Fahrlässigkeit verursacht. Keines der Beispiele lohnt eine Aufnahme in die Chronik.

Am **15.5.1960** gab der schwere Zusammenstoß im Hbf **Leipzig** mit 54 Toten, auch 59 werden genannt, und 206 Verletzten abermals Stoff für konkrete Berichte. Was die Hauptverhandlung vom 16.-18.8.1960 vor dem 2. Senat des Bezirksgerichtes Leipzig aufdeckte, verdiente das aber auch.
Gegen 20.20 Uhr war Sg 5556 von Halle über Gleis 9 in Gleis 15 des Hbfs eingelaufen. Gegen 20.26 Uhr erhielt das Weichen- und Signalstellwerk W 7 vom Behelfsstellwerk B 3 blockelektrisch den Auftrag, für P 466 nach Halle, planmäßig ab 20.28 Uhr von Gleis 11, die Fahrstraße zu legen. Aus Ri Halle wurde E 237 von Halberstadt erwartet, der von Gleis 9, planmäßig an 20.39 Uhr, in Gleis 12 einlaufen sollte.
In Gleis 9 lag Weiche 268, die für P 466 die Funktion einer Flankenschutzweiche und scheinbar eine Störung hatte, weshalb sich das Signal K 11 bei W 7 nicht ziehen ließ und P 466 vor dem Signal anhalten mußte. Der Tf der E 44 053, mit der P 466 bespannt war, erhielt einen Befehl Ab ausgehändigt und setzte seine Fahrt fort. Weiche 262 wurde aufgeschnitten, so daß P 466 über Weiche 263 auf Gleis 9, d.h. in die Fahrstraße des E 237, geriet und diesem in zügiger Beschleunigung entgegenfuhr.

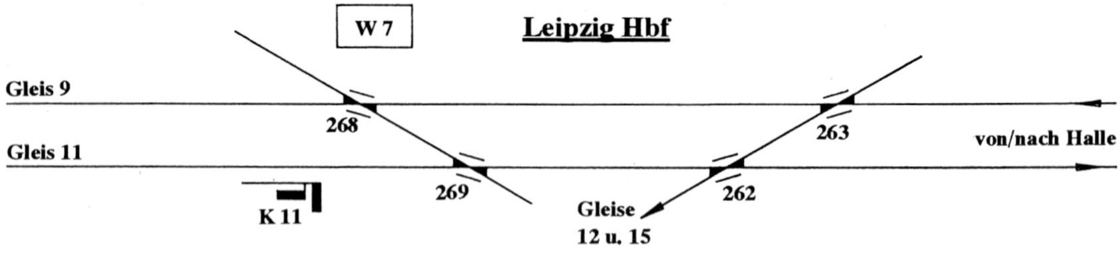

Schematisierte, vereinfachte Skizze der Fahrstraßen beim Weichenstellwerk 7

Der Signalwärter auf W 7 erkannte die unbeabsichtigte Falschfahrt des P 466 und die Betriebsgefahr. Statt nun vermittels Streckenfernsprecher seinen Kollegen im knapp 500 m außerhalb und nahe dem Fahrweg stehenden Stellwerk B 10 anzurufen, rief er den Fdl in B 3 an, der jetzt gar nichts mehr machen konnte, weil ausfahrende Züge B 3 v o r W 7 passieren. Angeblich kannte der Signalwärter die Bedeutung und Möglichkeiten des Streckenfernsprechers nicht, vermutlich eine Schutzbehauptung, mit der er seine Kopflosigkeit kaschieren wollte. So stießen in der Nähe des Einfahrvorsignals und einer Brücke beide Züge in einer Kurve zusammen.
Zum Verständnis der Fehlleistungen, die zu der Katastrophe führten, ist noch nachzutragen: Die Störung an Weiche 268, die sich durchaus stellen ließ, bestand nur im Ausfall der Überwachungskontrolle mit Schrillen des Weichenweckers, und Störungen dieser Art hatte es bereits am Vortag gegeben. Bei der nötigen Aufmerksamkeit wäre die Ursache schnell festgestellt worden: Die Überwachungsbatterie hatte sich einer durchgebrannten Sicherung wegen erschöpft, und mit einem Blick auf die Überwachungstafel hätte man die Fehlerquelle erkannt.
Nach mehreren vergeblichen Versuchen, die Kontrollbestätigung zu erhalten, rief der Signalwärter seinem Kollegen zu, er solle sich nicht mehr um Weiche 268 kümmern. Sie würden den P 466 mit Befehl Ab durchlassen. Dies teilte er auch telefonisch einem Helfer des Fdl auf B 3 mit, sowie, daß der Fahrweg gesichert sei. Das war er aber nicht. Denn der Fahrstraßensignalhebel ließ sich auch nicht in die Hilfsstellung bringen, weil der Weichenwärter vergessen hatte, die doppelten Kreuzungsweichen 262 und 263, die noch für den Fahrweg des Sg 5556 lagen, für P 466 zu stellen.
Auf B 3 kümmerten sich weder der Fdl noch sein Helfer sonderlich um die Vorgänge auf W 7. Sie erkundigten sich auch nicht nach der Art der Störung an Weiche 268. Mit einem Kopfnicken erteilte Fdl dem Helfer die Zustimmung zur Ausfertigung des Befehles Ab, und letzterer gab das an W 7 telefonisch weiter.
Die Unachtsamkeit des Fdl in dieser kritischen Phase erklärt sich durch sein zwar gefälliges, aber unbefugtes Einweisen eines Weichenwärters in den Stellwerksdienst. Die Verstöße der anderen drei Beteiligten waren eingerissene Schludereien, worauf der Prozeßbericht mit mehreren Beispielen eingeht. Diese hier anzuführen erübrigt sich jedoch, da sie nicht direkt zum Unglück gehören. Erwähnenswert ist noch, daß die auf beiden Stellwerken am Zustandekommen des Unglücks Beteiligten gemeinschaftlich nach dem Zusammenstoß und in Kenntnis von dessen Dimensionen versuchten, wenigstens den schriftlichen Teil ihrer Fehlhandlungen zu vertuschen.
Der dem Tf des P 466 übergebene Befehl Ab trug die unsinnige Uhrzeit 19.32 Uhr, und die vorschriftsgemäße Unterschrift des Fdl fehlte. In der Annahme, die dem Tf überbrachten Befehlsausfertigungen würden im zerstörten Führerstand der Lok nicht gefunden, wurde auf den Belegen die Unterschrift nachgeholt und die Uhrzeit passend geändert auf W 7 in 20.27 Uhr und B 3 auf 20.26 Uhr.
Hinsichtlich der Pflicht zur Streckenbeobachtung eines Zf, um gegegebenenfalls eingreifen zu können, zeigte die überlebende Zugführerin des P 466 während der Hauptverhandlung bemerkenswerte Lücken in der Vorschriftenkenntnis. Was sie vor Strafe bewahrte, war offenbar ein weiterer Verstoß des Signalwärters, der beide Ausfertigungen des Be-

158 - Das Tfz des E 237

fehles Ab dem Tf gegeben hatte. Der Packwagen, in dem sich die Zugführerin bei der Befehlsaushändigung aufhielt, lief am Zugschluß, weshalb der Tf auch den Zettel für die Zugführerin entgegennahm.
Auf die Mitschuld des getöteten Tf des P 466 wird in den Berichten nicht eingegangen. Spätestens nach Befahren von Weiche 263 und Einbiegen in Gleis 9 mußten ihm Bedenken kommen. Einen Befehl für Falschfahrt hatte er nicht erhalten, aber vermutlich hatte er die Zettel beiseitegelegt, ohne sie gelesen zu haben.
Das Urteil der Leipziger Strafkammer, zu der zwei Eisenbahner als Schöffen gehörten, stellt in der deutschen Rechts- und Eisenbahngeschichte ein Novum dar. Es erhielten: der Signalwärter 15, der Weichenwärter 12, der Fdl 10 und der Helfer 8 Jahre Zuchthaus. Die Härte wurde mit vorsätzlicher Mißachtung der Vorschriften und Verheimlichung von Verstößen begründet. Es habe sich um eine bewußte Transportgefährdung gehandelt, bei der lediglich die Folgen nur fahrlässige Konsequenz waren.
Dieser Auffassung schloß sich das Oberste Gericht der DDR in der Berufungsverhandlung mit Urteil vom 16.12.1960 nicht an. Es erkannte ausschließlich auf Fahrlässigkeit infolge nachlässiger Dienstausübung und setzte das Strafmaß erheblich herab: Signal- und Weichenwärter erhielten je 5, der Fdl 3 und der Helfer 2 Jahre Gefängnis.
Was Strafmaß und Tempo der gerichtlichen DDR=Praxis angeht, ergeben sich im Vergleich zur Milde und zum Zeitaufwand der BRD=Justiz mancherlei Denkanstöße. Allerdings wurde der Abschreckungseffekt - wie weitere Vorfälle zeigen werden - durch die Härte der Strafe nicht erreicht, obwohl man Urteile und Lehren der Leipziger Katastrophe gründlich publik machte. Diese Appelle übertrafen alles bis dato zu Eisenbahnunfällen in der DDR Gebotene. Ein paar Beispiele zeigen es:

> *"... Wo die sozialistische Arbeitsdisziplin die Auseinandersetzung und Aufdeckung der Mängel gefordert hätte, wurde verkleistert, wurde versöhnlerisch und aus Bequemlichkeit auf die Erziehung verzichtet. ..."*

Das bezieht sich auf das Vertuschen von Fehlern bei Rangierarbeiten und auf von Vorgesetzten tolerierte, im Wechsel praktizierte Annehmlichkeiten wie Schlafen bei betriebsarmer Nachtschicht und dgl. - als ein *"Gewächshaus des Liberalismus"* bezeichnet.
Die *"leidenschaftliche Teilnahme am politischen Tageskampf"* als Mittel gegen das *"Absinken der Wachsamkeit"* wird beschworen:

> *"Tust du genug, um deinem Volke den Frieden zu erhalten? Wiegt deine Tat schwer genug auf der Waage der Auseinandersetzung mit den westdeutschen Militaristen?"*

Dann geht es mit den Beziehungen der Verurteilten zur Partei weiter, was Anlaß gab, folgenden Merksatz einzuflechten:

> *"Die Partei an die Spitze des Kampfes um Disziplin, Ordnung, Sicherheit und höhere Qualität in der Arbeit - Jeder Genosse ein Vorbild an seinem Arbeitsplatz. ..."*

Nach Verurteilung des westlichen Individualismus lautet der Schluß der Beschwörungen:

> *"Je höher unsere politische Moral, je höher die Qualität unserer Arbeit, um so weniger Anknüpfungspunkte bieten wir für die ideologische und materielle Diversionstätigkeit des Gegners. Den Machenschaften des Feindes setzen wir eine höhere Wachsamkeit und eine exakte Betriebsführung entgegen. Dazu sind alle Eisenbahner aufgerufen."*

Auf lange oder kurzgefaßte Proklamationen dieser Art stieß die Bevölkerung der DDR überall und alltäglich. Das zu hören oder zu lesen war man damals schon gewohnt und entsprechend abgestumpft. Vereinzelt reizte es sogar, vorsätzlich gefährlichen Unfug zu treiben wie in der Nacht vom
27. auf den **28.5.1960** in **Berlin=Altlankwitz** zwei angetrunkene Wärter der (Ost-)Berliner S=Bahn. Sie öffneten die Schranken jeweils, bevor ein Zug kam, und schlossen sie nach der Vorbeifahrt. Als dabei die Ladung eines Lkw heruntergerissen wurde, beendete die Polizei das provokative 'Vergnügen'.

Am **25.11.1963** entgleiste im Bf **Fürstenberg**, Str Berlin-Neustrelitz, ein Schnellzug. Lok-, Post- und Schlafwagen stürzten um (3 T, etl. V).

Erhebliches Aufsehen erregte wieder die Katastrophe im Bf **Langhagen**, Str (Berlin-) Neustrelitz-Lalendorf(-Rostock), 1945/46 völlig demontiert. Das Teilstück wurde erst im April 1961 wieder befahrbar, die Gesamtstrecke seit 1.10.1964 abschnittsweise zweigleisig.
Zu diesem Unfall gab das Ministerium für Verkehrswesen eine Schrift heraus, in der die wichtigsten Angaben enthalten sind. Von Interesse ist, daß bei den Unfallermittlungen wiederum eine ganze Reihe von gewohnheitsmäßigen Verstößen herauskamen: Eigenmächtigkeiten des Rangierpersonals, Rangierfahrten ohne die vorgeschriebene Signalgebung, Nichtbeleuchtung der Sh 2=Scheibe bei Nacht u.a.m. War das alles auch nicht unfallkausal, warf es dennoch ein Schlaglicht auf die örtliche Betriebsabwicklung und die nachlässigen Kontrollen seitens des Dienstvorstehers und des Bahnamtes.
Am **1.11.1964** fuhr Ng 7913, Lok mit Tender voran, gegen 20.15 Uhr vom Anschlußgleis eines Kieswerkes in das "Überholgleis 4" des Bfs Langhagen ein. Danach erteilte Fdl dem Tf den Auftrag, bis zum Halt zeigenden Ausfahrsignal vorzuziehen, um die Durch-

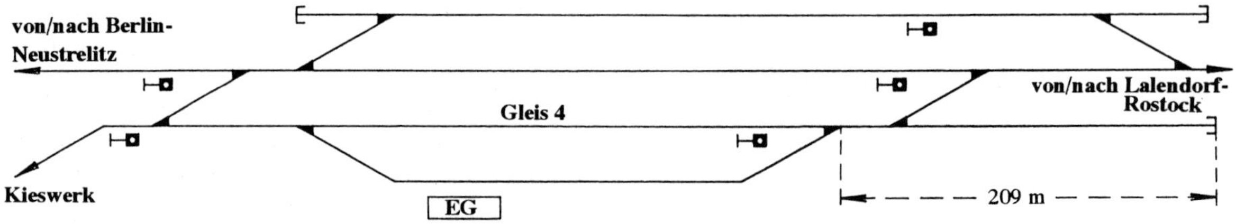

Schematische Skizze Bf Langhagen

fahrt des D 1193, Berlin-Rostock, abzuwarten. Das Signal des in Fahrtrichtung gesehen linken Nachbargleises zeigte für den Schnellzug grün; der im Tender beschäftigte Heizer verwechselte die Signale beim Heranfahren und rief dem Tf zu: *"Nun haben wir doch freie Ausfahrt!"* Daraufhin beschleunigte Tf und beachtete nicht, daß sie, statt in das Durchgangsgleis einzubiegen, geradeaus in das Stumpf- bzw. Schutzgleis liefen. Ungebremst überfuhr die Lok den Gleisabschluß und entgleiste in Fahrtrichtung gesehen nach links. Der vorderste der zwölf mit Kies beladenen Wagen des gut 1000 t schweren Ng stellte sich hoch und kippte auch zum Durchfahrgleis, auf dem gerade D 1193 mit 105 km/h passierte. Sechs Wagen des Schnellzuges wurden z.T. erheblich beschädigt, 44 Personen getötet, ca. 70 verletzt. Der Tf erhielt 5 Jahre, der Heizer 3 Jahre und 6 Monate Gefängnis. Der Fdl wurde offenbar nicht angeklagt, weil hier vermutlich des Schutzgleises wegen das Vorrücken trotz Durchfahrt eines Zuges auf dem Hauptgleis erlaubt war. [Abb. 159]

159: Langhagen, 1.11.1965 - Die Lok des Ng 7913, dahinter der erste Kieswagen auf den Trümmern des achten D-Zugwagens

Die verkehrsministeriellen Ausführungen zu Langhagen enthalten kaum politische Passagen, lediglich am Schluß der Schrift ist auszugsweise ein mahnender Brief des Ministers, datiert auf den 16.6.1964, wiedergegeben. Außerdem sind noch einige andere Unfälle erwähnt:

Am **26.9.1964** erhielt auf dem nördlichen **Berliner** Außenring D 61 Signal Zs 1 und fuhr auf den im Bk haltenden D 14. Es gab etl. Verletzte, ein Fahrladeschaffner kam um. Ursächlich war der Irrtum eines Fdl, der eine Blockstörung annahm und die Blockfelder nicht überprüft hatte.

Am **2.1.1965** überfuhr "Nullmannszug" Sdz 19 450, Saalfeld-Lobenstein, gegen 19.24 Uhr infolge mangelhafter Bremswirkung Ein- und Ausfahrsignale Bf **Unterlemnitz** und stieß bei km 53,05 mit P 3949 zusammen (etl. V).
Die erste Fehlhandlung, die zu dem Unfall führte, beging die Dispatcherleitung D1 Rba Saalfeld. Sie hatte bei der fernmündlichen Übermittlung des Sonderzugfahrplanes an Bf Saalfeld nur die Fahrzeiten angegeben, und keiner der im Bf Saalfeld an dem Zuglauf beteiligten Bahnbediensteten - einschließlich des Tf - bemerkte, daß die zu einem Sonderzugfahrplan gehörenden Zusatzbedingungen fehlten: Last, Hg, Mindestbremshundertstel und Tfz.
Dann bastelte die Zugfertigstellerin einen seltsamen Bremszettel zusammen. Die Garnitur hatte bei 32 Achsen insgesamt 351 t Last: Vier Wagen mit Druckluftbremsen und zwölf Leitungswagen, davon einer mit Handbremse. Es ergab sich ein Bremsgewicht von 4 x 15t = 60t. Die Zugfertigstellerin trug jedoch 16 vorhandende mehrlösige Bremsen ein, gemäß Anzahl der Wagen. Bei Durchführung der Bremsprobe merkte die Zugfertigstellerin nicht, daß eine der Bremsen gar nicht und eine nur bei Vollbremsung wirkte. Der Tf will später festgestellt haben, daß eine Bremse abgeschaltet war, wohl die nichtwirkende. Er schaltete sie später, vermutlich in Heinersdorf (s.u.), ein.
Das effektive Bremsgewicht des Zuges betrug also nur 24 t. Bei Berechnung der Lokbremsleistung vertat sich die Zugfertigstellerin ebenfalls. Sie nahm stillschweigend Bremsstellung 'P' an, obwohl die Bremse der Lok des Zuges, BR 93, auf 'G' stand. Bremsgewicht Wagenzug plus Lok betrug lediglich 49t = 10 Brems%, womit der Zug nicht einmal mit herabgesetzter Hg abgelassen werden durfte.
Was dem Tf hätte auffallen müssen, war der Eintrag 'P' statt 'G' für die Lok und ferner, daß auch 60 t Bremsgewicht nur 17 Bremshundertstel ergeben. Da die Strecke im Buchfahrplan zwei Sägelinien wegen Gefälles 1:50 aufweist, waren 20 Brems% als Minimum erforderlich u n d eine verminderte Hg.
Außerdem war der Zug falsch zusammengestellt. Fünf der Leitungswagen befanden sich bei Abfahrt an der Zugspitze. Sie mußten deshalb beim Kopfmachen in Wurzbach umgesetzt werden, wonach abermals Bremsprobe erforderlich war. Der dortige Fdl will sie vorgenommen, das Nichtarbeiten zweier Bremsen jedoch nicht bemerkt haben. Hinsichtlich der hohen Zahl an Leitungswagen hatte er zwar Bedenken und schlug vor, einige auszusetzen, ließ den Zug dann aber doch weiterfahren.
Der Tf hatte beim Anhalten in Wurzbach die mangelhafte Bremswirkung wahrgenommen, da der Zug erst hinter dem planmäßigen Halteplatz zum Stillstand gekommen war. Er

entschloß sich, der Unregelmäßigkeit nicht sofort, sondern beim Halt im Hp Heinersdorf nachzugehen, weil danach die Gefällstrecke begann. In Hp Heinersdorf änderte er die Bremsstellung der Lok von 'G' auf 'P' und zog die Bremse des handbremsbaren Wagens an. Danach riskierte er die Fahrt in das Gefälle, deren Ende vorhersehbar war.

Am **22.1.1965** fuhr in **Falkenberg**, Str Halle-Cottbus, P 507 auf E 205. Fdl hatte vorzeitig Zustimmung für Einfahrt P 507 gefordert und der Stellwerkmeister diese gegeben, obwohl er wußte bzw. wissen mußte, daß das Gleis noch nicht vom E 205 geräumt war.

Am **24.6.1965** entgleiste gegen 13 Uhr P 1221 von Potsdam nach Berlin Schönefeld bei km 30,28 nahe **Waßmannsdorf** infolge einer Gleisverwerfung. Auf der Lok des Zuges, einer V 180, fuhren zwei Tf, die aus 90 km/h Schnellbremsung einleiteten, nachdem sie ein Schwanken bemerkt hatten. Die letzten sechs der dreiachsigen Reko=Wagen des Zuges entgleisten, die hinteren vier Wagen rissen vom Zugverband ab, zwei wurden bis zum Stillstand mitgerissen: 9 Tote, 10 Schwer- und etl. Leichtverletzte.
Behoben wurde die Labilität des Gleiszustandes dort offenbar nicht, denn in der Nacht vom 22. auf den 23.7.1967 und am 15.2.1982 ereigneten sich zwei weitere Entgleisungen mit glimpflicherem Ausgang.

Am **7.10.1965** überfuhr D 24, Stralsund-Berlin, bei dichtem Nebel das Ausfahrsignal Bf **Sandförde**, Str Pasewalk-Anklam, und stieß mit P 689 zusammen (2 T, etl. V).

Am **19.12.1966** soll sich nahe **Frankfurt**/O. eine Entgleisung mit 6 Toten und etl. Verletzten ereignet haben.

Am **6.7.1967** ereignete sich 8.02 Uhr im Bf **Langenweddingen**, Str Magdeburg-Halberstadt, eine besonders tragische BÜ=Katastrophe, da es für viele der 500 Fahrgäste - insbesondere Kinder auf dem Weg ins Ferienlager - eine Reise in den Tod wurde. Beim Zusammenprall BP 852, Salzwedel-Thale, mit einem Minol=Lkw starben der Lkw=Fahrer und 93 Zuginsassen, ca. 40 erlitten z.T. schwere Verletzungen.
Nach einer Beschädigung der alten Schrankenanlage durch einen Omnibus im Januar 1966 war eine neue, vierschlägige Anlage errichtet worden. Da seitdem einer der vier Schrankenbäume in offener Stellung gegen eine Freileitung der Post schlug und dadurch Störungen verursachte, beantragte die Post unterirdische Verlegung und Verkabelung der Drähte, was auch umgehend, noch Anfang Februar genehmigt wurde. Um das Zusammenschlagen der Leitungsdrähte beim Öffnen der Schranken sofort zu beheben, ersetzte man als Provisorium für 3 Monate bis zur Verkabelung die unteren Leitungsdrähte durch schwächere Kabel, statt 3 mm nur 0,5 mm Durchmesser und ohne mittragende Spanndrähte.[47] Im April kam es infolge durchhängender Drähte zur ersten ernsten Störung, wodurch die Schranke offen blieb. Bei zunehmender jahreszeitlicher Erwärmung häuften sich die Störfälle, ohne daß etwas unternommen bzw. die Umbaufrist eingehalten wurde.
Unverständlich ist auch die mangelhafte Eigeninitiative des örtlichen Personals einschließlich des Dienststellenleiters. Eine Vorschrift, die Schranken zu schließen, bevor die Ein- oder Durchfahrt auf der noch eingleisigen Strecke frei gegeben wurde, bestand zwar offenbar nicht, aber nachdem dort das Abläutesystem durch telefonische Zugmeldung ersetzt worden war, hatte die RBD Magdeburg für den Zeitpunkt des Schließens

der Schranken die Zugmeldung bestimmt. In Anbetracht des unsicheren Zustandes am BÜ in Langenweddingen hätte man also sicherheitshalber eine gelegentliche Stauung am BÜ in Kauf nehmen können und die Schranken vor Stellung der Signale schließen sollen.
An diesem Morgen ließ der Fdl, der vom unmittelbar neben dem BÜ stehenden Stellwerk Lof auch die Schranken bediente, 7.54 Uhr einen Ng auf dem Überholgleis 3 bei offenen Schranken einfahren, obwohl diese der Durchrutschgefahr wegen hätten geschlossen werden müssen. Etwa zur gleichen Zeit wurde der beschleunigte Personenzug 852, Salzwedel-Thale, angeboten, zur Durchfahrt voraussichtlich 7.58 Uhr angenommen und die Signale gestellt. Als der Fdl den Zug auf eine Distanz von ca. 1700 m mit 85 km/h heranfahren sah, wollte er die Schranken schließen, was wieder einmal trotz mehrfachen Zurück- und Vordrehens der Kurbeln nicht funktionierte. Statt jedoch wenigstens die unbehinderten Schrankenbäume ganz hinabzulassen, ließ der Fdl diese etwa halb geschlossen und beschäftigte sich mit der Kurbel für die Bäume der anderen Seite. Einem sich nähernden Lkw gab er noch mit der Signalflagge Haltezeichen, einen von der anderen Richtung, von Magdeburg kommenden VEB Minol=Tank=Lkw bemerkte der Fdl nicht oder nahm an, er würde halten, da der Fahrer zunächst bremste. Dann aber fuhr der Tanklaster weiter auf den BÜ und direkt vor den Zug.
Der Tf hatte ca. 220 m zuvor Sicht auf die Schrankenanlage und konnte noch Schnellbremsung einleiten, die den Zusammenprall nicht verhinderte. Der Tankwagen explodierte, wonach die beiden vordersten Wagen, Doppelstockeinheiten, und das Stellwerk sofort in Flammen standen,[48] die bis zum Stillstand des Zuges auch die beiden letzten Wagen erfaßten. Die Löscharbeiten dauerten bis 8.47 Uhr. Auch danach konnten die Wagen der Hitze wegen nur mit Schutzkleidung betreten werden. [Abb. 160]
Wegen der Unterlassung, die Schranken vor Durchfahrtfreigabe zu schließen, erhielten Dienstvorsteher und Fdl am 2.9.1967 vom II. Senat des Bezirksgerichts Magdeburg je 5 Jahre Gefängnis.

160

Am **14./15.8.1969** fuhr zwischen **Anklam** und **Ducherow**, Str Greifswald-Pasewalk, ein P auf einen haltenden D (11 V).

Am **29.8.1969** soll bei Durchfahrt Bf **Großkorbetha** ein Schnellzug von Halle nach Erfurt auf eine im Fahrweg stehende Ellok gefahren sein.

Zum **8.2.1971** erschien von der RBD Erfurt das Unfallmerkblatt Nr. 4 (s. Anhang 7). Es enthält zwar keine spektakulären Ereignisse, ist aber sehr interessant sowohl hinsichtlich personeller Fahrlässigkeiten als auch der Art, zu dieser Zeit bahnamtlich dagegen anzugehen. Angefügt sei noch, daß im Unfallmerkblatt Nr. 6 vom 28.8.1973 abermals Nachlässigkeiten im Umgang mit Hemmschuhen angeprangert wurden. Von den vier beschriebenen Fällen ereignete sich einer im Bf Weimar, verschuldet durch den Zugschaffner, einer im Bf Sangerhausen, verschuldet durch den Rangierleiter, und zwei im Bf Nordhausen. Einer dieser beiden Fälle war noch nicht geklärt, der andere durch einen Hemmschuhleger verschuldet; in beiden Fällen hatte sich der Hemmschuh im Weichenherzstück verklemmt, das eine Mal entgleisten acht Wagen und stürzten um, beim anderen Mal überkletterten sechs Wagen den Hemmschuh.
Auch weitere Unfallmerkblätter enthalten aufschlußreiche Schilderungen, bei denen es bei Zuggefährdungen blieb. Erwähnt seien nur der Fall einer Schrankenwärterin, die beim Kohleholen das Abläuten überhörte (vgl. auch 4.11.1959) und der eines Fdl, der eingeschlafen war, dadurch die Durchfahrt zweier G nicht bemerkte, auch nicht, daß bei dem einen ein Zugteil fehlte. Durch Anrufe geweckt, verursachte er infolge Schlaftrunkenheit beinahe ein Unglück. Mehrfach heißt es: Nur durch die Aufmerksamkeit der Lokpersonale und anderer Betriebsbeteiligter wurde Schlimmes verhindert.

Am **21.9.1971** stieß der ausfahrende P 731, Gerstungen-Eisenach, mit einer vom Kreuzungs=Bf Dietrichsberg zurückgekehrten und vor dem Einfahrsignal **Gerstungen** haltenden Schiebelok zusammen (11 V).
Normalerweise erhielten die schweren Schnellzüge aus der BRD in Gerstungen Vorspann zur Bewältigung der starken Steigung auf dem Neubaustück[49] nach Förtha. Die Loks blieben am Zug bis Eisenach, um von dort wieder Vorspanndienste zurück nach Gerstungen zu leisten. An diesem Tage stand keine Vorspannlok für D 1099 von Frankfurt/M. zur Verfügung, und es gab weitere Kalamitäten, die zahlreiche Telefonate der betriebsbeteiligten Bahnbediensteten miteinander nötig machten. Daher nahm Fdl Gerstungen an, daß alle über das ausnahmsweise Verkehren einer Schiebelok bis Dietrichsberg und zurück informiert seien (vgl. auch 6.10.1982). Er hielt es für unnötig, der Zugmelderin in Bf Gerstungen Anweisungen zu geben. Die Zugmelderin hatte aber die Telefonate nur teilweise mitgehört und gab nach Rückmeldung des D 1099 - am Unfalltag aus sicherungstechnischen Gründen angeordnet - eigenmächtig dem P 731 Ausfahrt.
Nach dem Unglück, an dem auch Fehlhandlungen des Fdl und des Stellwerkwärters Dietrichsberg mitursächlich waren, wurden in Überprüfung der Arbeitsgepflogenheiten dort, von anderen Unfalluntersuchungen her bekannt, weitere Nachlässigkeiten festgestellt.

Am **30.10.1972** überfuhr der Tf des Ex 69, Karola (zuvor D 348) Leipzig-Karlsbad, in **Schweinsburg=Culten**, Str Leipzig-Werdau, bei dichtem Nebel ein Signal und stieß mit D 273, Aue-Berlin, zusammen (25 T, 66 V).

Am **10.7.1973** entgleisten Lok (BR 03) und etl. Wagen des D 703, Leipzig-Saalfeld, infolge überhöhter Geschwindigkeit nach Mißachtung angezeigter Langsamfahrt im Bf **Leipzig=Leutzsch** auf ablenkender Weiche (4 T, 25 V).

Am **13.7.1975** entgleisten etl. Wagen des D 943, Halberstadt-Dresden, bei **Gnölbzig**, Str Halle-Aschersleben, wegen Gleisverwerfung (22 V).

Am **23.6.1976** entgleisten bei **Eisenach** vier Wagen des D 354, Berlin-Paris, wiederum wegen Gleisverwerfung, ein Wagen stürzte um (26 V).

Am **27.6.1977** stieß bei **Lebus**, Str Frankfurt/O.-(Küstrin=)Kietz, D 1918 von Zittau nach Stralsund mit Dg 50 101 zusammen, wobei auslaufendes Öl in Brand geriet (29 T, ca. 8 V).
Die Schuld an dem Unglück trug ein auf W 1 Bf Booßen Dienst habender Weichenwärter. Er hatte 17.50 Uhr die 12 Stdn=Nachtschicht übernommen und zwischen 19.30 Uhr und 23.30 Uhr nur das Zugmeldebuch und Telefongespräche zu führen gehabt. Dann lief Dg 61 180 vom Rbf Frankfurt/O. in Gleis 2 ein und blieb dort stehen, weil Kietz mangels Platz den Zug weigerte. Die Lok des Dg fuhr daraufhin zurück nach Frankfurt/O.

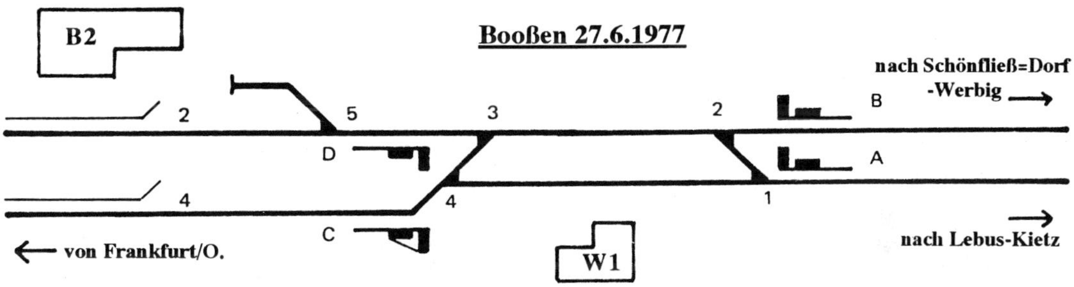

Um 0.45 Uhr wies Fdl Booßen den Wärter an, die Fahrstraße für eine Lz aus Ri Kietz nach Gleis 4 zu legen und zu sichern. Nachdem der Wärter die Verrichtung gemeldet hatte, ohne jedoch Weiche 3 in Schutzstellung, d.h. auf gerade gelegt zu haben, schlief er ein.
1.05 Uhr kam die Lz an. Fdl leitete die Lok in seinem Bahnhofsbezirk (B 2) auf Gleis 2, um sie bei dem abgestellten Dg bis zur Durchfahrt des D 1918 stehen zu lassen. Etwa gleichzeitig erhielt Fdl die Vorausmeldung für D 1918, und er beauftragte telefonisch den Wärter, die Fahrstraße zu legen und zu sichern. Der aus dem Schlaf gerissene Wärter dachte, er hätte das schon erledigt, was insofern stimmte, als er Weiche 3 in Ablenkung belassen hatte. Daß Weiche 4 von der Lz=Fahrt her in Ri Lebus-Kietz stand, fiel ihm in seiner Schlaftrunkenheit nicht ein. Also meldete er, der Fahrweg für D 1918 sei gelegt und gesichert.

Als D 1918 ca. 1.15 Uhr durchfuhr, schlief der Wärter schon wieder. Erst die Rückfrage von Schönfließ=Dorf, dem nächsten Bf Ri Werbig, wo D 1918 bliebe, weckte ihn. Die Unfallmeldung von Lebus, der ersten Station Ri Kietz, traf unmittelbar danach ein.
Die Frage ergibt sich, warum das Lokpersonal des D 1918 die Falschfahrt nicht bemerkte. Die Strecke nach Werbig war als Hauptbahn ausgebaut und wieder für 100 km/h zugelassen, die nach Kietz nur als Nebenbahn hergerichtet, auch mit unbeschrankten BÜ, von denen D 1918 bis zum Zusammenstoß zwei passierte. So könnte man meinen, streckenkundige Personale hätten entweder bereits bei Ausfahrt Booßen, spätestens jedoch beim Befahren mehrerer Kilometer einer Nebenbahn ihre Falschfahrt bemerken müssen.
Nun kamen die Loks der BR 03 des Bw Stralsund normalerweise nicht nach Frankfurt/O. zum Einsatz. Außerdem hatten die Lokpersonale vor der Fahrt am 27.6. lediglich eine Belehrungsfahrt im Triebwagen und nur am Tage absolviert.[50] Besondere Aufmerksamkeit hielten sie aber offenbar nicht für nötig, da sie den ihnen entgegenkommenden Dg nicht bemerkten, im Gegensatz zu dessen Tf, der absprang und schwer verletzt überlebte.

161: Lebus, 27.6.1977 - 03 0078 und der erste Wagen des D 1918

In der Gerichtsverhandlung - die FAHRT FREI berichtete darüber in Nr. 16/1977 - erhielt der Wärter fünf Jahre Gefängnis. Die Sicherungsanlagen des Bfs waren als in Ordnung befunden worden. Weder Sachverständige noch Verteidigung hatten darauf hingewiesen, daß diese nicht den Sicherheitsbestimmungen entsprachen. Es gab dort weder Bahnhofs- noch Streckenblock oder Signalabhängigkeit, d.h. die Sicherheit des Betriebes hing allein von der Zuverlässigkeit der Bediensteten ab.
Den bei dem Prozeß anwesenden FAHRT FREI=Redaktionsmitgliedern fiel während der Verhandlung auf, daß diese Mängel ignoriert wurden und daher ein einseitiges Schuldbild des Wärters zustandekam. Der zur Veröffentlichung in FAHRT FREI verfaßte Gerichtsbericht enthielt zwar darüber einige Passagen, sie wurden jedoch vor Abdruck gelöscht. Auch sachliche Kritik war nicht erlaubt. Nach der Wende holte das Erich Preuß, einer der beiden Autoren des Berichtes von 1977, in der FAHRT FREI 3/1990 nach. Auf den Schuldanteil der Stralsunder Personale, die sich keineswegs als streckenkundig erklären durften, wird hingewiesen, auf die mangelhaften sicherungstechnischen Anlagen und vor allem auf die Säumigkeit der verantwortlichen Dienststellen, Beschlüsse zum Einbau technischer Sicherungen fristgemäß in die Tat umzusetzen (wie in Langenweddingen, 6.7.1967).
Da Herr Preuß den seinerzeitigen DDR=Verkehrsminister in die Kritik einbezogen hatte, wollte man höheren Orts diese geharnischten Zeilen nicht einfach durchgehen lassen. Es folgte in FAHRT FREI 11/1990 *"Noch einmal: Der Fall Lebus"* aus der Feder Joachim Trommlers, "Leiter der Hauptinspektion f. Arbeits- und Produktionssicherheit der DR". Nach nochmaliger Einsicht in die Untersuchungs- und Gerichtsakten[51] kam e r zu dem Ergebnis, daß der Minister seinerzeit zu Recht im Fernsehen gesagt habe, *"die vorhandenen Sicherungsanlagen arbeiteten einwandfrei".*
Gewiß, die Signale waren zu stellen, es gab sogar ein Schlüsselwerk und mit diesem, sofern es benutzt wurde, für die Schlüssel Signalabhängigkeit. Die Sicherungseinrichtungen eines Systems sollen allerdings menschliche Trägheit und Gedankenlosigkeit ausschließen, und dafür gab es in Booßen keine technischen Vorkehrungen.
Herr Trommler nahm auch das von Preuß attackierte "Komplexgutachten" in Schutz. Die Fragestellung sei eingeschränkt gewesen und dementsprechend eingeschränkt beantwortet worden:

> *"Die Einsichtnahme in die Untersuchungs- und Gerichtsakten hat deutlich gemacht, daß das zum Unfall führende Fehlverhalten des Stellwerkswärters H. bereits in den ersten Vernehmungen herausgearbeitet worden war. Darauf aufbauend konzentrierte sich die Fragestellung für das Gutachten schwerpunktmäßig auf die Pflichtenlage des Stellwerkswärters und des Lok-Personals. Ausgehend von der Unfallursache und dem nicht vorhandenen kausalen Zusammenhang zwischen unvollständiger Sicherungstechnik und Unfall muß geschlußfolgert werden, daß diesbezügliche Fragen nicht zum Gegenstand des Gutachtens gemachten worden sind."*

In der zweiten Hälfte des Jahres 1990 für einen leitenden Bahnbediensteten in hoher Position eine seltsame Auslegung!
"Komplexgutachten" bedeutet entweder Berücksichtigung des Gesamtkomplexes oder - wie der Begriff Komplexdienststellen - die Zusammenfassung mehrerer gutachterlicher

Expertisen. Für die Beurteilung der *"Pflichtenlage"* ausführender Personale allein wäre wohl e i n Gutachten ausreichend gewesen. Aber selbst in "eingeschränkten" Gutachten nach DB=Unfällen, d.h. Gutachten mit bestimmter Aufgabenstellung, würde sich ein gerichtlich bestellter Gutachter diskreditieren, wenn er zur Abwägung der Verfehlungen nur die Vorschriften auswertete. Ein ernst zu nehmender Gutachter m u ß den Gesamtkomplex berücksichtigen und schriftlich ausarbeiten. Daß Herr Trommler von rechtsgemäßer gutachterlicher Tätigkeit und einigem mehr anscheinend keine Ahnung hatte, deutet der erste Satz vorstehender Zitierung an. Die Ergebnisse von *"ersten Vernehmungen"* dürfen niemals zu einer Einschränkung der weiteren Ermittlungen usw. führen.
In einem Punkt hatte Herrn Trommlers Replik vermutlich recht, nämlich hinsichtlich der Behauptung von Herrn Preuß, ein deutsches "Räumkommando" habe die Stellwerke gesprengt. Soweit es dort Kriegs- oder Kriegsfolgeschäden gab - und es waren nicht unbeträchtliche - gingen sie in der Hauptsache auf das Konto der Sowjets. Die Rote Armee planierte z.B. den Verschiebe=Bf Frankfurt/O., um ihn als Feldflugplatz zu benutzen, und von den Gleisen der Str Frankfurt/O.-Küstrin=Kietz, die Booßen links liegen ließ, wurde auf Befehl der Sowjets 1945/46 gut die Hälfte demontiert.
So erinnert das Unglück von Lebus an eine größere Katastrophe, die im Raum Frankfurt/O.-Küstrin besonders nachhaltige Spuren hinterließ. Die alte, 1857 eröffnete Hauptbahn Frankfurt/O.-Küstrin-Kreuz mit ihrem Verkehrsraum wäre wert, daß man ihr wechselhaftes Schicksal dem Vergessen entrisse, zumal hier noch vieles zu klären wäre, wie die vier nachstehenden Kartenausschnitte andeuten.

1. Ausschnitt aus Betriebskarte der Deutschen Reichsbahn 1921 [Nachdruck 1974] / **2.** - aus GEA-Karte 1944 [Nachdruck 1977] (Str nach Booßen fehlt); fette Str = zweigleisig / **3.** - aus Übersichtskarte der DR in der SBZ 1.1.1948 [Nachdruck 1993] / **4.** Gleisplan der Unfallzeit aus FAHRT FREI 3/1990, S. 9; → in Kartenausschnitt 1 und 2 deutet auf VschBf Frankfurt/O.

Am **26.11.1977** zerknallte im Bahnsteigbereich **Bitterfeld**, Str Berlin-Halle/Leipzig, der Kessel von Lok 01 516 vor dem einfahrenden D 567, Berlin-Reichenbach; die Folge: 8 Tote und 45 Verletzte; die Ursache: Wassermangel infolge grober Nachlässigkeit der Lokmannschaft, die in der ersten Hälfte desselben Tages schon 03 121 vor D 562 trockengeheizt hatten, was gerade noch rechtzeitig -vermutlich bei Übergabe der Lok - an den Schmelzpropfen bemerkt worden war.
Bei nebenstehender Abb. 162 ist das durch die Wucht des Aufpralls eingeklemmte Schienenstück am Stehkessel der 01 516 bemerkenswert.

Am **28.9.1978** stießen auf der Str **Frankfurt/O.-Eberswalde** zwei G infolge Fdl=Fehler zusammen (1 T, 1 V).

Am **20.2.1979** stießen in **Berlin** gegen 6.20 Uhr zwischen den Bfn Schlachtensee und Nikolassee infolge Fehlverhalten der Fdl beider Bfe die V=Loks 106 239 mit drei angehängten Güterwagen und 118 357 als Lz zusammen. Die Tf beider Loks, denen die Signale 'Fahrt frei' gezeigt hatten, und ein weiterer Eisenbahner wurden schwer verletzt. Auf dem Nachbargleis entgleiste der letzte Wagen eines gerade vorbeifahrenden S-Bahn=Zuges durch herumfliegende Trümmer.

Am **16.3.1979** stießen zwischen **Dreileben=Drackenstedt** und **Eilsleben**, Str Magdeburg -Marienborn, D 344, Berlin-Bonn, und D 445, Köln-Görlitz, zusammen (etl. V), und

am **11.4.1979** in **Berlin** Gbf Wannsee gegen 12.25 Uhr ein Arbeits- und ein Kesselwagenzug, wodurch auch die Ferngleise blockiert wurden.

Am **1.9.1979** entgleisten zwischen **Tangerhütte** und **Demker**, Str Magdeburg-Stendal, zwölf Wagen des D 936, Dresden-Salzwedel, infolge Gleisverwerfung; zwei Wagen stürzten um (2 T, 24 Schwer=V, etl. Leicht=V.).
Gerüchten zufolge soll die Entgleisung auf Beschädigung der Schienen durch einen Sowjetpanzer zurückzuführen gewesen sein. Einem Foto der Entgleisungsstelle - wir erhielten es leider nicht zur Veröffentlichung - ist zu entnehmen, daß Wagen in Fahrtrichtung nach rechts entgleisten, ein Wagen ragt in den Lichtraum des Gegengleises, das ansonsten unbeschädigt zu sein scheint. Spuren eines darüber gefahrenen Panzers wären sicher aufgefallen. Im übrigen ist die 'klassische' Verwerfungswelle deutlich erkennbar.
Die Entgleisung erfolgte ca. 16 km vor Stendal, planmäßige Ankunft des Zuges dort 19.20 Uhr (Sommerzeit). Da an diesem Tage trotz hoher Temperaturen bei der Unglücks-

stelle Schwellen ausgewechselt wurden und offenbar nach Arbeitseinstellung wieder mit voller Hg gefahren werden durfte, könnte das den Zeitpunkt der Verwerfung erklären.

Am **1.9.1980** geriet im Bf **Weimar** eine nicht ordnungsgemäß festgebremste, 1072 t schwere Wagengruppe fünf Stunden nach ihrer Abstellung ins Rollen. Nach 30 km Fahrt wurde eine Lok den entlaufenen Wagen entgegengesandt, um sie aufzufangen und zum Stillstand zu bringen (vgl. auch Jünkerath, 19.9.1982 - Teil B). Das glückte nicht, weil der Anprall zu hart war; der erste Wagen überpufferte und leitete die Entgleisung ein. Materialschaden und längere Streckensperrung waren die Folge.

Am **14.6.1980** ereignete sich im Bezirk **Potsdam** ein Unfall mit 15 V. Weiteren Angaben liegen nicht vor, dgl. zum Unfall,

am **5.8.1980** an einem BÜ bei **Burg**, Str Magdeburg-Berlin, D 346 gegen Lkw (1 T, 1 V).

Am **1.11.1980** geriet bei Ausfahrt **Eisenach** D 907 Ri Erfurt bei einer Weichenstörung und infolge Fehlverhaltens des Weichenwärters auf das Gegengleis und stieß bei Wutha mit einem Gegenzug zusammen. Es erhielten Tf und Stellwerkmeister in erster Instanz je 1 Jahr und 6 Mon Gefängnis, Fdl eine Strafe auf Bewährung.

Am **14.1.1981** kam es auf einem Bf vermutlich zwischen **Görlitz** und **Löbau** zu einem tödlichen Rottenunfall.
Der Unfall hat insofern eine besonders tragische Note, als der tödlich Verunglückte, ein Stellwerkmeister, an sich dienstfrei hatte. Wegen Kälte und Schneeverwehungen war er im Bf geblieben und schlief im Dienstraum des Fdl. Durch Stromausfall fiel die Weichenheizung aus, und D 487, Leipzig-Görlitz, konnte wegen der vom Schnee blockierten Weichen keine Durchfahrt erhalten. Deshalb und zur Herbeiholung von Arbeitern zum Schneeräumen wurde im Dienstraum viel telefoniert, was den Schlafenden weckte. Er bot seine Hilfe an, da nur eine Räumkraft gefunden wurde. Zunächst ging er zum Stellwerk, um seine diensthabende Kollegin, eine Stellwerkmeisterin, über die Arbeitsaufnahme zu informieren. Die junge Stellwerkmeisterin teilte ihm mit, daß von der freien Strecke noch eine Zugfahrt zu erwarten sei, vermutlich E 689. Der Stellwerkmeister unterließ es jedoch, die bereits an einer Weiche arbeitende andere Räumkraft von dieser Zugfahrt zu verständigen. Der Mann wurde daher vom Nahen des Zuges überrascht und konnte nur knapp beiseite springen. Als er dem Stellwerkmeister noch eine Warnung zurief, war es für diesen zu spät.
Die Schuld der 21jährigen Stellwerkmeisterin bestand darin, sich nicht vor Einfahrtfreigabe überzeugt zu haben, ob die beiden Männer aus dem Gleis getreten waren. Statt dessen hatte sie nach Abgabe zweier mäßig langer Signale mit dem Signalhorn noch kurz auf die telefonische Bestätigungsmeldung der beiden Schneeräumer gewartet. Als kein Anruf kam, dachte sie sich, sie wären schon beiseite getreten und gab die Einfahrt frei. Das Kreisgericht Görlitz verurteilte sie zu 2 Jahren Bewährung bei Androhung einer einjährigen Freiheitsstrafe.

Am **2.6.1981** entgleisten gegen 14.12 Uhr drei Wagen des N 7942, Frankfurt/O.-Berlin, zwischen **Pillgram** und **Jacobsdorf** mit 74 km/h infolge Gleisverwerfung (Schienentem-

peratur +46°C). Eine Vorverformung war vom Tf des Zuges bemerkt und Schnellbremsung eingeleitet worden. Vermutlich bewirkten ähnlich Kelsterbach (***II**, S. 115) die dadurch ausgelösten Schüttelschwingungen das Ausknicken des Gleises (6 V). [Abb. 163]
In der Nacht vor dem Unfall war das Gleis um 60 mm gehoben worden, um eine Grundhebung von 20 mm zu erreichen. Der Streckenmeister als örtlicher Bauleiter hatte gegen 22.35 Uhr die Streckensperrung veranlaßt. Dann war er, nachdem die Stopf- und Richtmaschine ihre Arbeit begonnen hatte, nach Hause gegangen. Die Aufsicht übertrug er einem Streckenwärter. Ob der Streckenmeister wußte, daß der Schwellenfachverdichter nicht in Tätigkeit treten konnte, weil ein Sicherungsposten fehlte, ist dem Bericht nicht zu entnehmen.
Als der Streckenmeister gegen 5.30 Uhr zur Baustelle zurück kam, waren die Arbeiten beendet und der Abschnitt ohne Hg=Beschränkung bereits freigegeben. Der Streckenmeister überprüfte zwar Gleislage und Arbeitsausführung, nahm die Hg=Freigabe jedoch nicht zurück. Nur für das Gegengleis, in dem er einen Richtungsfehler entdeckte, ordnete er Geschwindigkeitsbeschränkung auf 10 km/h an.
Der Streckenmeister wurde zur Bewährung auf 2 Jahre mit Androhung von 7 Mon Haft und einer Geldstrafe (Schadenersatz) in Höhe eines Monatslohnes verurteilt. Das für DDR=Verhältnisse ungewöhnlich milde Urteil gibt ebenso zu denken wie der Kommentar, der sich sehr allgemein über Querverschiebewiderstand, Vorschriften und der 16jährigen Berufserfahrung des Streckenmeisters ausläßt und argumentiert, kein Eisenbahner dürfe nach eigenem Ermessen handeln, sondern müsse *"Befehle wortgetreu und mit eiserner Disziplin wie ein Soldat erfüllen"*. Der interessierte Leser vermißt jedoch, welche Vorschriften nicht wortgetreu befolgt wurden und inwiefern.

163 - Pillgram, 2.6.1981 - Gleisverwerfung und Beschädigungen am Gleis durch die Entgleisung

Am **11.6.1981** entgleisten abermals wegen Gleisverwerfung gegen 16.55 Uhr acht Wagen des D 1453, Düsseldorf-Chemnitz, bei **Erfurt=Bischleben** (14 T, 102 V).

Der Tf leitete aus 110 km/h Bremsung ein, nachdem er am Gleis eine Verformung oder einen Richtungsfehler erkannt hatte. Nur das Tfz, der erste und der letzte Wagen entgleisten nicht. Ein Wagen wurde gegen ein Stellwerk geschleudert. Von einem Gerichtsverfahren ist nichts bekannt.

Am **13.6.1981** stießen zwischen **Bad Blankenburg** und **Saalfeld** Gag 57 442 und Ng 66 404 zusammen. Beide Tf wurden getötet, beide Tfz und elf Wagen zerstört sowie zwei weitere Wagen und drei Container erheblich beschädigt.

Das Unglück erinnert in seinen Grundelementen an ähnliche Fälle, bei denen kleine Verstöße mehrerer Bahnbediensteter die unfallkausale Verfehlung ermöglichten. Hier allerdings kam erschwerend hinzu, daß diese vom Fdl Bf Bad Blankenburg, in Folgendem Fdl B genannt, in alkoholisiertem Zustand begangen wurde, was der Menge einschlägiger Berichte nach offenbar in einer Art Epidemie auszuarten drohte.[52]

Fdl B hatte am 11.6. "feuchtfröhlich Geburtstag gefeiert" und nach Dienstschluß am 12.6. weiter Alkohol konsumiert. Seinen Kater am 13.6. früh behandelte er mit drei 'Doppelten'. Nachgerechnet wurde, daß er seinen Dienst um 6.00 Uhr mit 1,5 Promille Blutalkoholgehalt angetreten hatte.

7.12 Uhr erhielt Fdl B vom Fdl Quittelsdorf, dem nächsten Bf Ri Arnstadt, die Vorausmeldung für den verspäteten Gag nach Saalfeld. 7.18 Uhr rief Fdl B seinen Kollegen in Saalfeld an, informierte diesen, daß der Gag im Anrollen sei und fragte, ob Ng 66 404 zur Abfahrt fertig wäre. Das Gespräch wurde über Basa geführt, und so holte Fdl Saalfeld gleich die nötigen Erkundigungen mit ein und tätigte im Rahmen des Sammelgespräches auch noch die Vorausmeldung für Ng 66 404. Fdl B bestritt letzteres, aber Fdl Saalfeld hatte Zeugen, und Sachverständige argumentierten, Fdl B habe die Vorausmeldung des Ng infolge Alkoholisierung geistig nicht verarbeitet. Jedenfalls wurde Fdl B erst klar, daß der 7.30 Uhr in Saalfeld abgefahrene Ng dem Gag entgegenkam, als er die Dispatcher=Wechselsprechanlage einschaltete. Da war es zu spät, das Unglück zu verhindern.

Fdl B wurde mit 5 Jahren Freiheitsentzug bestraft. Hauptschuldiger war er zweifellos, aber die Dispatcherleitung Saalfeld nicht ohne Mitschuld. Die diensthabende Dispatcherin hatte sich um die beiden Güterzüge nicht gekümmert, und die Fdl, die vermutlich häufig ohne die Dispatcher zu disponieren pflegten, hatten keine Anweisungen verlangt, wozu sie verpflichtet gewesen wären. Auch Fdl Saalfeld käme eine Teilschuld zu, weil Zugmeldungen aus gutem Grund vermittels Streckenfernsprecher - nicht aber auf Basa - zu tätigen sind. Ob er und die Dispatcherin ebenfalls gerichtlich belangt wurden, geht aus dem Bericht nicht hervor.

Am **10.8.1981** verursachte ein Unwetter in Ostthüringen schwere Schäden auch an Bahnanlagen, u.a. wurden in **Gera** und **Jena** die Bahnstrecken unterbrochen, weil sich Wassermassen an einem Durchlaß gestaut und den Bahndamm weggerissen hatten, so daß beide Gleise in der Luft hingen.

Am **6.2.1982** wurde am BÜ der Fernstraße 105 bei **Kummerow**, Str Rostock-Stralsund, ein Sattelschlepper von einem Postzug erfaßt, der Lkw=Lenker getötet; Lkw und Lok gerieten in Brand. Am BÜ hielt bereits ein Pkw; der Lkw=Lenker wollte nicht warten, scherte aus und umfuhr die geschlossene Halbschranke.

Am **19.5.1982** prallte D 320 auf einem BÜ zwischen **Gransee** und **Altlüdersdorf**, Str Berlin-Neustrelitz, gegen einen Traktor. Näheres ist nicht bekannt.

Am **27.5.1982** entgleisten vor der innerdeutschen Grenze zwischen **Marienborn** und **Helmstedt** drei Wagen des D 344, Berlin-Hoek van Holland, und

am **6.7.1982** auf einer Baustelle zwischen **Grabowhöfe** und **Vielist**, Str Rostock-Berlin, Tfz und sieben Wagen des D 523 (59 V). Der Tf wurde wegen Mißachtung der La infolge ungenügender Vorbereitung auf den Dienst zu Freiheitsentzug von 2 Jahren und 6 Monaten verurteilt.

Am **11.8.1982** wurde ein 18jähriger Mopedfahrer in **Eisenhüttenstadt** (Fürstenberg/O.) wegen Mißachtung des Blinklichtes an einem BÜ überfahren.
Der Zeitungsmeldung vom 13.8.1982 ist der Hinweis angefügt, dies sei der *179. BÜ=Unfall* seit Jahresbeginn in der DDR, die Tendenz dieser Unfallart steigend und vorwiegend auf zu schnelles Heranfahren zurückzuführen. Folgenschwere Unfälle durch den Leichtsinn Jugendlicher häuften sich.
Wenige Tage vorher war in einer Kurznotiz zu lesen, daß auf den Straßen der DDR jeder dritte bei einem Verkehrsunfall Getötete zwischen 14 und 24 Jahre alt sei. Allein 77% der Zweiradunfälle würden von jungen Leuten verursacht.

Am **29.9.1982** fuhr infolge Unachtsamkeit einer Fahrdienstleiterin im Bf **Senftenberg** ein P Cottbus-Riesa auf eine Lok (40 V).

Am **6.10.1982** stießen zwischen **Dietrichsberg** und **Förtha** zwei G infolge Fdl=Fehler zusammen (4 V). Die Str Gerstungen-Förtha mußte gesperrt und der Zugverkehr von/nach Bebra über Probstzella oder Marienborn umgeleitet werden.
Ursächlich waren, ähnlich dem Unfall vom 21.9.1971, mißverstandene Telefonate der Fdl Förtha und Dietrichsberg. Offenbar mußte wieder einmal Rückmelden durchgeführt werden, diesmal weil der Streckenblock nicht bedient werden konnte. Die Batterien waren leer infolge eines unbeachteten Stromausfalles. Fdl Dietrichsberg erhielt 1 Jahr Freiheitsentzug, Fdl Förtha 8 Monate auf eineinhalb Jahre Bewährung.

Am **13.10.1982** entgleisten auf einer Brücke bei **Altenburg**, Str Leipzig-Gößnitz, Tfz und mehrere Wagen eines P Leipzig-Reichenbach. Ein Lkw hatte einen Stützpfeiler der Brücke gerammt und dadurch eine Senkung des Gleiskörpers ausgelöst.

Am **31.10.1982** fuhr nahe Bf **Genshagener Heide** bei Dunkelheit und Nebel ein G auf P 11 485 von Werder nach Berlin. Beim Aufprall wurde der letzte Wagen hoch- und auf die V=Lok des G geschleudert. Der Tf und sieben Reisende kamen um, 48 weitere wurden verletzt.[Abb. 164]
Dieses Unglück war nicht das erste, aber folgenschwerste bei Ausübung des in der DDR auf einigen dicht belegten Strecken eingeführten 'permissiven' Fahrens, einer Art Fahren auf Sicht: Unter bestimmten Bedingungen durfte ein Tf an besonders gekennzeichneten Signalen auch bei Haltstellung mit 50 km/h vorbeifahren, bei Dunkelheit mit 15 km/h und schlechter Sicht ca. 5 km/h, um jederzeit sofort halten zu können.

Bei diesem Unfall war der von Werder kommende Zug im Anfahren, um nachzurücken, als der G wegen Mißachtung der Geschwindigkeitsbestimmungen auffuhr. Der Fdl Genshagener Heide soll den Tf noch eigens darauf hingewiesen haben.

164: Genshagener Heide, 31.10.1982: Teile und Trümmer des letzten Reisezugwagens

****

Wenn man die DDR=Tageszeitungen jener Jahre durchsieht und sie mit früheren vergleicht, spürt man deutlich eine Veränderung in Gehalt und Ton. Unergiebig und borniert wie die thüringische Zeitung DAS VOLK waren zwar einige immer noch, andere aber wirkten aufgelockert und berichteten auch mehr über unpolitische Tagesereignisse, u.a. über Unfälle auf Schienen und Straßen der DDR.[53]

Weit stärker 'emanzipiert', um diesen Ausdruck zu gebrauchen, hatte sich im Laufe der Jahre jedoch die FAHRT FREI. Die nunmehr gekonnte Mischung von Obligatorischem, Hintersinnigem und Kritik machte diese Eisenbahnerzeitschrift zu einer weit interessanteren Lektüre als vergleichbare Blätter der DB. Hier eine kleine Auswahl:

Auf Seite 4 und 5 der FAHRT FREI 20/1982 findet man einen Bildbericht mit Fotos von Eisenbahnern in ordensgeschmückter Kampftruppenuniform. Bilder und Text handeln von der *"Kampfgruppenhundertschaft der Rbd Dresden (Haus)"*. Sie hatte am 17.8. mit Note "Sehr gut" erfüllt.

Im Artikel daneben erfährt der Leser von der Bilanz des Kampfprogrammes der Bm Doberlug-Kirchhain, von Details der 107%igen Planerfüllung usw.: Auf Seite 6 steht ein Gerichtsbericht von einem *"gesellschaftlich organisierten Lehrling"*, der nach 22.00 Uhr stark angetrunken im Hbf Potsdam zunächst mit Gepäckkarren Unfug trieb und dann eine den Bahnsteig reinigende Frau der Aufsicht belästigte. Er trat die zusammengefegten

Schmutzhaufen auseinander, entriß der Frau den Besen und schlug sie damit auf den Kopf. Die Transportpolizei mußte den Rowdy festnehmen, der zu einer Freiheitsstrafe von 6 Monaten und Schadenersatz verurteilt wurde.

Ein Leserbrief in der gleichen Nummer greift Nachlässigkeiten und Fehler der Organisation des Wagenumlaufes auf, Pannen, die laufend - in FAHRT FREI=Ausgaben zuvor und danach - angekreidet wurden. Der Bf Brahlstorf z.B. hätte am 16.6.1982 den Ganzzug Nr. 84 870 von Langhagen zur Entladung erhalten.

> *"Beim Vergleich der Wagenzettel mit einem anderen Kieszug, der im März dieses Jahres in Brahlstorf entladen wurde, stellte man fest, es war derselbe Zug in der Zusammensetzung von damals! Auch mit denselben leeren Schadwagen! Können wir uns das leisten?"*

Anschließend noch ein Leserbrief über die Fehlleitung von Wagen; Ähnliches in FAHRT FREI 21/1982: *"Mehrmals hin und mehrmals her"*, *"Nichts ging in Ordnung"* und *"Steht noch vor der Tür"*. Bei letzterem drehte es sich um einen Container, der nach der Entladung trotz Engpässen und Bedarf vier Wochen leer und unbenutzt herumstand.

Die Überorganisation und Abrichtung des Individuums zum reinen Befehlsempfänger und -ausüber zeitigte noch andere Mißstände, deren Bemängelung die FAHRT FREI gern Platz einräumte. Hierzu s. nebenstehenden Artikel *"Antwort befriedigt nicht"*. (vgl. auch Anmerkung 50)

Das Reisepublikum stellte der DDR=Bahn in zunehmendem Maße ein schlechtes Zeugnis aus: Häufige Verspätungen, unsaubere Wagen, Warteschlangen an den Schaltern, unpünktlich erscheinende Fahrplandrucksachen u.a.m. Als Entschuldigung gab die Verwaltung der DRB - wie auch die anderer Bereiche in der DDR - Personalmangel an.

Antwort befriedigt nicht

Rbd Berlin antwortet zu „Offene Worte" in Nr. 18/1982

„Offene Worte" richtete Brigadeoberdispatcher Harald Schlumbach an seine Berliner Kollegen (Nummer 18/1982, Seite 6/7). Die Rbd Berlin hatte für Zug 59 517 die Lokomotive gefordert, dann den Zug über Wünsdorf angeboten, was die Bereitstellung einer weiteren Lokomotive nötig gemacht hätte. Die Odl Cottbus lehnte ab, da die Planlok bereits nach Berlin unterwegs war, die Hdl genehmigte jedoch die Fahrt über Wünsdorf.

Außerdem fiel entgegen der Versicherung, alle Regeltrassen der Leerwagenzüge werden belegt, Lgo 59 125 aus.

Der Direktionsdispatcher der Odl Berlin, Genosse Henning, antwortete:

Die Lokomotive für Zug 59 517 zu fordern war berechtigt. Die Lokomotive, die den Zug in Oranienburg abzuholen hatte, wurde bei der Ausfahrt schadhaft, so daß der Zug nicht nach Berlin-Grünau vorgezogen werden konnte. Eine Ersatzlok nach Oranienburg zu schicken war wegen der Baumaßnahmen auf dem Innenring nicht möglich.

Schließlich schreibt Genosse Henning, die Durchsetzung der Verpflichtung nach dem Aufruf der Cottbuser Dispatcherkollektive vom 20. November 1981 bereite täglich neue Schwierigkeiten, da am Streckennetz der Rbd Berlin infolge der umfangreichen Bautätigkeit immer operativ eingegriffen werden muß, um die Aufgaben zu lösen. Das zur Kritik gestellte Vorkommnis ist in allen Dispatcherkollektiven der Odl und der Dl Berlin 1 ausgewertet worden.

Über diese Antwort kann wohl niemand richtig froh sein. Warum Zug 59 517 von seinem Laufweg abweichen mußte, diese Erklärung ist man uns schuldig geblieben. Zur gleichen Zeit, da die Planlok in Königs Wusterhausen an der Cottbuser Rbd-Grenze erschien, kam der Zug an der Rbd-Grenze, aber in Wünsdorf, an. Ob die Hdl, die — sicher nach Prüfung der Zusammenhänge — die Genehmigung zur Fahrt über Wünsdorf erteilte, diese Arbeit in der Rbd Berlin immer noch billigt?

Nicht alles kann und sollte mit der Bautätigkeit und der Elektrifizierung entschuldigt werden. Die Abweichung von der planmäßigen Technologie (Sperrung des Innenringes, Umleitung über Außenring, Übernahme des Zuges 59 517 durch die Lok vom 59 109) im Rbd-Bezirk Berlin darf doch nicht mit von der Hdl sanktionierten Forderungen an die Rbd Cottbus einhergehen, zusätzliche Lokomotiven einzusetzen, wenn die Planlok bereits als Lz nach Berlin geschickt wurde und dort ohne Leistung zurückgewiesen wird. Was wird da dispatcht?

Am **23.4.1983** öffnete der Fdl Bf **Neuwiederitzsch** bei Leipzig nach Vorbeifahrt eines D nach Berlin die Schranken und vergaß eine gemeldete, allein fahrende Lok nach Leipzig. Als es ihm einfiel und er die Schranken wieder schließen wollte, war es zu spät. Die Lok kollidierte mit einem Linienbus der Leipziger Verkehrsbetriebe (8 T, 8 z.T. Schwer=V). Am 12.8.1983 wurde der Fdl zu 3 Jahren und 3 Monaten Haft sowie zu Schadenersatzleistungen verurteilt.

Am **25.4.1983** geriet in Bf **Borsdorf** bei Leipzig ein D von Frankfurt/M. infolge Signalmißachtung bei dichtem Nebel auf ein falsches Gleis, so daß drei Wagen bei langsamem Tempo entgleisten.

Am **2.7.1983** benutzten drei Jugendliche (18, 19 und 21 Jahre alt) gegen Mitternacht auf dem Heimweg vom Diskobesuch in Röderau das Gleis der Strecke nach **Riesa**; sie wurden trotz Schnellbremsung des Tf von einem P überfahren.

Am **5.7.1983** stieß auf dem südlichen **Berliner** Außenring D 571, Berlin-Chemnitz, mit einem P, Werder-Berlin Ostbf, infolge Signalmißachtung des P=Lokführers zusammen. Lok und zwei Wagen des P stürzten um, vier Wagen des D entgleisten (4 T, 41 V).

Am **25.11.1983** setzten sich infolge nachlässiger Sicherung beim Abstellen im Bf **Bersdorf** zehn Güterwagen in Bewegung und rollten im Gefälle Ri Hp Grunau, Str Chemnitz-Roßwein, wo sie auf einen haltenden P fuhren (2 T, 5 V).

Am **29.2.1984** fuhr D 354, Berlin=Zoo-Saarbrücken, nach Signalmißachtung bei dichtem Nebel im Bf **Hohenthurm**, Str Bitterfeld-Halle, auf P 7523 (11 T, 46 V).
Obwohl die Signale bei den Sichtverhältnissen kaum zu erkennen waren, hatte der Tf des bis Bebra ohne Halt - Betriebshalte ausgenommen - durchfahrenden D lediglich die Fahrgeschwindigkeit des Zuges ermäßigt in der Annahme, sein Transitzug habe in jedem Fall freie Fahrt. Nach Übersehen mehrerer Signale, von denen ein Hauptsignal 'Halt' zeigte, erkannte er das noch für den verspäteten P 7523 auf 'Fahrt frei' stehende Einfahrsignal Hohenthurm und bezog es auf seinen Zug. Die am Zugschluß des P laufende Lok fing den Hauptstoß auf und verhinderte dadurch noch schlimmere Folgen. [Abb. 165] Der Tf wurde zu 5 Jahren Haft verurteilt.

Am **18.5.1984** wurde zwischen Bf **Radebeul** Ost und Hp **Dresden=Trochau** ein auf den Gleisen laufender Mann überfahren. Die Identität konnte erst rd. 1 Monat später durch Hinweise aus der Bevölkerung ermittelt werden.

Am **20.5.1984** fuhr zwischen **Wustermark** und **Rathenow** ein Triebwagenzug nach Signalmißachtung auf einen Güterzug (10 V).

Am **27.1.1985** stürzte ein schwedischer Lastzug infolge seiner den Witterungs- und Straßenverhältnissen nicht angepaßten Fahrweise die Böschung hinab und auf die Bahngleise der Str **Stralsund-Rostock**, die vier Stunden gesperrt werden mußte.

Am **16.8.1985** öffnete ein fünfjähriges Kind, das unbeaufsichtigt im D **Meiningen-Berlin** herumlief, eine Wagentür und fand beim Sturz aus dem Zug den Tod.

165: Hohenthurm, 29.2.1984: Lok und letzter Wagen des P 7523

Am **11.10.1985** erteilte die Fahrdienstleiterin des Bfs **Eilsleben**, Str Magdeburg- Marienborn, während zeitweise eingleisigen Betriebes Abfahrauftrag für P 9476, ohne den Zug vorausgemeldet zu haben. Statt dessen nahm sie die Vorausmeldung einer Lz der Gegenrichtung an. Erst danach wollte sie die Vorausmeldung für P 9476 abgeben, die ihr Kollege in Wefensleben natürlich weigerte. Beim Zusammenstoß kurz nach 14.30 Uhr stürzte der erste Wagen des Doppelstockwagenzuges die Böschung hinab, beide Loks gerieten in Brand (13 T, 40 V). [Abb. 166/167]
Das Bezirksgericht Magdeburg verurteilte die Fahrdienstleiterin am 20.1.1986 zu 4 Jahren Haft.

Am **23.10.1985** durchbrach ein Lkw mit Anhänger die Halbschranken eines BÜ bei **Brandenburg**, da der Fahrer bei Nebel zu schnell gefahren war. Der Anhänger wurde von D 641, Magdeburg-Berlin, gerammt. Zwei Fahrgäste des Zuges wurden verletzt.
Den Berichten zufolge kam der Kfz=Lenker mit dem Schrecken davon. Welche gerichtliche Strafe er erhielt, wurde in der DDR=Presse nicht veröffentlicht, wie auch bei anderen Fällen der Art, die der Schuldige überlebte. Diese Unterlassung berührt eigenartig, da die gegen Unfallverursacher im Bahndienst verhängten Strafen seit einigen Jahren auch in DDR=Zeitungen für die Öffentlichkeit publiziert wurden. Der DDR=Normalbürger wäre durchaus interessiert gewesen zu erfahren, welche Strafen Lkw=Fahrer für rowdyhaftes Verkehrsverhalten erhielten, zumal der Sicherheitszustand vieler Lkw höchst verkehrsgefährdend war.

166/167: Eilsleben, 11.10.1985

Am **19.11.1985** kollidierten zwischen **Eggesin** und **Hoppenwalde**, Str Pasewalk-Ückermünde, zwei P; zwei Reisezugwagen entgleisten (6 V).

Am **23.11.1985** stießen auf der Nebenbahn **Neubrandenburg-Friedland** (Mecklenburg) ein G mit einem Gmp zusammen; zwei Reisezug- und drei Güterwagen entgleisten (3 T, 19 z.T. schwer V).
Der Zf des G, einem außerplanmäßigen Übergabezug von Neubrandenburg, führte zu seiner Entschuldigung an, er habe geglaubt, der Fdl würde seine Abfahrt nach Friedland melden. Der Fdl wiederum verließ sich darauf, daß der Zf seinen Zug in einer Ausweiche bis zur Vorbeifahrt des planmäßigen Gmp halten lassen würde. Offenbar trug Zf die Verantwortung für die betriebssichere Abwicklung seiner Übergabefahrt, denn er wurde zu drei Jahren Haft verurteilt.

Am **27.2.1986** gegen 7.30 Uhr fuhr bei dichtem Nebel auf dem südlichen **Berliner** Außenring nahe Schönefeld P 11 407, Falkenhagen-Berlin=Karlshorst, infolge unangemessener Geschwindigkeit während permissiven Fahrens auf einen haltenden Güterzug. Lok und der erste Wagen des P sowie sieben Güterwagen wurden beschädigt, der Tf der P=Zuglok starb, vier Fahrgäste erlitten Verletzungen.

Am **8.4.1986** erfaßte ein G nahe **Lauchhammer** Süd, Str Hoyerswerda-Falkenberg, einen Linienbus bei nicht geschlossenen Halbschranken (8 T, 38 V).
Ursächlich soll ein technischer Defekt der Schrankenautomatik gewesen sein, von Gutachtern nicht bestätigt. Der Tf wurde wegen Nichtbeachtung des Kontrollichtes zu zwei Jahren und sechs Monaten Haft sowie Schadenersatzleistung verurteilt.

Am **15.5.1986** stießen nachts in **Genthin** nach Signalmißachtung zwei G zusammen (1 V).

Am **29.7.1986** wurde an einem technisch ungesicherten BÜ beim Bf **Hörsingen**, Str Haldensleben-Weferlingen, infolge Unaufmerksamkeit des Fahrers ein Trabant von der Lok eines G erfaßt (3 T), dgl.

am **31.7.1986** am technisch ungesicherten BÜ eines Wirtschaftsweges bei **Neuwegersleben**, Str Oschersleben-Gunsleben, ein 15jähriger Mopedfahrer mit einem 10jährigen mitfahrenden Jungen von einem P (2 T).

Am **17.11.1986** hielt ein KOM auf einem technisch ungesicherten BÜ zwischen **Warin** und **Neukloster**, Str Wismar-Karow. Der Tf des P 18272, der durch seine Aufmerksamkeit den Zug knapp vor dem BÜ zum Halten bringen konnte, wurde mit dem Ehrentitel "Aktivist" und einer Geldprämie ausgezeichnet.

Am **24.11.1986** fuhr bei **Reuden**, Str Zeitz-Leipzig, ein P in eine über die Strecke getriebene Rinderherde der LPG Profen.

Ende **1986** brachte die NORDEUTSCHE NEUESTE NACHRICHTEN einen Artikel über Schwarzfahrer und Gleisläufer im Rostocker S-Bahnbereich. Das Risiko, unbefugt die Gleisanlagen zu betreten oder zu überschreiten, hätten Beobachtungen zufolge an manchen Tagen

200 Personen auf sich genommen, auch solche mit Kinderwagen, Fahrrädern und Mopeds und selbst dort, wo es Fußgängerbrücken gäbe.
Der Name dieser Berichterstatterin zeichnet mehrfach sachgerechte Artikel zum Bahngeschehen, u.a. wieder Mitte November unter *"In die Gleise getorkelt";* einer der Überfahrenen hatte "2,5 Milligramm pro Gramm" Alkohol im Blut. Angefügt ist ein Bericht über den Aufbruch von Fahrkartenautomaten. In einem Fall überraschte ein Bürger die Täter und wurde von ihnen zusammengeschlagen. Die Rowdys konnte jedoch erwischt werden.
Die gefährliche Unsitte des Auf- oder Abspringens bei schon oder noch in Fahrt befindlichen Zügen wird ebenfalls mehrfach aufgegriffen, und nicht nur im Bereich der Rostocker S-Bahn. Meldungen über tödliche Personenunfälle verschiedener Gelegenheiten, z.T. unter Alkoholeinfluß finden sich in vielen Blättern der DDR. Hier für **1987** eine kleine Auswahl:

26.1. Betrunkener, der Schranken an BÜ bei **Burg** überkletterte, von D 247, Köln-Warschau, dgl.
4.4. zwei Kinder, 5 und 6 Jahre alt, in **Ribnitz=Damgarten**, Str Stralsund-Rostock, auf einer Eisenbahnbrücke; dgl.
31.7. ein 17jähriger, der zwischen **Wismar** und **Blankenburg** das Gleis betreten hatte; dgl.
15.8. ein 46jähriger, der zwischen **Tauer** und **Jamlitz**, Str Cottbus-Frankfurt/O., mit seinem Moped trotz geschlossener Schranken den BÜ querte; dgl.
20.9. ein Fußgänger, trotz geschlossener Schranken eines BÜ bei **Pantelitz**, Str Velgast-Stralsund; dgl.
6.10. ein Pole, der in **Berlin** Bf Schönefeld aus dem anfahrenden D nach Meiningen sprang und zwischen Zug und Bahnsteigkante geriet; dgl.
14.10. zwei Sojwetarmisten, die sich im Bf **Wittenberge** unbefugt im Gleis aufhielten, von D 339, Hamburg-Berlin; dgl.
24.10. ein Mann in **Rostock** auf den Gleisen gehend.

Am **16.3.1987** wurde das Tfz des D 241, Paris-Moskau, bei Durchfahrt Bf **Hangelsberg**, Str Erkner-Fürstenwalde, von einem vom Nachbargleis herumschwenkenden Kranausleger beschädigt, der Tf verletzt.

Am **23.7.1987** entgleisten zwischen **Pasewalk** und **Züssow**, Str Berlin-Stralsund, mehrere Wagen eines G. Ursächlich war ein technischer Defekt an einem *"Güterwagen der Deutschen Bundesbahn der BRD"*, eine bemerkenswerte Presseformulierung.

Am **24.7.1987** fuhr D 244, Warschau-Aachen, bei **Brandenburg** in eine Rinderherde.

Am **3.8.1987** blieb bei **Holdorf**, Str Schwerin-Rehna, ein P wegen Tfz=Schaden liegen; der Fdl von Bf Gadebusch sandte eigenmächtig und ohne Vorsichtsmaßnahmen anzuordnen eine Hilfslok auf die Strecke. Zwischenzeitlich hatte jedoch der Tf der Lok des P den Schaden so weit behoben, daß er weiterfahren konnte. In einer unübersichtlichen Kurve kam es zum Zusammenstoß (16 V).

Am **11.9.1987** entgleisten zwei Wagen des D 736, Leipzig-Wismar, infolge Nichtbeachtung der Geschwindigkeitsbeschränkung bei Ausfahrt **Magdeburg** Hbf (13 V).

In diesem Jahr taucht erstmalig eine Attentatsmeldung auf:
Am **9.12.1987** legte ein Fahrgast im letzten Wagen des D 758 zwischen Leipzig und Erfurt Feuer. Der Zug wurde in **Vieselbach** zur Brandbekämpfung gestellt. Ein Feuerwehrmann kam durch Rauchvergiftung um.

Am **19.1.1988** prallte D 716, Leipzig-Stralsund, gegen 17.50 Uhr bei **Forst Zinna**, Str Jüterbog-Luckenwalde(-Berlin) auf einen Panzer der Sowjetarmee. Neun Wagen des D entgleisten (6 T, 35 z.T. SchwerV). [Abb. 168-170]
Gegen den überlebenden Panzerfahrer durfte dem Vernehmen nach nur von Vertretern der Sowjetarmee ermittelt werden. Der stellvertretende Gerneraldirektor der DRB erklärte öffentlich, der auf den Gleisen stehengebliebene Panzer sei von einem Fahrschüler gelenkt worden. Informierte Kreise in der BRD und in Westberlin bezweifelten die Angabe insofern, als in der DDR stationierte Panzerfahrer nicht mehr geschult würden. Im übrigen wäre der Zug wahrscheinlich auch entgleist, ohne direkt auf den Panzer zu prallen, da

168: Forst Zinna, 19.1.1988:

169/170: Forst Zinna, 19.1.1988 - Blick auf den Trümmerhaufen um die Lok von beiden Seiten

durch dessen Überqueren abseits von einem BÜ die Gleise beschädigt worden wären. Bemerkenswert sei, daß die DDR=Presse "ungewöhnlich" ausführlich und kritisch berichtet habe.
Die uns vorliegenden DDR=Presseberichte bestätigen das nicht. Sie sind im gleichen Schema und Umfang gehalten wie bei anderen ernsteren Unglücken und, wie bereits in Anmerkung 53 dargelegt, teils mit ein- und derselben Abbildung, teils ohne. Von einer kritischeren Haltung gegenüber der UdSSR, als *"DDR-Glasnost-Variante"* in der Westpresse kommentiert, konnte demnach nicht die Rede sein. Dagegen dürfte der Hinweis auf offenen *"Unmut"* der Bevölkerung zutreffen.[54]
Was der Westpresse scheinbar entging, war der Tenor des nach Zugunglücken in der DDR seit einigen Jahren üblichen Kondolenztelegramms der UdSSR=Regierung. Es unterschied sich auch diesmal in Stil und Wortlaut nicht von den früheren Beileidsäußerungen, obwohl hier ein Wort des Bedauerns, wenn nicht gar der Entschuldigung über den Unfallverursacher angebracht gewesen wäre. Findige Journalisten hätten das zum Anlaß nehmen können, einen Vergleich zum Verhalten der britischen und US=Verbündeten der BRD nach den Unfällen von Ostercappeln (2.8.82) und Schnabelwaid (21.10.70) zu ziehen.

Am **7.2.1988** wurde zwischen **Apolda** und **Oßmannstedt**, Str Ri Erfurt, bei Gleisarbeiten der Blindgänger einer Fliegerbombe des Zweiten Weltkrieges entdeckt. Zur Entschärfung war eine längere Gleissperrung erforderlich.

Am **15.2.1988** fuhr infolge Fdl=Fehler gegen 9.30 Uhr auf dem östlichen **Berliner** Außenring zwischen den Bfn Schönefeld und Karlshorst Ex 150, Meiningen-Berlin, auf das schiebende Tfz des Vorortzuges 11 413, Werder-Berlin=Karlshorst. Die Loks beider Züge und je ein Wagen entgleisten (34 V).

Am **17.2.1988** wurde zwischen **Langendorf** und **Pantelitz**, Str Stralsund-Rostock, ein auf den Gleisen spielender 7jähriger Junge überfahren.

"***Unfallschwerpunkt Bahnübergang***" betitelte die schon erwähnte Bezirkskorrespondentin ihren in der Zeitung NEUES DEUTSCHLAND am 6.3.1988 abgedruckten Artikel. Einleitend wird auf die Verurteilung eines Traktoristen zu 8 Monaten Haft bei 18 Monaten Bewährungsfrist sowie 1 1/2 Jahre Führerscheinentzug hingewiesen und auf den Schaden, den er durch die BÜ=Kollission mit Postzug 2337, Berlin-Rostock, verursacht hatte. Sie fügte an, man solle daran denken, daß nicht jeder so glimpflich davonkäme wie der Traktorist. Ein Mopedfahrer aus dem gleichen Kreis beispielsweise, der im Sommer 1987 die geschlossenen BÜ=Halbschranken mißachtete, wäre dabei getötet worden.
Bei acht BÜ=Unfällen 1987 im Bezirk Rostock hätte es zwar nur 1 T und 2 V gegeben, aber durch Polizeikontrollen und Aufmerksamkeit von Eisenbahnern sei Schlimmeres verhütet worden. Wegen Verstoßes gegen die Straßenverkehrsordnung seien 1987 insgesamt 1299 Personen zur Kasse gebeten worden. Sie hätten u.a. Stop=Signale mißachtet oder die Geschwindigkeitsbegrenzung auf 50 km/h ab 80 m vor jedem BÜ.

Am **26.4.1988** stießen zwischen **Ferdinandshof** und **Borkenfriede**, Str Pasewalk-Anklam, D 502, Saalfeld-Stralsund, und D 715, Binz-Leipzig, infolge Signalmißachtung durch den Tf des D 502 zusammen. Beide Loks und drei Reisezugwagen entgleisten (1 T, 28 V). Wegen Elektrifizierungsarbeiten wurde der Verkehr eingleisig abgewickelt, vermutlich im Falschfahrbetrieb.

Am **14.8.1988** stieß zwischen **Saaten=Neuendorf** und **Lüdersdorf**, Str Angermünde-Bad Freienwalde, eine alleinfahrende Lok infolge Signalmißachtung mit einem G zusammen, der NVA=Pioniergerät transportierte. Der Tf des G und zwei Soldaten starben, vier wurden verletzt, sechs Güterwagen stürzten um, eine V=Lok geriet in Brand.
Das Kreisgericht Bad Freienwalde verurteilte den schuldigen Tf am 13.10.1988 zu 2 Jahren und 8 Mon Haft. Die Unfallberichte in der DDR=Presse waren ungewöhnlich knapp.

Allein in der **zweiten Augusthälfte 1988** wurden vier tödliche Stürze von Kindern und Jugendlichen aus fahrenden Zügen gemeldet, darunter ein 12jähriges Mädchen, das die Tür eines Wagens im D 1919 geöffnet hatte, um etwas hinauszuwerfen.

Am **15.9.1988** veröffentlichte die Zeitung NEUES DEUTSCHLAND im Anschluß an den Bericht über den Tod eines Motorradfahrers und seines Sozius an einem BÜ der Fernstraße 191 im Kreis Ludwigslust die ADN=Meldung, derzufolge von Januar bis August 1988 insgesamt 170 folgenschwere BÜ=Unfälle passiert seien, 26 allein im August, 1/3 mehr als im Vorjahr. Wiederum waren unter den Getöteten auch Radfahrer und auch Traktoristen.

Am **23.9.1988** entgleiste bei **Ziesar**, Str nach Güsen, der zweite Wagen eines Triebwagenzuges nach dem Zusammenprall mit einem Lkw aus der BRD am BÜ der Fernstraße 107. Der Fahrer war zu schnell an den BÜ herangefahren (14 V).

Am **29.9.1988** löste sich während der Fahrt die Schiebetür eines G=Wagens aus der Halterung und beschädigte drei Wagen des Gegenzuges D 711, Bergen-Leipzig, der nach Aussetzen der Wagen in **Pasewalk** seine Fahrt fortsetzen konnte.

Am **9.10.1988** kam es infolge Sturmschäden zu Verkehrsbehinderungen; erwähnenswert: Im Bf Genshagener Heide, Str Berlin-Halle, wurde eine Güterwagenplane abgerissen und über die Fahrleitung geweht; Kurzschluß.

Am **3.12.1988** stieß ein Kohlezug aus Polen infolge Signalmißachtung mit einem Dienstzug aus der DDR nahe der Oder/Neiße=Grenze zwischen **Horka** [55] und **Bielawa Dolna** (einst Niederbielau) zusammen (8 T, 4 V). Auf dem Führerstand der polnischen Lok fuhren zwei Unbefugte mit. Beide V=Loks gerieten in Brand.

Am **23.2.1989** verletzte eine seitlich abstehende Verschlußkappe eines Batteriekastens an einem Wagen des P 9165 bei Einfahrt in Hp **Greifswald** Süd sechzehn auf dem Bahnsteig wartende Reisende.
Der "Brigadier" der Elektriker im Bw Stralsund hatte sich nach Beendigung der Arbeiten an den Batteriekästen auf die Meldung verlassen, alles sei ordnungsgemäß erledigt. Weil er sich nicht persönlich davon überzeugte, wurde er vom Kreisgericht zur Androhung von 10 Monaten Haft bei einer Bewährungszeit von 2 Jahren verurteilt. Das Kollektiv der Elektriker im Bahnbetriebswerk übernahm für ihn die Bürgschaft. Der Artikel war gezeichnet "K.Schmidt Staatsanwalt".

Am **13.3.1989** stieß gegen Mittag infolge Signalmißachtung ein P Frankfurt/O.-Cottbus im Betriebsbf **Beeskow** mit einem G zusammen. Beide Loks entgleisten, zwei Reisezugwagen schoben sich ineinander (2 T, 5 Schwer- und etl. Leichtverletzte).

Am **3.4.1989** wurde im Bf **Elsterwerda** bei Schachtarbeiten der Blindgänger einer Fliegerbombe des Zweiten Weltkrieges entdeckt.

Am **6.6.1989** wurden zwei auf ihren Zug wartende Reisende im Bf **Neustadt** (Dosse) schwer verletzt, als drei leere Kesselwagen eines G entgleisten und zwei davon auf den Bahnsteig stürzten.

Gemäß Bericht vom **29.11.1989** (NEUES DEUTSCHLAND) verunglückten in diesem Jahr bisher 10 Kinder tödlich; infolge Vernachlässigung der elterlichen Aufsichtspflicht hatten sie Wagentüren während der Fahrt geöffnet, in zwei Fällen, um etwas hinauszuwerfen. Anlaß zu dem Bericht war der Tod je eines Kindes zwischen **Erfurt** und **Eisenach** sowie **Nauen-Neustadt** (Dosse).

Außer zahlreichen **Leichtsinnstoten** durch unbefugtes Betreten der Gleise, gab es neuerdings **1989** auch mehrere **Selbstmorde** auf Schienen.

Gemäß ADN=Bericht vom **16./17.12.1989** kam es über 150 Mal zu folgenschweren **BÜ=Kollisionen** durch: 90 Pkw, 30 Traktoren, 25 Lkw bzw. Busse, und unter den restlichen fünf befand sich wieder ein Fahrradfahrer.

Am **15.2.1990** stieß gegen 17.00 Uhr P 16 138 nach Graal=Müritz bei Ausfahrt **Röversghagen** mit einer Lz zusammen. Beide Loks und ein Personenwagen wurden schwer beschädigt (16 V).

Am **19.2.1990** legten Kinder beim ehemaligen Hp **Roggentin**, Str Rostock-Tessin, alte Autoreifen auf die Gleise. Gegen 16.10 Uhr schleuderte ein darüberfahrender Zug die Reifen gegen Bremsschläuche, wodurch eine Zwangsbremsung ausgelöst wurde.
Zuvor, gegen 15 Uhr hatten Kinder in **Rostock=Lichtenhagen** Steine und Blechstücke auf die S-Bahngleise gelegt, um zu sehen, was passierte. Nur durch Glück wurden sie nicht selbst verletzt, als ein Zug darüberfuhr und die Teile beiseiteschleuderte.

Am **23.2.1990** warfen, diesmal in **Marienehe**, Str Rostock-Warnemünde, zwei Schüler, 12 und 13 Jahre alt, Drähte auf die Oberleitung und Stromabnehmer vorbeifahrender S-Bahnen mit der Folge einer Betriebsstörung. Durch den Hinweis eines *"aufmerksamen Bürgers"* konnten die jugendlichen Täter ermittelt werden.
Der diesen Zeitungsmeldungen angehängte Kommentar ist bemerkenswert: Es wird nur auf die Gefahren hingewiesen, die Kindern und Jugendlichen bei diesem Treiben drohen. Eine Zeitung vermerkte noch, daß die Transportpolizei das Treiben der beiden 12 und 13jährigen mit ihnen und deren Eltern *"auswertete"*. Ob die Bahnverwaltung Schadenersatzansprüche stellte, sei nicht bekannt.

Am **2.3.1990** stand in der Zeitung JUNGE WELT (des Verbandes der FdJ) ein aufschlußreicher Artikel über eine

"Makabre Unfallbilanz an einem Streckenabschnitt der Deutschen Reichsbahn. Statt Beseitigung der Gefahrenquelle schieben sich die Verantwortlichen gegenseitig den schwarzen Peter zu. Wie oft heißt es noch:

Auf der Strecke geblieben"

Es ging um einen seit über 10 Jahren bestehenden, gefährlichen Mißstand bei Kohletransporten, der bislang 'unter den Tisch gekehrt' und nur in den sogenannten Schwarzstrichmeldungen erfaßt worden wäre.

Erstmals am **2.6.1981** hatten von einem vorbeifahrenden Zug herabgefallene Stücke Rohkohle eine vor einem BÜ beim **Berliner** Bf in Großenhain, Str Elsterwerda-Dresden, wartende Schülerin verletzt. Insgesamt hätten sich, so der Bericht, in den vergangenen 12 Jahren 65mal Kohlewaggons unterwegs schlagartig entladen, dabei die 'schwarze Last' auf Bahnsteige oder Sicherungsanlagen geschüttet und Zerstörungen angerichtet. Im Sommer wäre es auch zu Entzündungen des "Kohledrecks" gekommen. Allein die Feuerwehr Weinböhla sei deswegen 41mal ausgerückt.

Alle Versuche, diese latente Gefahr zu beseitigen, hätten nur zur Anlage eines dicken Aktes geführt, nicht zuletzt, weil die Prüfung der Schuldfrage in Art eines Ringelspiels verlaufen sei. Die Ursache läge letztlich wohl an einer umstrittenen Beladungstechnologie, bei der das Förderband nicht zu stoppen sei, wodurch die Verriegelungs- bzw. Sicherungsmechanismen an den Wagen mit zugeschüttet würden und dann nicht mehr funktionssicher wären. Der neue Reichsbahngeneraldirektor Keddi hätte zugesagt, das Problem jetzt anzugehen. Ein P.S. unter dem Artikel lautet:

"Am Mittwoch, dem 28.2., um 6.45 Uhr, öffnete sich wieder schlagartig am Kilometer 39,4 (Haltepunkt Zabeltitz) ein Kohlewaggon mitten im Bahnsteigbereich."

Zum **14.3.1990** findet sich in Kopierung westlicher Gepflogenheiten eine Attentatsdrohung. Die "Bombe" wurde zwar nicht gefunden, da nicht gelegt, aber der "Täter" ermittelt: Ein Bahnbediensteter, der sich in Trunkenheit einen Jux erlaubt hatte.

Am **19.3.1990** stürzte zwischen **Bernburg** und **Jlberstedt** ein dreijähriges Kind aus dem Eilzug Berlin-Güsten, Der Vater sprang hinterher und überlebte den Sturz nicht; das Kind kam schwer verletzt ins Krankenhaus.

Am **21.3.1990** kam es gegen 1.15 Uhr zwischen **Ullersdorf** und **Weichensdorf**, Str Cottbus-Frankfurt/O., zu einem Rottenunfall. Beim Versuch der Koppelung eines Stopfmaschinenkomplexes prallte ein Teil ab, tötete einen Rottenarbeiter und verletzte drei weitere.

Am **22.3.1990** fuhr 16.45 Uhr in **Gröbers**, Str Leipzig-Halle, D 734, Leipzig-Rostock, frontal gegen P 7343 (5 T, ca. 49 V).

Wegen Bauarbeiten war ab Gröbers das Gleis der Strecke Ri Leipzig gesperrt, und P 7343 von Halle wurde mangels einer zweiten Weichenverbindung an der Ausfahrt nach Leipzig bereits bei der Einfahrt auf das Gegengleis genommen. Obwohl der Zug eine noch nicht vorhersehbare Zeit warten mußte, brachte der 21jährige Fdl keine Hilfssperren an und hatte bei Vorausmeldung des D 734 den P vergessen.

Der Tf des D 734 konnte die Geschwindigkeit bis zum Aufstoß von 100 auf 70 km/h senken. Die beiden im Führerstand der P=Zug=Lok befindlichen Tf sprangen bei Erkennen der Gefahr ab.
Die Justiz der Übergangsphase entschied sich für die Bestrafung des Fdl mit 18 Monaten Haft.

Am **5.8.1990** entgleiste gegen 15.40 Uhr D 1925, Bad Doberan-Dresden, bei **Böhla**, Str Elsterwerda-Dresden, infolge hitzebedingter Verwerfung (34 V).
Ein Pressesprecher der Generaldirektion und ein leitender Herr vom Gleisbaubetrieb, beide Berlin, äußerten sich bei einem Interview mit Vertreter der BZ AM ABEND zur Unfallursache:

BZ: *"Ein vermeidbares Unglück?"*
D. Koschmann: *"Nein. Schienenverwerfungen sind bei extremer Hitze nirgendwo auszuschließen. Das Unglück kann man nicht auf ungenügende Streckenwartung schieben."*
BZ: *"Was sind Gleisverwerfungen?"*
K. Glersch: *"Durch die Hitzetemperaturen unterliegen die Bahnkörper extremen Belastungen, sie dehnen sich. Eine Verwerfung ist ein seitliches Ausdehnen einer Schiene, ähnlich einer Beule." [...]*
Der verantwortliche Verwaltungsleiter der Bahnanlagen der RBD Berlin, Klee, war leider nicht bereit auf BZA-Fragen zu antworten.

Von den BÜ=Unfallmeldungen sei für 1990 nur eine erwähnt und hier zeitlich vorgezogen gebracht.
Am **9.10.1990** wurde gegen 19.40 Uhr an einem BÜ in **Ribnitz=Damgarten**, Str von Barth, ein Trabant von E 416 erfaßt. Der Fahrer - nicht im Besitz eines Führerscheins und betrunken - hatte versucht, die Halbschrankenanlage zu umfahren (5 T).

Am **20.9.1990** wollte ein Oberförster bei **Schwanheide**, im Zeitungsbericht noch als auf DDR=Gebiet bezeichnet, einen Hirsch schießen. Einer seiner drei Schüsse ging daneben, traf dafür den Oberschenkel einer gerade in einem D aus Leipzig vorbeifahrenden 20jährigen Kellnerin. Die junge Frau wurde ins Krankenhaus nach Mölln gebracht, der Oberförster stellte sich der Vopo in Schwanheide, nachdem er von den Folgen seines Schusses erfahren hatte.

Und mit diesem Unglücksfall an der bereits aufgelassenen innerdeutschen Grenze endet die eigene Unglückschronik

DER DEUTSCHEN REICHSBAHN

DEUTSCHE DEMOKRATISCHE REPUBLIK

Das Ende - oder eine Sequenz der Katastrophen

Die auf Dogmen und Lügen aufgebaute DDR, deren Existenzunfähigkeit ab Ende der siebziger Jahre auch an äußeren Zerfallserscheinungen zu erkennen war, stellte in der Sequenz deutscher Katastrophen nur eine weitere dar. Dem Gros der Bundesrepublikaner schien das, wie die deutsche Spaltung überhaupt, getreu den neueren Bonner Maximen kaum noch eines Gedankens wert. Nur wenige waren es, die an ein Ende des schizophrenen und ahistorischen Zustandes glaubten. Einer dieser wenigen war ich, und so schrieb ich auf S. 35 unseres 1978 erschienenen Werkes DAS KURSBUCH- UND FAHRPLANWESEN DER DEUTSCHEN EISENBAHNEN:

> *"Wir dürfen den Kontakt nicht abreißen lassen und haben das Gemeinsame wach zu halten. Denn letztlich wird sich das Zusammengehörigkeitsgefühl eines Volkes stärker erweisen als politische Selbstsucht und Niedertracht."*

Zu ventilieren, ob die Brandt/Bahr=Aktivitäten oder Finanzspritzen à la Strauß den drängenden Klärungsprozeß verzögerten, ist müßig, da der Bestand des DDR=Systems von dem der UdSSR abhing. Ziemlich wahrscheinlich dürfte jedoch sein, daß bereits vor ca. vier Jahrzehnten eine Chance zur Vereinigung Restdeutschlands bestand - eine in jeder Hinsicht preiswertere als heute -, sofern man damals in Bonn Interesse gezeigt und die nötigen Register gezogen hätte.
Aber auch das läßt sich im nachhinein nicht mit absoluter Sicherheit sagen. Unbestreitbar war es aber das Volk der DDR, das den Stein der Geschichte ins Rollen brachte und die Vereinigung provozierte. Unbestreitbar auch ist es das Verdienst von Kanzler Kohl, den Ball aufgefangen und, statt zu zögern, gehandelt zu haben. Wie sich sein Bild jedoch in der Geschichte halten wird, dürfte von der weiteren Entwicklung abhängen, zumal der Vereinigungsmodus nicht gerade das Werk eines Staatsmannes war. Man hatte den Eindruck, dem Politiker Kohl sei schneller Ruhm um jeden Preis das Wichtigste gewesen. Die richtigen Berater, d.h. solche, die mit der DDR=Geschichte und =Situation hinreichend vertraut waren, wählte er wohl auch nicht.
Um möglichst vielen Parteigetreuen aus der BRD und kooperationsbereiten "Wendehälsen" der ehemaligen DDR Positionen zu verschaffen, ließ man u.a. die Bildung von Miniaturländern zu - ein kostspieliger Unfug -, unterließ die Revidierung des von der SED aufgezogenen mittleren und unteren Verwaltungsapparates, der einerseits Zwerg=Bezirke wie Suhl bildete, andererseits gewachsene Stadtstrukturen mit Besitzenteignung auflöste und den Landkreisen unterstellte. Ferner war die Lösung des Enteignungsproblems generell denkbar unglücklich und vor allem ehemaligen DDR=Funktionären ein Vorteil. Rückkehrwilligen SBZ/DDR=Flüchtlingen wurde damit die Heimkehr verbaut.
Das sind nur einige, vielleicht belanglose Minuspunkte, aber bekanntlich sind es die scheinbar kleinen Dinge, über die eine große Sache zu Fall kommen kann. Streitereien

darum sind in den neuen Bundesländern bereits voll im Gange und mindern die für den Aufbau nötige Kraft. Gestalten unter Vermeidung unnötiger Kosten kann man nur am Anfang; spätere Korrekturen werden immer teurer, was nicht zuletzt auch für das Wiederzusammenwachsen der beiden deutschen Bahnen gilt.
Der größte Fehler Kohls war jedoch die Abwicklung der Vereinigung allein auf Parteienbasis unter Ausschluß des Volkes. Das Grundgesetz sieht zwar kein Plebiszit vor, untersagt es aber auch nicht. So wäre es eine staatsmännische Geste gewesen, zu diesem wichtigen Schritt - wie auch zu dem überstürzten Maastricht=Vertrag - das deutsche Volk zu hören, dies umso mehr, als heute das Vertrauen in das Verantwortungsbewußtsein und die Befähigung unserer Politiker nahezu auf den Nullpunkt gesunken ist.
Aber auch die Sorge um eine drohende Katastrophe nimmt das Gros der (Alt=)Bundesbürger in passivem Pessimismus hin. Was bleibt, ist die Hoffnung auf eine Konsequenz der deutschen Vereinigung, an die man in Bonn bestimmt nicht denkt: Das Erwachen und die Aktivität einer Bevölkerung, die geistig und politisch jahrzehntelang angeseilt war, auf daß sie nach einer Besinnungsspanne frischen Wind in die in Selbstzweck erstarrte und zu Eigennutz verkommene bundesrepublikanische Politszene bringt, und wieder kompetente Personen in die Positionen kommen, von denen aus die Geschicke - auch die der deutschen Bahn - gelenkt werden.

---

40 11., nicht mehr SBZ VON A-Z betitelte, überarbeitete und erweiterte Auflage 1969, hrsg. vom Bundesministerium für Gesamtdeutsche Fragen, wohl die letzte, da im gleichen Jahr mit der Bundeskanzlerschaft Brandts ein neuer Kurs in der Ostpolitik begann, u.a. mit faktischer Anerkennung der DDR und der These *"Wandel durch Annäherung"*.

41 Es wurde zwar eine Reihe von Schauprozessen abgehalten und bei diesen ebenfalls nicht wenige ohne Schuldnachweis verurteilt, wie noch bei den 'Waldheimer Prozessen' 1950 durch die DDR=Justiz (s.auch das gleichnamige Werk von Wolfgang Eisert, Esslingen/München 1993). Allgemein dachten und handelten die Sowjets jedoch pragmatisch. So traten sowjetische Besatzungsoffiziere auf lokaler Ebene schon 1946 zugunsten ehemaliger Parteigenossen ein, wenn sich deutsche SED=Mitglieder sperrig zeigten. Deutscherseits folgte man in der SBZ dem sowjetischen Beispiel mit einiger Verzögerung. Hierzu aus einem Artikel in 31/1949, dem ersten Jahrgang der FAHRT FREI, noch FREIE FAHRT, genannt:
"Sehr häufig sind auch bei uns noch ultralinke Auffassungen hinsichtlich der Einstellung zu den früheren Mitgliedern der NSDAP anzutreffen. Diese Schwächen müssen ebenfalls überwunden werden. [...]
Diese beiden Beispiele sollen beweisen, daß unsere Kollegen in der Verwaltung immer noch nicht begriffen haben, daß diese, unserer Nationalen Front abträglichen Methoden beseitigt werden müssen. Und weil [es; d. Verf.] *... keine vereinzelten Fälle sind, machen wir unsere Verwaltung darauf aufmerksam, daß das von der Provisorischen Volkskammer der Deutschen Demokratischen Republik in ihrer Sitzung vom 9. November dieses Jahres verabschiedete Gesetz über den Erlaß von Sühnemaßnahmen und die Gewährung staatsbürgerlicher Rechte für die ehemaligen Mitglieder der Nazipartei und die Offiziere der faschistischen Wehrmacht auch für die Eisenbahnverwaltung Konsequenzen mit sich bringt!"*

42 In Anbetracht der hohen Sterbequote in den sowjetischen Lagern genügte der Nachschub durch Verurteilte natürlich nicht. So wurde zwangsweise mit Unbestraften aufgefüllt, u.a. trieben sowjetische Soldaten wenige Wochen nach Besetzung des westlichen, zunächst von US=Truppen besetzten Teiles ihrer Zone dort planvoll arbeitsfähige Männer zusammen und schafften sie mit Zwischenstation KZ Buchenwald zu irgendwelchen Einsätzen, von denen nur wenige zurückkamen. Diese Großaktion - vom Verfasser persönlich mit- und nur durch Glück überlebt - ist eigenartigerweise in der einschlägigen Literatur bisher noch nicht aufgegriffen worden.

43 Da es sich die Presse der 'alten Bundesländer' nicht entgehen läßt, den Berichten über aktuelle Eisenbahnunglücke eine "Chronik" früherer Fälle anzuhängen, wurde auch nach Northeim (15.11.1992, s. Teil B) eine solche Liste erstellt, und wieder ist - wie bei anderen Publikationen dieser Art - der Zusammenstoß bei Aue dabei, mit der Nennung von 50 Toten, die offiziell nie bestätigt bzw. bekannt gegeben worden waren.

44 Die Zwangsverpflichtung zur Arbeit in den Uranbergwerken während der ersten Nachkriegsjahre war für viele Deutsche auch ein Anlaß zur Flucht in die Westzonen, da bei Nichtbefolgung als Mindeststrafe Entzug der Lebensmittelkarten drohte.

45 UGO = Unabhängige Gewerkschafts=Organisation der Westberliner Eisenbahner, ging später in der GdED auf, organisierte 1949 den Streik zur Entlohnung in West=Geld, im DDR=Sprachgebrauch eine Verbrecherbande; dgl. die
OAS = Organisation de l'armée secrète, die ursprünglich in Frankreich gegen die Unabhängigwerdung Algeriens konspirierte, wahrscheinlich in Westberlin eine Filiale oder dgl. hatte.

46 Alexej Stachanow, ein Grubenarbeiter, nach dem 1935 die Methode zur Steigerung der Arbeitsleistung über die fixierte Norm hinaus benannt wurde. In der DDR gab der Bergarbeiter, ab 1951 Ministerialdirektor Adolf Hennecke, geb. am 25.5.1905 in Meppen, Vorbild und Initiative.

47 Nur gewürdigt bei E. Preuß, EISENBAHNUNFÄLLE IN EUROPA, Stuttgart 1991, S. 52 f, wogegen im ausführlichen Unfall- und Gerichtsbericht von A.G. Schuchardt, FAHRT FREI 36/1967, S. 7 darüber nichts steht.

48 Über das Unglück liegt ein Bericht der Gerichtsmedizinischen Abteilung der Akademie Magdeburg vor, in dem Hergang, Hilfeleistung, Identifizierung der Opfer usw. beschrieben ist. Das Hauptanliegen dieser interessanten Arbeit liegt in der Auswertung des gerichtsmedizinischen Einsatzes, speziell der Identifizierung .
Man nahm an, daß der Tod der Reisenden in den ersten beiden Wagen schockartig eintrat. Ein Zeitraum von 5-6 Min wurde als oberste Grenze angenommen. Bei der leichten Bekleidung der meisten Fahrgäste und den verheerenden Brandfolgen war die Identifizierung äußerst erschwert. Bis zum 9.7.1967 konnte die Identität von 66 Leichen ermittelt werden. Der Lkw=Fahrer erlitt nur leichte Verbrennungen. Er starb an den Folgen des Zusammenpralls.
Friedrich Wolff und Margot Laufer, Das Eisenbahnunglück von Langenweddingen aus der Sicht der forensischen Medizin, in Heft 1/1970, S. 219-233.

49 Erbaut wegen mehrfacher Grenzüberschneidungen der alten Strecke über Wartha und seit 29.3.1963 ausschließlich genutzt. Inzwischen ist die alte Strecke wieder in Betrieb.

50 Offenbar nahm man es n a c h Lebus mit der Streckenkenntnis sehr genau. So stand am 14.9.1982 D 652, Stralsund-Halberstadt, nach pünktlicher Abfahrt in Berlin=Schöneweide 85 Minuten in Saarmund, weil der Zug wegen Bauarbeiten eine Umleitungsstrecke fahren mußte, für die der Tf keine Streckenkenntnis besaß. An die rechtzeitige Bestellung eines 'Lotsen' hatte man nicht gedacht. So kam der Zug mit 2 Stunden Verspätung in Magdeburg an.

51 Da uns die Kontroversen um Lebus/Booßen, insbesondere die DDR=Gerichtsgutachten interessierten, wandten wir uns betr. Akteneinsicht an das LG Frankfurt/O. Wir erhielten nicht einmal eine Antwort.

52 Um dem zu begegnen, erhielten harte Strafen auch jene, bei denen ohne Unfall Alkoholisierung festgestellt wurde, so einem FAHRT FREI=Bericht in Nr. 12/81 nach ein Tf für Trunkenheit im Dienst 6 Mon Gefängnis sowie 2 Jahre und 6 Mon Fahrverbot.

53 Außer Zeitungen, die wir durch Reisen in die DDR besitzen, wurde uns nach der 'Wende' eine Sammlung von Presseveröffentlichungen der achtziger Jahre verschiedener Zeitungen, vorwiegend nördlicher und östlicher DDR=Regionen, zur Verfügung gestellt. Die Berichte geben durchweg ADN=Meldungen wieder und zwar wörtlich übereinstimmend; auch die Fotos sind stets gleich. Ausnahmen bestehen lediglich im

Weglassen der Bildillustration und in Kürzung des Textes, der immer nach dem gleichen Schema aufgebaut ist: Kurze Schilderung des Vorgangs und der Folgen, lange Darlegung der natürlich vorbildlichen Hilfsaktion mit Dank an namentlich genannte Personen und *"Kollektive"*, sowie Nennung politischer Prominenz oder solcher der Verwaltungsapparate; vereinzelt ist noch eine Mutmaßung über die Schuldfrage angefügt. Zeitungen, die eine gekürzte Wiedergabe bevorzugten, hatten es einfach: sie druckten nur die den Artikel einleitende Unfallschilderung ab.

54 Nach den zitierten Angaben *"von Pfarrern aus Bezirken mit starker sowjetischer Militärpräsenz wie Potsdam und Neubrandenburg 'hat die Erregung über das in den letzten Monaten verstärkt gezeigte Verhalten von sowjetischen Soldaten ein kritisches Niveau erreicht'. ... Unverständnis und Empörung herrsche über die Tatsache, daß ein Panzer auf Eisenbahnschienen gestanden habe, ...*ferner *daß in Garnisonsstädten wie Fürstenberg, Neustrelitz, Parchim oder Ludwigslust sowjetische Soldaten Frauen vergewaltigt und Einbrüche verübt hätten. Auch sei es zu Alkoholexzessen gekommen. Während eines Begräbnisses für eine nach einer Vergewaltigung gestorbenen Frau in Neustrelitz im vergangenen Sommer hätten empörte Angehörige Fahnen der Gesellschaft für Deutsch-Sowjetische Freundschaft verbrannt."*

55 Ende der dreißiger Jahre in Wehrkirch umbenannt und ca. 1949 wieder in Horka; die anderen Bfe der Strecke bis über Hoyerswerda hinaus erhielten in der Folgezeit einen Doppelnamen und neben der deutschen die sorbisch/slawische Benennung.

Verzeichnis des Anhangs:

Anmerkung zu **Anhang 1**: Berliner Außenring: Die der besseren Detaillierung wegen als Reproduktionsvorlage gewählte 11. Auflage enthielt in der Legende für den Bauabschnitt Seddin-Saarmund einen fehler, der redaktionell ausgebessert wurde.

zu **Anhang 3**: Seite 1 wurde aus der Zeitung NEUES DEUTSCHLAND übernommen.

URANBERGBAU

Uranbergbau: Der U. wird von der sowjet. **Wismut-AG.** betrieben. Die Sowjets schufen damit ein völkerrechtliches Novum, da erstmalig die Siegermacht eines Krieges ohne Fühlungnahme mit früheren Verbündeten in dem von ihr besetzten Gebiete die Bodenschätze als Reparationsleistungen ohne zeitliche Begrenzung ausbeutet. Die Wismut-AG. nahm innerhalb der Sowjetischen Aktiengesellschaften (→ **SAG**) insofern eine Sonderstellung ein, als sie nicht zur Verwaltung der sowjet. Vermögen in Deutschland gehörte. Die Hauptverwaltung Wismut-AG. in Siegmar-Schönau bei Chemnitz (Sachsen) untersteht direkt sowj. Stellen in Moskau. Auch die Umfirmierung der Wismut-AG. in eine sog. deutsch-sowjet. Gesellschaft 1954 hat nichts daran geändert, daß es sich um ein rein sowj. Unternehmen handelt. Die Gründer, die alle Aktien übernommen hatten, waren die Hauptverwaltung des sowjetischen Vermögens im Auslande des Ministerrates der SU und die Staatliche Aktiengesellschaft der Buntmetallindustrie „Medj" in der SU. Die Wismut-AG. hat seit 1946 systematisch allen Boden, der Uranvorkommen vermuten ließ, surch sog. „Geologenbrigaden" nach Uranvorkommen untersucht.
Nach vergeblichen Schürfungen im Harz und im Zittauer Gebirge konzentriert sich der U. gegenwärtig auf folgende Gebiete: 1. Erzgebirge und Vogtland mit Hauptzentren um Johanngeorgenstadt, Falkenstein und Schneeberg; 2. Thüringen mit Hauptzentrum Ronneburg.
Nach zuverlässigen Schätzungen betrug der Beschäftigtenstand bei der Wismut-AG. im Herbst 1951 etwa 225000. Diese Zahl entsprach rd. 10 v. H. aller Beschäftigten in Industrie und Bergbau. Gegenwärtig dürften noch immer etwa 45000 Arbeitnehmer im U. tätig sein. Die Ausbeuteergebnisse des U. werden streng geheimgehalten. Vermutlich entspricht die Uranerzförderung einem U-238-Gehalt von etwa 2000–2500 t jährlich. Das geförderte Uranerz wird in Mitteldeutschland lediglich angereichert. Das dabei gewonnene granulierte Konzentrat wird von der SU beansprucht. Es wird in der SU weiterverarbeitet. Die „DDR" muß den eigenen Uranbedarf für Isotope und für den Betrieb des Atomkraftwerkes Rheinsberg (→ **Atomenergie**) von der SU kaufen.
Art und Höhe der Finanzierung liegen völlig im dunkeln, da weder aus dem → **Staatshaushalt** noch aus Unterlagen der Planungsstellen Angaben ersichtlich sind. Rückschlüsse aus der wechselnden Zahl der Beschäftigten und den im Erzbergbau allgemein üblichen Kosten ergeben allein für 1946 bis 1953 einen Gesamtaufwand von etwa 7,75 Mrd. Mark. Diese Summe ist in den unter → **Reparationen** angegebenen Zahlen enthalten. Von Fachleuten wird angenommen, daß bis jetzt etwas mehr als die Hälfte der Uranvorräte abgebaut wurden. Die Vorräte im Raum Ronneburg sollen, jetziges Abbautempo vorausgesetzt, eine weitere Abbautätigkeit von etwa 8–10 Jahren ermöglichen. [670]

BERLINER AUSSENRING

Berliner Außenring: [...] Die SED sucht den Eindruck zu erwecken, erst ihr Regime habe den BA. wesentlich geschaffen. Aber die westliche Teilstrecke Wustermark-Wildpark wurde schon 1902, die Anschlußstrecke bis Seddin 1908, die Linie Seddin-Saarmund 1918 in Betrieb genommen. Der Versailler Vertrag verbot den Weiterbau. 1926 wurde die Strecke Saarmund-Großbeeren eröffnet. Von 1936 bis 1943 wurde ein weiteres südöstlich-östliches Drittel des BA. gebaut (Großbeeren - Lichtenrade - Bohnsdorf - Karow) und, zuletzt in seinem Nordstück, noch vor 1945 in Betrieb gesetzt. Am BA., der 1945 bis 1946 großenteils demontiert worden war, arbeitete die „Reichsbahn" der SBZ erst seit Herbst 1948, als die Blockade West-Berlins die SU bewog, sich von den durch West-Berlin laufenden Strecken unabhängig zu machen.
Die „Reichsbahn" machte seit 1948 die Demontagen auf dem BA. wieder rückgängig, baute bis 1951 zwischen Großbeeren und Bohnsdorf (über Glasow) eine Parallelstrecke zu einem schon vorhandenen, aber großenteils durch den Westsektor gehenden Abschnitt des BA. und schuf von 1950 bis 1955 zwischen Karow und Wustermark (über Hennigsdorf) das vor 1944 fehlende nördliche Drittel des BA. Sie baute zwischen Golm (westl. Wildpark) und Saarmund, mit einem Damm über den Templiner See. 1955—1957 eine Abkürzung des ursprünglichen BA., der bisher eine spitze Ausbuchtung nach Seddin hin hatte. Der zweigleisige BA. dient dem Güterverkehr, ferner jenen Personenzügen, die West-Berlin umfahren.

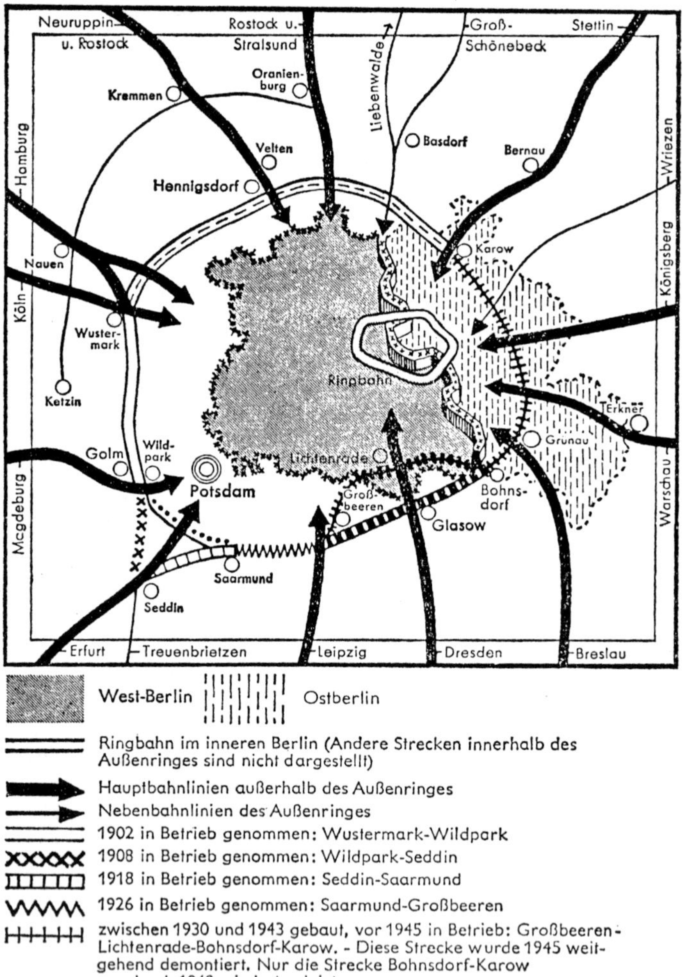

BAHNHOF VACHA 1952

Wie notwendig es war, eine neue Strecke von Unterbreizbach nach Vacha zu bauen, zeigte sich am 2. Juli 1952, als die Regierung der Bundesrepublik Deutschland die bisherige Strecke Unterbreizbach–Vacha, die über das Territorium der BRD führte, von 12.20 Uhr an sperrte. Ein abfahrbereiter Kalizug mußte bis 2.30 Uhr stehenbleiben. Mit der Streckensperrung wäre das Kaliwerk Sachsen-Weimar (heute Betrieb „Marx-Engels" des Kalikombinates Werra) vom Eisenbahnnetz der DDR abgeschnitten gewesen.

Der Kalischacht Sachsen-Weimar besaß für die Entwicklung der Volkswirtschaft der jungen Republik große Bedeutung. Die dort hergestellten Düngemittel wurden in der Landwirtschaft dringend benötigt, um die Hektarerträge zu steigern. Die Grube in Unterbreizbach war in der Lage, hochwertigen Mineraldünger für den Export in großen Mengen bereitzustellen. Außerdem verfügte sie als einziges Kaliwerk der DDR über größere Vorräte an Kieserit, das die Grundlage eines neuen Verfahrens der Schwefelsäureherstellung bildete.

Mit dem Abbruch des Schienenstanges mußte ein Teil des Kaliwerkes stillgelegt, nicht mehr alle Kalikumpel konnten beschäftigt werden; jedem wurde von der Werkleitung eine andere Arbeitsstelle zugewiesen und sein Einkommen garantiert.

Für die Werk- und Parteileitung stand fest, aber auch für die meisten Kalikumpel: Das Werk muß weiterarbeiten. Unter der Losung „Unser Werk bleibt nicht stehen" forderten sie mit der Bevölkerung des Kreises Bad Salzungen den Bau einer neuen Bahnlinie, die ausschließlich durch das Gebiet der DDR verläuft. Auf Vorschlag des Zentralkomitees der SED nahm der Ministerrat der DDR zu der Situation Stellung und beschloß, den Bau der neuen Bahnlinie Vacha–Unterbreizbach am 1. September 1952 in Angriff zu nehmen.

An diesem Tag fand durch Genossen Färber, 1. Sekretär der vorläufigen Bezirksleitung Suhl der SED, der erste Spatenstich statt. Neben den Kumpeln des Kaliwerks hatten sich etwa 1 500 freiwillige Helfer aus den Betrieben des Bezirkes eingefunden.

Der Bahnbau hatte mit vielen Schwierigkeiten zu kämpfen. Einmal lagen wegen des kurzen Zeitraums zwischen Beschluß und Baubeginn nicht sämtliche Projektunterlagen vor. Dann herrschte erheblicher Mangel an Baumaterial, und an Technik fehlte es auch. Die Erdmassen wurden mit Hilfe von Feldbahnloren transportiert, geschoben von den Bauarbeitern oder von Feldbahnlokomotiven, soweit sie vorhanden und funktionstüchtig waren. Hilfe bedeutete der erste Bagger, der am 5. September aus Böhlen eintraf.

Im Bauabschnitt I mußten zwei Brücken über die Öchse errichtet werden. Im Anschluß daran war ein 15 Meter hoher Damm erforderlich.

Im Abschnitt II waren umfangreiche Erdarbeiten auszuführen sowie der neue Haltepunkt Sünna anzulegen. Von Mitte Oktober an begann man, das Gleis zu verlegen. Der Bauabschnitt III aber barg die größten technischen Probleme in sich. Vom Ende des Bahnhofs Unterbreizbach mußte um den Berg Hardtrain ein etwa 30 Meter breiter und 6 Meter tiefer Einschnitt über 700 Meter Länge angelegt werden. Hier waren die Kumpel des Sachsen-Weimar-Werkes eingesetzt, die zum Transport der Erdmassen einen sonst nur unter Tage befindlichen Schrapper verwendeten. Später setzte man den zweiten Bagger hier ein.

Die Werktätigen des Bezirkes Suhl nahmen den Beginn des ersten sozialistischen Baus im Kreis Bad Salzungen zum Anlaß, zahlreiche Selbstverpflichtungen zur Unterstützung des planmäßigen Aufbaus des Sozialismus einzugehen. Tausende Arbeiter und Angestellte aus den Betrieben, Vertreter der verschiedensten Berufe, Menschen aller Altersgruppen erklärten sich bereit, neben den Kalikumpeln und Eisenbahnern aktiv an dem großen Vorhaben zwischen Vacha und Unterbreizbach teilzunehmen. Wie groß die Bereitschaft war, zeigt der Auszug aus der Zeitung „Freies Wort" vom 11. November 1952: „Begeistert haben sich aus den Betrieben unseres Bezirkes die Arbeiter und Jugendlichen, die Techniker und Verwaltungsangestellten zum Bahnbau Vacha–Unterbreizbach gemeldet, um vorfristig die Bahn über die Gleise rollen zu lassen. Im Hartmetallwerk Immelborn erklärten sich 500 Kolleginnen und Kollegen bereit, einen Sondereinsatz am Bahnbau Vacha–Unterbreizbach durchzuführen, damit der Bahnbau bis zum 10. November fertiggestellt wird. Vom Glaswerk Lauscha haben sich vier Kollegen freiwillig zum Bahnbau gemeldet ..."

Die Bauern aus Dicherode (Rhön) verpflichteten sich zu 250 Geschirrstunden, die Lehrer der Grundschule I in Bad Salzungen zu 300 Arbeitsstunden, die Gemeindeverwaltung Bad Liebenstein und die Lehrlinge des VEB Maschinenbau Dietlas zu je 400 Stunden. Aus der Kammgarnspinnerei Niederschmalkalden wurden 30 Betten, 20 Wolldecken und 16 Schaufeln bereitgestellt.

Der Aufruf der FDJ-Bezirksleitung Suhl wurde beantwortet. Dabei waren 18 Jugendliche des VEB Simson Suhl, die die erste FDJ-Brigade beim Bahnbau bildeten.

Am Sonntag, dem 30. November 1952, war es soweit. Der erste sozialistische Bahnbau der DDR wurde durch Prof. Dr.-Ing. Hans Reingruber, Minister für Verkehr, eingeweiht. Die über 5 Kilometer lange Strecke war in nur 90 Tagen fertiggestellt worden. Deshalb konnte der Minister in seiner Ansprache die kurze Bauzeit als heroische Leistung herausstellen.

Unter den Klängen der Nationalhymne rollte der festlich geschmückte Zug am Nachmittag über die Strecke. Die Lokomotive trug einen roten Stern an der Rauchkammertür, den die Werktätigen des Glaswerkes Lauscha für diesen Zweck geblasen hatten. Der Tag, an dem der erste Zug über die „störungsfreie" Strecke nach Unterbreizbach gefahren war, wurde zu einem Volksfest.

Fahrt frei Seite 2 5. Jahrgang / Nr. 25

Wir haben gelernt

„Pünktlichkeit und Disziplin sind unsere Ehre, Unsicherheit unsere Schande", sagte vor wenigen Tagen ein langjähriger und Verdienter Eisenbahner. Alle Eisenbahner werden ihm zustimmen. Gerade aber darum fällt es um so schwerer, zu verstehen, wie am 17. Juni einzelne Fremde in unsere Betriebe eindringen und die von uns geschaffene Ordnung und Disziplin stören konnten, auf die wir stolz sind. Doch Tatsachen — mögen sie auch beschämend sein — lassen sich nicht verleugnen, zumal, wenn sie von Tausenden erlebt wurden.

„Ich selbst war Zeuge", so erzählte ein langjährig bewährter Eisenbahner am Mittag des 17. Juni voller Zorn, „wie bei Arbeitsbeginn heute morgen aus unserem Raw Berlin, das ich nach 1945 mit wiederaufgebaut habe, eine Gruppe von Kollegen nach der anderen von völlig Betriebsfremden unter Drohungen aus dem Betrieb herausgeholt wurden. Die ganze Belegschaft war wie immer zur Arbeit gekommen. Wir sahen uns alle am Tor einer völlig überraschenden Situation gegenüber und ließen uns für eine kurze Zeit verwirren. — Von wem und für wen verwirren?"

Die Fragen sind jetzt völlig klar. Jeder, der selbst die Ereignisse an diesen Tagen mit offenen Augen sehen konnte, kann sie heute bereits beantworten. Es gibt keinen Arbeiter, der das, was er erarbeitet, blindwütig zerstört. Aber das geschah in Berlin und anderswo. So etwas tun nur die bezahlten Agenten und Provokateure des kalten Krieges, die im Solde der amerikanischen und deutschen Kriegstreiber stehen. Heimtückisch hatten sie sich unter Ausnutzung der von unserer Regierung vorher beseitigten Einschränkungen im Verkehr mit unseren westdeutschen Landsleuten eingeschlichen. Aus dem Hinterhalt begannen sie, sich in Dinge einzumischen, über die die Werktätigen bei uns mit Recht unzufrieden waren und die sie mit unserer Regierung „auszumachen" gewillt waren. Es gibt keine Widersprüche zwischen den Werktätigen in der Deutschen Demokratischen Republik und ihrer Regierung, die nicht zu klären wären. Unsere

Bekanntmachung der Regierung

Maßnahmen der Regierung der Deutschen Demokratischen Republik zur Verbesserung der Lage der Bevölkerung sind von faschistischen und anderen reaktionären Elementen in Westberlin mit Provokationen und schweren Störungen der Ordnung im demokratischen Sektor von Berlin beantwortet worden. Die Provokationen sollen die Herstellung der Einheit Deutschlands erschweren.

Der Anlaß für die Arbeitsniederlegung der Bauarbeiter in Berlin ist durch den gestrigen Beschluß in der Normenfrage fortgefallen.

Die Unruhen, zu denen es danach gekommen ist, sind das Werk von Provokateuren und faschistischen Agenten ausländischer Mächte und ihrer Helfershelfer aus deutschen kapitalistischen Monopolen. Diese Kräfte sind mit der demokratischen Macht in der Deutschen Demokratischen Republik, die die Verbesserung der Lage der Bevölkerung organisiert, unzufrieden. Die Regierung fordert die Bevölkerung auf:

1. Die Maßnahmen zur sofortigen Wiederherstellung der Ordnung in der Stadt zu unterstützen und die Bedingungen für eine normale und ruhige Arbeit in den Betrieben zu schaffen.

2. Die Schuldigen an den Unruhen werden zur Verantwortung gezogen und streng bestraft. Die Arbeiter und alle ehrlichen Bürger werden aufgefordert, die Provokateure zu ergreifen und den Staatsorganen zu übergeben.

3. Es ist notwendig, daß die Arbeiter und die technische Intelligenz in Zusammenarbeit mit den Machtorganen selbst die notwendigen Maßnahmen zur Wiederherstellung des normalen Arbeitsverlaufes ergreifen.

Die Regierung der Deutschen Demokratischen Republik

Otto Grotewohl
Ministerpräsident

Beschluß über die Normen aufgehoben

Berlin, den 17. Juni 1953

Das Presseamt beim Ministerpräsidenten teilt mit:
Der Beschluß der Regierung über die Erhöhung der Arbeitsnormen vom 28. Mai 1953 ist aufgehoben.

Die einzelnen Ministerien sind mit der Durchführung dieser Maßnahmen beauftragt.

Otto Grotewohl
Ministerpräsident

Rundspruch
an alle Eisenbahner, Dienstvorsteher, Amtsvorstände und Präsidenten

Eisenbahner!

Die Versorgung der Bevölkerung der Deutschen Demokratischen Republik ist durch Eure vorbildlichen Leistungen trotz der verbrecherischen Anschläge der faschistischen Banden und ihrer ausländischen Hintermänner in vollem Umfange gesichert und den Provokateuren eine vernichtende Niederlage bereitet.

Eisenbahner!

Glaubt nicht den Lügen des Feindes, tretet allen Gerüchten offensiv und energisch entgegen, entlarvt die Agenten und Provokateure, die unsere Arbeit stören wollen.

Sichert und schützt Eure Betriebe! Fahrt weiterhin pünktlich und unfallfrei!

**Der Stellvertreter des Ministers
und Leiter der Politverwaltung
gez. R. Menzel**

**Der Minister für Eisenbahnwesen
gez. R. Chwalek**

Beispielhaftes Verhalten der Eisenbahner

Den Provokateuren wurde eine vernichtende Niederlage bereitet. Ruhe und

Bauarbeiter, laßt euch nicht mißbrauchen! Stellt euch hinter die Regierung der

das Nationale Aufbauprogramm zu leisten.

Regierung hat sie im Sinne der Bevölkerung geklärt. Darum sind die Provokationen zusammengebrochen. Das entblößte die Agenten und ausländischen Abenteurer; denn sie wollen ja keine Klärung, sondern Unruhe, Uneinigkeit, Krieg.

Die Feinde aller Patrioten erkannten, daß eine Korrektur der Fehler und eine Anwendung des Kurses der Partei der Arbeiterklasse und der Regierung der Deutschen Demokratischen Republik auf weitere schnelle Hebung des Lebensstandards der breiten Massen und der Stärkung der Rechtssicherheit zu schweren Rückschlägen für die Kriegstreiber und Unheilstifter und beschleunigt zu ihrer Katastrophe führen muß. Das haben sie selber zugegeben. Die amerikanische Kriegspartei und die mit ihnen verbündete deutsche Clique von Monopolherren erhielten einen schweren Schock, als in der vergangenen Woche in Italien das Volk und der Frieden triumphierten. Voller Bangen sehen sie auf die Vorgänge bei der Regierungsbildung in Frankreich und die wachsende amerikafeindliche Volksbewegung in England. Den Kriegstreibern geht der Atem in Asien und in Europa aus. In ihrer Angst vor friedlichen Zuständen und vor ihrer Isolierung, in ihrer Atemnot, suchten sie . leichterung auf Kosten des deutschen Volkes. Das volksfeindliche Adenauer-Regime half ihnen dabei, so gut es konnte.

Die amerikanischen Parteigänger in Deutschland und die Dollarsäcke machten aber die Rechnung ohne den Wirt. Die Eisenbahner haben mit dem ganzen deutschen Volk aus den Vorgängen am 16. und 17. Juni sehr schnell und sehr viel gelernt. Wir alle werden jetzt noch mehr tun zur baldigen Wiedervereinigung Deutschlands, zur Stärkung des Weltfriedenslagers mit der hilfreichen Sowjetunion an der Spitze. Wir werden gemeinsam mit unserer Regierung auf allen Gebieten noch besser arbeiten.

Herausgeber: Verlag „Die Wirtschaft"; Verlagsdirektor: Gerhard Kegel; Berlin W 8, Französische Straße 53, Fernsprecher: 22 53 71.
„Fahrt frei", Wochenzeitung der deutschen Eisenbahner: Chefredakteur: i. V. Heinz Heiß; Redaktion: Berlin W 8, Mauerstraße 44; Fernsprecher: 22 53 71, 22 48 89 und Basa 23 506; Lizenz-Nr. 674.

Anzeigenannahme: Verlag „Die Wirtschaft", Berlin W 8, Französische Str. 53-55.

Ordnung sind wieder hergestellt. Seit der ersten Stunde der Provokationen mehrten sich unablässig die Beispiele heroischen Eintretens von Eisenbahnern gegen den faschistischen Anschlag auf unsere Republik. Sie wurden im Laufe des 17. Juni 1953 bereits zu einer immer stärker werdenden Massenbewegung aller Eisenbahner. Solche Beispiele, wie die Abordnung einer Brigade aus dem Raw „7. Oktober" zur Hilfeleistung im Raw Schlauroth sind keine Einzelheiten mehr.

★

Nach einer Diskussion auf der Baustelle Lietzow Vorwerk am 17. Juni nahmen die Bauarbeiter folgende Entschließung an:

„Die über 400 Bauarbeiter der Baustelle Lietzow Vorwerk, die sich heute versammelten, verurteilen auf das schärfste die Provokationen der Agenten der amerikanischen Kriegshetzer, die von Westberlin aus in den demokratischen Sektor eindrangen und dort die Bauarbeiter für die Kriegspläne von Adenauer und Konsorten mißbrauchten.

Deutschen Demokratischen Republik und kämpft mit ihr für die Verbesserung der Lebenslage aller Werktätigen in der DDR, für die Erhaltung des Friedens und für die Einheit Deutschlands. Sorgt für Ruhe und Sicherheit, damit wir uns durch unsere Arbeit und ungestört ein besseres Leben bauen."

★

Zum erstenmal wurde im gesamten Reichsbahndirektionsbezirk Dresden in der Nacht vom 17. zum 18. Juni 1953 unfallfrei gearbeitet. Damit beweisen die Eisenbahner, daß sie fest und treu hinter der Regierung der Deutschen Demokratischen Republik stehen und aktiv mithelfen, die faschistischen Provokationen schnell und gründlich zu zerschlagen.

★

Auf Grund der faschistischen Provokationen, die Agenten imperialistischer Mächte im demokratischen Sektor von Berlin begingen, übernahm die Kollegin Wienke vom Bw Rostock die Verpflichtung, 50 freiwillige Aufbaustunden für

★

Kollege Scherschnik vom Bw Hagenow begrüßte den vom sowjetischen Stadtkommandanten verhängten Ausnahmezustand in Berlin, der dazu beiträgt, die durch randalierende Westberliner Faschistenhorden gestörte innere Ruhe wiederherzustellen.

★

Nachdem bezahlte Rowdies am Mittwoch die Scheiben der S-Bahnzüge in der Nähe der Sektorengrenzen zertrümmerten und sich auch an den Signaleinrichtungen zu schaffen machten, organisierte das Betriebs-, Verkehrs- und Maschinenpersonal in beispielhafter Disziplin sofort den Selbstschutz. Ihrem besonnenen Verhalten ist es zu danken, daß Zwischenfälle und vor allem größere Sabotageakte verhindert werden konnten.

Die Berliner S-Bahn nahm bereits am Donnerstag ihren planmäßigen Verkehr im Gebiet des demokratischen Sektors in vollem Umfange wieder auf .

So hausten die Provokateure am Potsdamer Platz

Eine große Rauchwolke steigt über den Ruinen des ehemaligen Warenhauses in der Leipziger Straße in die Luft. „Das ist am Potsdamer Platz", sagt eine Blumenfrau, die mit ihren Körben davonhastet. Das erst vor kurzem errichtete und neu ausgestattete Aufklärungslokal der Nationalen Front des demokratischen Deutschland an der Ostseite des Potsdamer Platzes steht in hellen Flammen. Junge Burschen in schwarz umgefärbten amerikanischen Jacken reißen die Fahnenmasten nieder, stürzen die Schaukästen um, zerfetzen die schwarzrotgoldenen Fahnen und schleppen alles zusammen. Da ist auch ein Benzinkanister zur Hand. Wo kommt er auf einmal her? Unter dem Geheul einer Gruppe widerlich herausstaffierter Jugendlicher in bunten Jacken wird der aufgerichtete Stoß angezündet.

Der Regen peitscht über den Platz. Das Wasser verzischt in der Glut der Trümmer des Hauses, in dem einmal ein friedliches Aufklärungslokal war. Der S-Bahnhof Potsdamer Platz — erst vor kurzem völlig renoviert — ist in Betrieb. Ruhig versieht der Mann in der Schaffnerwanne seinen Dienst. Da wird ihm plötzlich die Mütze vom Kopf geschlagen. Die Schaffnerwannen werden umgekippt, die Neonleuchtröhren herausgerissen und an den Schaltern klirren die Scheiben. Die Menschen, die hier vor dem Regen Schutz suchen, sind starr vor Schrecken. „Das habe ich doch schon einmal erlebt", flüstert ein Mann. „Kommt die Kristallnacht des furchtbaren Jahres 1938 wieder?" Aus den Fenstern der Schalter werden Geld und Fahrkarten herausgeworfen. Ein Bursche mit grün-weiß gestreiftem Sweater stopft sich die Taschen voll. Acht bis zehn halbwüchsige Burschen schleppen einen Geldtresor die Treppen des Ausgangs zum Westsektor herauf. Ein Stumm-Polizist hilft ihnen draußen, den Tresor abzutransportieren. „Das habe ich nicht gewollt", sagt ein Mann in weißer Maurerjacke unten im Bahnhof. „Damit will ich nichts zu tun haben!" Er schreit es förmlich, läuft die Treppe in den demokratischen Sektor herauf, hinein in den strömenden Regen.

An der Ecke, neben dem großen Platz vor den Ruinen des alten Potsdamer Bahnhofes steht das in der ganzen Welt bekannte „Haus Vaterland". Aus Ruinen haben es unsere Menschen wieder zu einer schönen Erholungsstätte gemacht. Aus einer Meute Halbwüchsiger fliegen auf einmal Brandkanister durch die Fenster. Das Haus, einst von den Terrorbombern der Wallstreet zerstört, wird erneut zur Brandfackel, entzündet von den Provokateuren und Achtgroschenjungen der gleichen Herren.

Auch das Columbushaus brennt. Glasscherben bedecken den Bürgersteig. Eine fast unerträgliche Hitze schlägt über den Platz. Durch den Dunst leuchten noch die Buchstaben „HO-Lebensmittel, Fleisch- und Wurstwaren".

Der Potsdamer Platz in Berlin, das Symbol pulsierenden Lebens, der Platz auf dem vor 37 Jahren Karl Liebknecht das deutsche Volk zum Kampf gegen den Krieg aufrief, sollte zur Brandfackel einer Verbrecherbande werden, die unser Vaterland und die Welt anzünden will. Aber ein solches Verbrechen werden die Werktätigen unserer Republik nicht zulassen

Dollar-Injektion gegen HERTZ-KRAMPF

Sogleich nach Abschluß des Vertrages über die Elektrifizierung des Rhein-Ruhr-Schnellverkehrs zwischen der Bonner Bundesbahn und dem Lande Nordrhein-Westfalen im vergangenen Jahr brach jener Kampf um das System der Stromversorgung aus, in dem die westdeutsche Eisenbahnverwaltung und die westdeutsche Elektrizitätswirtschaft sich als zwei feindliche Brüder der erstaunten Öffentlichkeit präsentierten. Es ging und es geht heute noch um das Problem, ob die künftigen elektrischen Lokomotiven Strom zu 50 Hertz* aus den allgemeinen Überlandleitungen der Elektrizitätswerke entnehmen oder diesen Strom auf der Basis $16\frac{2}{3}$ Hertz aus neu zu errichtenden bundesbahneigenen Kraftwerken und Umformern beziehen sollen. An dieser Frage aber hängt es, wer einmal in einer elektrifizierten Zukunft der westdeutschen Eisenbahn das große Geschäft der Strombelieferung und das mindestens ebenso große des Baues von Elektrolok machen wird.

Nordrhein-Westfalens Landesregierung und die Ingenieure der Bonner Bundesbahn sähen liebend gern ihr altes $16\frac{2}{3}$-System, nach dem in Süddeutschland die elektrischen Lokomotiven bereits seit 40 Jahren gefahren werden. Als ihren Sprecher schickten sie in der Vergangenheit immer wieder den Ministerialdirektor Dr. Leo Brandt vom Düsseldorfer Wirtschaftsministerium vor, der auch als Professor der Technischen Hochschule Aachen in seinen Vorlesungen für das $16\frac{2}{3}$-System plädierte, das sich eben bisher so gut bewährt hätte. Seine „Feinde" aber sammelten sich im Hauptquartier der Rheinisch-Westfälischen Elektrizitäts-Werk AG., Essen, in der seit 1898 die Kraftwerke des Rhein-Ruhr-Gebietes zu einem großen Verbundkartell zusammengeschlossen sind. Diese wackeren Monopolisten streiten gegen die Brandt-Worte unter der Devise, daß es Humbug sei, zugunsten der nur 5 Prozent bisher in Westdeutschland mit dem $16\frac{2}{3}$-Hertz-System elektrifizierten Strecken auf die Vorzüge bei einer künftigen eventuellen Großelektrifizierung zu verzichten, die sie einer direkten Versorgung quasi aus der Steckdose des 50-Hertz-Netzes ihrer bereits komplett dastehenden Überlandwerke und -leitungen böten.

Es hagelte Kostenanschläge, die einander Lügen straften

In rund einem Dutzend technischer Gutachten bewiesen sich die beiden „feindlichen" Brüder besonders in den vergangenen Monaten haargenau, daß ihre Argumente und ihre Lokomotiven hervorragend, die gegnerischen hingegen bedeutend schlechterer Güte seien. Es hagelte Kostenanschläge, die einander Lügen straften. Aber die westdeutschen Lokomotivbauer von der AEG, von Siemens und von Brown, Boveri & Cie., sie schwiegen dazu. Sie haben noch Geduld, sie können ja noch darauf warten, wer mit dem Trumpf-As stechen wird und welche Typen sie dann verkaufen werden. Sie glauben, so oder so verkaufen zu können.

Nur an einem einzigen Punkt kam die aus erklärlichen Gründen sonst sehr unterirdische Debatte einmal an die Öffentlichkeit; da aber gleich mit Fauken und Trompeten, als nämlich in einem unverdie von Ihnen geleitete propagandistische und politische Expedition rund um das $16\frac{2}{3}$-Hertz-System einer kommenden Bundesbahn-Elektrifizierung den Geruch eines waschechten politischen Skandals bekommen könnte ... Niemals aber wird Ihnen verziehen werden, wenn Sie, Herr Brandt, nicht ehrlich die Folgerungen daraus ziehen. Noch ist es Zeit dazu. Noch rüttelt ein solcher Rückzug nicht an Ihrem Professorenhut!"

Das war zwar eine nach unseren herkömmlichen Begriffen äußerst ungewöhnliche, jedoch unter monopolistischen Gangstern durchaus gebräuchliche Art, einen, der nicht mittun will, vorerst mundtot zu machen, bevor er bei eventueller weiterer Widersetzlichkeit endgültig und kaltblütig aus dem Wege geräumt wird.

Brandts Professorenherz geriet in den Hertz-Krampf und muckte auf. Daraufhin verkehrspolitische und elektrotechnische Isolierung möglicherweise alle die damit zusammenhängenden Pläne empfindlich stören.

Der ganze Hertz-Krampf geht indessen mit erhöhten Pulsschlägen seinem Höhepunkt zu.

Wahrlich, das unverbindliche Geplänkel, das so schön eingefädelt war, es reichte zum Dummenfang. — Die monopolistischen Pläne werden nicht an den Brandt-Worten scheitern; das war ja nicht vorgesehen, es galt doch nur, nach außen den Schein zu wahren. Es gab aber immerhin noch Eisenbahner, vor allem Eisenbahningenieure, die sahen, wessen Spiel gespielt werden sollte, und die und die anderen Unternehmen, die an der Elektrifizierung der westdeutschen Eisenbahn interessiert sind und Elektrolok bauen.

Diese Verkoppelung und Verfilzung der beiden Gruppen des amerikanischen Monopolkapitals in der Person McCloys prädestinieren ihn nun zum Chefarzt bei der Behandlung des Hertz-Krampfes. Sein Besteck und seine Injektionsspritze hat er bei seinem kürzlichen Besuch in Westdeutschland bereits mitgebracht. Zum Besteck gehört die Forderung, aus der Bonner Bundesbahn ein privates Unternehmen zu machen; die Füllung der Injektionsspritze sind die Millionen Dollars, die seinen Rüstungsadmiralen den 40pro-

In einem Wohnwagen von 7 qm Größe vegetiert der entlassene Kollege W. aus München mit Frau und Kind. Zwei Kinder sind bereits an Rauchvergiftung in diesem Stall verstorben. Der Kleiderschrank muß wegen Platzmangels im Freien stehen. Das alles sind die Folgen der hemmungslosen, brutalen Ausplünderung durch die Monopolisten, die Zehntausenden westdeutscher Eisenbahner widerfährt.

keineswegs davon erbaut waren, den großen Coup mitzumachen. Da mußte also etwas getan werden. Nach den Vorgefechten der deutschen Monopole unter zentigen Anteil am Aktienpaket einer reprivatisierten westdeutschen Eisenbahn und damit die absolute Mehrheit sichern sollen.

öffentlichten Gutachten die bis dato tech-

Damit sie wenigstens noch eine Erinnerung an ihren Beruf haben, den sie zur Erhöhung des Profits der Bonner Bundesbahn aufgeben mußten, stellt man unseren Kollegen „großzügig" uralte ausgediente Waggons als „Wohnungen" zur Verfügung, wie hier am Stadtrand von Offenbach, dem Sitz des Verwaltungsrates der westdeutschen Bahn.

nisch getarnte Diskussion offen auf das Gebiet der „Hohen Politik" verschoben wurde: „Im Hinblick auf die volkswirtschaftlichen Vorzüge sowie auch mit Rücksicht auf die politische Situation und die zukünftige Entwicklung muß die 50-Hertz-Lösung als die beste europäische Einzellösung angesehen werden, denn auch Frankreich geht auf das 50-Hertz-System über."

In einem Offenen Brief, der in dem Hamburger Blatt der Elt-Leute „Die Zeit" am 30. Juli 1953 erschien, zeigten sie dem aus seiner früheren Tätigkeit unter dem Namen „Radar-Brandt" bekannten Wirtschaftsprofessor die Zähne: „Gern erinnern wir uns vieler Jahre gemeinsamer Arbeit an verkehrspolitischen Problemen der Gegenwart. Sie wissen, daß wir ... erst immer dann zur Publikation schritten, wenn unsere redaktionellen Unterlagen einwandfrei und ausgewählt zur Hand waren. So ist es auch heute. Diese Unterlagen liegen vor. Sie veranlassen uns, in Erinnerung an den guten Ruf, den Sie genießen, einen Offenen Brief an Sie zu schreiben, weil sonst

* Die Bezeichnung „Hertz" ist eine Meßzahl in der Elektrotechnik, die beim Wechselstrom die Schwingungen der elektrischen Spannung zwischen Plus und Minus erfaßt. Eine Schwingung pro Sekunde gleich ein Hertz.

schossen die Elt-Leute, ferngelenkt von der General Elektric Co., eine volle Breitseite: Brandt weigere sich nur deshalb gegen die Anwendung des 50er-Systems, weil er als — nun, sagen wir: „Sozialdemokrat" die „europäische Integration torpedieren" wolle. Damit aber ließen sie nun endgültig die Maske fallen und offenbarten ihre wirklichen Absichten! Ein modernes Bahnstromsystem, gleichgeschaltet mit der gesamten westdeutschen Verbundwirtschaft und unter ihrer Stromknechtschaft, an den Fäden der US-Monopole hängend — das entspricht natürlich den Montan-Unions- und damit den amerikanischen Interessen der intensiven Kriegsvorbereitung. Ein Beharren auf dem $16^2/_3$-System könnte durch die

sich kam nun einer über das Meer, dessen „vielseitiges" Interesse sich bereits schon einmal in Westdeutschland bestens bewährt hatte: kein geringerer als der ehemalige Hohe Kommissar der USA in Deutschland, ausgerechnet der Schwager von Konrad Adenauer, diesmal als Beauftragter der Chase National Bank, der drittgrößten der Welt, kein geringerer als das Aufsichtsratsmitglied der Union Pacifik Railroad, Mister John McCloy. John McCloy ist auch mit Morgan intim, der die General Elektric Co. (GECO), den größten Elektrotrust in den USA und in der Welt, diktiert. Die GECO ihrerseits kontrolliert nun wieder die AEG, Siemens

Weitere Möglichkeiten erschlössen sich der Dollarspritze, um den Blutkreislauf der Montan-Union dadurch erheblich zu beschleunigen, daß das elektrifizierte Schienennetz im Ruhrgebiet ausgebaut und nach Belgien, Frankreich und Luxemburg weitergeführt würde. Dann könnte die monopolistische REW-Preisfront von niemandem mehr durchbrochen werden.

Man braucht über den Ausgang des Hertz-Krampfes keine weitere Diagnose oder Prognose zu stellen. Pro und contra werden sich eine Weile noch offiziell in den Haaren liegen. Und die Entscheidung wird ihr gemeinsamer Oberster Kriegsherr aus den USA fällen.

Sie werden nicht zu Kreuze kriechen

Welche Folgen hat die amerikanische Entscheidung für das deutsche Volk? Welche Folgen der Kampf der Monopole um den Maximalprofit? Präzise Fragen verlangen präzise Antworten: Die Bonner Bahn kann das im Voranschlag festgelegte Erneuerungsprogramm nicht ausführen, so daß die Sicherheit der Fahrgäste noch mehr gefährdet wird. Betriebsschließungen nahezu am laufenden Bande, wie jetzt die der Betriebsämter Dortmund 3, Gießen 2, München 3 und 4 und des Maschinenamtes München 3, haben weitere Entlassungen deutscher Eisenbahner zugunsten des Maximalprofits der Industriebarone zur Folge.

Um die verbleibenden Eisenbahner noch mehr auszuplündern, ist ein umfassender Abbau der Unkosten bei der westdeutschen Eisenbahn vorgesehen (zwecks „Rentabilität", zwecks „Rationalisierung"), natürlich einschließlich der Löhne und Gehälter. Ein Teil dieses Programms ist mit Zustimmung des Bonner Verkehrsministers Seebohm verwirklicht.

Stahl- oder Holzschwellen dürfen nicht mehr verwendet werden, da man ihre Ausgangsstoffe für die Rüstung benötigt. Durch weitgehende Mechanisierung des Fahrbetriebes sollen noch große Teile des fahrenden Personals eingespart werden. Die Hamburger S-Bahn beginnt bereits damit, die Zugschaffner überflüssig zu machen. Sie alle sollen Muße erhalten, in ihren Nissenhütten, Bunkern und sonstigen dürftigen Behausungen darüber nachzudenken, ob es sich nicht für sie lohne, in Blanks Europa-Armee für das Massengrab gedrillt zu werden. Ihnen sollen sich die etwa 15 000 Streckenwärter anschließen, die durch einfache Warnkreuze an Schranken und Übergängen abgelöst werden.

„Butter kennt die Familie nur noch aus Schaufenstern" sagte der parteilose Kollege Lossow von der Bm Fko kürzlich in einer vollbesetzten Belegschaftsversammlung zu seinen Kollegen, nachdem er bei seinem Urlaub in Krefeld die nackte westdeutsche Wirklichkeit am Beispiel seines Schwagers und seiner Schwester dramatisch genug selbst in Augenschein genommen hatte. „Ein Brot kostet dort 1,21 Westmark, und niemand glaubte mir, daß ich als Bua 1,50 DM je Stunde verdiene!" Das sind für westdeutsche Eisenbahnerverhältnisse geradezu phantastische Löhne.

Nun, die westdeutschen Eisenbahner werden nicht zu Kreuze kriechen. Die Eisenbahningenieure, die den Hertz-Rummel nicht mitmachen, sind nicht die einzigen. Tausende stehen hinter ihnen in einer geschlossenen Phalanx, in Aktionseinheit mit den patriotischen Kräften Westdeutschlands und nehmen den Kampf auf gegen die Profit-Hyänen. Stärken wir sie in diesem schweren Ringen mit all unseren Kräften!

H. Bonnie

USA wollen Bonner Bundesbahn kaufen

Bei seinem kürzlichen Besuch in Westdeutschland erklärte der frühere amerikanische Hohe Kommissar in Deutschland, McCloy, daß die westdeutsche Eisenbahn „für die USA militärisch wichtig und wirtschaftlich interessant" ist. Er forderte deswegen die Überführung der gesamten Bonner Bundesbahn in Privatbesitz und einen 40prozentigen und damit beherrschenden Anteil an einer reprivatisierten Bahn. Besonderen Anstoß nahm McCloy an dem „verbeamteten" Personalbestand, der „in keiner Weise kapitalistischen Wirtschaftsgrundsätzen" entspräche.

Wie solche „Grundsätze" aussehen, dokumentiert anschaulich der Oberbundesbahner Prof. Dr. Frohne selbst, der sich aus den nicht mehr gezahlten Löhnen für entlassene Eisenbahner eine halbe Million Westmark für seine bescheidene Wohnung bewilligte. Sechs gekachelte Bäder entsprechen seinem Reinlichkeitsbedürfnis, und damit auch bei ihm „rationalisiert" wird, blieb es in seiner Wohnung auch nur bei zwei luxuriösen Empfangsräumen für „repräsentative Veranstaltungen".

Wir klagen an

den Bundesminister für Verkehr, Bergassessor Dr.-Ing. Hans-Christoph Seebohm, Bonn;

den vormaligen Ersten Präsidenten der Deutschen Bundesbahn, Prof. Dr.-Ing. Friedrich Edmund Frohne, z. Z. Berater der griechischen Regierung für Eisenbahn- und Verkehrsfragen, Athen;

die Mitglieder des ehemaligen und des jetzigen Hauptvorstandes der Deutschen Bundesbahn, Frankfurt (Main)

wegen

fahrlässiger Tötung in Tateinheit mit gemeinschaftlicher Transportgefährdung, Verbrechen gegen §§ 222, 315 und 316 StrGB.

Aus den Gründen:

DER 2. MÄRZ 1957 war ein strahlendheller Vorfrühlingstag. Am Kilometer 5,5 vor dem Verschiebebahnhof Hamburg-Eidelstedt war eine Rotte der Privatfirma Peter Geisler damit beschäftigt, die Gleise der unübersichtlichen, weitgeschwungenen Linkskurve auf der Strecke Hamburg—Kiel durchzuarbeiten. Um die gleiche Zeit erteilte die Aufsicht auf dem Bahnhof Hamburg-Altona dem Lokführer des D 75 den Abfahrauftrag. Beide ahnten nicht, daß mit diesem D-Zug, der, von Lindau am Bodensee kommend, nach Kiel weiterfahren sollte, der Tod mitfuhr.

Eine Viertelstunde später zermalmte der D 75 die Bahnunterhaltungsarbeiter Franz Knie, Hans Pleitner, Jürgen Fried, Gottfried Hanfberg, Martin Busse und Karl Benzin am Kilometer 5,5. Sechs Familien hatten in Sekundenschnelle ihre Ernährer verloren ...

EINE WOCHE DARAUF

IN UNSERER AUSGABE Nr. 11/1957 schrieben wir eine Woche nach dieser entsetzlichen Kata-

tenführer Erwin Lohse, den technischen Bundesbahnoberinspektor Obering. Max Paetow und den Leitungsaufseher Max Kühnel statt.

Unter Vorsitz von Amtsgerichtsdirektor Dr. Prudloh, einem jener Richter, die früher Hitlers „Recht" sprachen und heute Adenauers, sollte das erweiterte Altonaer Schöffengericht untersuchen, ob an dem verhängnisvollen Tage „der Mensch oder die Technik" versagt habe.

Funksprechgerät, roten Flaggen, Vierklanghorn und Typhon ausgerüstet.

Rueter steht in der Nähe der Rotte, wie es auch bei der Bundesbahn Vorschrift ist. Die zehn Buas arbeiten, im Vertrauen auf die Warnposten, mit dem Rücken zur Sonne und zur Fahrstrecke, auf der gewöhnlich gegen 9.30 Uhr der D 75 mit rund 70 Stundenkilometern heranbraust.

Um 9.20 Uhr ruft Beckmann den Rueter über Funk an: „Eben ist der D 75 aus dem Bahnhof!"

Das ist die Vorwarnung. Rueter weiß, daß noch zehn Minuten vergehen, ehe der Zug kommt. Er wartet — wie es Vorschrift ist — auf den zweiten Anruf Beckmanns, wenn an dem nämlich der Zug vorbeifährt. Dann wird Rueter das Typhon oder das Horn betätigen, und die Buas werden wie gewöhnlich aus den Gleisen treten.

Aber der zweite Anruf über Funk erreicht ihn nicht.

WARUM „KOMMT" RUETER NICHT?

WÄHRENDDESSEN bedient Beckmann wie wild sein Gerät. Aber Rueter „kommt" nicht ...

WÄHRENDDESSEN passiert der D 75 die Stelle, wo Beckmann steht und jagt in die Kurve. Die Buas hören im Lärm ihrer Stopfhacken nichts von dem Herandonnern des Zuges. Beckmann kann nicht mehr warnen; denn sein Typhon ist nicht da ...

WÄHRENDDESSEN schippt der Heizer Kohlen und kann die Strecke nicht mitbeobachten ...

WÄHRENDDESSEN sieht in dieser Linkskurve Lokführer Scheuermann nichts von den Gleisarbeitern; man hatte ihn ja nicht darauf hingewiesen ...

WÄHRENDDESSEN stellt Rueter fest, daß sein Funksprechgerät nicht funktioniert; die Batterien müssen nämlich alle fünf Stunden ausgewechselt werden, aber eine Ersatzbatterie ist — wie es Vorschrift ist — nicht zur Stelle ...

WÄHRENDDESSEN kommt Lohse und bringt die Ersatzbatterie. Beide schimpfen über die Schweinerei, daß die Batterie erst geholt werden mußte und darüber, daß das Typhon Wackelkontakte hat und daß das Vierklanghorn nur auf einem Ton bläst. Aber das gab's ja schon öfter. Auch Knallkapseln sind wieder mal nicht da ...

WÄHRENDDESSEN macht sich Rueter erneut Luft darüber, daß keine Sichtverbindung zu Beckmann besteht, wie es Vorschrift ist. Ja, früher war noch der Mittelmann da, der in 200 Meter Abstand die Sichtverbindung zum Außenmann aufrechterhielt. Doch der ist der Rationalisierung zugunsten der Technik zum Opfer gefallen und eingespart worden, obwohl die Technik — in diesem Falle das UKW-Funkgerät — noch nicht bis ins letzte erprobt war ...

WÄHRENDDESSEN braust der Tod heran ...

Vier Buas gelingt es in letzter Sekunde, aus dem Gleise zu springen. Die übrigen sechs werden zerstückelt ...

*

STAATSANWALT Christians fädelte eine „lückenlose" Beweiskette für die Schuld der Angeklagten auf. Doch im Verlaufe des Prozesses fiel ein Stichwort, das Wort „Betriebsklima bei der Bundesbahn". Das aber wurde im Gerichtssaal nicht erörtert. Es war vielmehr das Gesprächsthema der Sachverständigen und der als Zuhörer anwesenden Bundesbahner. Und unüberhörbar meinten sie mit „Betriebsklima" die menschenverachtende Rationalisierung. Aber: „Es ist nicht Aufgabe des Gerichts", sagte Amtsgerichtsdirektor Prudloh, „der Bundesbahn in ihre internen organisatorischen Fragen hineinzureden".

WO KÄME MAN DA HIN?

DA HABEN WIR'S. Wer wollte es auch wagen, öffentlich Dinge ans Tageslicht zu zerren, die zum Himmel stinken? Und jetzt auf die Straße fliegen? In diesen Krisenzeiten der Bundesbahn? Bei der mörderischen Konkurrenz zwischen Schiene, Straße und Luftverkehr im Wirtschaftswunderland? Nein, nein, in die Dinge der Bundesbahn Licht zu bringen und damit in Dinge der herrschenden Klasse hineinzureden, das tut ein ordentliches Gericht dieser herrschenden Klasse nicht. Wo käme man da hin? Da liegen die Kompetenzen fest, da ist alles straff organisiert. Auch wenn morgen wieder sechs oder zehn der 30 000 zwischen den Gleisen der Bundesbahn arbeitenden Buas über die Klinge springen müssen.

strophe: „Wir pflegen über die zahlreichen Unfälle bei der westdeutschen Eisenbahn, die — wie von seiten der drei westdeutschen Eisenbahnergewerkschaften immer wieder hervorgehoben — eine Folge der rücksichtslosen Rationalisierung sind, nur in den seltensten Fällen zu berichten . . . Die beiden Sicherheitsposten sollen sich nun wegen fahrlässiger Tötung verantworten. Gehören **sie** aber auf die Anklagebank und nicht vielmehr diejenigen, die zwar Unsummen für Luxuszüge und sonstige Paradepferde verpulvern und die Rüstung finanzieren helfen, für die Sicherheit und den Arbeitsschutz jedoch nur das Notdürftigste aufbringen?" Damals erklärte Oberstaatsanwalt Graf Westarp (!), daß „die Schuldigen wegen fahrlässiger Tötung angeklagt" würden.

WER IST ANGEKLAGT?

DIESER TAGE NUN fand der oft hinausgeschobene Prozeß gegen die „Verantwortlichen" für das Unglück, die langjährigen Gleiswerker Hans Rueter und Gerhard Beckmann, den Rottenführer Lohse deklariert werden. Das würde man beweisen können, das würde man schon so hinschaukeln.

Schon allein diese Fragestellung beweist symptomatisch, daß das System, dieses unmenschliche System der kapitalistischen Ausbeutung im Interesse des Maximalprofits, aus dem Prozeß ausgeklammert werden würde. Die eigentlichen Verantwortlichen aber, der Rat der Bundesbahngötter und die hinter ihm operierenden und die Drähte ziehenden Profitjäger, mußten in den Augen der Öffentlichkeit — koste es, was es wolle — ihre „reinen Westen" behalten. Denn die Gefahren, die die Rationalisierung um jeden Preis, die Beschränkung des Personalaufwands und der Finanzmittel zugunsten der Rüstung heraufbeschwört, durften auf keinen Fall in der Öffentlichkeit behandelt werden; die Eisenbahntechnik Westdeutschlands hätte ja von ihrem Nimbus zu sehr einbüßen können.

Also mußten als schuldig im Sinne der nackten Buchstaben des Gesetzes von vornherein die beiden Sicherheitsposten Rueter und Beckmann sowie der Rottenführer

Die Mohren haben ihre Schuldigkeit getan

Eine einzige Zeitung im westdeutschen Blätterwald wagte es, die Schallmauer zu durchbrechen und damit im Namen der breitesten Öffentlichkeit der Leitung der Bundesbahn einige sehr unbequeme Fragen zu stellen:

... ergeben sich doch sehr ernste Fragen, die man in diesem Zusammenhang an die Bundesbahn richten muß:

- Warum hat der Angeklagte Hans Rüter in den letzten Jahren keinen Streckenfahrplan bekommen? Er hätte sich dann als Warnposten selbst über die Zugfolge orientieren und zusätzlich zur Sicherheit beitragen können.
- Wie ist es möglich, daß ein Warnposten auf dieser Baustelle (nach seiner Aussage) mit einem Vierklanghorn ausgerüstet ist, das nur noch e i n Horn und das mit nur noch e i n e n Ton hat?
- Wie ist es möglich, daß dem Warnposten Beckmann das Typhon weggenommen wird und daß man es dem Warnposten Rüter übergibt, weil dessen Typhon defekt ist und dieser Zustand zwei Tage dauert, bis das Unglück geschieht? Daß man also glaubt, einfach mit e i n e m solchen Gerät auszukommen, wo man bislang zwei für notwendig erachtete?
- Wie ist es möglich, den Mittelmann, der hätte zwischen Beckmann und Rüter stehen müssen, aus personaltechnischen Gründen einfach abzubauen?
- Wie ist es möglich, daß ein Warnposten der Bundesbahn nicht weiß, wie eine Knallkapsel funktioniert?

(Aus „Hamburger Abendblatt")

DAS „URTEIL"

WIR SIND SICHER, daß weder der Angeklagte Seebohm noch die anderen Mitangeklagten darauf antworten werden, handelt es sich doch hierbei ebenfalls um „interne organisatorische Fragen". Wenn aber doch, so wird das ein mit allen Wassern gewaschener Bundesbahn-Justitiar übernehmen. Und auch er wird bis zum i-Tüpfelchen — wie das Altonaer Gericht — nachweisen, daß Mensch und Technik versagt hätten. Genauso war es doch an der Iller und im „Pamir"-Prozeß. Man hat in solchen Sachen genügend Erfahrungen.

Rueter, Beckmann und Lohse haben eben „ihre Pflichten gröblichst vernachlässigt" — dementsprechend erledigte sie das Gericht mit Gefängnisstrafen und damit für ihr ganzes Leben. Sie haben das geringste Einkommen und können sich keinen Rechtsanwalt für ein Berufungsverfahren leisten. Paetow und Kühnel, die Höheren im Dienstrang, wurden freigesprochen. Von Seebohm und Konsorten hat niemand etwas erwähnt.

DIE WAHREN SCHULDIGEN

SIE LIESSEN SICH während des Prozesses durch Beobachter vertreten (damit alles programmgemäß abrollt). Sie stäuben jetzt ihre „weißen Westen" leicht ab. Kein Makel haftet ihnen an. Sie gelten in Fachkreisen als ausgezeichnete Fachleute, die der bundesdeutschen Eisenbahntechnik voranhelfen. Ihre Lakaien im Gerichtssaal verließen die Verhandlung mit zufriedenen Mienen. Diese Mohren hatten ihre Schuldigkeit getan.

★

Existenzen wurden zerbrochen — zu höherem Nutz und Frommen der Rationalisierung, der gepriesenen bundesdeutschen Eisenbahntechnik, die hier genauso versagte und nicht gründlich genug erprobt wurde wie im Falle des Fährschiffes der Bundesbahn „Theodor Heuß", worüber wir bereits ausführlich in Nr. 52/1957 berichteten.

Die eigentlichen Angeklagten, die Seebohm, Frohne, Geitmann, Oeftering, Koch gingen straffrei aus und werden fleißig weiter helfen, durch fortgesetzte menschenmörderische Rationalisierung, durch Tariferhöhungen, Verweigerung der Arbeitszeitverkürzung und Beibehaltung der skandalösen Dienstdauervorschriften die Kriegskasse Adenauers aufzufüllen.

Was machen da schon ein paar tote Buas? Der zweite Weltkrieg hatte schließlich rund 70 Millionen Opfer gefordert. Seebohm hat niemals Zweifel daran gelassen, daß sie für ihn noch nicht gereicht haben. Einer der schlimmsten Scharfmacher, steht sein Schlachtroß gesattelt und gezäumt zum Ritt für die „Befreiung der Ostzone und aller Gebiete ehemals deutscher Zunge" im Stall. Und die jüngste Abonnementsvorstellung der Regierungskoalition im Bonner Bundestag bewies hinlänglich, wohin die Reise gehen soll, wenn's nach diesen Brüdern ginge.

Wir müssen sehr auf der Hut sein!

Herbert Bonnie

Der Dank der „weißen Westen" ist dem toten Bua Jürgen Fried gewiß! Aber um seine Familie kümmert sich niemand.

Ein offenes Wort zur Disziplin

WIR SIND DIE LETZTEN, die sich etwa für pflichtvergessene Eisenbahner einsetzen. Wer Sicherheit der Transporte, wer Leben der Reisenden wie auch der eigenen Kollegen leichtsinnig oder fahrlässig gefährdet hat, gehört auf die Anklagebank.

Nicht umsonst propagieren wir seit Jahr und Tag den uneingeschränkten Kampf gegen Unfälle jeder Art und appellieren an jeden einzelnen, diszipliniert, verantwortungsbewußt und den Dienstvorschriften entsprechend zu arbeiten. Nicht umsonst ist der Kampf gegen Unfälle, Gleichgültigkeit und Schlendrian eines der Hauptanliegen unseres Ministers, der politischen Organe der Deutschen Reichsbahn und der Inspektionen für Arbeitsschutz und technische Sicherheit. Nicht umsonst gibt die Deutsche Reichsbahn alljährlich Unsummen dafür aus, das Leben des Menschen, unser kostbarstes Gut, zu schützen. Und nicht umsonst schenkt unsere Gewerkschaft diesen Aufgaben ihr besonderes Augenmerk.

Doch wenn wir heute öffentlich Anklage erheben müssen gegen die eigentlichen Schuldigen des Eidelstedter Unglücks, so haben wir besondere Gründe dafür.

WIE DAS UNGLUCK GESCHAH

DER PROZESS vor dem Altonaer Gericht erbrachte ein düsteres Bild über die Mißachtung des Menschen und den Stand der technischen Sicherheit bei der Bundesbahn, die in den einschlägigen Fachzeitschriften gewissermaßen als Gottes zweite Schöpfung angepriesen wird.

Rueter und Beckmann waren als Warnposten für die Rotte Lohses eingesetzt. Sie standen etwa 400 Meter voneinander entfernt, hatten keine Sichtverbindung. **Jeder war mit einem UKW-**

Mit polnischer Steinkohle fährt es sich gut

Die Brigade der Lok 501 306 des Bahnbetriebswerkes Aschersleben mit dem Lokführer Morawietz und dem Lokheizer Lösche erhielt den Auftrag, einen Schwerlastzug von 1901 t zu fahren. Die Erfahrungen, die unsere „Schwarzen" dabei mit der Steinkohlenfeuerung gemacht haben, wollen sie auch gleich ihren Kollegen übermitteln.

Worauf kommt es beim Fahren mit Steinkohle an? Die Feuerungstechnik für Steinkohle muß beachtet werden. Aus Stückkohle ist ein gutes Grundfeuer zu bereiten, das langsam auf die richtige Schichthöhe gebracht werden muß. In kurzen Zeitabständen wird die Kohle mit wenigen Schaufeln gestreut. Dabei soll man aber darauf achten, daß die Stückkohle höchstens faustgroß sein darf, damit das Feuer gleichmäßig gehalten wird. Die feine Staubkohle muß außerdem angefeuchtet sein. Dadurch wird erreicht, daß sie nicht unverbrannt durch die Rohre fliegt, sondern durch den besseren Zusammenhalt eine gleichmäßige Brennschicht ergibt. Um zu vermeiden, daß das Feuer infolge mangelhafter Sauerstoffzufuhr erstickt, muß der Aschenkasten gespritzt werden; dann bleibt die Schlacke porös und läßt in genügendem Maße Sauerstoff durch.

Der Lokheizer Lösche berichtet dazu noch weiter: „Mit der Steinkohle arbeitet es sich bedeutend leichter. Auf unserer Fahrt mit dem Schwerlastzug von 1901 t Auslastung von Güsten nach Magdeburg habe ich nur eine Tonne Steinkohle geschippt, währenddessen ich bei Braunkohlenfeuerung auf der gleichen Strecke drei Tonnen Kohle bewegen müßte."

Sein Kollege Morawietz pflichtet ihm zustimmend bei: „Einmal wird uns bei der Steinkohlenfeuerung die Arbeit leichter, und zum anderen haben wir noch den Vorteil, daß die Rauchkammer nicht nach jeder Fahrt, sondern erst nach zwei bis drei Fahrten gereinigt zu werden braucht."

Auch die Lok 502 502 vom Bahnbetriebswerk Magdeburg-Buckau mit ihrem Brigadier, Lokführer Kagelmann, fährt Schwerlastzüge und beweist, daß man bei richtiger Feuerungstechnik mit polnischer Steinkohle sehr große Leistungen vollbringen kann. Er hat es mit seiner Brigade schon erreicht, daß sein Kohleverbrauch unter dem Darfverbrauchssatz liegt. Bei einem Zug auf der Strecke von Magdeburg nach Halle mit 1600 t Auslastung gelang es, 2,6 t Steinkohle einzusparen. Bei der gleichen Auslastung werden von der Brigade bei den Zügen von Magdeburg nach Berlin sogar fünf Tonnen Steinkohle eingespart. **Gassel**

Jahresnutzen gegenüber II. Quartal um 13 496 DM erhöht

Auch im III. Quartal 1953 war die Rationalisatorenbewegung der Deutschen Reichsbahn wieder erfolgreich tätig. Bei den Rbd vermochte der Spitzenreiter Schwerin nach dem Aufstieg im II. Quartal seine Position beizubehalten. Von den Raw nahm Dessau den ersten Platz ein. Prozentual auf je 100 Kollegen der Belegschaft ergab sich bei den Rbd in der Zeit vom 1. Juli bis 30. September 1953 folgender Stand:

Platzwertung	Rbd	Beteilig. in Proz.	Platzwertung	Rbd	Beteilig. in Proz.
1.	Schwerin	1,57	5.	Halle	1,00
2.	Erfurt	1,49	6.	Dresden	0,86
3.	Magdeburg	1,37	7.	Greifswald	0,66
4.	Cottbus	1,14	8.	Berlin	0,45

Bei den Reichsbahnausbesserungswerken ist die Beteiligung der Rationalisatoren auf je 100 Kollegen der Belegschaft im III. Quartal wie folgt gewesen:

Platzwertung	Raw	Beteilig. in Proz.	Platzwertung	Raw	Beteilig. in Proz.
1.	Dessau	9,84	15.	Meiningen	2,86
2.	Niedersachswerfen	9,80	16.	Bln.-Warschauer Str.	2,86
3.	Gotha	8,07	17.	Potsdam	2,80
4.	Magdeburg	5,71	18.	Schlauroth	2,60
5.	Blankenburg	5,64	19.	Wittenberge	2,33
6.	Jena	5,60	20.	Eberswalde	2,10
7.	Halberstadt	5,18	21.	Schöneweide	1,99
8.	Halle	4,50	22.	„7. Okt." Zwickau	1,92
9.	Greifswald	4,46	23.	„W. Pieck" K.-M.-Stadt	1,70
10.	Malchin	4,20	24.	Brandenburg-West	1,60
11.	Delitzsch	3,88	25.	Cottbus	1,44
12.	Tempelhof	3,73	26.	„Einheit" Leipzig	1,37
13.	Dresden-Friedr.	3,17	27.	Grunewald	1,20
14.	Stendal	3,12			

Die Gesamtbeteiligung bei der Deutschen Reichsbahn beträgt 1,48 Vorschläge auf je 100 Eisenbahner. Der Jahresnutzen der mit errechenbaren Werten angenommenen Vorschläge ergibt im III. Quartal 2 137 371 DM, womit das Ergebnis des II. Quartals noch um 13 496 DM übertroffen worden ist.

Im Kampf um die „Grüne Strecke"

Strecke	Ergebnisse der 1. Hälfte November	Strecke	Ergebnisse der 1. Hälfte November
Güsten—Berlin	1	Berlin—Pasewalk—Stralsund	12
Leipzig—Schwarzenberg	2	Halle—Nordhausen	13
Berlin—Frankfurt/Oder	3	Erfurt—Schönebeck	14
Dresden—Gera	4	Berlin—Bad Schandau	15
Saalfeld—Leipzig	5	Halle—Forst	16
Falkenberg—Wustermark	6	Großkorbetha—Coswig	17
Borsdorf—Coswig	7	Leipzig—Magdeburg	18
Magdeburg—Stendal—Wismar	8	Halle—Berlin	19
Berlin—Neustrelitz—Stralsund	9	Frankfurt/Oder—Großenhain	20
Berlin—Senftenberg	10	Berlin—Marienborn	21
Eisenach—Halle	11	Roßlau—Horka	22
		Halle—Magdeburg	23

Den Kollegen der Strecke Güsten—Wiesenburg—Berlin ist es auch weiterhin gelungen, ihre Spitzenposition im Wettbewerb um die „Grüne Strecke" zu halten. Doch die Eisenbahner aus Leipzig, Altenburg, Zwickau, Aue und Schwarzenberg mobilisieren alle Kräfte, um den Rückstand gegenüber dem neuen Spitzenreiter wieder aufzuholen. Die Schlußlichter sind immer noch die Strecken Halle—Magdeburg, Roßlau—Horka und Berlin—Marienborn.

Die Kollegen aus Halle und Magdeburg begründen ihren schlechten Stand im Wettbewerb oft mit der überaus starken Streckenbelegung, die angeblich keine verbesserte Arbeit zuließe. Wie kommt es aber, daß z. B. auf der Strecke Halle—Magdeburg die Auslastung der Dg von durchschnittlich 69,8 Prozent in der ersten Septemberhälfte auf 60,4 Prozent in der ersten Novemberhälfte zurückgegangen ist? Gerade die dichtbelegtesten Strecken sollten alle Anstrengungen machen, um durch volle Auslastung Zugfahrten einzusparen. Damit können sie ihre Leistungen noch erheblich steigern. Die Auslastung der Dg auf solchen Strecken muß über dem allgemeinen Durchschnitt stehen. Hierin muß die Arbeit auf den Zugbildungs-Bf verbessert werden.

Anhang 7

Betriebliche Mitteilungen
der Reichsbahndirektion Erfurt

1971	Erfurt, den 8. Februar 1971	Nr. 1a

Unfallmerkblatt Nr. 4

Mit diesem Unfallmerkblatt wenden wir uns an a l l e Betriebseisenbahner, insbesondere aber an junge Eisenbahner. Es erfüllt mit Stolz und Genugtuung, daß die große Mehrheit der auf verantwortungsvollen Dienstposten im Betriebsdienst eingesetzten jungen Eisenbahner ihren Dienst gewissenhaft und pflichtbewußt verrichtet.

Die Zahl der in den letzten Monaten durch junge Eisenbahner verursachten Unfälle und Zuggefährdungen läßt jedoch erkennen, daß sich leider noch nicht alle jungen Eisenbahner ihrer Verantwortung für die Erhaltung des ihnen anvertrauten Volksvermögens und des Lebens und der Gesundheit der Reisenden und ihrer Kollegen bewußt sind.

So kam es z. B. in den Rbd-Bezirken Cottbus und Berlin durch leichtfertiges Handeln junger Eisenbahner zu Ereignissen im Zugbetrieb, die das Ansehen der Deutschen Reichsbahn erheblich schädigten.

Am 05.10.1970 um 17.03 Uhr wurde D 156 bei der Ausfahrt aus Gleis 2 des Bfs Elsterwerda infolge falscher Stellung der Weiche 79 in ein falsches Gleis geleitet, wo er mit der Lok in eine Brücken-Baugrube fuhr. Eine größere Zahl von Reisenden erlitt Verletzungen. Es entstand erheblicher Sachschaden.

Am 08.01.1971 um 11.38 Uhr wurde D 264 (Dresden - Hamburg) bei der Ausfahrt aus Gleis 7 des Bfs Wustermark infolge falscher Stellung der Weiche 1 in ein Anschlußgleis geleitet.

In beiden Fällen wurde durch eine 19-jährige Weichenwärterin dem Fdl die Nichtbedienbarkeit des Ausfahrsignals gemeldet (Fahrstraßenhebel ließ sich aufgrund der falschen Weichenstellung nicht umlegen), die Zugfahrtensicherungsmeldung ohne vorangegangene Fahrwegprüfung abgegeben und das Ersatzsignal bedient. Beide Ereignisse haben großes Aufsehen in der Öffentlichkeit erregt.

Aber auch in unserem Rbd-Bezirk wurde eine Anzahl von Unfällen und Zuggefährdungen durch junge Eisenbahner verursacht, und zwar im Jahre 1970 21,8 % aller Ereignisse im Zugbetrieb.

Hierzu einige markante Beispiele:

Am 27.05.1970 um 22.48 Uhr fuhr T 1168 mit erhöhter Geschwindigkeit in den Bf Lichtenhain a d Bergbahn ein und fuhr auf den Gleisendabschluß auf. Der 22-jährige Triebwagenführer (BV-Eisenbahner) hatte infolge Alkoholeinflusses die Bremsung verspätet eingeleitet.
Am 09.06.1970 um 21.46 Uhr war unter dem aus Gleis 18 des Bfs Nordhausen ausfahrenden N 61424 ein Hemmschuh liegengeblieben, der sich in der Weiche 251 festsetzte und die letzten 13 Wagen des Zuges zur Entgleisung brachte, wobei ein Wagen umstürzte und zwei Wagen in Querstellung gerieten. Es entstand erheblicher Sachschaden. Die 20-jährige Zugfertigstellerin hatte die Hemmschuhfreiheit des Zuges bestätigt, obwohl sie keine gewissenhafte Kontrolle, zu der sie nach den örtlichen Bestimmungen verpflichtet war, vorgenommen hatte.
Am 17.06.1970 um 19.36 Uhr kam es auf Bf Camburg zu einer Zuggefährdung, weil P 437 Ausfahrt aus Gleis 1 erhielt, obwohl sich im Ausfahrweg eine Lok befand. Die 19-jährige Weichenwärterin hatte neben rangierdienstlichen Verstößen die Fahrwegprüfung nicht ordnungsgemäß durchgeführt.
Am 11.07.1970 um 10.04 Uhr kollidierte D 35 auf der Abzw Schönau mit einem zur Weiche 1 nicht grenzzeichenfrei stehenden Kl mit Gleismeßfahrzeug. Durch die Vorspannlok des D 35 wurden der Kl und das Gleismeßfahrzeug aus dem Gleis geschleudert und stark beschädigt. Ein Faß mit Benzin (vom Kl) geriet dabei in Brand. Die Flammen griffen auf einen Schnellzugwagen und das Gleismeßfahrzeug über. Bei dem panikartigen Verlassen des brennenden Wagens wurden 2 Kinder verletzt. Es entstand hoher Sachschaden. Der Unfall wurde durch den 21-jährigen Fdl der Abzw Schönau verursacht (mangelhafte Verständigung und unzureichende Fahrwegprüfung).

Am 14.10.1970 um 11.08 Uhr entgleiste der 1. Wagen des Dsts 94432 bei der Einfahrt nach Gleis 3 des Bfs Sonneberg Ost infolge zweispurigen Fahrens in der Weiche 1. Die Weiche 1 war im Zusammenhang mit Bauarbeiten abgebunden worden und mußte für die Einfahrt des Zuges durch Handverschluß gesichert werden. Der 23-jährige Weichenwärter hatte die Zugfahrtensicherungsmeldung an den Fdl abgegeben, obwohl er die Weiche nicht gesichert hatte.
Am 23.11.1970 um 13.05 Uhr kam es zwischen Weimar Berk Bf und Weimar zu einer Zuggefährdung, weil N 63467 in den mit Üa 75491 besetzten Streckenabschnitt eingelassen wurde. Die 18-jährige Zugmelderin in Weimar hatte Üa 75491 (Sperrfahrt) ohne Auftrag des Fdl an Bf Weimar Berk Bf zurückgemeldet, worauf der Fdl in Weimar Berk Bf die Gleissperrung aufhob und N 63467 anbot. Den Fdl hatte sie hiervon nicht unterrichtet. Der Lokführer des N 63467 erkannte die Gefahr und brachte den Zug etwa 45 m hinter dem vor dem Einfahrsignal des Bfs Weimar stehenden Üa 75491 zum Halten.
Diese Beispiele ließen sich weiter fortsetzen. Es soll lediglich noch hervorgehoben werden, daß bei den Zuggefährdungen an wärterbedienten Schranken Eisenbahnerinnen im Alter zwischen 18 und 22 Jahren besonders häufig in Erscheinung traten.

In der DDR stehen jungen Menschen, die bereit sind, ihr Wissen zu erweitern und eine gute Arbeit zum Wohle unserer sozialistischen Gesellschaft zu leisten, alle Bildungs- und Qualifizierungsmöglichkeiten offen. Bei der Deutschen Reichsbahn haben sich viele junge Eisenbahner für verantwortungsvolle Funktionen im Betriebsdienst, wie z. B. Ww, Fdl, Aufs, Zugf usw. qualifiziert. Entsprechend dem Wunsch der Jugend wurde ihnen eine hohe Verantwortung übertragen. Daraus ergibt sich aber andererseits die Verpflichtung, das in sie gesetzte Vertrauen gegenüber unserem sozialistischen Staat jederzeit zu rechtfertigen. Sind sich unsere jungen Eisenbahner dieser Verpflichtung stets bewußt?

In Auswertung der vorgenannten Situation ergeben sich folgende Schlußfolgerungen:

für a l l e Betriebseisenbahner

- Junge Eisenbahner müssen durch ältere und diensterfahrene Kollegen verstärkt angeleitet und unterstützt werden. Sämtliche betrieblichen Handlungen müssen exakt nach den Vorschriften ausgeführt werden (keineswegs falsche Handlungen vormachen). Die jungen Eisenbahner müssen sich bemühen, die Lehren und Erfahrungen älterer Kollegen anzunehmen (keine Überheblichkeit aufkommen lassen)
- Überprüfung der Haltung der Eisenbahner innerhalb des Kollektivs untereinander (Verhältnis jung/alt), Auftreten im Kollektiv
- Größere Beteiligung junger Eisenbahner an Diskussionen, Beratungen usw., die die Erhöhung der Sicherheit zum Ziel haben, besonders in FDJ-Versammlungen, Parteiversammlungen, Gewerkschaftsversammlungen, Rechenschaftslegungen zum Brigadeprogramm u. dgl. m.
- Übernahme von geeigneten Objekten als Jugendobjekt, z. B. Stellwerke, Züge, Bfe usw.
- Ständige gegenseitige Erziehung und kollektive Hilfe durch sofortiges Aufzeigen von Verstößen und entsprechende Auswertung innerhalb der Kollektive (helfende Kritik)

für Vorsteher, Dienstvorsteher, Brigadevorsteher, Schichtleiter, Brigadeleiter

- Erhöhung der erzieherischen Einflußnahme und Anleitung bei jungen Eisenbahnern
- Größere Interessiertheit gegenüber Sorgen und Nöten junger Eisenbahner, ggf. Hilfe und Unterstützung
- Verstärkte Einbeziehung junger Eisenbahner in die Kontroll- und Überwachungstätigkeit

Betriebseisenbahner!

Es liegt an Euch, durch besonnene und gewissenhafte Arbeitsweise unter strikter Einhaltung der bestehenden Vorschriften und Weisungen eine hohe Qualität im Eisenbahntransport zu erreichen. Wendet das System der fehlerfreien Arbeit in der täglichen Arbeit an. Jeder innerhalb des Arbeitskollektivs muß sich für den anderen mitverantwortlich fühlen. Nur dann kann ein Kollektiv wirkliche Erfolge erreichen, wenn schonungslos Fehler aufgedeckt und ausgewertet werden.

Wir wünschen allen Eisenbahnern für das Jahr 1971 Schaffenskraft und viel Erfolg bei der weiteren Erhöhung der Ordnung, Disziplin und Sicherheit auf ihrem Arbeitsplatz.

(Rbd Erfurt Der Präsident BV-Bt-I-3 Buk vom 31.01.1970 / 489)

V 4 4 - Ag 130/67/71

Krüger

Systematik
der Unfall=Ursachen=Kennziffern im Register

Nach dem Unfallort mit Datum stehen in [ ] die Kennziffern der Unglücke, in 10 Sparten aufgegliedert, die durch die erste Ziffer vor dem Punkt bezeichnet werden. Die Ziffern hinter dem Punkt geben die Ursachenhaupt- und -untergruppen wieder. Beispiel: [01.15] = Entgleisung wegen Fehler oder Verstoß des Lokpersonals.
War die Unfallursache den zur Verfügung stehenden Unterlagen oder Informationen nicht zu entnehmen und auch nicht zu ermitteln, steht als Ziffer hinter dem Punkt jeweils eine 0. Sofern lediglich die Ursachen=Untergruppe unsicher ist, steht hinter dem Punkt die erste Ziffer der Untergruppen. Beispiel: 10 = Verstoß gegen Dienst- und andere Vorschriften, nicht näher spezifiziert.

Unfallsparten:

01 Entgleisungen
02 Zusammenstöße nicht näher spezifiziert
03 - Frontal
04 - Flankenfahrt, Streifung
05 - Auffahren
06 Aufpralle gegen Hindernisse in der Fahrbahn und Überfahren von Gleisabschlüssen
07 Zusammenpralle mit Straßenfahr-, auch Flugzeugen am BÜ oder auf der Strecke
08 Bahninterne Unfälle, auch Rottenunfälle
09 Unfälle Bahnfremder und Bahnbenutzer
10 Sonstige Unfälle, auch Ein- oder Absturz, Brand, Explosion usw.

Ursachen=Haupt- und =Untergruppen:

1 Fehlverhalten und Verstöße Bahnbediensteter gegen Vorschriften oder Sicherheitsbestimmungen
10 nicht näher spezifiziert
11 nicht klar abzugrenzende bzw. mehrere Verstöße oder Unterlassungen
12 Fehler oder Verstöße der örtlichen Fahrdienstleitung oder -aufsicht
13 - - des weisungsgebundenen örtlichen Personals wie Weichen-, Block- oder Schrankenwärter

14 - - im Rangierdienst, auch bei Rangierfahrten oder Abstellen von Wagen
15 - - des Lokpersonals (Signalmißachtung, überhöhte Geschwindigkeit ect.)
16 - - des fahrenden Personals (Zf oder Bremser)
17 - - bei Gleis- oder betrieblich bedingten Außenarbeiten
18 fehlerhafte Arbeiten (im Aw oder dgl.)
19 Fehler beim Beladen von Bahnfahrzeugen, auch offene Türen

2 Technische Mängel an Bahnfahrzeugen
20 nicht näher spezifiziert
21 konstruktiv bedingt
22 Wagenmängel einschließlich Kupplungen und elektrischer Installation
23 Mängel an Bremseinrichtungen
24 Mängel an Zugbeeinflussungsanlagen
25 Mängel am Tfz
26 Materialermüdung oder -fehler

3 Technische Mängel an Bahnanlagen
30 nicht näher spezifiziert
31 Mängel an Unterbau, Bauwerken, Bahneinrichtungen oder -anlagen
32 Mängel am Oberbau wie Schienenbruch, Gleisverwerfung, Spurerweiterung, Weichendefekt oder dgl.
33 Mängel an Stellwerks- und Sicherungsanlagen

4 Höhere Gewalt
40 nicht näher spezifiziert
41 Wettereinwirkungen wie Nebel oder Sturm, Erdrutsche, Dammunterspülungen, Blitzschlag

5 Eingriffe in den Bahnbetrieb
50 nicht näher spezifiziert
51 Hindernisse fahrlässig oder vorsätzlich auf Gleis gebracht; auch Tiere im Gleis
52 Beschädigung von Bahnanlagen und =Fahrzeugen
53 Brandstiftung
54 Attentate, auch Raubüberfälle im Zug sowie Kriegshandlungen

6 Verschulden von Straßenverkehrsteilnehmern
60 nicht näher spezifiziert
61 durch Unachtsamkeit oder Fehlverhalten auf Gleis oder BÜ geraten
62 Mißachtung von Warnsignalen und -tafeln sowie BÜ=Blinklichtern
63 Halbschranken umfahren oder Schranken durchbrochen

7 Verstöße oder Unvorsichtigkeit Bahnfremder oder Bahnbenutzer
70 nicht näher spezifiziert
71 unbefugtes Betreten von Bahnanlagen; auch Kletter auf abgestellte Wagen
72 Unaufmerksamkeit von Bahnfremden oder Fahrgästen in Zügen

Ortsregister 1845-1992

*Aufgeführt sind alle Orte der Teile **A**, **B** und **D**, dieser jedoch mit Ausnahme der speziellen Unfallarten Rotte, Unvorsichtigkeit Bahnfremder, Attentate und BÜ.*
Kleineren Orte oder solchen mit einem geringeren Bekanntkeitsgrad ist eine Streckenangabe beigefügt, da diese der Lokalisierung dient, ggfs. die Haupt- oder Stammstrecke, von der die Unfallstrecke abzweigt. Zweckentsprechend beschränkt sich die Streckenangabe mitunter auch nur auf Teilstrecken.
Deutsche Orte, deren Anfangsbuchstabe von C in K geändert wurde wie bei Kassel, Köln, Kurl sind mit der neueren Schreibweise aufgenommen, ansonsten wie zur Unfallzeit gültig.

***I** = auch in SCHATTEN DER EISENBAHNGESCHICHTE BAND I enthalten, z.T. mit weiteren Angaben bzw. ausführlich oder mit Abbildung/en*
***II** = ausführlich abgehandelt in SCHATTEN ... BAND II (mit Abbildung/en)*

*Ort, ggfs. Strecke, Datum, ggfs. *I/*II .... [Unfall=Ursachen=Kennziffern] .... Seite*

A

G

Z

Abkürzungsverzeichnis

ADN = Allg. deutscher Nachrichtendienst (DDR)
AG = Amtsgericht
Abzw = Abzweig(ung)
Aw = Ausbesserungswerk
AZ/Az = Aktenzeichen / Arbeitszug
B (vor Nr.) = Bundesstraße
BA = Betriebsamt
BD = Bundesbahndirektion
Betra = Betriebs- und Bauanweisung
Bf = Bahnhof
Bfo = Bahnhofsfahrordnung
BGH = Bundesgerichtshof
BGB = Bürgerliches Gesetzbuch
Bk = Block(stelle)
Bm = Bahnmeister(ei)
(T) BOI = (Techn.) Bundesbahnoberinspektor
BOR = Bundesbahnoberrat
BP = Beschleunigter P (bis 1928 amtl., danach Sprachgebrauch für nicht überall haltende P)
BR = Baureihe von Lokomotiven
BRD = Bundesrepublik Deutschland
BRK = Bayer. Rotes Kreuz
BÜ = Bahnüberweg
Bua = Bahnunterhaltungsarbeiter
Bw = Bahnbetriebswerk
BZA = Bundesbahn=Zentralamt
D = Schnellzug
De = Durchgangseilgüterzug
DB = Deutsche Bundesbahn
DBP = Deutsche Bundespost
DC = Städte (City-)=Schnellzug
DDR = Deutsche Demokratische Republik
Dg = Durchgangsgüterzug
Dk = Autoreisezug
Dm = Militärschnellzug
DM = Deutsche Mark
dpa = Deutsche Presseagentur
DR(G) = Deutsche Reichsbahn (Gesellschaft)
DRB = Deutsche Reichsbahn der DDR
DRK = Deutsches Rote Kreuz
DS [DV] = Dienstvorschrift [=alte Bezeichnung]
Dsl = Schlafwagenschnellzug
Dsts = Dienstzug für Sonderzwecke
Dstg = Dienstgüterzug
DUS = Schnellzug für die US=Armee
E (to) = Eilzug (=Schienenbus)
EBO = Eisenbahn-Bau- und Betriebsordnung
ED = Eisenbahndirektion
EG = Empfangsgebäude
Egz = Eilgüterzug
EKi = Kindersonderzug (als E)
Ellok = Elektrische Lokomotive
EmW = Eilzug mit Wehrmachtzugteil
ETA = Triebwagen mit Akkuantrieb
Ex = Expreßzug
F, FD = Fernschnellzug
FdJ = Freie deutsche Jugend (DDR)
Fdl = Fahrdienstleiter (-leitung)
FV = Fahrdienstvorschrift
Fv = Fernverbindung(en)
G = Güterzug
G=Wagen = gedeckter Güterwagen
Gag = Ganzzug
Gbf = Güterbahnhof
Gdg = Großgüterzug
Gmp = G mit Personenbeförderung
Hbf = Hauptbahnhof
Hg = Höchstgeschwindigkeit
Hp = Haltepunkt
HV(B) = Hauptverwaltung (der DB)
IC = Intercity
Indusi = Induktive Zugbeeinflußung
IR = Interregio
KOM = Kraftomnibus
Kp = Klein=Personenzug
La = Langsamfahrstelle (Verzeichnis der La)
Leig = Leicht=Güterzug
LG = Landgericht
Lg(o) = Güterwagenleerzug (aus offenen Wagen)
LPG = Landwirtschaftl. Produktionsgenossenschaft
Lok = Lokomotive
Lto = Schienenbus=Leerfahrt
Lz = Lokomotiv=Leerfahrt
M = Mark (DDR)
Ma / MA = Maschinenamt
Mbr = Mindestbremshundertstel
Mrd = Milliarde
Min = Minute(n)
Mio = Million(en)
N (to) = Nahverkehrszug (=Schienenbus)
Ne = Naheilgüterzug
Ng = Nahgüterzug
NVA = Nationale Volksarmee (DDR)
Obv = Oberbauvorschrift
OLG = Oberlandesgericht
P (to) = Personenzug (=Schienenomnibus)
PmG = P mit Güterzugteil
Pw = Gepäckwagen

Rabt = Rangierabteilung
RBA/Rba = Reichsbahnausbesserungswerk
RBD/Rbd = Reichsbahndirektion
Rbf = Rangierbahnhof
Ri = Richtung
Rl = Rangierleiter
Rz = Reisezug
S = S-Bahn-Zug
Sbk = Selbstblocksignal
SBZ = Sowjetische Besatzungszone
Sdz = Sonderzug
SED = Sozialist. Einheitspartei Deutschlands (DDR)
Sek / sec = Sekunde(n)
SF = Schnellzug für Fronturlauber
SFS = Schnellfahrstrecke
Sg = Schnellgüterzug
Sifa = Sicherheitsfahrschaltung
SMAD = Sowjetische Militäradministration in Deutschland (nach 1945)
StA = Staatsanwalt(schaft)
Std(n) = Stunde(n)
StEG = Strafrechtsergänzungsgesetz (DDR)
Str = Strecke
StVO = Straßen=Verkehrsordnung
SU = Sowjetunion
t = Tonne
T = Tote(r)
TEE(M) = Trans Europ Expreß (Güterzug)
TEF = Triebwagenpersonenzug
Tf = Triebfahrzeugführer
Tfz = Triebfahrzeug
TH/TU = Technische Hochschule/Universität
Üg = Übergabegüterzug
UrhG = Urheberrechtgesetz
V = Verletzte(r)
VEB = Volkseigener Betrieb
V=Lok = Lokomotive mit Verbrennungsmotor
VDEV = Verein deutscher Eisenbahnverwaltungen
VMEV = Verein Mitteleuropäischer "
Vorbf = Vorbahnhof
Vschbf = Verschiebebahnhof
Vst = Vorsteher
VT / Vt = Triebwagen m. Verbrennungsmotor
VW = Volkswagen
W = Weiche (vor Zugnr.: Wehrmachtzug)
Ww = Weichenwärter
ZBF = Zugbahnfunk
Zf = Zugführer
Zü = Zugüberwachung

b(B) nach Zuggattungsbezeichnung = Bedarf
v " " = Zug eines best. Verwaltungsraumes
r " " = dito des Regionalverkehrs
T/t vor/nach Zuggattungsz.. = Triebwagen, auch mehrgliedrig, aber untrennbare Einheit

Bildquellenverzeichnis

Grafiken S. 47, 78, 79: STATISTISCHE ANGABEN ÜBER DIE DR / S.75: aus DIE REICHSBAHN, Jahrgang 1929 / S. 211, 243: aus STATISTISCHE ANGABEN ÜBER DIE DB, mit Genehmigung der Zentrale der DB Frankfurt / S. 118: aus DIE BUNDESBAHN Heft 11/1974, Hestra, Darmstadt / S. 183: Ausschnitt Streckenkarte, Kartenstelle DB Mainz.
Lageskizzen: S. 290 und 294: Magg, Augsburg / S. 212: Königer, Ulm / alle übrigen: Hörstel, Barsinghausen;
Abbildungen: 1,3, 6, 9, 10, 13, 15-19, 22-27, 29-31, 41-43, 48, 49, 51-53, 59-64, 72: Archiv d. Verkehrsmuseums Nürnberg / 68, 69, 92, 93: Sammlg. Ankele, Stuttgart / 67, 83, 84: Sammlg. Bastian, Buchholz / 58: Baumann, Neustadt / 112: Baur, Stockach / 125: Eisenmenger, Heilbronn / 151-153: Gebhart, Wangen / 141: Grothenn, Hannover / 105: Gutachter Leiferde / 96: Hassbach, Neuwied / 133: HEILBRONNER STIMME / 8: C.Heise, Heinde (1894) / 70, 71: Sammlg. Hentsch, Braunschweig / 116, 118-124, 126-130, 134-139, 154: Hörstel, Barsinghausen / 37, 44, 46, 50, 54, 56, 57, 65, 66: Sammlg. Knipping, Eichenau / 97: Koberg, Hannover / 107: Kripo Kempten / 108 (freigeg. durch Reg.Präs.Freiburg am 10.4.1978, Nr. P-13476), 109: Kripo, Freiburg / 110: Kripo Miesbach / 106: Kroeker, Kiel / 142: Matejka, NÜRNBERGER NACHRICHTEN / 85: Minsinger, Ulm / 140, 155-157: Müller, Gessertshausen / 88: Müller, Leverkusen / 160 (Koard, F 0706/41/1N), 161 (Müller, S 0627/24 N), 164, 168, 169, 170 (Haseloff, 1982/1101-28N; 1988/0119/39N, /0120/23N, -24N), 165 (Grubitzsch, 1984/0229/34 N), 166, 167 (Schulz 1985/1011/40N, 41N) ADN-ZB, Bundesarchiv Berlin / 89-91, 99, 146-148: Sammlg. Neumann, Glückstadt / 149, 150: Opitz, Schrobenhausen / 77, 78: Polizeifoto / 158, 162, 163: Sammlg. Preuß, Berlin / 100-102, 145: Quill, Maintal / 131: Rach, Ansbach / 55, 143, 144: aus DIE REICHSBAHN, Jahrg. 1929 / 79-82: Sammlg. Reinecke, Lüneburg / 95: Ringlstetter, München/ 132: RÜSSELSHEIMER ECHO / 28, 47: Sammlg. Skrzypnik, München / 73: Sammlg. Scherer, Olching / 98: Schöllhorn, Augsburg / 114, 115: Stanzel, Waldstetten / 103, 104: Foto Steffen, Hamburg / 7, 11, 12, 14, 20, 21, 86, 87: Sammlg. Stockert / 111: Weigert, Eppstein / 113: Werth, Dresden / alle übrigen: Sammlg. Verlagsarchiv.